黄河下游及河口环境生态对水沙调控的响应

易雨君　李春晖　李军华　刘泓汐　张向萍 等　著

科学出版社

北　京

内 容 简 介

本书主要阐述小浪底水沙动态调控对黄河下游河流系统的影响：结合遥感、数理统计与数值模拟，系统分析下游河道演变、河道及河口环境生态对水沙动态调控的响应机理；针对下游河道，揭示水沙动态调控对河道河势演变的多时空尺度影响机理，定量评估河道环境、典型物种群落对水沙调控的响应规律，以及滩区环境及土地利用的变化；针对河口及三角洲区域，揭示河口水环境水生态对水沙动态调控的响应机理，模拟水沙调控对河口及邻近海域水沙条件、营养物质、生态环境的影响。同时，综合考虑下游防洪安全、社会经济发展和生态健康多方面的用水需求，提出下游水资源优化配置方案。

本书可供水利、环境和生态领域的科研人员，高等院校水利学、环境科学和生态学的教师与学生参考，也可供水资源管理和环境管理部门的人员参考。

图书在版编目(CIP)数据

黄河下游及河口环境生态对水沙调控的响应/易雨君等著. —北京：科学出版社，2023.2

ISBN 978-7-03-071796-2

Ⅰ. ①黄…　Ⅱ. ①易…　Ⅲ. ①环境生态学–影响–黄河–下游–含沙水流–控制–研究②环境生态学–影响–黄河–河口–含沙水流–控制–研究　Ⅳ. ①TV152

中国版本图书馆 CIP 数据核字(2022)第 042099 号

责任编辑：杨帅英　李嘉佳　李　洁/责任校对：刘　芳
责任印制：吴兆东/封面设计：图阅社

科学出版社 出版
北京东黄城根北街 16 号
邮政编码：100717
http://www.sciencep.com

北京中科印刷有限公司 印刷

科学出版社发行　各地新华书店经销

*

2023 年 2 月第　一　版　开本：787×1092　1/16
2023 年 2 月第一次印刷　印张：16 3/4
字数：380 000

定价：190.00 元

(如有印装质量问题，我社负责调换)

前言

滚滚流淌的黄河水孕育了历史悠久的中华文明，黄河水哺育了中华儿女。我们依赖着她，也改变着她。古人在黄河边吟唱着“河水清且涟猗”“河水清且直猗”。而人类的耕作，使黄河水逐渐变得浑浊，《周诗》有之曰：“俟河之清，人寿几何？”从此，黄河之水裹挟着大量泥沙奔流入海，未能入海的泥沙在河道淤积，导致河床抬升，造成黄河“善淤、善决、善徙”，生物难以长期生存的局面。而今逢盛世，随着水土保持措施和干流骨干枢纽群的修建，黄河水沙输移量发生了显著变化，习近平总书记提出的黄河流域生态保护和高质量发展国家战略更是让我们为幸福河建设而奋斗。

黄河流域受其地理位置及千百年来人类活动的影响，“水少沙多，水沙关系不协调”的矛盾居世界各大河流之最，成为世界上水沙生态问题最复杂、最难治理的河流。“三十年河东，三十年河西”不断迁徙的河道，威胁河流沿岸人民的生命财产安全；高浓度泥沙及季节性洪水使得下游河道长期处于动态冲淤循环，水生生物难以生存；大量泥沙在河口淤积造就了大片的新生河口三角洲湿地。近年来，下游河道控导工程的逐步完善，改变了下游河势演变，使下游河道水流形态、环境生态和社会经济发展发生了系列变化。

本书针对干支流骨干枢纽群，尤其是小浪底水库的水沙调控对小浪底坝下河流、河口及三角洲湿地在河流地貌演变、环境生态和社会经济等方面的系列影响进行了综合分析。本书基于历史监测数据、野外调查采样、室内实验、统计分析、遥感解译及数值模拟等方法，对不同水沙动态调控情景下下游河道演变规律，水沙动态调控与河势控导工程相互作用关系，下游河流、黄河三角洲湿地及河口区域生态系统对水沙动态调控的响应，滩区及引黄灌区社会经济发展等多维度进行了系统性研究，研究成果以期为黄河下游防洪减淤、环境生态保护及黄河小浪底水沙动态调控提供有益的支持。

本书共分 8 章。第 1 章对黄河下游河流系统整体情况、河道演变及工程措施、黄河三角洲及河口区环境生态等方面进行简要介绍；第 2 章主要阐述场次洪水和中长期泥沙动态调控下的下游河道演变规律；第 3 章结合历史资料和物理模型试验，针对控导工程约束下的河势演变进行分析；第 4 章探讨水沙调控影响下下游河道及滩区的环境生态效应；第 5 章考虑黄河三角洲湿地的地下水动力及土壤水盐条件受河流和潮汐共同影响的复杂性，尝试建立耦合地下水动力过程、植被生长动力学和种间竞争的植被群落生境模拟模型；第 6 章介绍不同水盐条件对黄河口典型潮间带植物日本鳗草植株生长及生物量的影响规律，并通过其体内氨基酸含量分析植株对外界胁迫的响应机制；第 7 章针对黄河口及近海区域，建立耦合波浪潮汐-水沙动力过程-水环境-水生态模型，模拟不同水沙情景下关键环境因子及浮游生物时空分布；第 8 章分析多目标约束下黄河下游水资源及其利用现状，基于水资源生态足迹方法评价黄河下游地区的水资源开发利用情况。

本书第 1 章主要由易雨君、刘泓汐、陈科冰撰写，第 2 章主要由张向萍撰写，第 3 章主要由李军华、许琳娟撰写，第 4 章主要由易雨君、刘泓汐、宋劼撰写，第 5 章主要由易雨君、宋劼撰写，第 6 章主要由易雨君、侯传莹、陈科冰撰写，第 7 章主要由易雨君、高艳宁、武雪飞撰写，第 8 章主要由李春晖、庞爱萍、李慧撰写，最后统稿与校稿由易雨君、刘泓汐完成。本书在成书过程中还得到江恩慧教授级高级工程师、王远见教授级高级工程师、岳瑜素教授级高级工程师、时芳欣教授级高级工程师、董其华高级工程师、张向工程师，以及谢泓毅、刘奇、叶航等同学的大力支持，一并表示感谢。书稿中所涉及地名以 2021 年定稿前地名为准。本书得到了国家重点研发计划课题(2018YFC0407403)、国家自然科学基金委员会国家杰出青年科学基金(52025092)和国家自然科学基金优秀青年科学基金(51722901)的资助。由于时间和作者水平有限，且书中涉及的内容较广，若存在不足之处，敬请读者提出宝贵意见。

作　者

2021 年冬于北京

目　录

第1章　概　述

黄河以高含沙著称于世，也因其高含沙水流，生物难以生存其中，生态系统结构单一。随着黄河流域生态保护和高质量发展国家战略的提出，黄河生态保护与修复进入高质量发展时期，下游和河口的生态问题则是重中之重。黄河以内蒙古托克托县河口镇与河南荥阳市桃花峪为节点分为上游、中游、下游。小浪底水库位于桃花峪上游 120km 处，是黄河下游最重要的水利枢纽。本书的研究区域主要面向小浪底水库以下河段到河口，考虑到研究对象的整体性，将小浪底水库以下河段到河口统称为下游河流系统。本章主要从黄河下游流域、河道、水利工程、黄河口及三角洲四方面介绍黄河下游河流系统整体情况。

1.1　黄河下游流域概况

黄河发源于青藏高原巴颜喀拉山北麓的约古宗列盆地，流经青海、四川、甘肃、宁夏、河南、山东等九省(区)，在山东垦利区流入渤海，全长约 5464 km，是中国第二大长河、世界第五大长河。黄河流域位于 95°53′E～119°5′E 和 32°10′N～41°50′N，流域面积为 79.5 万 km^2（图 1.1），属于温带大陆性气候，气候干燥，平均年降水量为 467 mm。黄河下游流域面积为 2.3 万 km^2，占黄河流域总面积的 3%左右。下游流域属温带大陆性季风气候，干燥度处于 1.0～1.5，年最大潜在蒸发量为 650～900mm，年平均气温为 10～15℃，年均降水量为 550～800mm，60%以上的降水集中在 7～10 月。黄河下游地势平坦，由黄河、淮河、海河冲积而成，包括豫东、豫北、鲁西、鲁北、冀南、冀北、皖北、苏北等地区，面积达 25 万 km^2。平原地势大体以黄河大堤为分水岭，地面坡降平缓，微向海洋倾斜。

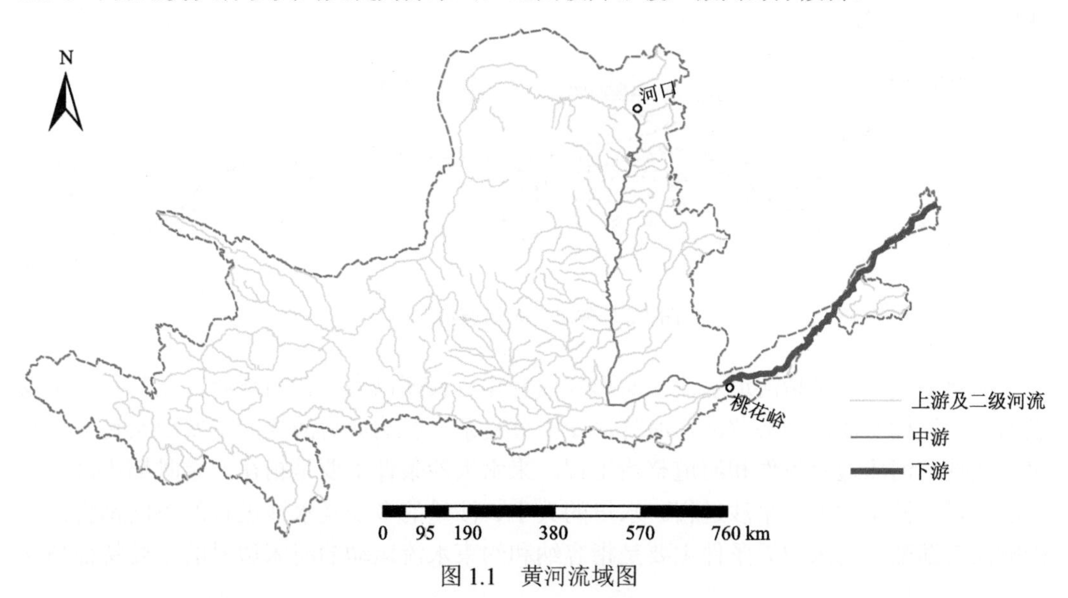

图 1.1　黄河流域图

黄河下游洪水主要受三个区域影响：河口镇至龙门区间的黄河干支流区，龙门至三门峡区间的泾河、渭河、北洛河流域和三门峡至花园口区间的伊河、洛河、沁河流域(史辅成等, 1990)。来沙源于中游黄土高原，泥沙经各支流汇入黄河。下游落差小，仅为94m，比降为1.2‰，每年大约有4亿t泥沙沉积在下游河道(许炯心, 2012)，这导致主槽淤积严重，削弱河道过流能力，加剧河床抬升，甚至在局部河段形成河床高程高于沿岸的“地上悬河”，严重加剧黄河中下游洪水风险。针对黄河下游现有水沙问题，亟须开展泥沙动态调控研究，通过水利设施科学调配水沙过程，合理利用黄河水沙资源，在满足下游社会经济用水需求的同时，实现黄河的健康可持续发展。

1.2 黄河下游河道概况

1.2.1 下游河势地貌及形态

黄河下游河道按不同河型特点自上而下分为游荡型河道、过渡型河道、弯曲型河道及河口段河道(图1.2)，其中白鹤至高村为游荡型河道，长299km，纵比降为0.172‰～0.265‰，河身相对顺直，滩槽高差较小、滩地广阔，河道水流散乱、断面宽浅，主河槽宽度达 3～5km，主流迁徙不定。河道泥沙冲淤剧烈，河势具有强烈游荡性，断面形态变动频繁，河相系数变动范围大。高村至陶城铺为游荡段向弯曲段过渡的过渡型河道，长165km，滩槽高差相对增大，平滩河槽相对变窄，河道主槽位置相对固定，河流游荡性减弱。陶城铺至利津河段为弯曲型河道，长300km，这一河段河道较为窄深，滩槽高差大。利津以下是黄河的河口段，河道长114km。黄河口位于渤海湾与莱州湾之间，滨海区海洋动力较弱，潮差约为1m，属弱潮多沙、摆动频繁的陆相河口。

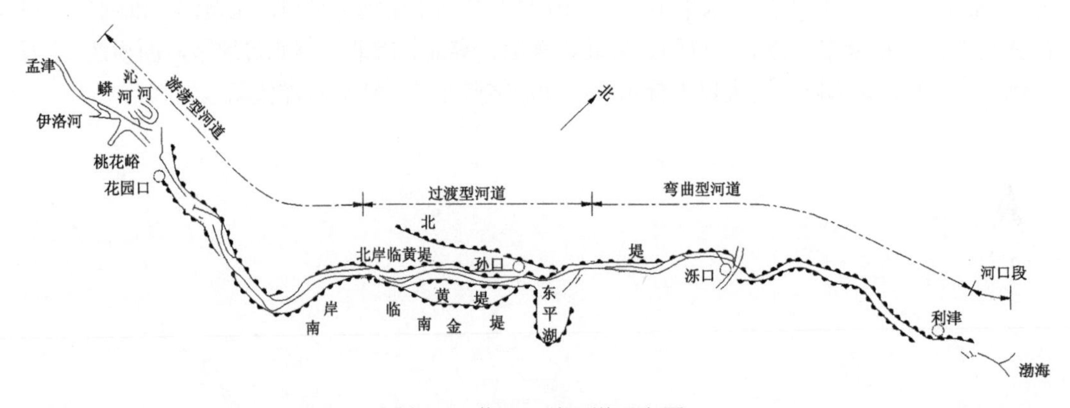

图1.2 黄河下游河道示意图

河势演变主要是指河道水流平面形式的变化。长期以来，黄河下游，尤其是其游荡型河道，河槽宽浅，溜势散乱，河势演变十分复杂。影响河势演变的主要因素包括来水来沙条件、河床边界条件和河道整治工程。来水来沙条件主要是指在一定时期内进入下游的水量、沙量和来水来沙过程。水量的大小、沙量的多少及水沙过程的不同都将直接影响河势演变。河床边界条件主要是指容纳和约束水流运动的河床边界的主要特征与参数，包含河床的平面形态、断面形态、纵比降、河床物质组成及抗冲性、滩槽高差等。自然形成的卡口、节点和胶泥嘴等都会对河势的变化起到较好的控导作用，河床土体抗冲性的不同往往会形成塌滩坐弯，滩槽高差(或平滩流量)是反映河势稳定的一个重要指标。河道整治工程对河势产生影响，主要是由于不同整治工程的边界条件不同，如工程长度、工程布置形式、工程间距大小、上下工程之间的衔接及工程靠溜情况等，均可引起河势的变化。

黄河下游河道河势演变具有复杂多变性、随机性、相关性和不均衡性的基本特征。①复杂多变性。多变的水沙条件和善冲善淤的河床边界共同决定了河势变化的复杂性。水沙条件、河床边界、工程边界条件在时空上的随机组合构成千差万别的河势变化影响条件，进而导致了复杂多变的河势演变过程和形式。游荡型河道河势演变的多变性反映了河势演变的激烈变化过程和河势状态的不稳定程度。②随机性。河势在水沙条件和边界条件的随机组合下，在较短时间内造成河势演变趋势的不确定性。河势的突变多发生在一场洪水的峰顶附近或洪峰过后的落水期，前者主要表现为洪水的切滩取直改道，后者则多为局部河段出现畸形河弯、“横河”。③相关性。河段河势的变化具有显著的时空相关性，相邻河段、相邻时段的河势变化互相影响，“一弯变、多弯变”是河势演变相关性的典型表现。④不均衡性。不同时段、不同河段的河势演变状况及性质存在明显差异。自然河段的河势变化幅度较大且表现出不确定性。同一时段，有些河段以左摆为主、有些河段以右摆为主。河道整治工程配套的河段，受整治工程的约束、控制，河势演变过程相对简单且摆幅小。

河道整治工程前，黄河下游河势演变多处于自然状态。随着社会经济的发展，河势演变受到的人类干预越来越频繁。自然(半自然)状态下游荡型河道河势的演变规律为：①演变遵循由量变到质变，即由缓变到突变的规律；②大水趋直、小水坐弯；③高含沙洪水特殊的造床作用；④主流线呈横向波状摆动；⑤主流线的纵向变化上下游存在明显的关联性；⑥节点及人工边界对河势的演变影响巨大。人工干预(河道整治工程较多)情况下河势演变的基本规律为：①在工程附近“大水取直、小水坐弯”的规律表现为“小水上提，大水下挫”；②限制性弯曲型河道上下河弯河势变化的关联性增强，河势变化的可预测性增大，河务部门防汛抢险的主动性增强；③河道整治工程控制了河势变化的范围和规模，河势基本在工程外包线之内，大大缓解了主流直冲大堤、汛期临堤抢险的局面；④河势的变化受工程平面布局形式影响较大，不同的工程布局形式存在不同的河势演变规律。

1.2.2 下游滩区形成及特征

黄河下游河道摆动频繁，平均“三年两决口”，百年一改道，使黄河下游形成了大范围的滩涂区域，最宽处达 24km，滩涂总面积达 3544km^2，占河道面积的 84%。按照形状划分下游滩区可分为条形滩区和三角形滩区，条形滩区又可分为 100km^2 以上的大滩和较小的中滩。三角形滩区面积较小，一般在 50km^2 以下。滩区存在着大量串沟、洼地、堤河等自然地貌，还有平行于河道的控导护滩工程、生产堤，以及星罗棋布严重阻水的片林、村庄、避水村台、房台等人工构筑物。每块滩区大体上是上下窄、中间宽，滩面的纵比降与相应河段的河道纵比降基本相同。黄河下游河道典型横断面图和宽滩区示意图见图 1.3 和图 1.4。

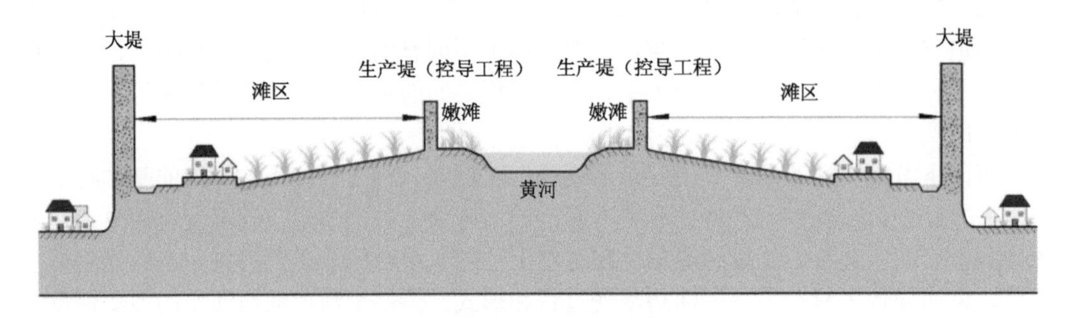

图 1.3 黄河下游河道典型横断面图

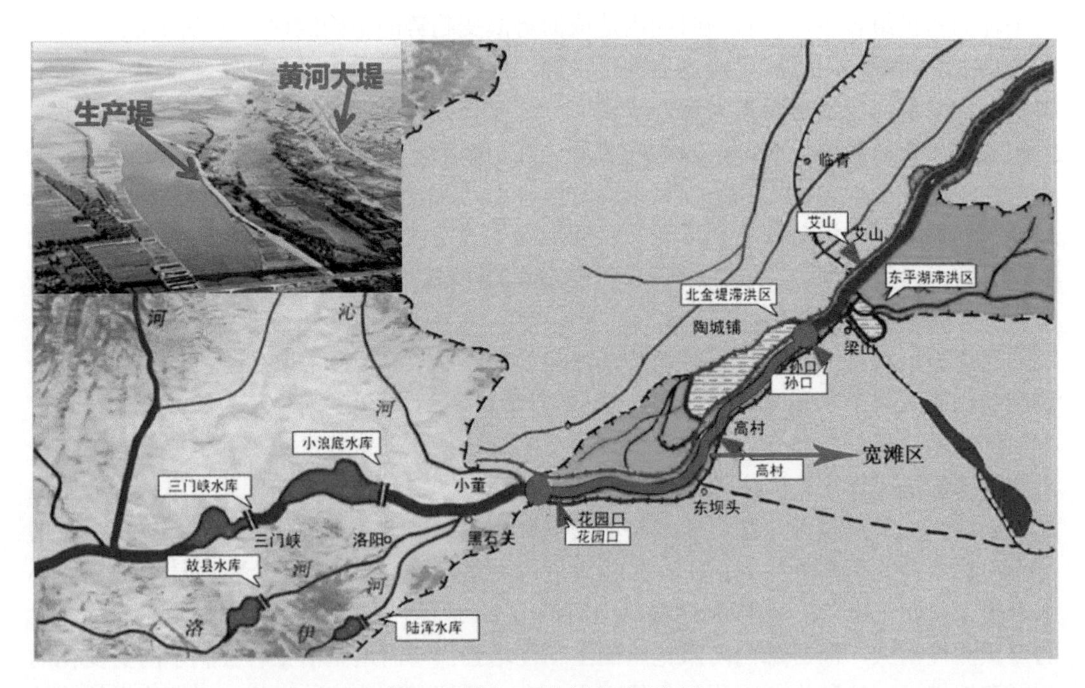

图 1.4 黄河下游宽滩区示意图

黄河下游滩区被左右摆动的河槽和生产堤分割，形成 124 个自然滩。面积大于 $100km^2$ 的滩区有 12 个，50～$100km^2$ 的有 5 个，30～$50km^2$ 的有 15 个，$30km^2$ 以下的有 92 个。滩区分布在河南、山东两省 43 个县(区)，滩区内村庄有 2004 个，人口有 189.5 万人。滩区的土地利用类型主要为耕地，其面积约为 $2267km^2$，占河道面积的 66.1%(张金良，2017)。河南段滩区自洛阳市孟津县白鹤至濮阳市台前县张庄，河道长 464km，滩区面积约 $2116km^2$，占滩区总面积的 99%以上。耕地面积为 $1520km^2$，居住人口为 125.4 万人，涉及郑州、开封、洛阳、焦作、新乡、濮阳 6 个省辖市、17 个县(区)。山东省内滩区总面积为 $17.02km^2$，涉及 9 个市、26 个县(区)，居住人口为 60 多万人。

根据河道特性将黄河下游滩区划分为四个河段，各河段内的滩区状况差异明显：

①孟津白鹤至郑州老京广铁路桥河段。全长 98km，河道宽 5～10km。右岸为邙山黄土高岗，左岸为温县清风岭，滩区主要集中在左岸的孟州市、温县、武陟县境内，习惯称为“温孟滩”，是孟州市、温县粮棉高产区，滩内修建了防御 10000m^3/s 洪水的堤防，使中小洪水不漫滩。②郑州老京广铁路桥至开封兰考东坝头河段。全长 131km，河道宽 5.5～12.7km，滩区多为高滩区，涉及原阳县、封丘县、中牟县、龙亭区、祥符区。③兰考东坝头至濮阳渠村河段。全长 70km，河道宽 5～20km，滩地开阔，下部逐渐变窄，呈喇叭形，素有“豆腐腰”之称，涉及兰考县、长垣市。④濮阳渠村至台前张庄河段。全长 165km，河道宽 1.4～8.5km，洪水漫滩概率较高，涉及濮阳县、范县、台前县。

滩区由于特殊的地理和自然条件，难以大力发展工业，产业以传统农耕为主，滩区经济发展缓慢，交通、水利等基础设施薄弱，教育、医疗、文化等社会事业发展滞后。2020 年前滩区内集中分布着封丘县、范县、台前县、兰考县 4 个国家级贫困县和原阳县、濮阳县 2 个省级贫困县，涉及贫困村 414 个，贫困人口达 33 万人。据调查，滩区乡 2012 年的人均公共财政预算收入为 290 元，仅为全省平均水平的 15%；人均公共财政支出为 366 元，仅为全省平均水平的 7.7%；57 个乡镇农民人均纯收入低于全省平均水平，特别是兰考县的三义寨乡、爪营乡、坝头乡和濮阳县的徐镇镇，农民人均纯收入低于国家贫困线 2300 元/a。决胜决战脱贫攻坚战后，滩区人民收入大幅提升，贫困县全部摘帽，但经济发展较全省整体水平仍相对落后，人均收入低于全省水平。

1.2.3 下游河道生态概况

黄河下游河道生态系统以湿地为主，主要类型包括河流、河漫滩、背河洼、故道和稻田，湿地面积总计 2885km^2，共有 5 处国家级、省级湿地自然保护区，2 处国家级水产种质资源保护区。保护区内有国家重点保护鸟类黑鹳、白鹳、白头鹤、白鹤、大鸨、天鹅等 39 种。河南省境内滩区内分布有维管束植物 130 科 455 属 827 种，其中蕨类植物 13 科 14 属 17 种，裸子植物 5 科 7 属 8 种，被子植物 112 科 434 属 802 种。乔本科和菊科物种占有明显优势，其中乔本科 103 种，菊科 49 种，蒿属 25 种，蓼属 21 种，分布有国家一级保护野生植物水杉、银杏，国家二级保护野生植物野大豆、水曲柳、莲、野菱(国家林业局，2015a)。脊椎动物有 5 纲 35 目 93 科 498 种，包括两栖纲 2 目 9 科 29 种，爬行纲 2 目 9 科 34 种，鸟纲 17 目 47 科 269 种，鱼类均为硬骨鱼，鲤形目种类为主，两栖目中无尾目达 102 种，鸟类中雀形目最多，其次是鸻形目与雁形目，爬行动物中有鳞目最多，以游蛇科为主，啮齿目和食肉目种类最多。

山东省境内滩区分布有湿地植物 115 科 390 属 687 种，其中苔藓植物 4 科 4 属 5 种，蕨类植物 4 科 4 属 5 种，裸子植物 4 科 10 属 17 种，被子植物 103 科 372 属 660 种，其中乔本科和菊科占有明显优势，乔本科 90 种，菊科 85 种。含种数目最多的为蓼属，其有 18 个物种；蒿属次之，有 14 个物种；莎草属有 13 个物种。湿地主要的植被类型有针叶林湿地植被、阔叶林湿地植被、灌丛、灌草丛、盐生草甸、沙生植被、沼泽和水生植被，在黄河下游常年积水或湿润地带常分布香蒲科的长苞香蒲、水烛、小香蒲，浮萍科的浮萍、品藻、紫萍，莎草科的各种藨草、莎草、薹草，禾本科的芦苇等植物分布(国家林业局，2015b）。湿地脊椎动物28目84科473种，两栖类1目4科8种，爬行类3目7科19种，鸟类19目60科406种，哺乳动物5目13科40种。两栖动物以蛙科种类为多，爬行类中蛇目占优，鸟类中以水鸟类为主，约占总物种的3/4，以鹬科和鸭科为主，哺乳动物包括翼手类、啮齿类、食虫类和小型食肉动物。

黄河下游河道鱼类有27种，隶属5目7科。鱼类以鲤形目居多，其次为鲈形目和鲇形目。鱼类群落结构以小型化、低经济价值鱼类为主，重要经济鱼类较少（刘洪波和菅浩然，2019）。根据《中国生物多样性红色名录——脊椎动物卷》中对黄河鱼类物种的评估，极危鱼类有2种，濒危鱼类有3种，易危鱼类有1种，近危鱼类有1种。20世纪90年代，受断流影响黄河下游鱼类资源减少。小浪底调水调沙后，黄河实现结构性不断流，鱼类资源有所恢复。然而，调水调沙引发高含沙水流在短时间内下泄，高浓度泥沙淤堵鱼鳃而影响鱼类摄氧功能，更导致水体溶解氧降低，对鱼类产生急性缺氧胁迫效应。同时，水库排沙引起的有毒物质再悬浮也会对鱼类产生负效应。调水调沙导致的“流鱼”是目前黄河下游鱼类受到的主要威胁之一。

1.3 黄河下游水利工程概况

目前，黄河流域已建有众多水利工程，其中位于干流的有龙羊峡、刘家峡、海勃湾、万家寨、三门峡和小浪底等大型水利枢纽，以及碛口、古贤等规划待建的大型水利枢纽。为防止下游洪水灾害的发生，我国开展了大规模的河道整治和堤防工程措施以固定河槽，分流洪水，调节洪峰。

1.3.1 小浪底水利枢纽工程概况

“黄河宁，天下平”。黄河自古多水患，历史上黄河的不断改道和泛滥给黄河流域，尤其是黄河下游的人民带来了无数灾难。中华人民共和国成立后，黄河流域新建几十座拦河大坝，小浪底水利枢纽是黄河干流下游最后一级大坝。小浪底水利枢纽位于黄河中游河南、山东两省交界最后一段峡谷出口处，控制着92.3%的黄河流域面积、91.2%的径流量，以及流域全部输沙量（小浪底水利枢纽管理中心, 2019）。工程的任务以防洪减淤为主，同时兼顾供水、发电、灌溉功能。小浪底水库的建成为黄河水沙治理提供了强有力的手段，标志着黄河调沙的开始。小浪底水利枢纽工程建筑物包括大坝、泄洪洞、排沙洞、发电引水隧洞、电站厂房、电站尾水洞、溢洪道和灌溉引水洞等。水库正常蓄水位为275m，死水位为230m，设计洪水位为274m，校核洪水位为275m。总库容为126.5亿m^3，其中防洪库容、调节库容和死库容分别为40.5亿m^3、51.0亿m^3和75.5亿m^3，最终可拦沙100亿t。水库排泄水沙的孔洞包括3条排沙洞、3条孔板洞、3条明流洞和6条发电洞，其中明流洞和发电洞下泄水流一般为清水，含沙量不超过60kg/m^3。排沙洞下泄水流含沙量较大，一般在300kg/m^3以上。通过对泄水洞的组合，可实现不同的水沙组合。

小浪底水利枢纽工程于1991年开工，1997年成功截流，2001年底完工。水库建成后，首先于2002～2004年进行了连续三年的调水调沙试验，对应三种调水调沙类型：

①通过小浪底水库直接对上游的来水来沙进行调节；② 小浪底水库接受上游河段的浑水，结合下游的伊河和沁河的清水进行调水调沙；③ 小浪底水库蓄水较多，通过与万家寨水库及三门峡水库协作，并结合人工选点扰沙的方式进行调水调沙。三次调水调沙试验共冲刷 1.483 亿 t 泥沙，排水 100.41 亿 m^3，冲刷入海泥沙共 2.568 亿 t，最小平滩流量由 1800 m^3/s 增大到 3000m^3/s ，实现了河道全冲刷(李国英和盛连喜，2011)。三次试验后，小浪底水库自 2005 年正式开始调水调沙，截至 2020 年，小浪底水利枢纽经过 19 年调水调沙，累计冲沙入海约 10 亿 t。

调水调沙同时，小浪底水利枢纽也实现了防洪、灌溉等功能。小浪底水库运行后，水量年内分配发生明显改变，下游汛期来水量减少，非汛期来水占比提高。通过调节水量，小浪底水利枢纽较好地控制了黄河洪水。通过利用淤沙库容拦截泥沙，结合调水调沙，小浪底水利枢纽减缓了下游河床淤积抬升。输沙主要发生在汛期，水库调水调沙下泄流量形成“平头洪峰”，下泄沙量明显减少。与调水调沙前相比，黄河下游河道主槽平均下降了 2.6m 左右，“二级悬河”形势得到缓解，最小过流能力由 1800 m^3/s 提高到 5000 m^3/s，黄河下游防洪标准因此由 60 年一遇提高到千年一遇，已连续 19 年安全度过伏汛期，基本解除凌汛威胁。同时小浪底水库累积供水 3391 亿 m^3，平均每年增加调节供水量 78.4 亿 m^3，保证了黄河下游来水量的稳定，提高了下游的可灌溉面积，减少了灌溉水中的含沙量，降低了引黄灌区的灌溉成本，提升了灌区农业经济效益。

小浪底水利枢纽运行多年以来，成功实现全河道冲刷，保障了下游人民生产生活和经济社会发展，但在水库运行过程中仍存在部分问题。

(1) 小浪底水利枢纽控制特大洪水的能力仍然有限。小浪底至花园口的无控制区百年一遇洪水设计洪峰流量为 12900m^3/s，来水经三门峡、小浪底、陆浑、故县 4 个水库联合调度后，花园口百年一遇洪水设计洪峰流量仍达 15700m^3/s。

(2) 河床冲刷效率下降。小浪底水利枢纽运行多年，下游河床多次冲刷后，小粒径泥沙在下游河床占比减小，运行前后黄河下游河床质粒径大于等于 0.100mm 的泥沙含量由 20.4%逐渐增加至 50%(王玉明等，2006)。河床粗化明显导致小浪底水库下泄的清水冲刷效率大幅下降。

(3) 调水调沙后续动力不足。黄河上游生态修复较好，中游发生洪水的频率减少。小浪底与三门峡水库距离较远，来水来沙减少，小浪底调水调沙面临后续动力不足的问题。

(4) 水库拦沙寿命减少。小浪底水库将泥沙拦截在库中，截至 2016 年汛前，小浪底水库累计淤积泥沙 30.97 亿 m^3 (李立刚等，2016)。水库淤积的细泥沙占比较高，减少了拦沙库容，缩短了水库的拦沙寿命。

(5) 调水调沙方案不能满足下游河道及河口生态需求。黄河调水调沙的实施改变了下游的水沙过程，调水调沙期间高含沙水流直接影响下游河道的水环境和水生态；入海水沙量决定了河口三角洲的造陆速率、淡水供给量及营养物质通量等水环境条件，对河口及三角洲生态有显著影响。小浪底水利枢纽现阶段的调水调沙方案以防洪减淤为主，需要针对下游河道及河口生态需求，制定新的调水调沙方案。

1.3.2 河道整治工程及堤防工程

黄河下游地势平坦，泥沙大量淤积，下游洪水灾害频发。历史上黄河改道大多因洪水灾害，公元前620年到公元1938年历史文献记载，黄河发生决口的次数已达1590次，改道次数达26次，其给下游流域居民带来了巨大的灾难，制约着区域经济的发展。为防止下游洪水灾害的发生，我国开展了大规模的河道整治和堤防工程措施，形成了“上拦下排，两岸分滞”的黄河下游防洪工程体系，其中“上拦”是利用中游干支流骨干水库群，如三门峡、小浪底水库拦蓄洪水和泥沙，“下排”是利用由黄河两岸临黄大堤、支流堤防和河道整治工程组成的堤防与河道整治工程。两岸分滞工程由挖河疏浚工程及蓄滞洪区工程组成，包括东平湖水库、北金堤滞洪区、齐河展宽区(北展)、垦利展宽区(南展)、大功分洪区，用以分流洪水，调节洪峰。

1. 河道整治工程

1950年起，为达到黄河防洪安全进行了河道整治工程试验。1965～1974年对过渡型河道开展河道整治，自此过渡型河道河势基本得到控制，主流摆动强度逐渐减弱，断面形态趋于稳定。1971年开始对游荡型河道开展河道整治，通过对黄河下游游荡型河道河势演变的规律性分析，提出了针对黄河下游游荡型河道整治的“微弯型整治方案”。经过河道整治，游荡型河道主流及边界的摆动范围明显减小，大部分河段河势得到了初步控制。1990年之后，将黄河下游游荡型河道的整治重点放在了花园口至夹河滩河段，河道整治工程起到了稳定主流、限制游荡程度、减少畸形河势等重要作用，减小了河段内“横河”“斜河”等不利河势发生的概率，在一定程度上保护了堤防安全，缓解了黄河下游的防洪压力。

以黄河下游白鹤至高村河段为例，1950～2014年河道整治工程密度逐年增大。1974～2005年为游荡型河道河势控导工程的密集建设期，工程密度从1974年的16%增加到2005年的55%，增幅约达244%。2005年以后，由于河道所受的人工约束已经较强，河道整治工作多为已有工程的改建和扩建，截至2014年，游荡型河道河势控导工程密度已达70%以上，黄河下游游荡型河道河势已得到基本控制。21世纪以来，小浪底水利枢纽的运用改变了流量的年内分配，进入下游的沙量锐减，黄河下游的水沙过程发生了显著变化，游荡型河道整治面临新的水沙情势。

2. 堤防工程

黄河大堤是防御洪水的主要屏障，是保护两岸人民安全的重要工程，以防御花园口站22000m³/s的洪水为设计标准，一般高7～10m，共修建临黄堤1371.227km，其中包括左岸临黄堤和右岸临黄堤，右岸临黄堤长624.248km。从孟津以下开始共四段，第一段起于孟津，自孟津牛庄至和家庙，长7.600km；第二段起于郑州邙山脚下，途经河南的中牟、开封、兰考和山东的东明、菏泽、鄄城、郓城至梁山，长340.183km；第三段从东平湖河段梁山国那里至东平青龙山的10段河湖两用堤及山口隔堤，长19.325km；第四段自济南市郊区宋家庄起，途经历城、章丘、邹平、高青、博兴至垦利21户，长

257.140km。左岸临黄堤长746.979km，共五段，第一段自河南孟州中曹坡，途经温县、武陟、原阳至封丘鹅湾，长171.051km；第二段自封丘鹅湾至吴堂，长9.320km；第三段自长垣大车集至宁庄，长22.000km；第四段起于河南长垣大车集，途经濮阳、范县至台前张庄，长194.485km；第五段起于山东阳谷陶城铺，途经东阿、齐河、济阳、惠民、滨州至利津四段，长350.123km。

1.4 黄河口及三角洲概况

1.4.1 黄河口及三角洲气候与地理条件

黄河三角洲(36°55′N～38°16′N，117°31′E～119°18′E)位于渤海湾南岸和莱州湾西岸，是古代、近代、现代三角洲的复合体。古代三角洲是1855年改道以前形成的三角洲，以蒲城为顶点，西起套儿河口，南达小清河口，面积约7200km²；1855年黄河由铜瓦厢，夺大清河入海，形成近代三角洲，西起套儿河口，南至支脉沟口，面积约6000km²；现代三角洲是1934年至今仍在继续形成的，以渔洼为顶点的扇面，西起挑河，南至宋春荣沟，面积约2400km²(骆永明等, 2017)。得益于入海口处河道趋缓、泥沙沉积，现代黄河三角洲被称为“共和国最年轻的土地”，其面积仍然以每年30km²持续增长，是世界上成陆速度最快的河口三角洲之一。

黄河三角洲属暖温带季风气候，年平均气温为12.3℃，年平均降水量为537mm，年平均蒸发量为1926mm。三角洲四季分明，春季较为干旱，降雨集中在夏季。夏季多年平均降水量占全年的69%，冬季仅占2%。地质构造上，黄河三角洲位于华北邢台新生坳陷东南部，济阳坳陷东部，覆盖有古生界、中生界、新生界等沉积地层。受黄河、海河输运影响，地质成分主要有黄土高原泥沙及泰沂山区的石灰质碎屑物质。小清河以南区域主要由泰沂山区物质冲积而成，小清河以北为黄泛平原，沉积物主要为粉砂、细砂、黏土、亚黏土，地层岩性较为松散，主要以全新统和上更新统含水层为含水介质。

三角洲呈现岗、坡、洼相间的复杂地形，主要有缓岗、河滩高地、微斜平地、浅平洼地、海滩地。总体上地势西南高、东北低，呈扇形向海边倾斜。靠近黄河河滩地势较高，远离河岸地势低。土壤为黄河的冲积物和海积物，受渤海影响，土壤盐渍化现象严重。地下水的埋深较浅，为0～3m，以微咸水、咸水和卤水为主，地下水位较高，一般在–2.5～7.5m。越靠近黄河河道，地下水位越高。在一些河间洼地及滨海低地等地区，地下水位较低。从黄河向海岸，地下水位逐渐降低。黄河的侧向补给、渤海的潮汐作用、降雨、蒸发等因素都对三角洲地下水的埋深有明显的影响。三角洲地下水的主要补给源为大气降水、黄河侧向补给、潮沟侧向补给等。地下水主要的排泄途径为地表蒸发、植被吸收和向海排泄，地下水的人为开采量较少。

近年来，在气候变化和人类活动影响下，黄河径流量发生变化，入海泥沙量减少，黄河三角洲岸线受到强烈侵蚀，蚀退区域远远大于淤进区域。造成岸线侵蚀的原因主要有以下几点。

(1)黄河改道影响。黄河改道频繁，自1855年以来在黄河三角洲改道10次。改道导致泥沙在不同位置入海，黄河故道缺少泥沙供给，部分流路存在时间较短，入海淤积泥沙不稳定，受到海水侵蚀。

(2) 风浪、潮汐、余流影响。海洋通过风浪启动泥沙，再经潮汐、余流进行搬运，导致岸滩侵蚀。黄河三角洲处在季风盛行区，主导风为东南风、东南偏南风，年均 137.5 天风速大于 6 级，为海岸侵蚀提供充足动力。同时，潮流与余流方向大致与岸线和等深线平行，搬运作用较强。

(3) 海平面上升影响。由于三角洲地势平缓、海拔较低，虽海平面上升缓慢，但也能产生一定影响。海平面上升后淹没潮滩湿地，减小陆地面积，海洋沿潮沟入侵滩涂，加速滩涂侵蚀；海洋的淹没深度增大，海流的撞击作用增强，加剧海岸侵蚀。

(4) 人类活动影响。修建海堤、公路等设施，围填海及水产养殖等人类活动影响了海岸线的变化。

1.4.2　黄河口水环境条件

1. 黄河口水沙条件

黄河口水沙条件受小浪底调水调沙影响显著。小浪底水库调水调沙期间大量径流流入，黄河口径流量可达 3000m³/s，削弱了黄河口的涨潮动力，增强了落潮动力。高含沙水流注入使河口悬沙浓度增加，泥沙沉降作用增强，导致河口泥沙以淤积为主，再悬浮作用减弱。调水调沙的实施在短时间内将大量泥沙输入河口，改变了入海水量和沙量的年内分配情况。2007 年调水调沙期间的调查显示，黄河口区域含沙量最高可达 7000mg/L，浓度大于 5mg/L 的区域明显扩大(毕乃双等, 2010)。据估计，2002～2010 年共有 13.09t 泥沙在河口淤积(陈沈良等, 2019)。调水调沙期由于下泄流量较大，河口处表层流速较快，与近岸潮流作用相对，在河口区域形成流速切变锋，大量悬沙受切变锋阻碍作用在河口处沉降，形成拦门沙，改变河口地貌。

小浪底调水调沙前期，水库释放出大量的“清”水，冲刷下游河床泥沙，大量床砂(粗泥沙)进入河口，使得表层泥沙的中值粒径增加。第二阶段排水量减少，排沙量急剧增加，小浪底水库的细颗粒泥沙(粒径范围为 0.006～0.010mm)与先前沉积的较粗的表层泥沙混合，导致表层泥沙中值粒径减小(Wu et al., 2017)。研究发现，调水调沙期间黄河口沿岸的悬浮泥沙扩散方向主要为东北及偏东北方向，受潮汐及波浪的水动力影响，靠近海岸侧泥沙颗粒较粗，向海一侧泥沙粒径逐渐变细(于帅等，2015)。随着小浪底水库调水调沙的逐年进行，黄河下游河床粒径不断粗化，调水调沙期间径流量基本保持不变，导致下游河床冲刷减缓，使得进入河口的粗泥沙量减少，泥沙颗粒变细，减缓了黄河口的淤积情况，更多的泥沙将沉积在距离河口更远的区域。

2. 黄河口水环境因子

小浪底调水调沙过程不仅改变了黄河口水沙条件，还通过水库泥沙下泄及河床冲刷等方式改变了河流营养物质的浓度和迁移转化过程，对黄河口的水环境产生影响。在小浪底调水调沙期间，大量淡水、泥沙颗粒物、氮磷等营养物质和重金属等物质被排放到黄河口区域。淡水稀释导致河口水环境盐度显著下降，调水调沙期间河口表层海水盐度降为20ppt[①] (Xu et al., 2014)。大量泥沙输入导致河口区域悬浮泥沙浓度增加，总悬浮颗粒物浓度从192mg/L增加到264mg/L，水体浊度最高可达1000 NTU(Wang et al., 2017; Lin et al., 2016)。悬浮颗粒物挟带碳、氮等营养物质进入河口，导致近海区域颗粒态营养物质含量增加。

细颗粒泥沙与重金属、多环芳烃等有机物结合，导致河口近海区域颗粒态重金属含量增加。调水调沙结束后，随着流量和输沙量减少以及泥沙的不断沉降，重金属含量降低，逐渐恢复到调水调沙前的水平。小浪底调水调沙改变了河口水沙条件和水环境因子，这种变化及其累积效应也会对三角洲湿地、河口及近海生态产生影响。

1.4.3　黄河三角洲湿地生态系统

黄河三角洲是我国暖温带最完整的湿地生态系统，是鸟类迁徙的重要驿站。每年南来北往的鸟类超过600万只，黄河三角洲被国内外鸟类专家形象地称为“鸟类国际机场”。2021年10月习近平总书记在《生物多样性公约》第十五次缔约方大会领导人峰会上发表主旨讲话后，首站考察了黄河三角洲，并确定了“做好保护工作，促进河流生态系统健康，提高生物多样性”的生态保护目标。

三角洲湿地面积65159hm^2，其中分布有浅海水域湿地14964 hm^2，淤泥质海滩湿地37571 hm^2，潮间盐水沼泽湿地6010 hm^2，河口水域湿地3766 hm^2，三角洲/沙洲/沙岛2848 hm^2（图1.5）。三角洲地处海陆交接，生物多样性丰富，有植被220余种，有野生动物1627种，其中鸟类有368种，包括丹顶鹤、东方白鹳等25种国家一级保护鸟类和大天鹅、灰鹤等65种国家二级保护动物(黄子强等，2018)，黄河三角洲是全球最大的东方白鹳繁殖地、黑嘴鸥全球第二大繁殖地、白鹤全球第二大越冬地、我国丹顶鹤野外繁殖的最南界。

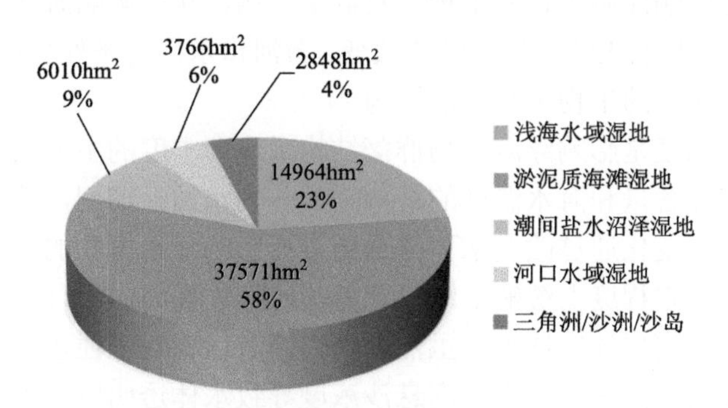

图1.5　黄河三角洲湿地面积占比

黄河三角洲内设国家自然保护区(37°35′N～38°12′N，118°33′E～119°20′E)，1992年10月其经国务院批准建立，总面积为15.3万hm^2。保护区分为核心区、实验区、缓冲区，核心区面积为5.8万hm^2，缓冲区面积为1.3万hm^2，实验区面积为8.2万hm^2。也有南

① 1 ppt＝10^{-12}。

北区域之分，其中南部区域位于黄河入海口，面积为 10.45 万 hm^2，北部区域为 1976 年改道后的黄河故道入海口，面积为 4.85 万 hm^2。保护区的建立使得黄河三角洲的鸟类已由 1992 年的 187 种增加到 2021 年的 371 种，近年来还首次发现火烈鸟、白鹈鹕、勺嘴鹬在这里栖息。

黄河三角洲自然资源丰富，生态系统独特，但由于其成陆时间短，生态环境脆弱，对河口水沙条件变化和人类活动具有很强的敏感性。保护区的设立在一定程度上缓解了黄河三角洲经济开发与生态保护的矛盾，然而河口水沙条件变异仍然威胁着黄河三角洲的生态安全。受入海河流、波浪潮汐和区域人类活动共同影响，黄河三角洲盐沼湿地植被类型单一、生态组成简单。在淡咸水交互作用下黄河三角洲植被呈带状分布，空间异质性明显。黄河三角洲植被类型包括淡水植被、淡咸水交互区植被及盐生植被。淡水植被主要分布在引黄灌溉区，形成了以芦苇为主的沼泽植被与林地植被。在滨海滩涂区域，受海水影响，土壤含盐量高，潮上带部分形成了以柽柳、碱蓬为优势物种的植被分布，潮间带区域以互花米草为主，潮下带主要分布底栖微藻、浮游植物及其他大型藻类。河口水沙条件变异打破了湿地水盐平衡，加重了土壤盐碱化，导致部分区域植被群落发生逆向演替，裸地增加，原生湿地面积减少，生境格局改变。

1.4.4 黄河口及近海生态

1. 浮游生物

浮游植物是海洋生态系统中最重要的初级生产者，通过光合作用为海洋环境提供大量溶解氧。浮游动物作为初级消费者是海洋鱼类重要的饵料，被定义为海洋的经济水产动物。两者是海洋大多数生物的主要食源，是水域生产力的基础，也是海洋环境健康的指示生物。当海洋生态环境遭到破坏或发生重大改变时，浮游生物是最先做出响应的物种，外界环境通过影响浮游生物的生物量及群落结构，从而影响海洋生态系统的水质、能量流动、物质流动及造成的生物资源的改变。黄河口水环境条件受调水调沙影响显著，进而影响河口浮游生物的生物量和群落结构。

盐度和营养盐浓度是影响浮游植物群落结构组成和丰度的主要因素，河口的径流输入是改变河口营养盐含量和海水温度的直接因素。调水调沙期间，黄河口盐度下降，营养盐浓度升高，盐度变化通过改变水体渗透压进而影响浮游植物的光合作用及生长率。营养盐浓度的增加一定程度上缓解了河口营养盐比例失衡的问题，促进了浮游植物生长。同时，调水调沙导致河口浊度增加，虽然黄河口浮游植物对浑浊水体有一定适应能力，但大量泥沙在一个月内注入黄河口，高悬沙浓度导致水体透明度显著降低，光照仍会对浮游植物的光合作用有一定的限制，调查显示，河口叶绿素含量在调水调沙期减少了 50%(孙珊等，2019)。浮游动物对调水调沙响应的相关研究较少，但从黄河口浮游动物的调查研究来看，黄河调水调沙促进浮游植物生长而使浮游动物丰度提高，并且高温低盐条件对浮游幼虫生长有促进作用。

2. 水生植物

海草是一类生长在热带至温带海域浅水中的单子叶高等植物，作为近岸浅海最重要的初级生产者，其构成的海草床是滨海三大典型生态系统之一，也是地球生物圈生产力和生态服务功能最高的生态系统之一，具有极其重要的生态功能。黄河口分布着中国沿海最大的与互花米草混生的日本鳗草海草床，其面积约 1031hm^2，在黄河口南北两侧的潮间带均有分布(周毅等，2016)。自 20 世纪以来，受全球变暖、海平面上升和人类活动的影响，世界范围内的海草床以每年 7%的衰退率减少(Waycott et al., 2009)，黄河口的海草床也呈衰退趋势。2019 年北海市海洋局开展海草床调查，发现曾有日本鳗草海草床分布的黄河口垦利区和黄河口门附近海域，未见成片海草床，而互花米草生长茂盛，覆盖度和密度极高。

水环境条件显著影响海草的种子萌发、生长和发育。光照是影响海草光合作用的主要因子，水下光环境的改变会对海草的光合作用、水生生态系统新陈代谢产生较大影响。来自陆地的沉积物特别是黄橙色颗粒物会导致透光率的变化，这种变化会随着沉积物浓度的增加而增强(Cussioli et al., 2020)。温度也是影响海草生长代谢的重要因素，在适宜温度范围内，大叶藻(*Zostera marina*)海草在 20℃水温中暴露时间越长，海草叶片的生长速率越高(Kaldy et al., 2015a)。日本鳗草叶片生产力也与水温呈正相关关系(Kim et al., 2015)，但水温过高会降低海草的生产力，增加海草的呼吸作用。

盐度对日本鳗草种子萌发的影响最为显著，低盐度的海水可以促进种子萌发，高盐度的海水可以提高鳗草种子的保存期(Kaldy et al., 2015b)。盐度也是抑制海草正常生长和代谢的重要环境限制因子，其主要通过改变植物体内渗透压和离子浓度对植物的生长和发育构成威胁(Julkowska and Testerink, 2015)。盐度的升高和降低对海草均能产生不利的影响。高盐度通过降低叶水势，导致离子失衡，使得 Ca^{2+}和 K^{+}浓度下降，对海草的生存和生长构成威胁，使其难以维持生长(Cambridge et al., 2017)。水体浊度也影响着海草的生长和代谢。浊度增加导致水体缺氧，气态 H_2S 入侵植物，抑制海草代谢，海草死亡率升高(Pérez-Pérez et al., 2012)。高浊度也降低了水下光合辐射，抑制海草光合色素形成，使得鳗草叶绿素含量减少，对鳗草的生长产生抑制作用(丰玉等，2018；蒋湘丽，2016)。

海草对水环境因子的变化响应敏感，黄河口水环境条件受小浪底调水调沙影响波动较大。以海草为水生植物指示物种，研究其对河口水环境因子变化的响应机制，对恢复和保护河口水生生态系统具有很好的指导意义。

3. 鱼类资源

黄河入海径流挟营养盐及有机物等入海，与海洋环境相互作用，形成了有利于鱼类生长、发育的良好生态环境，黄河口成为多种经济鱼类的重要产卵场和育幼场。黄河口鱼类资源的主要种类具有在温暖的春夏季选择低盐河口近岸产卵的特性(表 1.1)。黄河自贯通入海时形成了 3～4 月的春汛，对创造河口春季低盐淡水环境十分有利，同时为产卵与幼仔生长输送了丰富的营养物质。适宜的温度和盐度营造了丰富的黄渤海区渔业资源，约有 39 种鱼类在黄河口海域产卵(Chen et al., 2000)，黄河口成为最重要的产卵、育幼和索饵场。

表 1.1　黄河口主要渔业物种产卵期和环境偏好

种类	产卵期/月	盐度/‰	温度/℃
中国虾	4～5	25	13～18
梭鱼	4～6	14～18	12～20
大黄鱼	4～6	28～31	15～17
小黄鱼	6～7	30～32	16～28
赤鼻棱鳀	5～7	28～31	14～22
淞江鲈	2～3	30～32	4～5
蓝点马鲛	5～6	28～31	9～18
短吻红舌鳎	6～7	42	20.5～22.8
少鳞鱚	5～6	30.7～32.4	25～29
斑鰶	4～7	20.7～22.7	18～25
白鳞鱼	5～6	22～24	18
许氏平鲉	4～5	28～32	12
叫姑鱼	5～6	13～17	18～22

随着大坝拦蓄、中下游引水灌溉等一系列人工干预，黄河春季入海水量从 20 世纪 80 年代到 90 年代减少了 65%，春汛基本消失，河口及其邻近海域春季低盐淡水环境逐渐改变。1991～1999 年连年断流，累计断流 902 天，依赖淡水生境的黄河刀鱼在 90 年代基本绝迹，莱州湾中国对虾等重要渔业物种的产量也显著减少(Sun et al., 2013; Wang et al., 2016)。入海径流量减少也导致浮游植物生物量减少，海洋初级生产力水平下降，间接影响了鱼类资源。

小浪底水库投入运行后，黄河水量实施统一调度使得黄河能够保持结构性不断流，调水调沙期间入海水沙量均大幅增加，但没有从根本上解决海洋生态对冲淡水的需求问题。黄河口缺水是季节性缺水，调水调沙是否能满足下游河道及河口区生物对淡水的需求，满足水生生物对水环境条件的要求，并兼顾夏季汛期的来水来沙等问题，需要进行系统统筹考虑，因此，明确黄河口的生态需水规律，提出适宜的河口流量过程调度方案，对黄河口渔业资源的恢复和可持续利用具有现实指导意义。

参 考 文 献

毕乃双，杨作升，王厚杰，等. 2010. 黄河调水调沙期间黄河入海水沙的扩散与通量. 海洋地质与第四纪地质, (2): 31-38.

陈沈良，谷硕，姬泓宇，等. 2019. 新入海水沙情势下黄河口的地貌演变. 泥沙研究, 44(5): 61-67.

丰玉，蒋湘丽，林海英，等. 2018. 黄河口日本鳗草(*Zostera japonica*)在环境胁迫下的光合响应研究. 北京师范大学学报(自然科学版), 54(1): 25-31.

国家林业局. 2015a. 中国湿地资源河南卷. 北京: 中国林业出版社.

国家林业局. 2015b. 中国湿地资源山东卷. 北京: 中国林业出版社.

胡春宏, 陈建国, 郭庆超, 等. 2007. 黄河水沙调控与下游河道中水河槽塑造. 北京: 科学出版社.

黄子强, 车纯广, 谭海涛, 等. 2018. 黄河三角洲水鸟多样性调查及种群数量监测. 山东林业科技, 48(2): 41-45.

蒋湘丽. 2016. 黄河口矮大叶藻对水体浊度及重金属Cu变化的光合响应. 北京: 北京师范大学.

李国英. 2002. 黄河调水调沙. 人民黄河, (11): 1-4.

李国英. 2004a. 基于空间尺度的黄河调水调沙. 人民黄河, (2): 1-4.

李国英. 2004b. 黄河第三次调水调沙试验. 人民黄河, (10): 1-7.

李国英, 盛连喜. 2011. 黄河调水调沙的模式及其效果. 中国科学: 技术科学, 41(6): 826-832.

李立刚, 陈洪伟, 李占省, 等. 2016. 小浪底水库泥沙淤积特性及减淤运用方式探讨. 人民黄河, 38(10): 40-42.

刘洪波, 菅浩然. 2019. 黄河下游鱼类资源调查研究. 安徽农业科学, 47(19): 110-112.

骆永明, 李远, 章海波, 等. 2017. 黄河三角洲土壤及其环境. 北京: 科学出版社.

山东黄河三角洲国家级自然保护区管理局. 2016. 山东黄河三角洲国家级自然保护区详细规划. 北京: 中国农业出版社.

史辅成, 易元俊, 高治定. 1990. 黄河流域暴雨洪水特性. 水文, (4): 50-53.

孙珊, 苏博, 李凡, 等. 2019. 调水调沙对黄河口及邻近海域环境状况的影响. 海洋环境科学, 38(3): 399-406.

王玉明, 李建成, 梁海燕. 2006. 黄河下游河道主槽淤积物粒径变化分析. 中国水土保持, (8): 14-15.

小浪底水利枢纽管理中心. 2019. 小浪底水利枢纽: 让黄河健康奔流润泽四方. 中国水利, (19): 47.

许炯心. 2012. 黄河河流地貌过程. 北京: 科学出版社.

于帅, 毕乃双, 王厚杰, 等. 2015. 黄河调水调沙影响下河口入海泥沙扩散及沉积效应. 海洋湖沼通报, (2): 155-163.

张金良. 2017. 黄河下游滩区再造与生态治理. 人民黄河, 39(6): 24-27

周毅, 张晓梅, 徐少春, 等. 2016. 中国温带海域新发现较大面积(大于50ha)的海草床: I 黄河河口区罕见大面积日本鳗草海草床. 海洋科学, 40(9): 95-97.

Cambridge M L, Zavala-Perez A, Cawthray G R, et al. 2017. Effects of high salinity from desalination brine on growth, photosynthesis, water relations and osmolyte concentrations of seagrass posidonia australis. Marine Pollution Bulletin, 115(1-2): 252-260.

Chen D, Shen W, Liu Q, et al. 2000. The geographical characteristics and fish species diversity in the Laizhou Bay and Yellow River estuary. Journal of Fishery Sciences of China, 7(3): 46-52.

Cussioli M C, Seeger D, Pratt D R, et al. 2020. Spectral differences in the underwater light regime caused by sediment types in New Zealand estuaries: implications for seagrass photosynthesis. Geo-Marine Letters, 40(2): 217-225.

Julkowska M M, Testerink C. 2015. Tuning plant signaling and growth to survive salt. Trends in Plant Science, 20(9): 586-594.

Kaldy J E, Shafer D J, Ailstock M S, et al. 2015b. Effects of temperature, salinity and seed age on induction of *Zostera japonica* germination in North America, USA. Aquatic Botany, 126: 73-79.

Kaldy J E, Shafer D J, Magoun A D. 2015a. Duration of temperature exposure controls growth of *Zostera japonica*: implications for zonation and colonization. Journal of Experimental Marine Biology and Ecology, 464: 68-74.

Kim Y K, Kim S H, Lee K S. 2015. Seasonal growth responses of the seagrass Zostera marina under severely diminished light conditions. Estuaries and Coasts, 38(2): 558-568.

Lin H, Sun T, Xue S, et al. 2016. Heavy metal spatial variation, bioaccumulation, and risk assessment of Zostera japonica habitat in the Yellow River Estuary, China. Science of the Total Environment, 541: 435-443.

Pérez-Pérez M E, Lemaire S D, Crespo J L. 2012. Reactive oxygen species and autophagy in plants and algae. Plant Physiology, 160(1): 156-164.

Sun T, Xu J, Yang Z. 2013. Environmental flow assessments in estuaries based on an integrated multi-objective method. Hydrology & Earth System Sciences, 17(2): 751-760.

Wang H, Wu X, Bi N, et al. 2017. Impacts of the dam-orientated water-sediment regulation scheme on the lower reaches and delta of the Yellow River (Huanghe): a review. Global and Planetary Change, 157: 93-113.

Wang S, Fu B, Piao S, et al. 2016. Reduced sediment transport in the Yellow River due to anthropogenic changes. Nature Geoscience, 9(1): 38-41.

Waycott M, Duarte C, Carruthers T J, et al. 2009. Accelerating loss of seagrasses across the globe threatens coastal ecosystems. Proceedings of the National Academy of Sciences of the United States of America, 106(30): 12377-12381.

Wu N, Liu S M, Zhang G L. 2017. Impacts of water-sediment regulation and rainstorm events on nutrient transports in the lower Yellow River. Haiyang Xuebao, 39(6): 114-128.

Xu B, Xia D, Burnett W C, et al. 2014. Natural 222Rn and 220Rn indicate the impact of the Water–Sediment Regulation Scheme (WSRS) on submarine groundwater discharge in the Yellow River estuary, China. Applied Geochemistry, 51: 79-85.

第 2 章　下游河道对水沙动态调控的响应

黄河上中游的水沙动态调控直接影响进入下游河流的物质组成和能量耗散，进入下游河流物质和能量的变化将影响下游河道的演变，包括河床形态和洲滩演变等。本章主要从水库下游河道水-沙-床时空演变特征，下游河道河床演变趋势预测，以及未来滩区修建防护堤情景下游河床演变模拟三方面来阐述水沙动态调控对下游河道演变的影响。

2.1　水库下游河道水-沙-床时空演变特征

基于河道物质组成与能量耗散沿程分布对水沙动态调控的响应规律，本节主要探讨了水库下游河道水-沙-床时空演变特征，为完善下游河道短时冲淤调整与长期地貌演变动力学模型提供支撑。

水库群对河流下游河道的影响主要体现在来水来沙的变化引起河床演变的变化。河床演变的变化又反作用于来水来沙的变化，两者相互联系、相互影响、相辅相成。

在来水来沙条件方面，一般来说，经过水库的调节，下游洪峰流量减少，中水流量持续时间延长，枯水流量增大，年内和年际流量变幅减小。在蓄水初期，下泄沙量骤减，库区流速变缓，粗沙沉淀在水库中，河床泥沙组成暂时变细。随着水库的运用，库区淤积发展，进入下游河道的沙量逐渐增多。对于滞洪水库，进入下游河道的含沙量有所滞后，排沙时间延长。在改变下游河道河床演变方面，下游河床冲刷下切，导致水位下降，河床出现粗化现象。随着河床粗化及抗冲能力增强，河岸抗冲能力相对减弱，导致河道侧向展宽，引起河岸崩塌，促使堤岸险情增多。到水库运用后期，库区逐渐淤满，下泄水量和沙量增加，下游河床粗化现象减弱，河道发生淤积。总之，水库运用方式的不同，出库水沙关系也多种多样，对下游水沙条件的改变程度差别较大。

2.1.1　水库建成初期下游河道水-沙-床的时空演变特征

水库建成初期属于蓄水拦沙运用阶段，水库对径流、泥沙调节作用较大，汛期出库径流量和泥沙量减小。1960 年 10 月至 1964 年 10 月为三门峡水库蓄水拦沙期，其极大地改变了天然来水来沙过程，进入黄河下游的水量增加，来沙量大幅减小。洪峰流量大幅度削减，最大削峰比达 68%左右，中水流量持续时间加长，洪峰过程明显坦化，花园口 3000m^3/s 以上的流量历时年均 48 天。

此时，水库除异重流排沙外，下泄沙量很少而且非常细。下游河道自上而下普遍发生冲刷，其主要集中在高村以上河段，河道的冲刷使排洪能力增大。花园口至高村河段由于当时边界控制性较差，河床既有下切，又有展宽，断面形态变化不大，仍为宽浅散乱；高村以下工程控制较好，主槽以下切为主。该时期下游河道冲刷泥沙以细沙为主，这是因为该时期流量大，河道整治工程数量少，河势摆动范围相对较大，泥沙冲刷不仅来自河槽，同样滩地塌失也会补给大量泥沙。河道发生冲刷，平滩流量增大，花园口约为 6840m^3/s，下游平均比三门峡水库修建前(1960 年以前)增加了 1000m^3/s 左右。

1999～2006 年属于小浪底水库拦沙初期，进入黄河下游的水量和沙量都大幅减小，该时期下游河道发生了明显的冲刷下切，小浪底至利津河段年均冲刷 1.328 亿 m^3，其中小浪底至花园口、花园口至高村、高村至艾山、艾山至利津四个河段年均冲刷量分别为 0.438 亿 m^3、0.56 亿 m^3、0.11 亿 m^3、0.22 亿 m^3，分别占 33.0%、42.2%、8.3%、16.5%。1999～2006 年黄河下游河道实现全程冲刷，沿程冲刷量分布呈现两头大中间小的特点，即高村以上河段和艾山以下河段冲刷较多，高村至艾山河段冲刷较少。其中高村以上河段冲刷 5.949 亿 m^3，占冲刷总量的 75%，特别是夹河滩以上河段冲刷量达 5.13 亿 m^3，占冲刷总量的 65%。艾山至利津河段冲刷 1.322 亿 m^3，占冲刷总量的 16.7%。而高村至孙口河段仅冲刷 0.385 亿 m^3，占冲刷总量的 4.5%。从冲刷时间分布看，冲刷主要发生在汛期，汛期总冲刷量为 6.371 亿 m^3，占 1999～2006 年总冲刷量的 68%。从实际冲刷量看，2003 年的冲刷量最大，为 2.62 亿 m^3，占总冲刷量的 33%，其次为 2004 年，为 1.578 亿 m^3，占总冲刷量的 20%；2000～2002 年冲刷量相对较少，均在 0.8 亿 m^3 以下，三年合计冲刷量占冲刷总量的 28.8%。

从冲淤发展情况看，冲刷不断向下游发展。2000 年由于小浪底水库大量蓄水，其运用期间基本为小流量下泄过程，冲刷主要发生在夹河滩以上河段，2001 年小浪底水库仍然是小流量下泄过程，冲刷主要发生在高村以上河段，较 2000 年冲刷距离有所增加，2002 年非汛期下游平均流量为 509m^3/s，冲刷发展到孙口，冲刷重心在花园口至夹河滩河段，占全下游冲刷量的 64%，较 2001 年的花园口以上河段明显下移。2003 年非汛期下游平均流量虽然仅为 331m^3/s，冲刷发展到艾山，但冲刷重心仍在花园口至夹河滩河段，占下游冲刷量的 99%。2004 年非汛期下游平均流量虽然达 1026m^3/s，较 2001 年、2002 年、2003 年非汛期平均流量都大，但冲刷距离相对较短，仅发展到高村。2005 年非汛期来水量较 2004 年小，汛期水量与 2004 年基本持平，但汛期平均含沙量较低，冲刷发展到孙口。2006 年整个调水调沙期，小浪底水库出库沙量为 0.0841 亿 t，水量为 53.86 亿 m^3，利津站输沙量为 0.648 亿 t，水量为 48.13 亿 m^3，由于河段引沙，小浪底至利津河段冲刷量为 0.601 亿 t，除夹河滩至高村和艾山至泺口微淤外，其他河段均发生冲刷。与前几次调水调沙相比，虽然本次调水调沙进入下游河道的平均流量有所增加，但冲刷效率仅为 11.06kg/m^3，小于前几次调水调沙，夹河滩至高村和艾山至泺口还发生微淤，这是由于小浪底水库建成后，下游河道发生连续冲刷，河床粗化，抗冲刷性增强，下游河道的引水也是本次调水调沙冲刷效率减小的一个重要因素。

同时，黄河下游主槽逐渐刷深，过流能力大幅增加，下游 7 个站的平滩流量整体提高，并且上段增加得多，下段增加得少。2000～2006 年花园口站的平滩流量从 3600m^3/s 恢复到 5500m^3/s，夹河滩站从 3300m^3/s 增加到 5000m^3/s，高村站从 2600m^3/s 左右增加到 4500m^3/s，孙口站从 2450m^3/s 左右增加到 3500m^3/s，利津站从 3100m^3/s 左右增加到

$4000m^3/s$。

2.1.2　拦沙后期下游河道水-沙-床的时空演变特征

1964 年 11 月至 1973 年 10 月，为三门峡水库滞洪排沙期，该时期属于平水多沙系列。三门峡水库全年敞开闸门泄流排沙，经过两次改建，泄流能力逐渐增大，出库的水沙过程有所改善，但水库的滞洪削峰作用依然很大，削峰率可达 30%～40%，出库的流量过程调匀，排沙较少，而洪水过后降低水位排沙，形成“大水带小沙、小水带大沙”水沙不适应的过程。这种水沙关系不利于下游河道输沙，使淤积量增加，主槽淤得多，滩地淤得少，造成滩槽高差减小，特别是艾山以下主槽淤积加重，排洪能力上大下小的矛盾更加尖锐。小浪底至利津河段年均淤积 3.172 亿 m^3，其中小浪底至花园口、花园口至高村、高村至艾山、艾山至利津四个河段年均淤积分别为 0.587 亿 m^3、1.511 亿 m^3、0.554 亿 m^3、0.52 亿 m^3，分别占 18.5%、47.6%、17.5%、16.4%。这种运用方式实质上是把大洪水淤滩刷槽的概率减小了，本应淤在滩地的泥沙，由于水库的滞洪作用留在库内，洪水过后降低水位排沙，使其淤在下游河道主槽内，从而改变了淤积部位。又由于从 1958 年起在两岸滩地修有生产堤，一般洪水只在生产堤之间运行，生产堤与大堤之间滩地进水较少，淤积量小，因此，局部河段在两岸大堤之间已开始形成一条河床高于生产堤以外滩地的“二级悬河”。

下游河道的平滩流量大幅下降，过流能力降低，1964～1973 年花园口站从 $8200m^3/s$ 下降到 $3560m^3/s$，夹河滩站从 $8500m^3/s$ 下降到 $3400m^3/s$，高村从 $9500m^3/s$ 下降到 $3500m^3/s$，孙口从 $8300m^3/s$ 下降到 $3780m^3/s$，利津站从 $7500m^3/s$ 下降到 $3800m^3/s$。

2007～2017 年属于小浪底水库拦沙期，进入黄河下游的水量增多，沙量大幅减少。花园口最大日均流量趋于稳定，最小日均流量逐年增加(图 2.1)，最大和最小日均含沙量逐渐减小(图 2.2)，黄河下游河床进一步冲刷且冲刷量减小，主槽窄深，河势摆动幅度减小，河床粗化且逐渐趋于稳定，河槽平滩流量继续增加且增加幅度逐渐趋于平稳，下游河道过流能力提高。

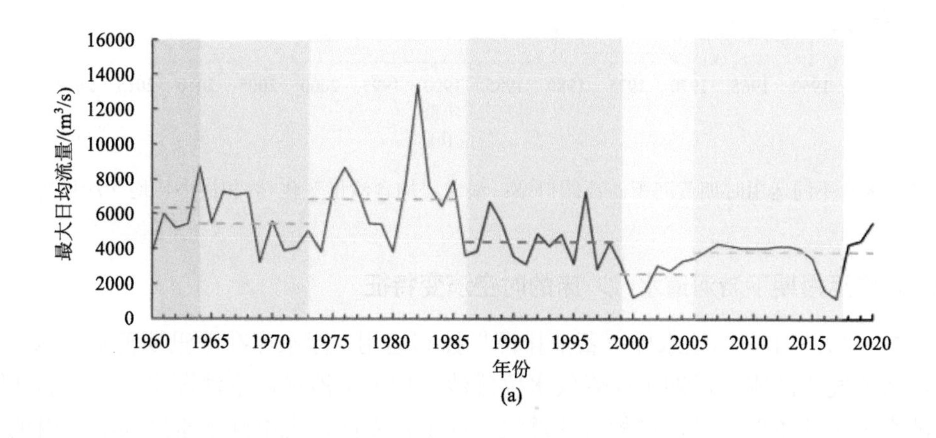

(a)

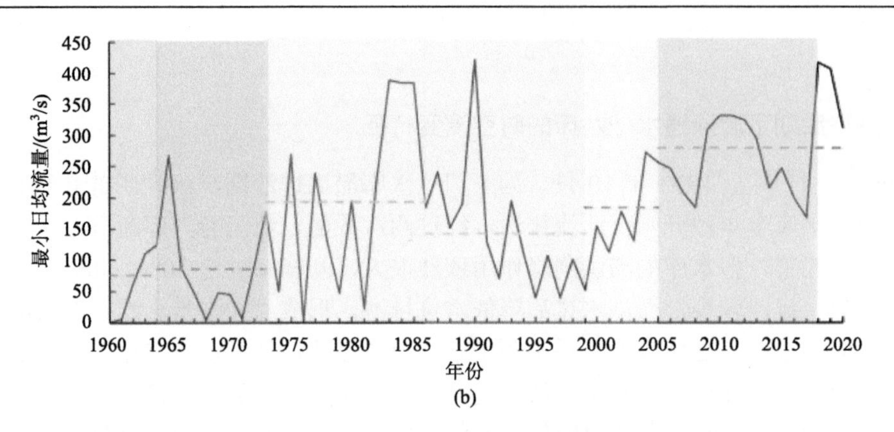

图 2.1　水库不同运用时期黄河下游花园口站：最大日均流量变化(a)和最小日均流量变化(b)

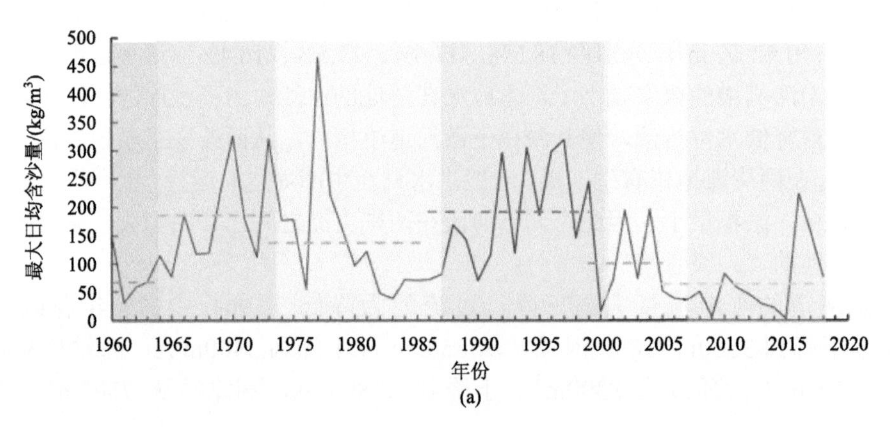

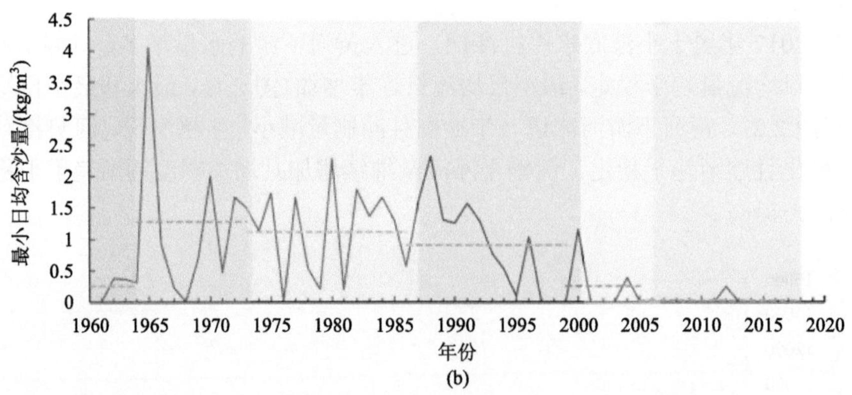

图 2.2　水库不同运用时期黄河下游花园口站：最大日均含沙量变化(a)和最小日均含沙量变化(b)

2.1.3　正常运用期下游河道水-沙-床的时空演变特征

1974～1985 年三门峡水库“蓄清排浑”控制运用，即水库在非汛期蓄水拦沙，下泄清水，河道发生冲刷，汛期水库降低水位排沙，加大来沙量，下泄浑水。河道的冲刷或淤积随来水来沙条件而异，这种演变过程不同于建库前，也不同于水库滞洪运用期。在这期间，黄河下游发生了两场典型洪水：一是 1977 年的高含沙洪水，花园口站最大洪峰流量为10800m^3/s；二是1982年8月洪水，花园口站最大洪峰流量为15300m^3/s，为中华人民共和国成立后发生的第二大洪峰流量值、三门峡水库修建后最大洪峰流量值，该场洪水洪量大、含沙量小。这个时期黄河下游河道演变经历了1973～1980年以淤积为主与1980年11月至1985年10月以冲刷为主的两个不同阶段。该时期小浪底至花园口年均冲刷0.264亿m^3，花园口至利津河段年均淤积0.500亿m^3，其中花园口至高村、高村至艾山、艾山至利津三个河段年均淤积分别为0.093亿m^3、0.339亿m^3、0.068亿m^3，分别占总淤积量的18.6%、67.8%、13.6%。

该时期平滩流量比之前略微增加，到1980年汛前，下游河道的平滩流量增大，达到4000～6000m^3/s，接近建库前的情况。1981～1985年黄河下游来水来沙条件十分有利，河道平滩流量进一步增大，到1985年汛期，下游河道平滩流量平均达6000～7000m^3/s。花园口断面平滩流量呈现出波动中逐渐增加的趋势，从1974年的4120m^3/s增加到1985年的6900m^3/s。夹河滩断面从1974年的3600m^3/s增加到1985年的7000m^3/s。高村断面从1974年的3370m^3/s增加到1985年的7600m^3/s，其间经历两次较大波动，从1974～1977年呈现持续增加趋势，之后逐渐减小，到1981年降至3900m^3/s，随后又持续增加，达到该时期的最大值。孙口呈现和高村一样的变化趋势，从1974年的3350m^3/s增加到1985年的6500m^3/s，1983年达到该时期的最大值，为6800m^3/s。泺口和利津断面与高村和孙口断面的变化趋势类似，泺口从1974年的3000m^3/s增加到1985年的6000m^3/s，利津断面从1974年的3600m^3/s增加到1985年的6300m^3/s，1983年达到该时期的最大值，为7000m^3/s。

1986～1999年是黄河下游枯水少沙时期，来水连续偏枯，而来沙年际变化较大，中枯水流量历时变长。这期间，黄河下游发生的最大洪水为1996年8月洪水，花园口洪峰流量为7860m^3/s，仅相当于洪峰流量的多年平均值，但下游绝大部分河段出现历史最高水位，漫滩淹没损失十分严重。

由于这期间来沙偏少，下游河道淤积总量并不是很大(图2.3)，小浪底至利津河段年均淤积1.636亿m^3，其中小浪底至花园口、花园口至高村、高村至艾山、艾山至利津四个河段年均淤积分别为0.306亿m^3、0.792亿m^3、0.247亿m^3、0.290亿m^3，分别占总淤积量的18.7%、48.5%、15.1%、17.7%。但泥沙大部分淤积在主槽内，造成河槽严重萎缩，尤其是高含沙小洪水概率的增大使得宽河道主槽及嫩滩淤积加重，同流量水位升高较快，加剧了“二级悬河”的发展，增大了黄河下游防洪压力。水库不同运用时期黄河下游沿程各河段年均冲淤量整体分布情况如图2.3所示。

1986年之后，下游河槽迅速回淤，平滩流量急剧减小。到1996年汛期，下游主要控制断面的平滩流量已下降到3000m^3/s左右，接近1973年汛前的情况。1997～1999年黄河下游花园口和夹河滩断面冲刷，平滩流量有所回升，高村和孙口断面继续下降。艾山断面于1997年达到有实测资料以来的最小值(2200m^3/s)。泺口和利津断面微冲，平滩流量平稳中略有回升(表2.1)。

2018～2020年，黄河上游进入丰水期，2018年和2019年汛期水库排沙期下游河道发生显著淤积，淤积均集中在夹河滩以上河段；河道前期的长期冲刷使得河道边界条件不利于输沙，河道河势散乱，新滩多，主流不集中，河弯增多，使得淤积偏多；2019年水库出库粗颗粒泥沙比例偏高，使得 2019 年淤积量和淤积比大于 2018 年。2020 年黄河下游利津以上河段呈现微淤的状态，淤积量为 1.003 亿 t，其中大部分淤积在夹河滩以上河段。2018～2019 年，黄河下游的平滩流量比之前增加(表 2.2)。

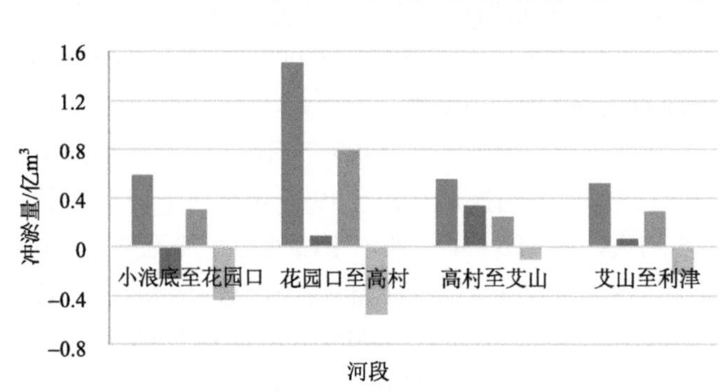

图 2.3　水库不同运用时期黄河下游各河段年均冲淤量

表 2.1　1986～1999 年黄河下游平滩流量分析

项目	花园口	夹河滩	高村	孙口	艾山	泺口	利津
1986 年流量/(m^3/s)	6600	7200	7400	6272	5020	5400	4700
1999 年流量/(m^3/s)	3420	3200	2800	3320	2630	3100	3500
变化值/(m^3/s)	3180	4000	4600	2952	2390	2300	1200
增幅/%	–48	–56	–62	–47	–48	–43	–26

表 2.2　枢纽群不同运用时期黄河下游平均平滩流量变化　　(单位：m^3/s)

时期	花园口	夹河滩	高村	孙口	艾山	泺口	利津
1960 年以前	6261	6280	6032	5840	—	5602	5731
1960～1964 年	6840	7160	7900	7540	—	—	7040
1965～1973 年	5574	5767	5700	5202	—	4280	5711
1974～1985 年	5845	5769	5798	5379	5760	4813	5215
1986～1999 年	4473	4479	4182	4071	3918	4129	3793
2000～2006 年	4357	3657	3057	2679	2994	3243	3329
2007～2017 年	6773	6318	5536	4109	4082	4336	4427
2018～2019 年	7200	7100	6500	4400	4350	4700	4650

2.2　下游河道河床演变趋势预测

2.2.1　下游河道冲淤演变准二维水动力学模型

基于黄河水利科学研究院开发的多沙河流洪水演进与冲淤演变数学模型，构建了黄河下游河道冲淤演变准二维水动力学模型。

1. 水沙运动基本方程

水流与泥沙运动的水流连续方程、水流运动方程、泥沙连续方程和河床变形方程等如下。

水流连续方程：

$$\frac{\partial A_i}{\partial t}+\frac{\partial Q_i}{\partial x}-q_{Li}=0 \tag{2.1}$$

水流运动方程：

$$\frac{\partial Q_i}{\partial t}+\frac{\partial}{\partial x}\left(\alpha_{1i}\frac{Q_i^2}{A_i}\right)+\alpha_{2i}\frac{Q_i}{A_i}q_{Li}+gA_i\left(\frac{\partial Z_i}{\partial x}+\frac{Q_i^2}{K_i^2}\right)=0 \tag{2.2}$$

泥沙连续方程：

$$\frac{\partial(Q_iS_i)}{\partial t}+\frac{\partial(A_iV_iS_i)}{\partial x}+\sum_{j=1}^{m}K_{1ij}\alpha_{*ij}f_{1ij}b_{ij}\omega_{sij}(f_{1ij}S_{ij}-S_{*ij})-S_{Li}q_{Li}=0 \tag{2.3}$$

河床变形方程：

$$\frac{\partial Z_{bij}}{\partial t}-\frac{K_{1ij}\alpha_{*ij}}{\rho'}\omega_{sij}(f_{1ij}S_{ij}-S_{*ij})=0 \tag{2.4}$$

式中，角标 i 为断面号；角标 j 为子断面号；m 为子断面数；Q 为流量；A 为过水面积；t 为时间；x 为沿流程坐标；Z 为水位；K 为断面流量模数；α_i 为动量修正系数；q_L 和 s_L 分别为河段单位长度侧向入流量和相应的含沙量；ω_s 为泥沙浑水沉速；S 为含沙量；S_* 为水流挟沙力；b 为断面宽度；Z_b 为断面平均河床高程；f_1 为泥沙非饱和系数；K_1 为附加系数；α_* 为平衡含沙量分布系数。

f_1、K_1、ω_s、α_* 分别采用如下公式计算：

$$f_1=\left(\frac{S}{S_*}\right)^{\left[0.1/\arctan\left(\frac{S}{S_*}\right)\right]} \tag{2.5}$$

$$K_1=\frac{1}{2.65}\kappa^{4.5}\left(\frac{u_*^{1.5}}{V^{0.5}\omega_s}\right)^{1.14} \tag{2.6}$$

$$\omega_s=\omega_0(1-1.25S_V)\left[1-\frac{S_V}{2.25\sqrt{d_{50}}}\right]^{3.5} \tag{2.7}$$

$$\alpha_*=\frac{1}{N_0}\exp\left(8.21\frac{\omega_s}{\kappa u_*}\right) \tag{2.8}$$

$$N_0=\int_0^1 f\left(\frac{\sqrt{g}}{c_nC},\eta\right)\exp\left[5.33\frac{\omega_s}{\kappa u_*}\arctan\sqrt{\frac{1}{\eta}-1}\right]d\eta \tag{2.9}$$

$$f\left(\frac{\sqrt{g}}{c_nC},\eta\right)=1-\frac{3\pi}{8c_n}\frac{\sqrt{g}}{C}+\frac{\sqrt{g}}{c_nC}(\sqrt{\eta-\eta^2}+\arcsin\sqrt{\eta}) \tag{2.10}$$

$$\kappa = 0.4 - 1.68(0.365 - S_V)\sqrt{S_V} \tag{2.11}$$

式中，κ 为浑水卡门系数；c_n 为漩涡参数(c_n=0.375 κ)；u_*为摩阻流速；V 为流速；ω_0 为非均匀沙在清水中的沉速；S_V 为体积比含沙量；C 为谢才系数；g 为重力加速度；η 为相对水深；d_{50} 为悬沙中值粒径。

模型计算采用非耦合解法，即先单独求解水流连续方程和水流运动方程，求出有关水力要素后，再求泥沙连续方程和河床变形方程，推求河床冲淤变形结果，如此交替进行。

模型水流挟沙力采用张红武公式(张红武和张清，1992)，保证了该模型较好地模拟黄河下游河道的输沙特性。其公式如下：

$$S_* = 2.5\left[\frac{(0.0022 + S_V)V^3}{\kappa \dfrac{\gamma_s - \gamma_m}{\gamma_m} gh\omega_s}\ln\left(\frac{h}{6D_{50}}\right)\right]^{0.62} \tag{2.12}$$

式中，h 为水深；γ_s 和 γ_m 分别为泥沙容重和浑水容重；D_{50} 为床沙中值粒径。

河道糙率采用赵连军公式(赵连军和张红武，1997)[式(2.13)]，该公式既能反映水力泥沙因子的变化对摩阻特性的影响，又能反映天然河道中各种附加糙率的影响。

$$n = \frac{h^{1/6}}{\sqrt{g}}\left\{\frac{c_n \dfrac{\delta_*}{h}}{0.49\left(\dfrac{\delta_*}{h}\right)^{0.77} + \dfrac{3\pi}{8}\left(1 - \dfrac{\delta_*}{h}\right)\left[\sin\left(\dfrac{\delta_*}{h}\right)^{0.2}\right]^5}\right\} \tag{2.13}$$

式中，δ_* 为摩阻厚度；河滩上 δ_* 为当量粗糙度，可根据滩地植被等情况，由水力学计算手册查得。而在主槽内，黄河沙波尺度及沙波波速对摩阻特性有较大的影响。对这一复杂的影响过程，只能给予综合考虑。根据动床模型试验资料，建立了黄河下游河道摩阻厚度 δ_* 与弗劳德数($Fr = V/\sqrt{gh}$)等因子之间的经验关系，即

$$\delta_* = D_{50}\left\{1 + 10^{\left[8.1 - 13Fr^{0.5}(1 - Fr^3)\right]}\right\} \tag{2.14}$$

本模型从泥沙颗粒在紊动水流条件下的受力分析入手，选用由泥沙特征粒径描述的适用于悬沙和细颗粒床沙的泥沙级配计算公式：

$$P(d_{si}) = 2\Phi\left[0.675\left(\frac{d_{si}}{d_{s50}}\right)^n\right] - 1 \tag{2.15}$$

$$n = 0.42\left[\tan\left(1.49\frac{d_{s50}}{d_{scp}}\right)\right]^{0.61} + 0.143 \tag{2.16}$$

$$\xi_{sd} = 0.92 \cdot e^{\frac{0.54}{n^{1.1}}} \cdot d_{scp}^2 \tag{2.17}$$

式中，d_{s50} 为泥沙中值粒径；d_{scp} 为泥沙平均粒径；ξ_{sd} 为泥沙粒径分布的二阶圆心距，

表征泥沙组成的非均匀程度；n 为指数；Φ 为正态分布函数。如果已知变量 d_{s50}、d_{scp}、ξ_{sd} 中的任意两个，就可确定泥沙级配曲线。因此首先计算出河床冲淤变形引起的泥沙 d_{scp} 和 d_{s50} 或 ξ_{sd} 的变化，再计算泥沙级配的变化。

基于一维非恒定挟沙水流河床冲淤过程中任一粒径组的泥沙质量守恒，建立了冲积河流一维非恒定流悬沙与床沙交换计算的基本方程：

$$\frac{\partial(QSd_{cp})}{\partial x}+\frac{\partial(ASd_{cp})}{\partial t}+\gamma_0\frac{\partial(A_0 d_c)}{\partial t}-q_L s_L d_L=0 \tag{2.18}$$

$$\frac{\partial(QS\xi_d)}{\partial x}+\frac{\partial(AS\xi_d)}{\partial t}+\gamma_0\frac{\partial(A_0 \xi_c)}{\partial t}-q_L s_L \xi_L=0 \tag{2.19}$$

$$\frac{\partial D_{cp}}{\partial t}=\frac{d_c-D_{cp}}{H_c}\frac{\partial Z_b}{\partial t} \tag{2.20}$$

$$\frac{\partial \xi_D}{\partial t}=\frac{\xi_c-\xi_D}{H_c}\frac{\partial Z_b}{\partial t} \tag{2.21}$$

式中，A_0 为横断面冲淤面积；d_{cp}、ξ_d 分别为悬沙粒径、平均粒径分布的二阶圆心距；D_{cp}、ξ_D 分别为床沙平均粒径、粒径分布的二阶圆心距；d_L、ξ_L 分别为侧向入流泥沙平均粒径、泥沙粒径分布的二阶圆心矩；d_c、ξ_c 分别为冲淤物平均粒径、粒径分布的二阶圆心矩；H_c 为床沙混合层厚度。

通过对式(2.18)～式(2.21)求解，即可得出河床冲淤变形引起的悬沙与床沙交换调整过程。

由于含沙量横向分布规律与水力因子、含沙量大小及悬沙组成相关，悬沙粒径越细，含沙量的横向分布越均匀，滩槽含沙量之间的关系影响了一维扩展泥沙数学模型计算。

含沙量横向分布公式：

$$\frac{S_{ij}}{S_i}=C_1\left(\frac{h_{ij}}{h_i}\right)^{\left(0.1-1.6\frac{\omega}{\kappa u_*}+1.3S_{V_i}\right)}\left(\frac{V_{ij}}{V_i}\right)^{\left(0.2+2.6\frac{\omega}{\kappa u_*}+S_{V_i}\right)} \tag{2.22}$$

式中，V_i、V_{ij} 分别为断面平均流速、任意一点的流速；h_i、h_{ij} 分别为断面平均水深、任意一点的水深；u_* 为断面平均摩阻流速；C_1 为 1 左右的断面形态系数，由沙量守恒可求得

$$C_1=\frac{Q_i}{\int_a^b q_{ij}\left(\frac{h_{ij}}{h_i}\right)^{\left(0.1-1.6\frac{\omega}{\kappa u_*}+1.3S_{V_i}\right)}\left(\frac{V_{ij}}{V_i}\right)^{\left(0.2+2.6\frac{\omega}{\kappa u_*}+S_{V_i}\right)}\mathrm{d}(y)} \tag{2.23}$$

式中，q_{ij} 为断面任意一点单宽流量；y 为横向坐标；a、b 为断面河宽两端点起点距（$b>a$）。

在多沙河流中含沙量及其泥沙级配沿横向分布不均匀，本模型使用的悬移质泥沙平均粒径沿横向分布公式：

$$\frac{d_{50ij}}{d_{50i}}=C_2\left(\frac{S_{ij}}{S_i}\right)^{0.6}\left(\frac{V_{ij}}{V_i}\right)^{0.1} \tag{2.24}$$

式中，d_{50i}为断面平均悬沙中值粒径；d_{50ij}为断面任意一点悬沙中值粒径。

河床综合稳定性指标作为河相关系均衡调整准则，计算河道断面宽度的调整（张红武和张清，1992），即

$$Z_{\mathrm{w}}=\frac{\left(\frac{\gamma_{\mathrm{s}}-\gamma}{\gamma}D_{50}H\right)^{\frac{1}{3}}}{iB^{2/3}} \tag{2.25}$$

式中，B为河宽；i为河床比降；γ为水流容重。

在新的水沙条件下，通过大量的洪水演进预报、河道冲淤演变预测、水库运用方式、河口治理等方面的研究工作，对模型中泥沙非饱和系数等参数进行了率定和调整。

该模型通过引入附加系数K_1及泥沙非饱和系数f_1，完善了河床变形方程和泥沙连续方程，使其更适用于多沙河流的水沙运动特性，大大提高了模型的可预测性。利用该数学模型，复演了20世纪90年代黄河下游漫滩洪水演进表现异常及小浪底水库异重流排沙期黄河下游洪峰增值等许多异常现象，科学地解释了这些异常现象发生的机理。

为了更好地开展计算任务，对本模型部分内容进行了改进与完善。方案计算时涉及滩区分洪，各分洪滩区需设计分洪口及退水口，因此模型在分洪口及退水口位置需增加分洪及退水功能。分洪运用时要考虑滩区内分洪量和落淤量双重因素。

2. 黄河下游河道平滩流量计算的改进

利用黄河下游准二维短时冲淤调整与长期地貌演变的动力学模型，重新构建平滩流量计算模块，计算小浪底水库拦沙后期黄河下游平滩流量的变化，并与近年黄河下游的平滩流量对比验证。

根据2.1节水沙不协调度的分析，2005年以后进入下游的水沙条件呈现出水多沙少的状态。小浪底水库从2007年进入拦沙后期以来，下游河道持续冲刷。为适应新形势下的水沙变化，重新率定了模型中泥沙非饱和系数等参数。

模型计算资料包括大断面地形、初始床沙级配及床沙组成等。边界条件为河道实测边界条件。进口采用实测水沙系列，沿程引水采用每年的实际引水过程，以旁侧出流的方式分大河段均匀引出。初始出口水位流量关系采用设计水位流量关系控制。

利用该模型模拟计算出每年河道每个水文断面的断面面积，然后根据谢才公式计算出谢才系数和断面平均流速。计算中对主槽糙率和比降的取值，采用各个断面当年的实测资料。具体公式如下：

$$v=C\sqrt{RJ} \tag{2.26}$$

$$C=\frac{1}{n}\sqrt[6]{R} \tag{2.27}$$

$$R=\frac{A}{p_{\mathrm{w}}} \tag{2.28}$$

式中，v 为断面平均流速，m/s；R 为水力半径，m；A 为过水断面面积；p_w 为湿周；J 为水力坡度；C 为谢才系数；n 为糙率。

根据过水断面面积和断面平均流速，计算出每个断面的平滩流量。

$$Q = Av \tag{2.29}$$

式中，Q 为断面平滩流量；A 为过水断面面积；v 为断面平均流速，m/s。

3. 黄河下游河道平滩流量计算的验证

表 2.3 给出了花园口至利津不同时间计算和实测平滩流量的对比。从上述计算结果可以看出，该模型能很好地模拟黄河下游河道平滩流量的变化，模拟精度也令人满意。在水库调度中，应用该模型可以实时调整水库的调度，使其适应下游河道的新变化，尽可能延长其使用寿命。

表 2.3　花园口至利津不同时间计算和实测平滩流量

年份		花园口	夹河滩	高村	孙口	艾山	泺口	利津
2013	计算值/(m^3/s)	6529	6370	5226	4590	4101	4242	4515
	实测值/(m^3/s)	6900	6500	5800	4300	4150	4300	4500
	误差/%	–5.37	–1.99	–9.89	6.74	–1.18	–1.35	0.33
2014	计算值/(m^3/s)	7435	6550	5994	4651	4277	4568	4595
	实测值/(m^3/s)	7200	6500	6100	4350	4250	4600	4650
	误差/%	3.26	0.77	–1.74	6.92	0.64	–0.70	–1.19
2015	计算值/(m^3/s)	7518	6778	6017	4486	4277	4575	4677
	实测值/(m^3/s)	7200	6800	6100	4350	4300	4600	4650
	误差/%	4.42	–0.32	–1.36	3.13	–0.54	–0.53	0.58
2016	计算值/(m^3/s)	7581	6916	6025	4534	4274	4581	4703
	实测值/(m^3/s)	7200	6800	6100	4350	4250	4600	4650
	误差/%	5.29	1.71	–1.23	4.23	0.56	–0.41	1.14
2017	计算值/(m^3/s)	7667	7086	6048	4562	4274	4573	4723
	实测值/(m^3/s)	7200	6800	6100	4350	4250	4600	4650
	误差/%	6.49	4.21	–0.85	4.87	0.56	–0.59	1.57

2.2.2　不同场次洪水河床形态演变预测

1. 河床淤积

从图 2.4 可以看出，下游河床主槽和滩区都发生了淤积，主槽“防护堤”方案比“无防护堤”方案的淤积量大，无防护堤情况下主槽的冲淤量呈现沿程增加的趋势。“防护堤-6000”和“防护堤-10000”的淤积量大致相同，也是呈现沿程增加的趋势，并且比“无防护堤”方案增加得更快。孙口以下比孙口以上冲淤量增加趋势变缓。对于滩区来说，“无防护堤”方案下的淤积量远大于“防护堤”方案，并且沿程呈大幅上升趋势。“防护堤-6000”方案和“防护堤-10000”方案滩区几乎没有淤积。

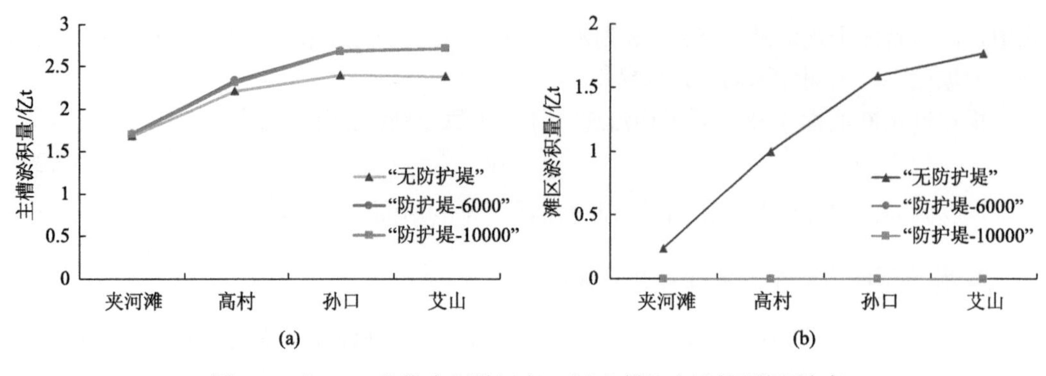

图 2.4　“1977.8”洪水下游河床：(a)主槽和(b)滩区淤积演变

2. 不同调控方式下 1977 年洪水冲淤

同一汛限水位下敞泄+预泄模式的淤积量最大，相同运用模式下汛限水位 220m 的淤积量比汛限水位 225m 大；高村以上的淤积量占下游淤积量的 80%左右，其中敞泄模式下小花间(小浪底至花园口)的淤积量占下游淤积量的 60%以上，控泄模式下小花间的淤积量占下游淤积量的 70%以上(图 2.5)。

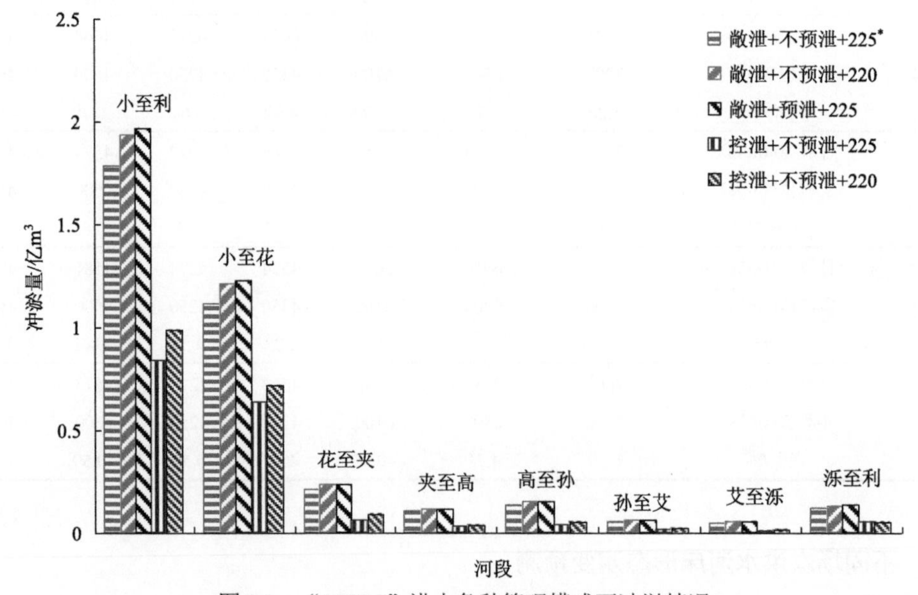

图 2.5　“1977.8”洪水各种管理模式下冲淤情况

“小”表示小浪底；“利”表示利津；“花”表示花园口；“夹”表示夹河滩；“高”表示高村；“孙”表示孙口；“艾”表示艾山；“泺”表示泺口。* 汛限水位，余同

3. 不同调控方式下 1992 年洪水冲淤

表 2.4 和表 2.5 对各种管理模式下“1992.8”洪水冲淤情况进行统计，并将结果绘于图 2.6。可以看出，同一汛限水位下敞泄+预泄模式的淤积量最大，相同运用模式下汛限

水位 220m 的淤积量比汛限水位 225m 大；高村以上的淤积量占下游淤积量的 80%以上，其中敞泄模式下小花间的淤积量占下游淤积量的 70%左右，控泄模式下小花间的淤积量占下游淤积量的近 75%。

表 2.4　“1992.8”洪水各种管理模式下冲淤情况统计　（单位：亿 m^3）

运用方式	河段							
	小至利	小至花	花至夹	夹至高	高至孙	孙至艾	艾至泺	泺至利
敞泄+不预泄+225	1.3982	0.9883	0.1173	0.0557	0.0751	0.0316	0.0245	0.1057
敞泄+不预泄+220	1.5276	1.0423	0.1449	0.0692	0.0881	0.0371	0.0313	0.1147
敞泄+预泄+225	1.6521	1.1761	0.1582	0.0680	0.0832	0.0341	0.0266	0.1059
控泄+不预泄+225	1.2442	0.9332	0.0889	0.0416	0.0570	0.0244	0.0151	0.0840
控泄+不预泄+220	1.3693	1.0041	0.1124	0.0504	0.0656	0.0279	0.0190	0.0899

表 2.5　“1992.8”洪水各种管理模式下淤积比统计

运用方式	来沙量/亿 t	淤积量/亿 t	淤积比/%
敞泄+不预泄+225	3.867	1.9575	50.6
敞泄+不预泄+220	4.111	2.1386	52.0
敞泄+预泄+225	4.545	2.3129	50.9
控泄+不预泄+225	3.358	1.7419	51.9
控泄+不预泄+220	3.696	1.9170	51.9

注：淤积物干容重按 1.4t/m^3 计。

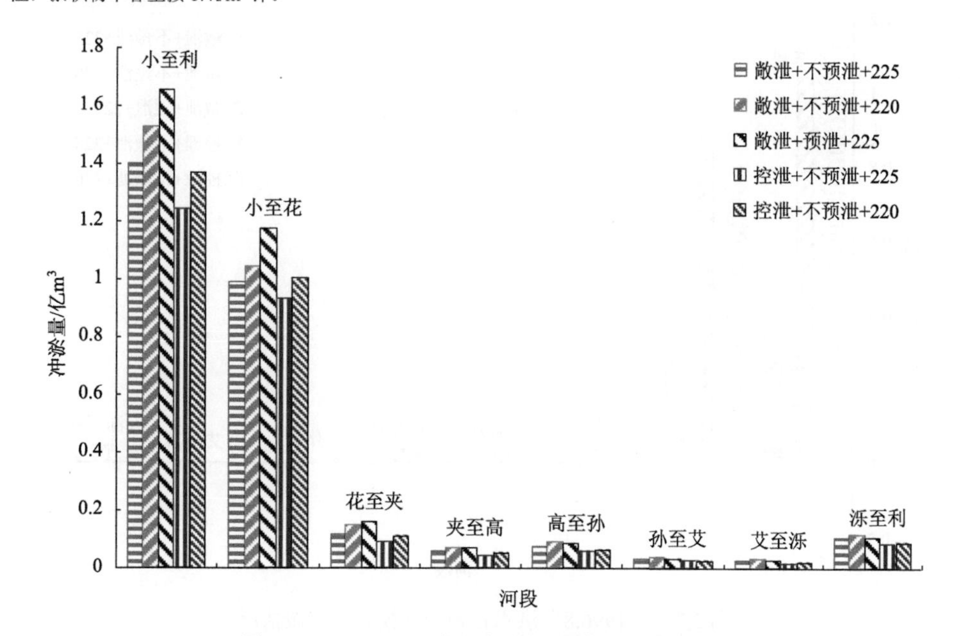

图 2.6　“1992.8”洪水各种管理模式下冲淤情况

从各模式的来沙量和淤积比的计算结果可以看出，整个河段各管理模式下淤积比均超过了 50%；敞泄+预泄+225 模式下的淤积比略大于敞泄+不预泄+225 模式，但略小于敞泄+不预泄+220 模式。

4. 不同调控方式下 1996 年洪水冲淤

表 2.6 对各种管理模式下“1996.8”洪水冲淤情况进行统计，并将结果绘于图 2.7。可以看出，同一汛限水位下敞泄+预泄模式的淤积量最大，敞泄+不预泄运用模式下汛限水位 220m 的淤积量比汛限水位 225m 大；高村以上的淤积量占下游淤积量的 90%以上，其中敞泄模式下小花间的淤积量占下游淤积量的 80%左右，控泄模式下小浪底至花园口、泺口至利津河段微淤，花园口至泺口河段为冲刷。

表 2.6 “1996.8”洪水各种管理模式下冲淤情况统计 （单位：亿 m³）

运用方式	河段							
	小至利	小至花	花至夹	夹至高	高至孙	孙至艾	艾至泺	泺至利
敞泄+不预泄+225	0.9898	0.8018	0.0710	0.0224	0.0390	0.0105	–0.0003	0.0454
敞泄+不预泄+220	1.0535	0.8262	0.0860	0.0281	0.0433	0.0122	0.0022	0.0555
敞泄+预泄+225	1.0336	0.8352	0.0764	0.0236	0.0401	0.0110	0.0004	0.0469
控泄+不预泄+225	0.4448	0.5050	–0.0227	–0.0172	–0.0078	–0.0054	–0.0174	0.0103
控泄+不预泄+220	0.4833	0.5225	–0.0171	–0.0150	–0.0040	–0.0033	–0.0153	0.0155

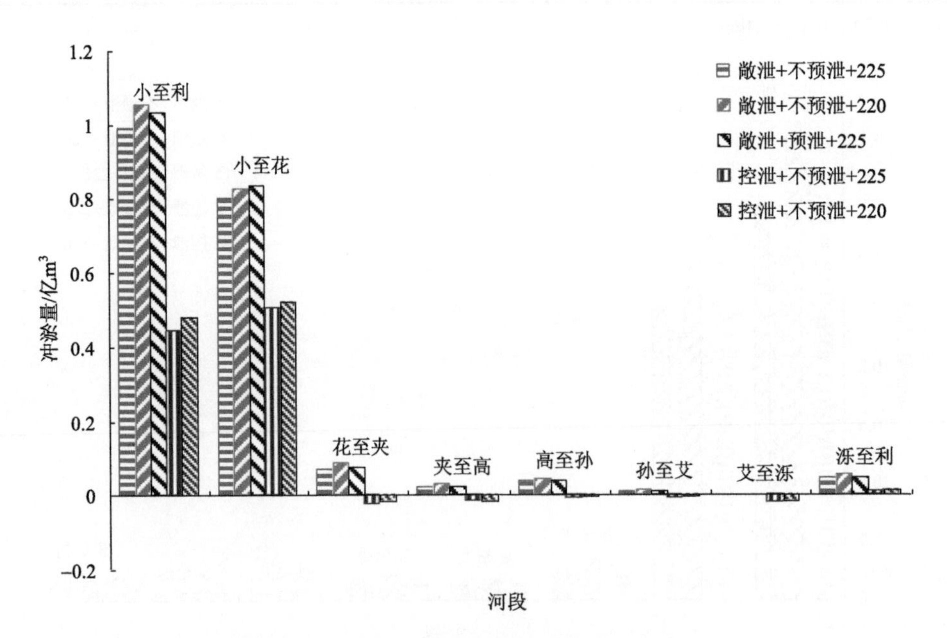

图 2.7 “1996.8”洪水各种管理模式下冲淤情况

表 2.7 同时列出了“1996.8”洪水各种模式下来沙量和淤积比的计算结果，可以看出，从整个河段来讲，敞泄模式的淤积比均达到了 50%以上，控泄模式的淤积比

达到了 40%左右。控泄模式淤积比略小于敞泄模式，敞泄模式下预泄的淤积比略大于不预泄模式。

表 2.7　“1996.8”洪水各种管理模式下淤积比统计

运用方式	来沙量/亿 t	淤积量/亿 t	淤积比/%
敞泄+不预泄+225	2.497	1.3857	55.5
敞泄+不预泄+220	2.807	1.4749	52.5
敞泄+预泄+225	2.588	1.4470	55.9
控泄+不预泄+225	1.571	0.6227	39.6
控泄+不预泄+220	1.684	0.6766	40.2

注：淤积物干容重按 1.4t/m³ 计。

2.2.3　中长期水沙动态调控下河床演变趋势

1. 中长期水沙系列及边界条件

利用 2.2.1 节中的模型进行了中长期水沙动态调控下的河床冲淤演变分析，模型计算河段为铁谢至西河口。初始地形及初始床沙级配采用 2005 年汛前大断面及床沙组成资料。河道边界条件为黄河勘测规划设计研究院有限公司提供的现行“宽河”堤线方案(表 2.8)。进口边界条件为黄河勘测规划设计研究院有限公司提供的进入黄河下游的 165 年(2005～2170 年)水沙系列，沿程引水采用黄河勘测规划设计研究院有限公司最新成果——黄河流域规划下游河段引黄配置指标(小浪底以下考虑流域外和实际引水过程)(表 2.9)，以旁侧出流的方式分大河段均匀引出。初始出口水位流量关系采用西河口 2005 年设计水位流量关系控制。

表 2.8　现行“宽河”堤线方案堤距　（单位：km）

断面	河宽	断面	河宽	断面	河宽	断面	河宽	断面	河宽
铁谢 1	4.42	花园口 1	9.77	夹河滩	10.16	高村	4.95	孙口	6.08
下古街	8.11	破车庄	8.98	三义寨	8.70	南小堤	4.56	梁集	5.36
铁炉	7.60	八堡	10.87	东坝头 1	5.81	刘庄	7.37	大田楼	4.56
花园镇	7.78	石桥	9.73	禅房	12.68	双合岭	5.78	雷口	4.80
两沟	7.48	来童寨	9.31	左寨闸	15.48	苏泗庄(二)	7.24	路那里	3.50
马峪沟	6.28	孙庄	12.00	油房寨	14.52	夏庄	7.78	十里堡	1.63
裴峪 1	6.25	黄练集	11.96	王高寨	13.44	营房	8.54	白铺	3.38
黄寨峪东	6.67	六堡	10.18	马寨	15.42	彭楼(二)	4.65	邵庄	4.17
伊洛河口 1	12.23	辛寨 1	5.56	谢寨闸	10.79	大王庄	4.75	李坝	4.34
沙鱼沟	12.52	黑石 1	12.44	杨小寨	9.37	十三庄	5.55	陶城铺	2.80
十里铺东	7.76	陡门	14.92	黄寨	9.27	史楼	4.86		
孤柏嘴 2	6.89	韦城 1	12.68	西堡城	10.48	李天开	7.45		

续表

断面	河宽	断面	河宽	断面	河宽	断面	河宽	断面	河宽
罗村坡 1	10.10	回回寨	12.35	河道	9.40	徐码头(二)	9.03		
官庄峪	6.93	黑岗口	7.97	青庄	6.22	于庄(二)	7.54		
寨子峪	7.52	荆隆宫	9.18			杨集	5.96		
秦厂 2	6.43	柳园口 1	5.27			后张楼	7.74		
老田庵	8.76	樊庄	9.53			伟那里	7.74		
西牛庄	11.18	古城	8.84			龙湾(二)	4.51		
		袁坊	9.79						
		曹岗	7.82						
		堤湾闸	9.47						
平均	8.05	平均	9.93	平均	10.84	平均	6.44	平均	4.06

表 2.9　流域规划下游河段引黄配置指标(小浪底以下考虑流域外和实际引水过程)(单位：亿 m^3)

河段	1 月	2 月	3 月	4 月	5 月	6 月	7 月	8 月	9 月	10 月	11 月	12 月	合计
小浪底至花园口	0.2889	0.6350	0.8235	0.7372	0.8884	1.4353	0.5804	0.6631	0.5183	0.3513	0.2734	0.3052	7.5000
花园口至夹河滩	0.1785	0.2568	0.9851	0.5835	0.9529	2.3409	0.9453	0.9798	0.5800	0.3463	0.1858	0.1809	8.5158
夹河滩至高村	0.4611	0.9086	2.6123	2.7743	1.9962	2.2707	0.6438	0.5465	0.6001	0.5377	0.2266	0.2413	13.8192
高村至孙口	0.1776	0.5798	2.5864	2.4932	1.9222	2.4587	0.8256	0.6934	0.5308	0.5058	0.0978	0.0268	12.8982
孙口至艾山	2.7302	1.6884	1.3394	1.4985	0.7874	0.4549	0.2308	0.2004	0.6293	1.6423	2.8459	3.5900	17.6374
艾山至泺口	0.4700	0.7684	2.6351	3.0943	1.8054	1.3586	1.5988	0.2599	0.9356	0.2796	0.2412	0.9587	14.4058
泺口至利津	0.6227	0.8743	4.4450	4.3258	2.4019	1.6184	1.0302	0.5639	0.8860	0.9062	1.0937	1.4498	20.2180
利津以下	0.1487	0.2335	0.7787	0.6779	0.5167	0.3209	0.1489	0.0626	0.0222	0.1638	0.3048	0.2866	3.6653

模型计算初始时间为 2005 年 7 月 1 日，计算终止时间为 2170 年 6 月 30 日，共计 165 个水文年。设计水沙系列，2007 年以前(2005～2007 年)采用水文局整编实测水沙资料，2030 年以前(2008～2030 年)采用流域规划 22 年水沙过程；2030 年以后(2030～2169 年)采用 1965～1999 年、1919～1997 年、1956～1981 年共 140 年水沙过程。选取 1958 年作为大水大沙典型年份。

根据“桃花峪 2100 年生效”水沙系列：小浪底水库(2000 年)+古贤水库(2020 年)+碛口水库(2050 年)+桃花峪水库(2100 年)，表 2.10 展示了“桃花峪 2100 年生效”不同时段进入下游的水沙量统计。

依据桃花峪水库运用原则，其生效后黄河下游各断面设防流量也将发生变化(表 2.11)。

图 2.8 表示“桃花峪 2100 年生效”不同时段进入黄河下游的年水沙量。165 个水文年年均水量、年均沙量分别为 290.0 亿 m^3、6.35 亿 t。其中最大年水量为 596.7 亿 m^3(2100 年)，相应年沙量为 23.18 亿 t；最大年沙量为 27.12 亿 t(2152 年)，相应年水量为 548 亿 m^3。

表 2.10　“桃花峪 2100 年生效”不同时段进入下游的水沙量统计

时段		“桃花峪 2100 年生效”	
		水量/亿 m^3	沙量/亿 t
总水沙量	2005～2019 年(小浪底水库拦沙)	4290.9	49.49
	2020～2049 年(古贤水库拦沙)	8893.6	179.75
	2050～2099 年(碛口水库拦沙)	13050.3	238.29
	2100～2169 年(小浪底、古贤、碛口正常运用)	21622.2	579.98
	2005～2169 年桃花峪水库拦沙量	47856.9	1047.37
平均水沙量	2005～2019 年(小浪底水库拦沙)	286.1	3.30
	2020～2049 年(古贤水库拦沙)	296.5	5.99
	2050～2099 年(碛口水库拦沙)	261.0	4.77
	2100～2169 年(小浪底、古贤、碛口正常运用)	308.9	8.29
	2005～2169 年桃花峪水库拦沙量	290.0	6.35

表 2.11　桃花峪水库运用前后各水文站的设防流量　(单位：m^3/s)

河段	花园口	夹河滩	高村	孙口	艾山	泺口	利津
桃花峪水库运用前	22000	21500	20000	17500	11000	11000	11000
桃花峪水库运用后	15000	15000	15000	15000	11000	11000	11000

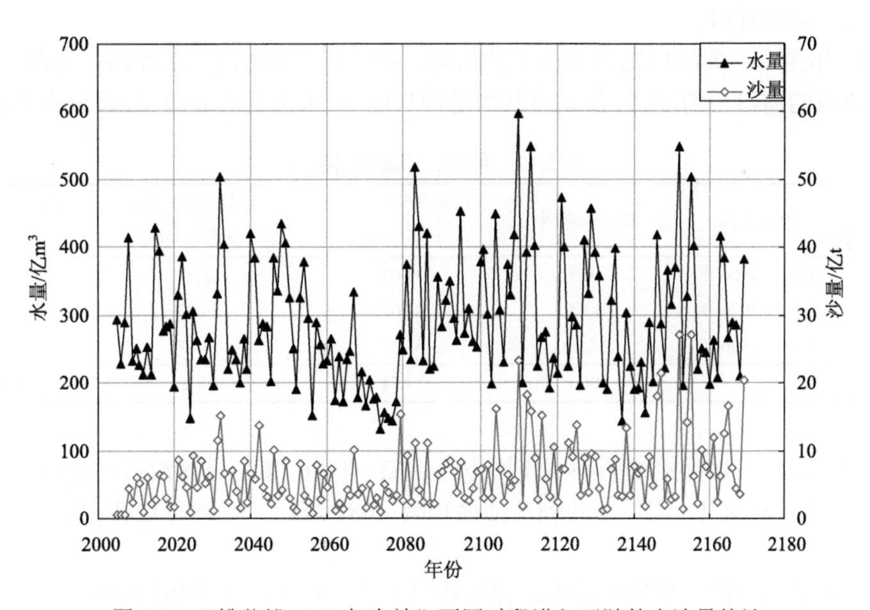

图 2.8　“桃花峪 2100 年生效”不同时段进入下游的水沙量统计

2. 西河口出口水位流量关系的确定

对于水动力学模型而言，下边界条件必须已知，一般情况采用出口断面的水位流量关系确定。但对于本研究长系列的规划计算而言，计算时间较长，水沙组成比较复杂，河道的冲淤幅度较大，变形后的水位流量关系与初始水位流量关系有明显差别，因此首先需要对西河口水位流量关系变化趋势进行预测。

西河口水位流量关系确定方法一直受到许多治黄科技工作者的高度重视，并根据所解决具体问题的差异，提出了许多现实可行的办法：①平行抬高法。通过实测资料分析预估若干年后不同流量水位的抬升幅度，这种方法简单，但精度不高。②利用艾山至利津河段冲淤量确定利津水位流量关系变化法。通过分析艾山至利津河段冲淤量与利津站水位流量关系变化的规律，确定西河口水位流量关系，但这种方法点绘出的点群比较散乱，相关性差。③出口河段水面比降外延法。假定河道在冲淤过程中，出口河段与流量水面比降相同，出口上游相邻的断面水位直接顺延。

从河床演变学的角度看，上述方法主要反映在河口流路不变的情况下，上游来水来沙条件对出口断面水位流量关系变化的影响。例如，作者在开展小浪底水库运用至2020年黄河下游河道冲淤演变预测时，就采用出口河段水面比降顺延法确定出口水位流量关系，取得了良好效果。

本研究规划长系列计算的年份为165年，在这165年，黄河口不可能按一个流路一直演变下去，在此期间不可避免地要改道另走新河。河口流路改变后，会对出口断面的水位流量关系产生较大影响。直接采用上述任一方法均不太合适。

本研究规划长系列计算充分考虑黄河河口三角洲淤积延伸来反求西河口同流量水位的抬升幅度。为此，首先要确定河口三角洲的延伸速率，再按1/10000比降推求其西河口同流量水位抬升值。

1953年至今，黄河口先后通过了神仙沟、刁口河、清水沟三条流路，目前已形成以渔洼为顶点的河口三角洲。三条流路淤积延伸长度(清水沟至清8改汊前)分别见表2.12。

表2.12　黄河口流路延伸变化

流路	行河时间	行河年限/年	改道初期渔洼以下河长/km	行河末期渔洼以下河长/km	河口延伸长度/km
神仙沟	1953～1964年	10.5	34.07	61.07	27
刁口河	1964～1976年	12.5	37.07	70.07	33
清水沟	1976～1996年	20	33.07	73.47	40.4
平均		14.3	34.74	68.2	33.47

在河口延伸与海洋侵蚀的共同作用下，1953～1996年，进入河口的沙量(利津水文站资料)为392.9亿t，河口三角洲造陆面积为1081.3km^2，平均每亿吨泥沙造陆面积为2.75km^2。

从目前黄河河口三角洲形态看，已形成以渔洼为顶点，中心角约为90°，平均半径为51km的三角洲。若取三角洲演变初期半径为神仙沟、刁口河、清水沟三条流路行河初期的河长平均值(34.74km)，计算的造陆面积为1094.4km^2，与实际造陆面积基本一致。因此，计算河口延伸速度时，以进入河口每亿吨泥沙造陆2.75km^2、初始三角洲半径51km、三角洲顶点中心角90°为基础(图2.9)，推算河口三角洲未来向外海的延伸速度，依此确定西河口水位流量关系。

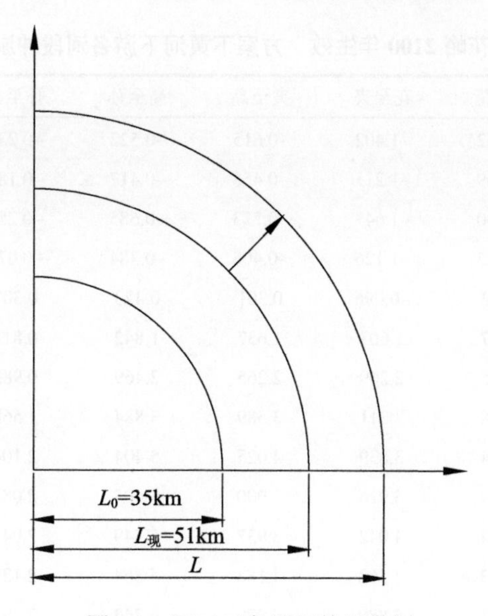

图 2.9　河口三角洲延伸示意图

图 2.10 展示了未来河口流路改道延伸模式与模型计算采用模式的对比示意图。由此可以看出，实际河口流路的演变过程是一个“延伸—改道—延伸”交替发展的过程，但从三角洲总体来讲是不断向外延伸了。本研究计算采用的模式只是忽略了河口流路延伸与改道的阶段性变化，把三角洲作为一个整体来处理，这对于长系列计算来说是可以接受的。

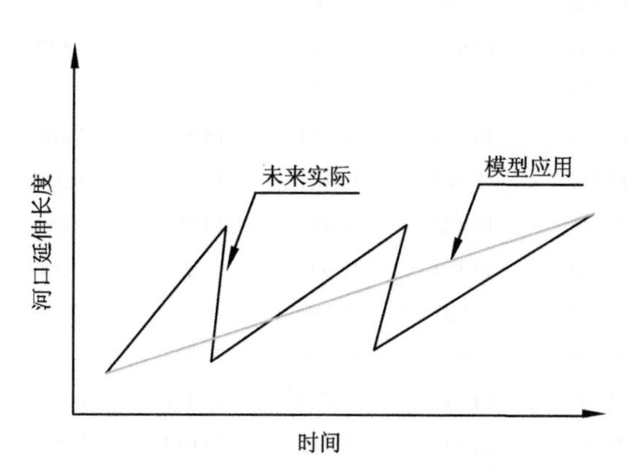

图 2.10　未来河口流路改道延伸模式与模型计算采用模式的对比示意图

3. 中长期泥沙动态调控下河床演变趋势

通过模型计算，可以看出“桃花峪 2100 年生效”方案下黄河下游各河段冲淤量，见表 2.13。

表 2.13 “桃花峪 2100 年生效”方案下黄河下游各河段冲淤量 （单位：亿 m^3）

年份	小至利	小至花	花至夹	夹至高	高至孙	孙至艾	艾至泺	泺至利
2009	−4.840	−1.252	−1.402	−0.615	−0.522	−0.233	−0.336	−0.480
2014	−3.955	−1.009	−1.215	−0.458	−0.417	−0.185	−0.338	−0.334
2019	−5.693	−1.350	−1.647	−0.713	−0.685	−0.252	−0.601	−0.445
2024	−3.453	−0.825	−1.126	−0.408	−0.384	−0.071	−0.475	−0.165
2029	1.590	0.213	−0.096	0.301	0.423	0.307	−0.098	0.539
2034	9.209	1.587	1.603	1.637	1.842	0.818	0.286	1.437
2039	12.218	1.945	2.209	2.265	2.469	0.983	0.525	1.823
2044	18.113	2.728	3.311	3.589	3.884	1.568	0.751	2.281
2049	22.138	3.184	3.839	4.025	5.404	2.104	0.929	2.653
2054	22.301	3.189	3.916	3.900	5.605	2.088	0.931	2.671
2059	22.624	3.374	4.042	3.937	5.549	2.045	0.970	2.707
2064	24.804	3.963	4.562	4.188	5.864	2.137	1.096	2.994
2069	30.464	5.501	5.880	4.920	6.743	2.392	1.371	3.656
2074	32.110	5.906	6.154	5.151	7.036	2.479	1.516	3.868
2079	42.025	7.986	8.607	7.408	8.824	2.794	1.833	4.574
2084	49.252	9.664	9.183	8.863	10.903	3.201	2.271	5.167
2089	52.681	10.452	9.591	9.182	11.430	3.647	2.653	5.727
2094	55.154	11.063	9.873	9.297	11.502	4.175	3.063	6.181
2099	56.936	11.472	10.019	9.361	11.684	4.678	3.270	6.452
2104	62.450	12.704	11.898	10.181	12.118	5.327	3.528	6.694
2109	64.090	13.139	12.544	10.244	12.247	5.612	3.577	6.727
2114	78.117	16.356	16.267	11.420	14.879	7.261	4.077	7.855
2119	81.035	16.845	16.464	11.520	15.886	7.706	4.333	8.281
2124	87.782	18.533	18.117	12.184	16.969	8.528	4.689	8.761
2129	95.582	19.743	19.822	13.455	18.583	9.686	5.044	9.249
2134	97.997	19.763	20.349	13.602	19.659	10.188	5.040	9.395
2139	100.800	20.044	20.904	13.757	20.539	10.599	5.233	9.725
2144	105.741	20.838	21.614	14.618	20.827	11.443	5.990	10.410
2149	122.476	24.703	24.981	18.227	22.101	13.421	7.157	11.885
2154	132.589	25.523	26.492	19.218	24.619	15.658	7.867	13.212
2159	148.047	27.663	29.205	20.237	29.189	18.258	8.663	14.832
2164	162.200	30.100	32.131	21.257	33.751	20.158	9.203	15.601
2169	184.033	33.012	36.620	24.448	41.845	21.891	9.701	16.517

各方案下黄河下游各河段累计冲淤量见表 2.14 和图 2.11。由此可见，不同水沙系列即不同水库调度运用方式下，黄河下游各河段冲淤演变情况不同。

表 2.14 “桃花峪 2100 年生效”方案下黄河下游各河段累计冲淤量　(单位：亿 m^3)

时段	小至利	小至花	花至夹	夹至高	高至孙	孙至艾	艾至泺	泺至利
2005～2019 年	−5.693	−1.350	−1.647	−0.713	−0.685	−0.252	−0.601	−0.445
2020～2049 年	27.831	4.533	5.487	4.738	6.088	2.357	1.530	3.097
2050～2099 年	34.798	8.288	6.180	5.336	6.280	2.574	2.341	3.800
2100～2102 年	1.240	0.197	0.527	0.162	0.061	0.275	0.048	−0.030
2103～2169 年	125.857	21.343	26.073	14.924	30.101	16.938	6.383	10.095

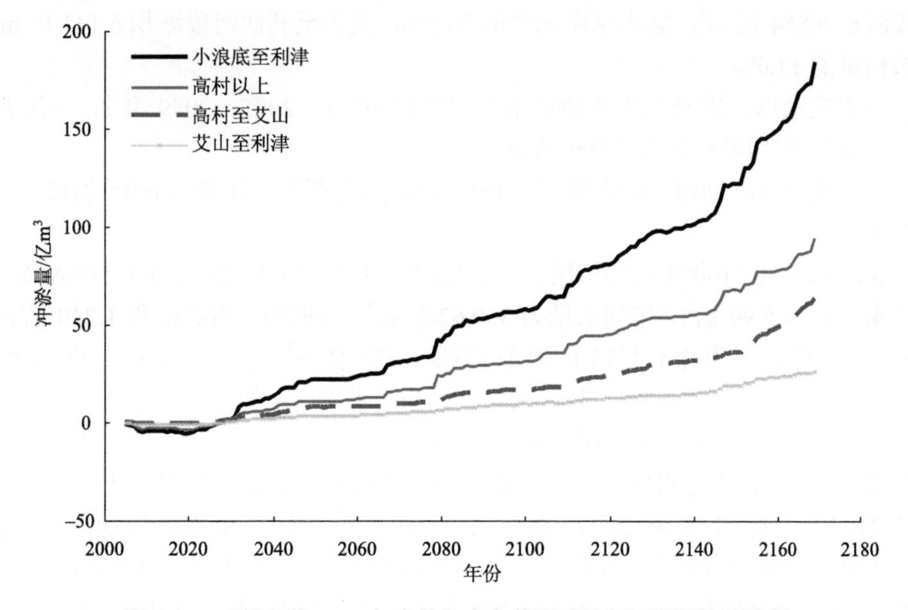

图 2.11　“桃花峪 2100 年生效”方案黄河下游各河段累计冲淤量

1) 水沙系列 1：小浪底水库拦沙运用期(2005～2019 年)河床冲淤演变

在小浪底水库拦沙运用的 15 年(2005～2019 年)，进入黄河下游河道的年均水量为 286.1 亿 m^3，年均沙量为 3.30 亿 t。由于小浪底水库的拦沙运用，进入下游的沙量明显减少，黄河下游河道总体上表现为冲刷，下游共冲刷 5.693 亿 m^3，年均冲刷 0.380 亿 m^3。其中高村以上宽河道冲刷 3.710 亿 m^3，其占总冲刷量的 65.2%；高村至艾山河段冲刷 0.937 亿 m^3，其占总冲刷量的 16.4%；艾山至利津河段冲刷 1.046 亿 m^3，其占总冲刷量的 18.4%。从冲淤量的时间分布看，2010 年前，因小浪底水库拦沙作用更显著，冲刷量也较大，共冲刷 4.840 亿 m^3，其占总冲刷量的 85.0%，而后 10 年，小浪底水库排沙量逐渐增大，加之前期床沙粗化，河道糙率增大，各河段的输沙能力有所下降，下游仅冲刷 0.853 亿 m^3。

2) 水沙系列 2：(小浪底+古贤)水库拦沙运用期(2020～2049 年)河床冲淤演变

古贤水库 2020 年开始运用，在 2020～2049 年的 30 年运用期进入下游河道的年均沙量为 5.99 亿 t，年均水量为 296.5 亿 m^3，年均沙量与年均水量分别比 2005～2019 年大 2.69 亿 t 与 10.4 亿 m^3。这期间下游整体表现为淤积，共淤积 27.831 亿 m^3，年均淤积 0.928 亿 m^3，其中高村以上宽河道淤积 14.758 亿 m^3，其占总淤积量的 53.0%；高村至艾山河段淤积 8.445 亿 m^3，其占总淤积量的 30.3%；艾山至利津河段淤积 4.628 亿 m^3，其占总淤积量的 16.7%。

在小浪底水库和古贤水库运用的 45 年(2005～2049 年)，下游共淤积 22.138 亿 m^3，年均淤积量为 0.492 亿 m^3。

3) 水沙系列 3：(小浪底+古贤+碛口) 水库拦沙运用期(2050～2099 年) 河床冲淤演变

碛口水库 2050 年开始运用，在运用期 2050～2099 年，黄河下游年均来水量为 261.0 亿 m^3，年均来沙量为 4.77 亿 t。这期间下游共淤积 34.799 亿 m^3，年均淤积 0.696 亿 m^3。其中高村以上宽河道淤积 19.804 亿 m^3，其占总淤积量的 56.9%，高村至艾山河段淤积 8.854 亿 m^3，其占总淤积量的 25.5%；艾山至利津河段淤积 6.141 亿 m^3，其占总淤积量的 17.6%。

在小浪底水库、古贤水库和碛口水库运用的 95 年(2005～2099 年)，下游共淤积 56.936 亿 m^3，年均淤积量为 0.599 亿 m^3。

4) 水沙系列 4：(小浪底+古贤+碛口+桃花峪) 水库拦沙运用期(2100～2102 年) 河床冲淤演变

桃花峪水库从 2100 年开始运用，在其运用的 3 年(2100～2102 年)，进入黄河下游的年均来沙量为 5.99 亿 t，年均水量为 359.62 亿 m^3。这期间下游共淤积 1.240 亿 m^3，年均淤积 0.413 亿 m^3。其中高村以上宽河道淤积 0.887 亿 m^3，其占总淤积量的 71.5%。

在小浪底水库、古贤水库、碛口水库和桃花峪水库运用的 98 年(2005～2102 年)，下游共淤积 58.176 亿 m^3，年均淤积 0.594 亿 m^3。

5) 水沙系列 5：中游水库正常运用期(2103～2169 年) 冲淤量计算结果

从 2103 年开始的 67 年(2103～2169 年)，中游水库均进入正常运用期，调控水沙的作用大大减小，来沙量增多，年均来沙量为 8.39 亿 t，年均来水量为 306.6 亿 m^3。这期间下游共淤积 125.857 亿 m^3，年均淤积 1.878 亿 m^3。其中高村以上宽河道淤积 62.340 亿 m^3，其占总淤积量的 49.5%；高村至艾山河段淤积 47.039 亿 m^3，其占总淤积量的 37.4%；艾山至利津河段淤积 16.478 亿 m^3，其占总淤积量的 13.1%。与之前的 98 年相比，高村以上宽河道、艾山至利津河段淤积量所占比例有所下降，高村至艾山河段淤积量所占比例有所增加。

在 2005～2169 年(165 年)，全下游共淤积 184.033 亿 m^3，年均淤积 1.115 亿 m^3。其中高村以上宽河道淤积 94.079 亿 m^3，占总淤积量的 51.1%；高村至艾山河段淤积 63.736 亿 m^3，占总淤积量的 34.6%；艾山至利津河段淤积 26.218 亿 m^3，占总淤积量的 14.3%。

2.3 未来滩区修建防护堤情景下游河床演变模拟

采用黄河下游河道冲淤演变准二维水动力学模型，水沙运动基本方程见 2.2.1 节。

2.3.1 模型设置

1. 边界条件

在现状河道条件下，考虑有无防护堤，在黄河下游宽滩河段 2 个基本地形边界方案下，根据不同水沙系列，形成计算方案组合。分析不同来水来沙条件和不同宽滩区运用方式对下游窄河段水沙量变化、河道冲淤变化与防洪情势的影响。

“无防护堤”方案，将现有生产堤全部破除，让洪水自由漫滩。“防护堤”方案，堤线布置高村以上平均堤距 4.4km，高村至陶城铺河段平均堤距 2.5km；防护堤的防洪标准分别设为 6000m^3/s、8000m^3/s 和 10000m^3/s 三种(以下分别简称“防护堤-6000”“防护堤-8000”“防护堤-10000”)。模型计算河段为铁谢至西河口。初始地形及初始床沙级配采用 2013 年汛前大断面及床沙组成的资料，初始地形分别概化为现状无防护堤地形(以下简称“无防护堤”地形)、现状防护堤地形(以下简称“防护堤”地形)两种不同断面条件。对于防护堤高程，根据黄河水利科学研究院《2000 年黄河下游河道排洪能力分析》中的 6000m^3/s、8000m^3/s 和 10000m^3/s 流量水位设计值，采用直线内插法计算各断面对应的 6000m^3/s、8000m^3/s 和 10000m^3/s 洪水位，然后再加上安全超高，即得本次防洪子堤设计高程。初始出口水位流量关系采用西河口 2013 年设计水位流量关系。

2. 水沙过程

本次长系列水沙过程采用两个水沙系列，即“3 亿 t”水沙系列和“6 亿 t”水沙系列。表 2.15 分别统计了这两个水沙系列不同时段进入下游的年均水沙量，年均水量分别为 248.0 亿 m^3、262.9 亿 m^3；年均沙量分别为 3.21 亿 t、6.06 亿 t。

表 2.15　各系列不同时段进入下游的年均水沙量统计

时段/年	“3 亿 t”水沙系列		“6 亿 t”水沙系列	
	水量/亿 m^3	沙量/亿 t	水量/亿 m^3	沙量/亿 t
1～10	231.1	3.56	288.1	7.26
11～20	251.6	3.38	269.5	6.75
21～30	252.3	3.33	294.2	5.77
31～40	255.7	2.69	231.0	5.39
41～50	249.5	3.08	231.5	5.15
1～50	248.0	3.21	262.9	6.06

2.3.2 计算结果

1. “3 亿 t”水沙系列方案计算结果

“3 亿 t”水沙系列为少水沙系列，50 年黄河下游的年均水量为 248.0 亿 m^3，年均沙量为 3.21 亿 t，该系列不同治理模式下各方案计算结果如下。

1) 宽河固堤现状模式计算结果

“现状有生产堤”下游共淤积 10.418 亿 m^3，比“现状无生产堤”方案少淤积 0.306 亿 m^3；主槽淤积 7.318 亿 m^3，比“现状无生产堤”方案多淤积 0.732 亿 m^3，艾山以上主槽淤积 3.592 亿 m^3，比“现状无生产堤”方案多淤积 0.359 亿 m^3，艾山以下主槽淤积 3.726 亿 m^3，比“现状无生产堤”方案多淤积 0.093 亿 m^3；滩地共淤积 3.100 亿 m^3，比“现状无生产堤”方案少淤积 1.038 亿 m^3，其中艾山以上滩地淤积 2.330 亿 m^3，比“现状无生产堤”方案少淤积 0.773 亿 m^3，艾山以下滩地淤积 0.770 亿 m^3，比“现状无生产堤”方案多淤积 0.015 亿 m^3(表 2.16)。

表 2.16　“3 亿 t”水沙系列宽河固堤现状模式下不同方案冲淤计算结果统计

方案	部位	冲淤量/亿 m^3			冲淤厚度/m		
		艾山以上	艾山以下	下游	艾山以上	艾山以下	下游
“现状无生产堤”	全断面	6.336	4.388	10.724	0.18	0.52	0.24
	主槽	3.233	3.633	6.586	0.57	1.93	0.88
	滩地	3.103	0.755	4.138	0.10	0.12	0.11
“现状有生产堤”	全断面	5.923	4.496	10.418	0.34	0.54	0.40
	主槽	3.592	3.726	7.318	0.64	1.98	0.97
	滩地	2.330	0.770	3.100	0.20	0.12	0.17

注：“现状有生产堤”方案均统计的是现状生产堤范围内的数据。

从冲淤厚度上看，“现状有生产堤”方案均不小于“现状无生产堤”方案。具体地，“现状有生产堤”方案下游平均淤积 0.40m，比“现状无生产堤”方案多淤高 0.16m。其中主槽平均淤积 0.97m，比“现状无生产堤”方案多淤高 0.09m；滩地平均淤积 0.17m，比“现状无生产堤”方案多淤高 0.06m，艾山以上宽滩区生产堤范围内(全断面)冲淤厚度为 0.20m，比“现状无生产堤”方案多淤高 0.10m。

2) 宽河固堤模式计算结果

“防护堤 3.5km”方案三种防护堤标准下下游均淤积 10.472 亿 m^3，比“现状无生产堤”方案少淤积 0.252 亿 m^3，比“现状有生产堤”方案多淤积 0.054 亿 m^3；主槽淤积 7.191 亿 m^3，比“现状无生产堤”方案多淤积 0.605 亿 m^3，比“现状有生产堤”方案少淤积 0.127 亿 m^3；滩地淤积 3.281 亿 m^3，比“现状无生产堤”方案少淤积 0.857 亿 m^3，比“现状有生产堤”方案多淤积 0.181 亿 m^3(表 2.17)。

表 2.17　“3 亿 t”水沙系列宽河固堤模式下不同方案冲淤计算结果统计

方案	部位(防护堤范围内)	冲淤量/亿 m^3			冲淤厚度/m		
		艾山以上	艾山以下	下游	艾山以上	艾山以下	下游
“防护堤 3.5km-6000”	全断面	5.984	4.488	10.472	0.33	0.54	0.40
	主槽	3.520	3.670	7.191	0.63	1.95	0.96
	滩地	2.464	0.818	3.281	0.20	0.13	0.17
“防护堤 3.5km-8000”	全断面	5.984	4.488	10.472	0.33	0.54	0.40
	主槽	3.520	3.670	7.191	0.63	1.95	0.96
	滩地	2.464	0.818	3.281	0.20	0.13	0.17

续表

方案	部位（防护堤范围内）	冲淤量/亿 m^3			冲淤厚度/m		
		艾山以上	艾山以下	下游	艾山以上	艾山以下	下游
“防护堤 3.5km-10000”	全断面	5.984	4.488	10.472	0.33	0.54	0.40
	主槽	3.520	3.670	7.191	0.63	1.95	0.96
	滩地	2.464	0.818	3.281	0.20	0.13	0.17
“防护堤 2.5km-6000”	全断面	5.599	4.503	10.102	0.41	0.54	0.46
	主槽	3.729	3.808	7.537	0.66	2.02	1.00
	滩地	1.870	0.695	2.566	0.24	0.11	0.18
“防护堤 2.5km-8000”	全断面	5.599	4.503	10.102	0.41	0.54	0.46
	主槽	3.729	3.808	7.537	0.66	2.02	1.00
	滩地	1.870	0.695	2.566	0.24	0.11	0.18
“防护堤 2.5km-10000”	全断面	5.599	4.503	10.102	0.41	0.54	0.46
	主槽	3.729	3.808	7.537	0.66	2.02	1.00
	滩地	1.870	0.695	2.566	0.24	0.11	0.18
“防护堤 1.5km-6000”	全断面	4.998	4.575	9.573	0.51	0.55	0.53
	主槽	3.877	3.881	7.757	0.69	2.06	1.03
	滩地	1.121	0.695	1.815	0.27	0.11	0.17
“防护堤 1.5km-8000”	全断面	5.052	4.577	9.628	0.52	0.55	0.53
	主槽	3.874	3.881	7.755	0.69	2.06	1.03
	滩地	1.178	0.695	1.873	0.29	0.11	0.18
“防护堤 1.5km-10000”	全断面	5.052	4.577	9.628	0.52	0.55	0.53
	主槽	3.874	3.881	7.755	0.69	2.06	1.03
	滩地	1.178	0.695	1.873	0.29	0.11	0.18

“防护堤 2.5km”方案三种防护堤标准下下游均淤积 10.102 亿 m^3，比“防护堤 3.5km”方案少淤积 0.370，“防护堤 1.5km-6000”方案、“防护堤 1.5km-8000”方案和“防护堤 1.5km-10000”方案下游分别淤积了 9.573 亿 m^3、9.628 亿 m^3 和 9.628 亿 m^3，分别比“防护堤 3.5km”方案少淤积 0.899 亿 m^3、0.844 亿 m^3 和 0.844 亿 m^3，比“防护堤 2.5km”方案少淤积 0.529 亿 m^3、0.474 亿 m^3 和 0.474 亿 m^3。

从冲淤厚度来看，“防护堤 3.5km”方案、“防护堤 2.5km”方案和“防护堤 1.5km”方案三种堤距下冲淤厚度均较“现状无生产堤”方案大，并且防护堤范围内堤距越小，冲淤厚度也越大。三种方案冲淤厚度分别是 0.40m、0.46m 和 0.53m，分别比“现状无生产堤”方案大 0.16m、0.22m 和 0.29m。

3) 窄河固堤模式计算结果

“窄河 3.5km”方案下游共淤积 10.472 亿 m^3，与“防护堤 3.5km”方案相同，比“现状无生产堤”方案少淤积 0.252 亿 m^3，比“现状有生产堤”方案多淤积 0.054 亿 m^3；主槽淤积 7.191 亿 m^3，比“现状无生产堤”方案多淤积 0.605 亿 m^3，比“现状有生产堤”方案少淤积 0.127 亿 m^3；滩地淤积 3.281 亿 m^3，比“现状无生产堤”方案少淤积 0.857 亿 m^3，比“现状有生产堤”方案多淤积 0.181 亿 m^3(表 2.18)。

表 2.18 “3 亿 t”水沙系列窄河固堤模式下不同方案冲淤计算结果统计

方案	部位（窄河范围内）	冲淤量/亿 m^3			冲淤厚度/m		
		艾山以上	艾山以下	下游	艾山以上	艾山以下	下游
“窄河 3.5km”	全断面	5.984	4.488	10.472	0.33	0.54	0.40
	主槽	3.520	3.670	7.191	0.63	1.95	0.96
	滩地	2.464	0.818	3.281	0.20	0.13	0.17
“窄河 5.0km”	全断面	6.199	4.477	10.676	0.26	0.53	0.33
	主槽	3.486	3.649	7.135	0.62	1.94	0.95
	滩地	2.713	0.828	3.541	0.15	0.13	0.14

“窄河 5.0km”方案下游共淤积 10.676 亿 m^3，比“防护堤 3.5km”方案多淤积 0.204 亿 m^3，比“现状无生产堤”方案少淤积 0.048 亿 m^3；主槽淤积 7.135 亿 m^3，比“防护堤 3.5km”方案少淤积 0.056 亿 m^3，比“现状无生产堤”方案多淤积 0.549 亿 m^3；滩地淤积 3.541 亿 m^3，比“防护堤 3.5km”方案多淤积 0.260 亿 m^3，比“现状无生产堤”方案少淤积 0.624 亿 m^3。

“窄河 3.5km”方案总冲淤量与“防护堤 3.5km”方案相同，比“窄河 5.0km”方案少，比“现状有生产堤”方案多；其主槽冲淤量比“窄河 5.0km”方案多，比“现状有生产堤”方案少；其滩地冲淤量比“窄河 5.0km”方案少，比“现状有生产堤”方案多。

综上所述，“3 亿 t”水沙系列条件下，堤距越小，总冲淤量越少，主槽内淤积量越多，滩地淤积量越少，但宽河段堤内滩地冲淤厚度越大。

2. “6 亿 t”水沙系列方案计算结果

“6 亿 t”水沙系列为少水沙系列，50 年黄河下游的年均水量为 262.9 亿 m^3，年均沙量为 6.06 亿 t，该系列不同治理模式下各方案计算结果如下。

1) 宽河固堤现状模式计算结果

“现状有生产堤”下游共淤积 52.005 亿 m^3，比“现状无生产堤”方案少淤积 3.815 亿 m^3；主槽淤积 29.157 亿 m^3，比“现状无生产堤”方案多淤积 1.458 亿 m^3，艾山以上主槽内淤积 22.808 亿 m^3，比“现状无生产堤”方案多淤积 1.141 亿 m^3，艾山以下主槽内淤积 6.350 亿 m^3，比“现状无生产堤”方案多淤积 0.635 亿 m^3；滩地共淤积 22.848 亿 m^3，比“现状无生产堤”方案少淤积 5.273 亿 m^3，其中艾山以上滩地淤积 18.398 亿 m^3，比“现状无生产堤”方案少淤积 6.358 亿 m^3，艾山以下滩地淤积 4.450 亿 m^3，比“现状无生产堤”方案多淤积 0.768 亿 m^3(表 2.19)。

表 2.19　“6 亿 t”水沙系列宽河固堤现状模式下不同方案冲淤计算结果统计

方案	部位	冲淤量/亿 m^3			冲淤厚度/m		
		艾山以上	艾山以下	下游	艾山以上	艾山以下	下游
“现状无生产堤”	全断面	46.423	9.397	55.82	1.31	1.12	1.27
	主槽	21.667	5.715	27.699	3.85	3.03	3.69
	滩地	24.756	3.682	28.121	0.83	0.57	0.77
“现状有生产堤”	全断面	41.206	10.800	52.005	2.35	1.29	2.01
	主槽	22.808	6.350	29.157	4.05	3.37	3.88
	滩地	18.398	4.450	22.848	1.55	0.68	1.24

注：“现状有生产堤”方案均统计的是现状生产堤范围内的数据。

从冲淤厚度上看，“现状有生产堤”方案均比“现状无生产堤”方案大。具体地，“现状有生产堤”下游冲淤厚度为 2.01m，比“现状无生产堤”方案多淤高 0.74m。其中主槽冲淤厚度为 3.88m，比“现状无生产堤”方案多淤高 0.19m；滩地冲淤厚度为 1.24m，比“现状无生产堤”方案多淤高 0.47m。艾山以上宽滩区生产堤范围冲淤厚度为 2.35m，比“现状无生产堤”方案多淤高 1.04m。

2) 宽河固堤模式计算结果

从表 2.20 可以看出，“防护堤 3.5km”方案 6000m^3/s、8000m^3/s 和 10000m^3/s 三种防护堤标准下下游淤积量随着防洪标准的提高而增加，并且淤积量介于“现状无生产堤”方案和“现状有生产堤”之间。“防护堤 3.5km”方案 6000m^3/s、8000m^3/s 和 10000m^3/s 三种防护堤标准下下游分别淤积 52.247 亿 m^3、52.485 亿 m^3 和 52.724 亿 m^3，分别比“现状无生产堤”方案少淤积 3.573 亿 m^3、3.335 亿 m^3 和 3.096 亿 m^3，比“现状有生产堤”方案多淤积 0.242 亿 m^3、0.480 亿 m^3 和 0.719 亿 m^3；主槽分别淤积 28.511 亿 m^3、28.523 亿 m^3 和 28.536 亿 m^3，分别比“现状无生产堤”方案多淤积 0.812 亿 m^3、0.824 亿 m^3 和 0.837 亿 m^3，比“现状有生产堤”方案少淤积 0.646 亿 m^3、0.634 亿 m^3 和 0.621 亿 m^3；滩地分别淤积 23.736 亿 m^3、23.962 亿 m^3 和 24.188 亿 m^3，分别比“现状无生产堤”方案少淤积 4.385 亿 m^3、4.159 亿 m^3 和 3.933 亿 m^3，比“现状有生产堤”方案多淤积 0.888 亿 m^3、1.114 亿 m^3 和 1.340 亿 m^3。

“防护堤 2.5km”方案 6000m^3/s、8000m^3/s 和 10000m^3/s 三种防护堤标准下下游淤积量随着防洪标准的提高而增加，并且淤积量介于“现状有生产堤”方案和“防护堤 1.5km”方案之间。

表 2.20　“6 亿 t”水沙系列宽河固堤模式下不同方案冲淤计算结果统计

方案	部位（防护堤范围内）	冲淤量/亿 m^3			冲淤厚度/m		
		艾山以上	艾山以下	下游	艾山以上	艾山以下	下游
“防护堤 3.5km-6000”	全断面	41.486	10.761	52.247	2.30	1.28	1.98
	主槽	22.351	6.159	28.511	3.97	3.27	3.79
	滩地	19.135	4.602	23.736	1.55	0.71	1.26

续表

方案	部位（防护堤范围内）	冲淤量/亿 m^3			冲淤厚度/m		
		艾山以上	艾山以下	下游	艾山以上	艾山以下	下游
“防护堤 3.5km-8000”	全断面	41.697	10.788	52.485	2.32	1.29	1.99
	主槽	22.363	6.161	28.523	3.97	3.27	3.80
	滩地	19.334	4.628	23.962	1.56	0.71	1.27
“防护堤 3.5km-10000”	全断面	41.908	10.816	52.724	2.33	1.29	2.00
	主槽	22.374	6.162	28.536	3.97	3.27	3.80
	滩地	19.534	4.654	24.188	1.58	0.72	1.28
“防护堤 2.5km-6000”	全断面	36.217	10.975	47.193	2.67	1.31	2.15
	主槽	23.086	6.471	29.557	4.10	3.43	3.93
	滩地	13.131	4.504	17.635	1.66	0.69	1.22
“防护堤 2.5km-8000”	全断面	36.579	11.123	47.702	2.70	1.33	2.17
	主槽	23.299	6.555	29.853	4.14	3.48	3.97
	滩地	13.280	4.568	17.848	1.68	0.70	1.24
“防护堤 2.5km-10000”	全断面	36.754	11.358	48.113	2.71	1.35	2.19
	主槽	23.513	6.596	30.109	4.18	3.50	4.01
	滩地	13.242	4.762	18.004	1.67	0.73	1.25
“防护堤 1.5km-6000”	全断面	31.178	11.061	42.239	3.20	1.32	2.33
	主槽	23.994	6.630	30.624	4.26	3.52	4.07
	滩地	7.184	4.431	11.615	1.74	0.68	1.09
“防护堤 1.5km-8000”	全断面	31.459	11.074	42.532	3.22	1.32	2.34
	主槽	24.203	6.634	30.837	1.30	3.52	4.10
	滩地	7.256	4.439	11.695	1.76	0.68	1.10
“防护堤 1.5km-10000”	全断面	32.088	11.074	43.161	3.29	1.32	2.38
	主槽	24.324	6.634	30.958	4.32	3.52	4.12
	滩地	7.764	4.439	12.204	1.88	0.68	1.15

从冲淤厚度来看，“防护堤3.5km”方案、“防护堤2.5km”方案和“防护堤1.5km”方案三种堤距下冲淤厚度均较“现状无生产堤”方案大，并且防护堤范围内堤距越小，冲淤厚度越大；相同堤距下，防洪标准越高，冲淤厚度越大。例如，“防护堤 3.5km-6000”方案、“防护堤 2.5km-6000”方案和“防护堤 1.5km-6000”方案 50 年下游平均冲淤厚度分别为1.98m、2.15m和2.33m，分别比“现状无生产堤”方案大0.71m、0.88m和1.06m；“防护堤 2.5km”方案 6000m^3/s、8000m^3/s 和 10000m^3/s 三种防护堤标准下下游平均冲淤厚度分别为 2.15m、2.17m 和 2.19m。

3）窄河固堤模式计算结果

从表 2.21 可以看出，“窄河 3.5km”方案下下游共淤积 52.508 亿 m^3，比“现状无生产堤”方案少淤积 3.312 亿 m^3，比“现状有生产堤”方案多淤积 0.503 亿 m^3；主槽淤积 28.675 亿 m^3，比“现状无生产堤”方案多淤积 0.976 亿 m^3，比“现状有生产堤”方案少淤积 0.482 亿 m^3；滩地淤积 23.833 亿 m^3，比“现状无生产堤”方案少淤积

4.288 亿 m^3，比“现状有生产堤”方案多淤积 0.985 亿 m^3。

表 2.21　“6 亿 t”水沙系列窄河固堤模式下不同方案冲淤计算结果统计

方案	部位（窄河范围内）	冲淤量/亿 m^3			冲淤厚度/m		
		艾山以上	艾山以下	下游	艾山以上	艾山以下	下游
“窄河 3.5km”	全断面	42.117	10.391	52.508	2.34	1.24	1.99
	主槽	22.596	6.080	28.675	4.01	3.23	3.82
	滩地	19.521	4.311	23.833	1.58	0.66	1.26
“窄河 5.0km”	全断面	45.241	9.518	54.760	1.89	1.13	1.69
	主槽	21.979	5.945	27.923	3.90	3.15	3.72
	滩地	23.263	3.574	26.836	1.27	0.55	1.08

“窄河 5.0km”方案下下游共淤积 54.760 亿 m^3，比“窄河 3.5km”方案多淤积 2.252 亿 m^3，比“现状无生产堤”方案少淤积 1.060 亿 m^3；主槽淤积 27.923 亿 m^3，比“窄河 3.5km”方案少淤积 0.752 亿 m^3，比“现状无生产堤”方案多淤积 0.224 亿 m^3；滩地淤积 26.836 亿 m^3，比“窄河 3.5km”方案多淤积 3.003 亿 m^3，比“现状无生产堤”方案少淤积 1.285 亿 m^3。

综上，“窄河 3.5km”方案总冲淤量介于“防护堤 3.5km-8000”方案与“窄河 5.0km”方案之间，比“现状有生产堤”方案多。其主槽冲淤量比“窄河 5.0km”方案多，比“现状有生产堤”方案少。其滩地冲淤量比“窄河 5.0km”方案少，比“现状有生产堤”方案多。

2.3.3　修建防护堤情景下游河床演变对水沙调控的响应

利用数学模型开展宽河固堤现状模式、“防护堤”方案和窄河固堤模式等 13 种方案的对比分析。

从全断面淤积量和冲淤厚度（图 2.12）来看，“3 亿 t”水沙系列各方案随堤距增加淤积量差别不大，“6 亿 t”水沙系列各方案淤积量随堤距增加逐渐增加，3.5km 以下增幅较大，3.5km 以上增幅较小，趋势逐渐变缓。在冲淤厚度方面，“3 亿 t”水沙系列各方案冲淤厚度在 0.5m 以下，冲淤厚度随堤距增加变化不明显，“6 亿 t”水沙系列各方案冲淤厚度分布于 1～2.5m，冲淤厚度随堤距增加逐渐减小，并且减小趋势比较明显。

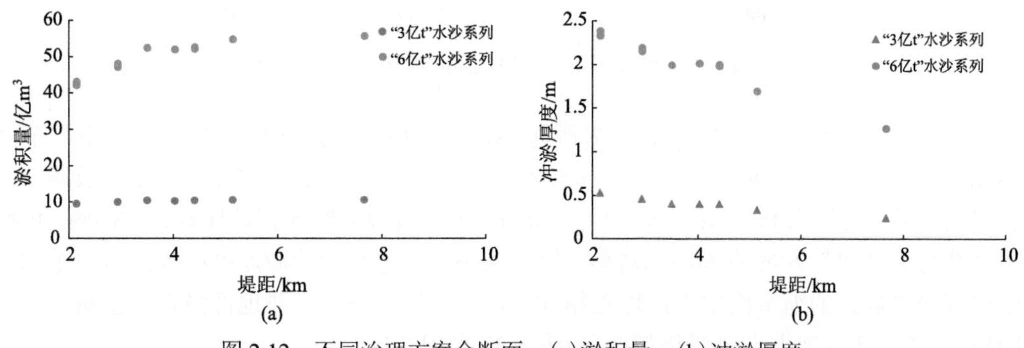

图 2.12　不同治理方案全断面：(a)淤积量；(b)冲淤厚度

从主槽和滩地的淤积量与冲淤厚度(图 2.13)来看，“3 亿 t”水沙系列条件下，堤距越宽主槽淤积量变化不大，滩地冲淤量增加。“6 亿 t”水沙系列条件下，堤距越宽，主槽淤积量略微下降，滩地淤积量呈大幅增加的趋势。从冲淤厚度上看，“3 亿 t”水沙系列主槽和滩地的冲淤厚度随堤距增加变化不大，冲淤厚度均小于 1m。“6 亿 t”水沙系列条件下，堤距越宽，主槽冲淤厚度减小，但减小的幅度较小，变化范围在 0.5m 以内，滩地冲淤厚度随堤距变化不大。

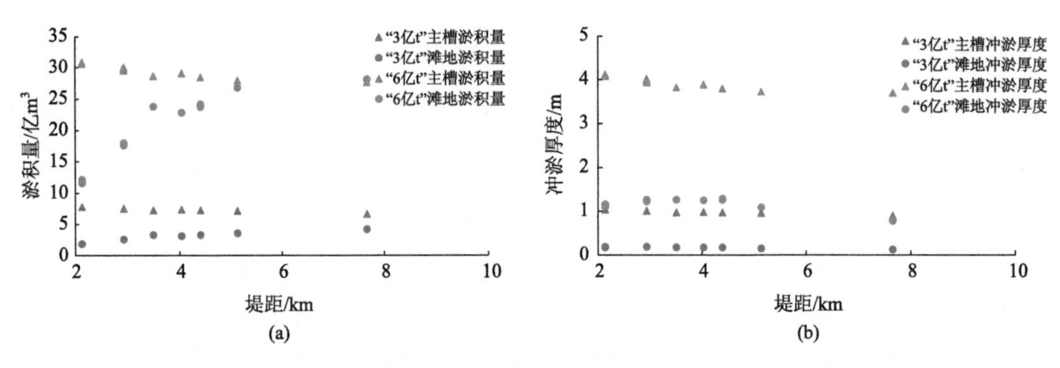

图 2.13　不同治理方案主槽和滩地：(a)淤积量；(b)冲淤厚度

从均衡输沙的角度来看(图 2.14)，“3 亿 t”水沙系列条件下，艾山以上河段全断面冲淤厚度随堤距增加逐渐降低，艾山以下河段变化不大。“6 亿 t”水沙系列条件下艾山以上河段全断面冲淤厚度随堤距增加呈大幅减小的趋势。艾山以下河段随堤距增加变化不明显，集中于 1～1.5m。宽河段和窄河段的主槽冲淤厚度随堤距增加略微减小，滩地冲淤厚度随堤距变化不大。

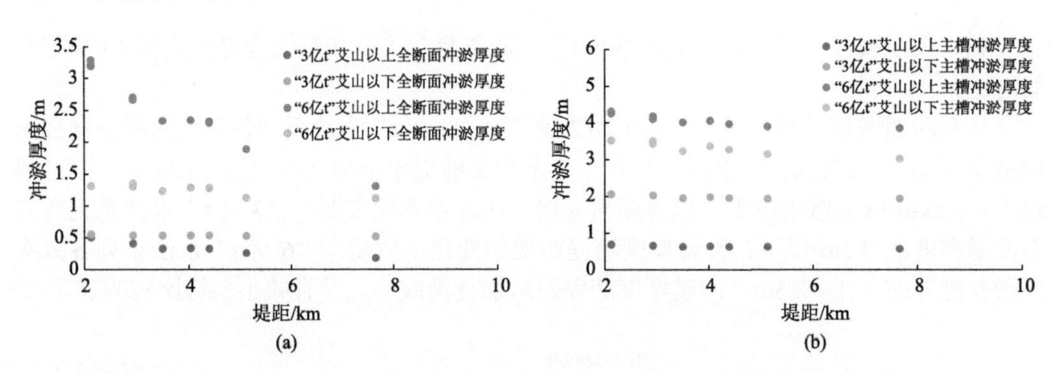

图 2.14　不同治理方案宽河段(a)和窄河段(b)的冲淤厚度

从解放滩区面积的角度来看，堤距越小，宽河段解放滩区面积越大，其中“窄河 5.0km”方案解放滩区面积最小，所占比例为 38.7%；“防护堤 1.5km”方案解放滩区面积最大，所占比例为 86.2%；“防护堤 3.5km”方案解放滩区面积的比例为 58.7%，仅比“现状有生产堤”方案的 60.3%稍小。堤距越小，滩地平均冲淤厚度越大，滩地平均冲淤厚度随着堤距的缩窄而增大；堤距相同时，防洪标准越高，滩地冲淤厚度也越大。堤距越小，“二级悬河”态势恶化越严重(表 2.22 和图 2.15)。

表 2.22　不同治理模式下不同方案宽河段解放滩区统计

方案	宽河段堤距/km	宽河段堤内滩区面积/km^2	解放滩区面积/km^2	解放滩区面积占比/%
“现状无生产堤”	7.66	2994	—	—
“现状有生产堤”	4.03	1188	1806	60.3
“窄河 5.0km”	5.14	1836	1158	38.7
“防护堤 3.5km”	4.40	1237	1757	58.7
“防护堤 2.5km”	2.93	791	2203	73.6
“防护堤 1.5km”	2.13	412	2582	86.2

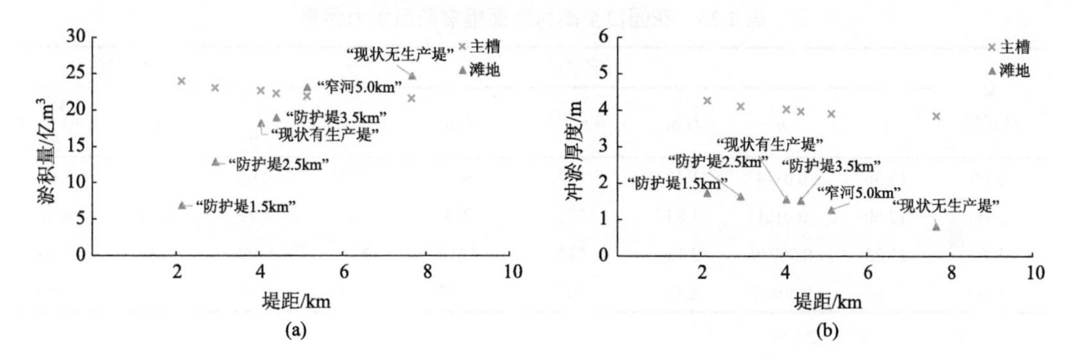

图 2.15　艾山以上宽河段不同治理方案下：(a)淤积量；(b)冲淤厚度

黄河下游不同的水沙条件和边界条件使得下游不同河段的输沙能力存在一定的差别。韩其为(2011)利用建立的河相系数与流量关系反映了冲淤的沿程变化，提出了均衡输沙的概念。在未来修建防护堤时，应尽可能使下游上段、下段的输沙能力接近平衡，否则如果上段输沙能力过小，上段就会发生较多淤积，对山东河段可能有利，但对河南显然效果不明显。如果上段输沙能力过大，冲刷多，就可能造成下游山东河段淤积。

漫滩洪水发生后，主槽的泄洪能力一般可占全断面的 80%左右。含沙量低的大漫滩洪水对河道的冲刷最为有利，高含沙大漫滩洪水发生时一般滩槽均发生淤积。假如主槽和滩地同步抬高，河南宽河段和山东窄河段同步抬高，虽然对河道淤积极为不利，但对河槽形态的塑造还是有一定好处的。如果小浪底水库调节不到位或在强排的情况下，泥沙淤积到主槽或淤积在卡口河段，就会对河槽形态塑造造成很大的破坏。

未来修建防护堤缩窄下游河道的河宽，对下游河道输水输沙能力和河床形态都会造成一定的影响。一方面需要考虑对未来河道输沙能力的影响，另一方面还需要在时空上考虑与下游山东河段的联系。

李军华等(2018)利用流量方程、输沙方程、均匀流公式及河相系统公式等计算得出的花园口至艾山输沙量公式为

$$W_S = 0.0787 K_1 \frac{J^{1.168} Q_1^{1.845}}{n_n^{2.335} Q_0^{0.420}} T \tag{2.30}$$

将相关数据代入得 $\frac{W_{S,2}}{W_{S,1}}=0.718$，由此可知黄河下游下段的输沙能力明显小于上段。缩窄后上段宽河道流速明显提高，挟沙能力显著增加，下段窄河道输沙能力小于宽河道，因此山东河段发生淤积不可避免(表 2.23)。

韩其为(2011)利用建立的河相系数与流量的关系反映了冲淤的沿程变化，提出了均衡输沙的概念，他认为山东河道冲刷的临界流量约为 2500m³/s，当流量小于 2500m³/s 时，容易出现“冲河南，淤山东”的情形，因此在洪水调度的流量级控制中，应避免小于 2500m³/s 的情况。修建防护堤后黄河下游边界条件发生变化，各个河段冲淤与输沙能力也发生变化。

表 2.23 花园口至高村断面缩窄前后水力因素

Q /(m³/s)	缩窄后							缩窄前	
	ε	n	H/m	$B=\varepsilon^2h^2$	A/m²	V/(m/s)	$\frac{V^3}{h}$	V/(m/s)	$\frac{V^3}{h}$
1000	15.36	0.0114	1.40	462	647	1.55	2.65	1.44	1.68
2000	12.60	0.0101	1.83	532	974	2.05	4.71	2.12	4.31
3000	11.23	0.00939	2.13	572	1218	2.46	6.99	2.46	5.55
4000	10.35	0.00892	2.38	607	1445	2.77	8.93	2.65	5.89

资料来源：李军华等，2018。

从“3 亿 t”和“6 亿 t”两个水沙系列上下两个河段的冲淤比例可以看出，“3 亿 t”水沙系列不同方案均比“6 亿 t”水沙系列在山东河段(艾山以下)冲淤量比例大(表 2.24)。从冲淤厚度看，“3 亿 t”水沙系列山东河段冲淤厚度均大于河南河段(艾山以上)，“6 亿 t”水沙系列河南河段冲淤厚度均大于山东河段。

“3 亿 t”水沙系列的不同方案相比，其中宽河固堤现状模式下“现状无生产堤”方案艾山以下冲淤比例最小，其次为“窄河 5.0km”方案，宽河固堤模式下“防护堤 1.5km-6000”方案艾山以下冲淤比例最大，达到 47.79%。冲淤厚度下游宽河固堤现状模式下“现状无生产堤”方案最小，为 0.24m；艾山以上冲淤厚度最小为宽河固堤现状模式下“现状无生产堤”方案，为 0.18m，最大为宽河固堤模式下“防护堤 1.5km-8000”方案和“防护堤 1.5km-10000”方案，都为 0.52m。艾山以下冲淤厚度各方案差别不大。

“6 亿 t”水沙系列的不同方案相比，其中宽河固堤现状模式下“现状无生产堤”方案艾山以下冲淤比例最小，其次为“窄河 5.0km”方案，宽河固堤模式下“防护堤 1.5km-6000”方案艾山以下冲淤比例最大，达到 26.19%。冲淤厚度下游宽河固堤现状模式下“现状无生产堤”方案最小，为 1.27m，宽河固堤模式下“防护堤 1.5km-10000”方案为 2.38m；艾山以上冲淤厚度最小为宽河固堤现状模式下“现状无生产堤”方案，为 1.31 m，最大为宽河固堤模式下“防护堤 1.5km-10000”方案，为 3.29m。艾山以下冲淤厚度最小为宽河固堤现状模式下“现状无生产堤”方案，为 1.12m，最大为“防护堤 2.5km-10000”方案，为 1.35m。

表 2.24　不同治理模式下不同方案艾山上下河段淤积比例　（单位：%）

水沙系列	模式	方案	淤积比例	
			艾山以上	艾山以下
“3 亿 t”	宽河固堤现状模式	“现状无生产堤”	59.08	40.92
		“现状有生产堤”	56.85	43.16
	宽河固堤模式	“防护堤 3.5km-6000”	57.14	42.86
		“防护堤 3.5km-8000”	57.14	42.86
		“防护堤 3.5km-10000”	57.14	42.86
		“防护堤 2.5km-6000”	55.42	44.58
		“防护堤 2.5km-8000”	55.42	44.58
		“防护堤 2.5km-10000”	55.42	44.58
		“防护堤 1.5km-6000”	52.21	47.79
		“防护堤 1.5km-8000”	52.47	47.54
		“防护堤 1.5km-10000”	52.47	47.54
	窄河固堤模式	“窄河 3.5km”	57.14	42.86
		“窄河 5.0km”	58.06	41.94
“6 亿 t”	宽河固堤现状模式	“现状无生产堤”	83.17	16.83
		“现状有生产堤”	79.23	20.77
	宽河固堤模式	“防护堤 3.5km-6000”	79.40	20.60
		“防护堤 3.5km-8000”	79.45	20.55
		“防护堤 3.5km-10000”	79.49	20.51
		“防护堤 2.5km-6000”	76.74	23.26
		“防护堤 2.5km-8000”	76.68	23.32
		“防护堤 2.5km-10000”	76.39	23.61
		“防护堤 1.5km-6000”	73.81	26.19
		“防护堤 1.5km-8000”	73.97	26.04
		“防护堤 1.5km-10000”	74.34	25.66
	窄河固堤模式	“窄河 3.5km”	80.21	19.79
		“窄河 5.0km”	82.62	17.38

综上所述，从“悬河”“二级悬河”治理及解放滩区的角度考虑，“3 亿 t”水沙系列条件下，宽河固堤模式和窄河固堤模式，以及不同防护堤标准下全断面冲淤厚度随堤距增加变化不大，主槽和滩地的冲淤厚度随堤距增加变化也不大，但是各个方案中“防护堤 1.5km-10000”方案解放滩区面积最大，因此推荐此方案。“6 亿 t”水沙系列条件下，各个方案全断面冲淤厚度随堤距增加明显减小，其中宽河固堤现状模式下“现状无生产堤”方案最小，并且主槽冲淤厚度较其他方案增加得不多，从“悬河”“二级悬河”治理的角度考虑，推荐宽河固堤现状模式下“现状无生产堤”方案。

参 考 文 献

韩其为. 2011. 论均衡输沙与河床演变的平衡趋向. 泥沙研究, (4): 1-14.

李军华, 江恩慧, 张向萍, 等. 2018. 高含沙洪水“揭河底”现象的试验模拟及力学参数实时量测//中国水利学会. 中国水利学会2018学术年会. 论文集第四分册. 北京: 中国水利水电出版社.
张红武, 张清. 1992. 黄河水流挟沙力的计算公式. 人民黄河, (11): 7-9, 61.
赵连军, 张红武. 1997. 黄河下游河道水流摩阻特性的研究. 人民黄河, (9): 17-20, 62.

第3章 泥沙动态调控和控导工程约束下的下游河势演变

水库调控直接改变了进入下游的水沙过程，同时，下游河势控导工程的大量修建，增加了河床演变的复杂性，对水沙调控响应也更为复杂。为此，针对下游河道河势控导工程布局、水库水沙调控和下游河势演变之间的相互影响关系开展研究。

3.1 有限控制边界约束下的游荡型河道河势演变

3.1.1 不同阶段下游河道整治工程布局

1949 年抗洪抢险的实践经验使人们认识到在济南以下窄河段，单靠两岸堤防和险工，难以保证黄河下游防洪安全。为此，人们从 1950 年开始进行以防洪为目的的河道整治工程试验，继而使其在弯曲型河道推广，这些工程经受了 1957 年、1958 年大洪水的考验，后经调整、续建，修建的河道整治工程已控制了河势。在总结弯曲型河道经验的基础上，1965～1974 年重点对过渡型河道进行河道整治，经过完善现已基本控制了河势。黄河下游游荡型河道河势变化速度快、幅度大，尽管 20 世纪 60 年代以后逐步修建了部分河道整治工程，但其能否进行整治、能否控制河势，一直存在争议。其建设大致分以下三个阶段。

(1)未整治阶段(1966 年之前)。20 世纪 50 年代在防洪方面集中力量加高加固堤防，无力涉及河道整治。三门峡水库 1960 年投入运用，先采用“蓄水拦沙”运用方式，清水下泄；后改为“蓄清排浑”运用方式，非汛期蓄水，汛期排沙，在一年之内下游河道的冲淤变化直接受其影响。19 世纪 60 年代至 70 年代初期，水量丰沛，来水来沙变幅大，游荡型河道两岸堤距大，滩地宽阔，横比降陡，土质多沙，在水流作用下，滩岸坍塌迅速，仅 1964 年就坍塌 12.38 万亩①。

(2)初始整治阶段(1966～1980 年)。1966 年之后，在重点治理高村至陶城铺河段的同时，东坝头至高村间的游荡型河道也相继修建了部分控导工程，在辛店集至高村修建工程相对较多，1978 年修建王夹堤控导工程，至此，东坝头至高村河段完成了布点任务。一些控导工程的长度尽管还远远达不到规划的要求，但却限制了主流的摆动范围，并在防洪中发挥了一定的作用，1949～1960 年本河段诸断面的平均摆动范围为 2435m，1979～1984 年为 1700m，仅相当于前者的 69.8%。东坝头至高村河段修建的这些河道整治工程，在 1982 年黄河下游花园口洪峰流量为 15300m^3/s 时，虽然有些控导工程漫顶，但整治工程仍具有控制河势作用，整个河段的主流无大摆动。

(3)正常整治阶段(1980 年之后)。20 世纪 80 年代以后黄河下游河道整治的重点为游荡型河道。多次制订、修改河道整治规划，90 年代以后加快了河道整治步伐，尤其是进

① 1 亩≈666.7 m^2。

入 21 世纪后，国家投资力度增加。东坝头至高村河段的河道整治工程进一步完善，东坝头以上河段的河道整治工程得到了快速发展。

为了更好地反映工程建设情况，在此定义了河势控导工程约束强度的概念，即游荡型河道修建的河势控导工程的总长度与河道长度的比值，该指标直接反映工程修建的密度，也间接反映对该河段河势的约束能力。表 3.1 是游荡型河道不同时期河势控导工程约束强度。其中，1949～1960 年属未整治阶段，河势主要靠花园口险工、河势九堡险工等零星工程发挥作用，河势工程控导长度约 15km；1961～1973 年属初始整治阶段，集中在东坝头以下开展整治，并获得较好效果，该阶段河势控导工程达 15 年，工程长度约 60km；1974～1999 年属三门峡“蓄清排浑”运用阶段，特别是“八五”国家重点科技项目(攻关)计划以后，河势控导工程大量修建，工程长度达 180km，到 2019 年河道整治工程进一步修建，工程长度达 225km。

表 3.1　游荡型河道不同时期河势控导工程约束强度

时期	1949～1960 年	1961～1973 年	1974～1999 年	2000～2019 年
河势控导工程约束强度/%	5	20	63	75

3.1.2　河势控导工程不同约束强度对河势演变的调控效果

基于游荡型河道河势控导工程约束强度变化指标，结合三门峡水库及小浪底水库运用对下游河道调整的影响，并考虑冲积河流河床演变中存在滞后响应这一普遍现象，河势控导工程不同约束强度对河势演变的调控效果可划分为以下 4 个时期。

(1) 工程约束弱+三门峡水库运用前(1949～1960 年)：该时期为大水大沙年。河道基本处于无工程控制状态，河势基本处于自由演变状态。河势游荡多变，这不仅直接危及堤防安全，还造成滩地大量坍塌、村庄落河，直接危及滩区群众的生命财产安全(图 3.1)。

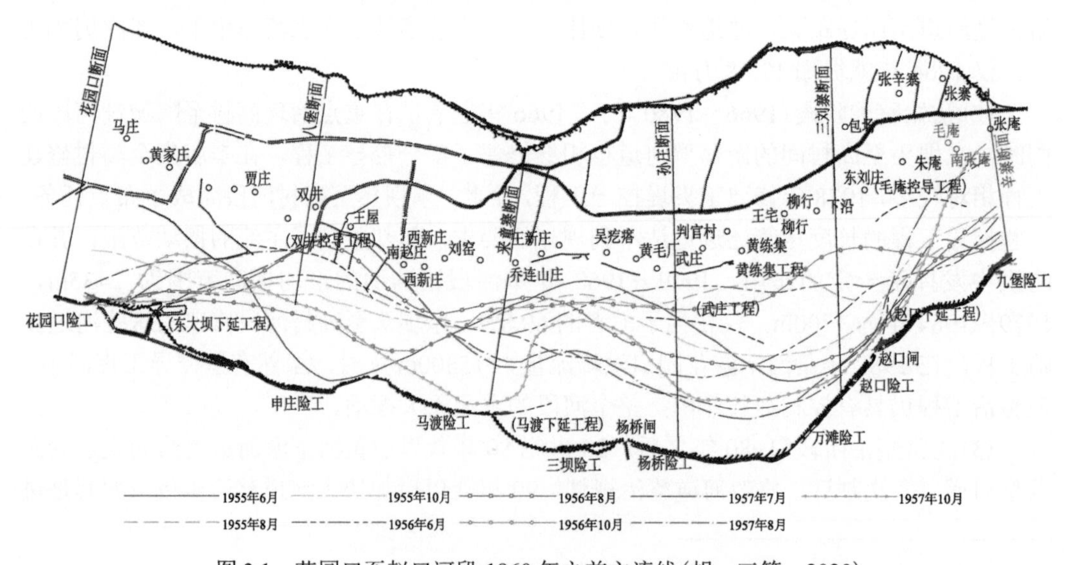

图 3.1　花园口至赵口河段 1960 年之前主流线(胡一三等，2020)

(2) 工程约束弱+三门峡水库运用(1961～1973 年)：该时期又可分为两个阶段，即 1961～1964 年“蓄水拦沙”运用期和 1965～1973 年“滞洪排沙”运用期。该时期为丰水年。游荡型河道河势控导工程密度约为 20%，河道基本处于人工干预较少的半自然状态。“蓄水拦沙”运用期，基本没有修建河势控导工程，河势演变剧烈；之后，逐渐开始修建河势控导工程，其以东坝头以下为主，但由于河势控导工程太少，河势演变主要表现为主槽宽浅不一，溜势散乱，河势调整仍属于自然演变(图 3.2)。

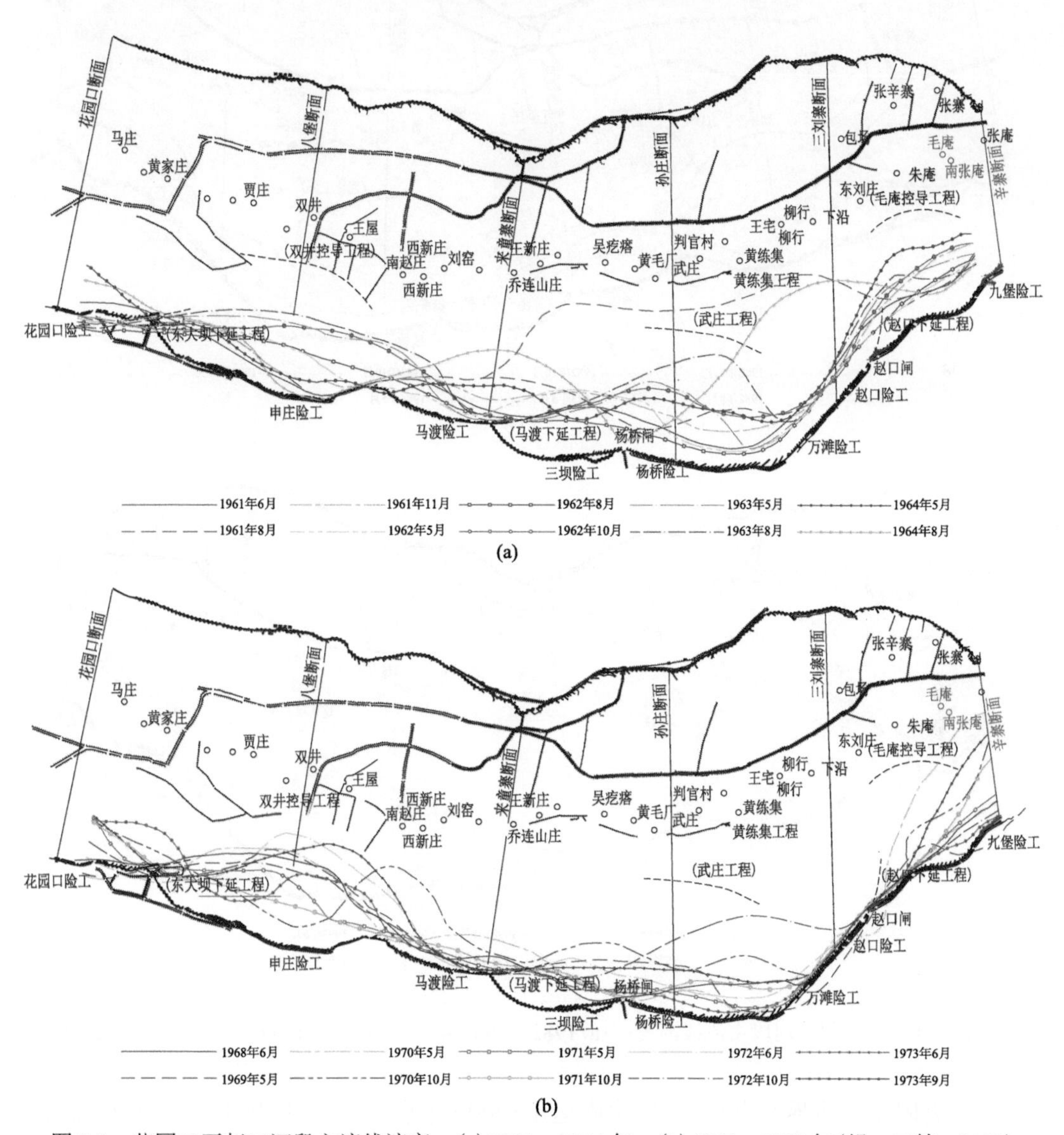

图 3.2 花园口至赵口河段主流线演变：(a) 1961～1964 年；(b) 1968～1973 年(胡一三等，2020)

(3) 工程约束增加+三门峡水库“蓄清排浑”运用期(1974～1999 年)：对于花园口水文站，1975～1985 年年均来水量为 452.92 亿 m^3，较多年平均多 17.89%；年均来沙量为 10.46 亿 t，较多年平均多 14.86%。1986～1999 年年均来水量为 276.55 亿 m^3，较多年平均少 28.02%；年均来沙量为 6.79 亿 t，较多年平均少 25.48%。黄河下游游荡型河道河势控导工程密度增加到 40%，河势演变受工程约束，工程完善的模范河段游荡范围明显减小，工程不完善的河段主流摆动依然很大(图 3.3)。

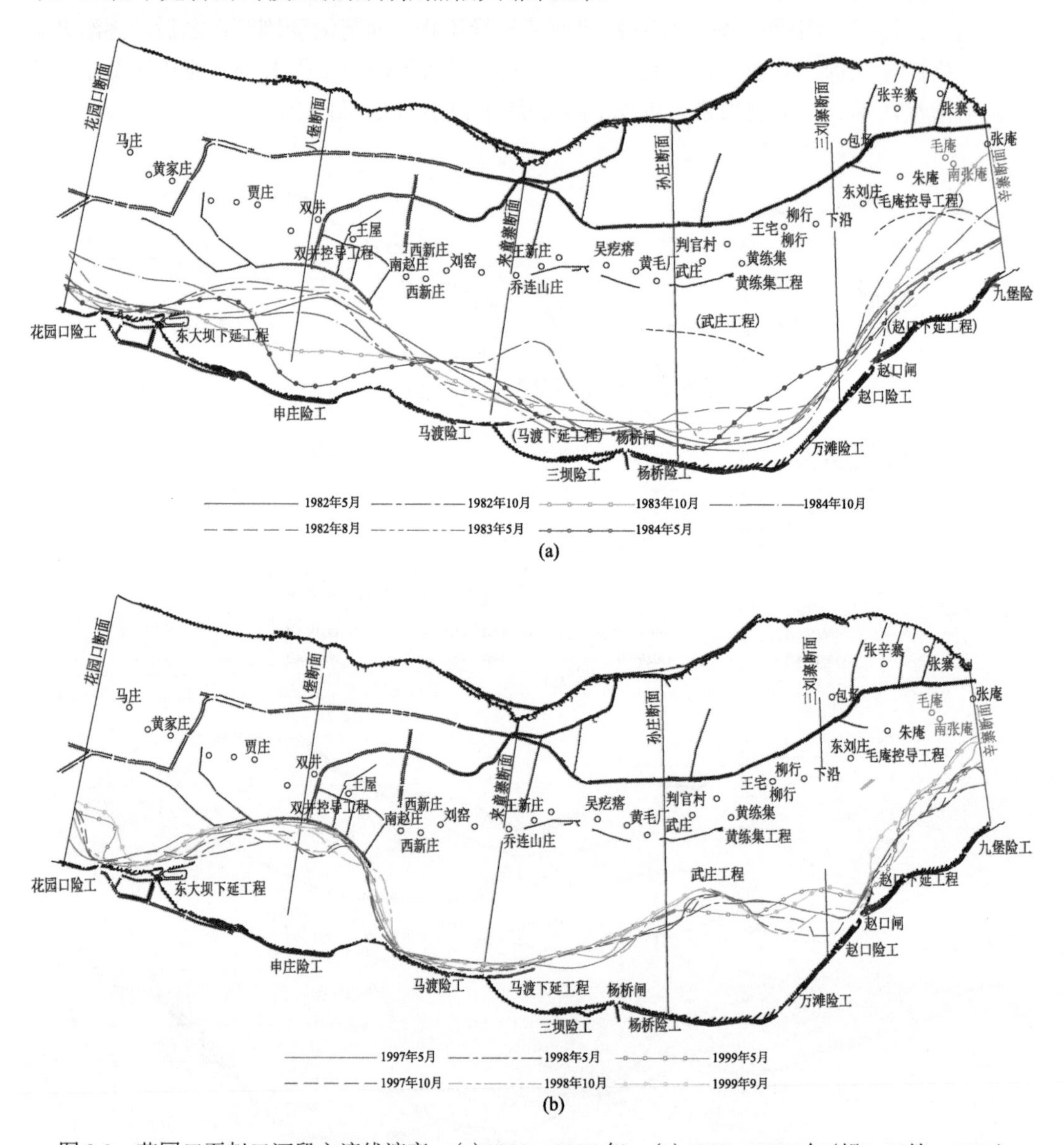

图 3.3　花园口至赵口河段主流线演变：(a) 1982～1984 年；(b) 1997～1999 年(胡一三等，2020)

(4) 有限工程边界约束+小浪底水库运用(2000 年后)：河势控导工程密度达 60%以上，游荡范围大大缩小，初步形成了相对稳定的流路，游荡范围由 2004 年的 1650m 减小到目前的约 300m，游荡型河道河势初步得到控制。这一时期在长期小水作用下河势出现散乱、畸形河势(图 3.4)。

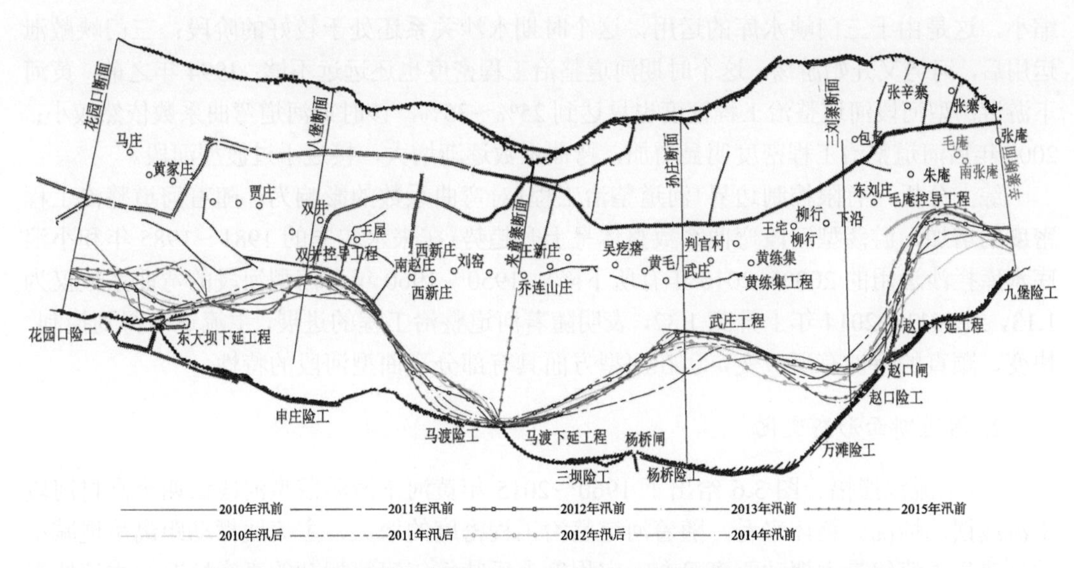

图 3.4　花园口至赵口河段 2010～2015 年主流线(胡一三等，2020)

3.1.3　有限控制边界约束下河道形态演变分析

1. 河道平面形态变化

用河流的弯曲系数来表示河道的平面形态，其变化反映河流主流长度的变化。图 3.5 给出了游荡型河段 1950～2014 年主流线弯曲系数变化过程及对应的不同时期河道整治工程密度变化情况。

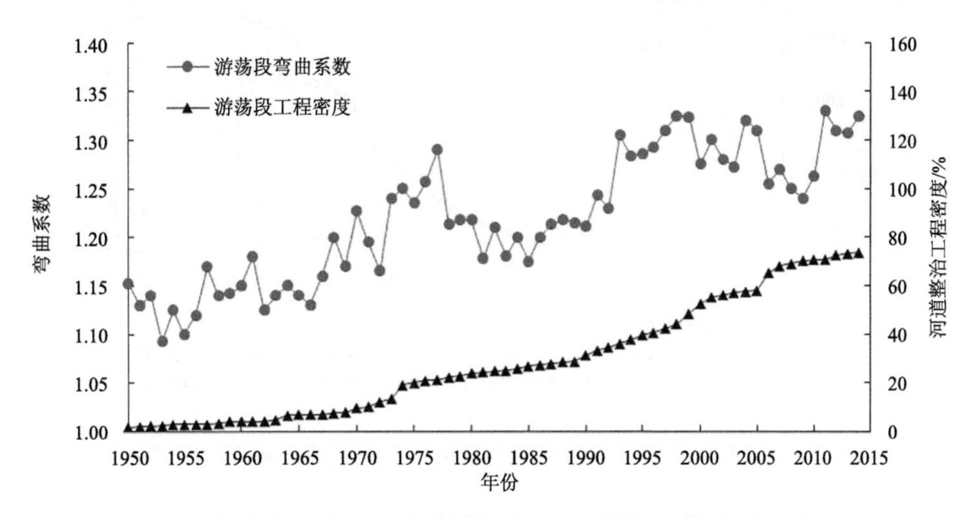

图 3.5　游荡型河段不同时期弯曲系数及河道整治工程密度变化情况

由图 3.5 可以看出，1960 年以前，黄河下游游荡型河段游荡特性特别明显，除九堡至东坝头河段有个别工程外，其他河段都没有工程约束；1960～1964 年，弯曲系数急剧缩小，这是由于三门峡水库的运用，这个时期水沙关系还处于较好的阶段；三门峡敞泄运用后，河势又开始游荡，这个时期河道整治工程密度也还远远不够；1994 年之前，黄河下游游荡型河段河道整治工程密度也只达到 25%～35%，该时期河道弯曲系数依然较小；2006 年后河道整治工程密度明显增加，弯曲系数逐渐增大，接近于过渡型河段。

综上分析，有限控制边界(河道整治工程)对弯曲系数的影响为：随着河道整治工程密度的增加，游荡型河段弯曲系数整体呈上升趋势(在来水较丰的 1981～1985 年和小浪底水库拦沙运用的 2000～2010 年有所下降)。1950～1960 年游荡型河段的弯曲系数仅为 1.13，到 2011～2014 年上升到 1.32，表明随着河道整治工程的进展，主流逐步得到控制，快变、顺直的特性有所改变，已在河型方面具有部分弯曲型河段的特性。

2. *河道断面形态变化*

(1)主流线摆幅。图 3.6 给出了 1960～2015 年黄河下游游荡型河段铁谢至高村河段主流线摆动情况。整体来看，随着河道整治工程密度的增大，主流线摆动距离呈现减小的趋势。主流线最大摆动距离可在一定程度上反映每年河势摆动的真实情况，主流线平均摆动距离能够反映河势整体的变化情况。随着河道整治工程密度的增大，主流线最大摆动距离基本上呈减小趋势，其中 2003～2006 年，主流线摆动距离有所增大，这主要是大宫、欧坦等畸形河弯在这几年发展起来，从而导致河势不稳；2008 年、2011 年、2012 年、2014 年这几年主流线摆动范围突然增加很多，这是开仪至赵沟、裴峪至大玉兰、东安至桃花峪、桃花峪至花园口、三官庙至韦滩等河段形成畸形河弯，进而对河势产生较大影响。

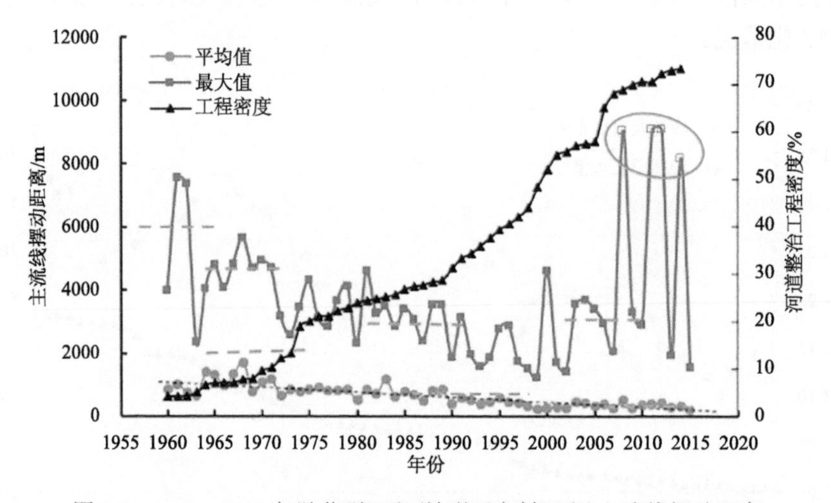

图 3.6　1960～2015 年游荡型河段(铁谢至高村河段)主流线摆动距离

根据以上分析，近年来河道整治工程密度已经达到了一定的程度，对下游游荡型河段河势有了较好的控制作用，而个别河段表现出在较高的河道整治工程密度控制下主流线摆幅依然大的现象。对河势图进行分析，发现这主要是由于河段内存在畸形河弯的缘故。下一步应针对典型河段内的畸形河弯现象，采取一定的工程措施进一步来规范河势，使河势向规划治导线上靠拢，以达到稳定主流的目的。

(2)河相系数。以河相系数$\xi=\sqrt{B}/H$来表征河道的断面形态，各河段河道整治前后断面形态变化特点不一。图3.7给出了不同时期黄河下游沿程河相系数的变化情况。1960年下游沿程河相系数为20～88；三门峡水库运用初期，至1964年下游沿程河相系数明显减小，为10～40；在三门峡水库蓄清排浑阶段，至1985年，下游沿程河相系数进一步减小，为5～30；至1999年，下游沿程河相系数增减不一，铁谢至曹岗河段河相系数有所增大，曹岗至高村河段河相系数有所减小，而接近高村的河段河相系数又有所增大；小浪底水库运用后，下游沿程河相系数继续减小，至2019年，花园口以上河段河相系数继续有小幅度增大，其余河段河相系数有增有减，除伊洛河口、花园口、韦城断面外，其余断面河相系数均在15以下。

同时由图3.7可以看到，不同时期各河段河相系数变幅不同。1960年以前，各河段河相系数变幅最大，这是由于1960年以前河道处于自然演变状态，人工干预很少。1960～1964年，随着三门峡水库的蓄水拦沙运用，该时期水量较丰沛，下游河道普遍被冲刷，河相关系在一定程度上得到改善。1985年以后，各河段河相系数变化没有一定的规律，变幅也相对减少。2000年小浪底水库运用以来，各河段河相系数变幅进一步减小，这是由于河道整治工程密度大幅度增加，河势在很大程度上趋于相对稳定。

综上所述，1950～2019年，黄河下游游荡型河段随着河道整治工程密度的增加，其河相系数总体上呈减小的趋势，断面总体上有向窄深发展的趋势，可见有限控制边界对河道河相关系有一定影响，在河道整治较早且河道整治工程比较完善的夹河滩至高村河段，河相系数在河道整治后明显减小，断面形态趋向窄深；在河道宽浅发展、可调整范围较大的花园口以上河段，在近期也整体表现出河相系数减小的特点。

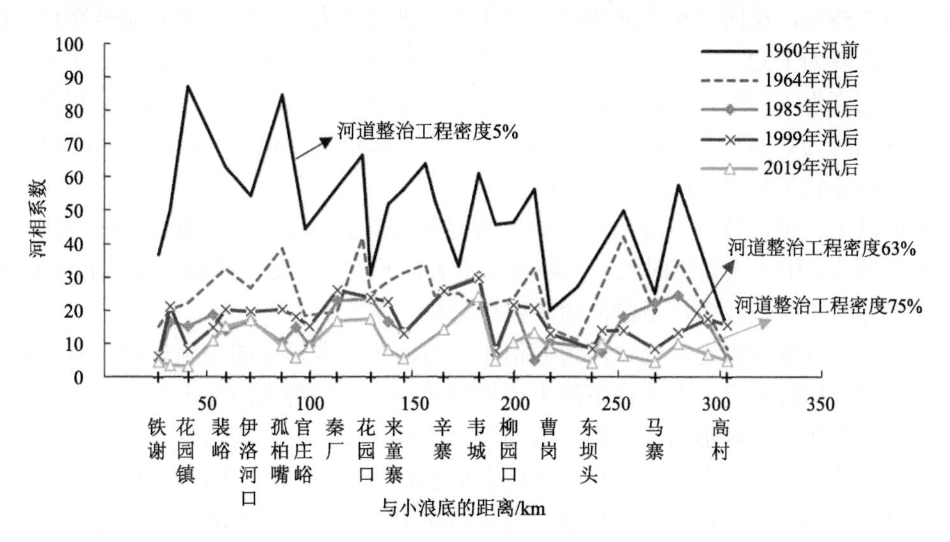

图3.7　不同时期黄河下游沿程河相系数的变化情况

(3)河道纵比降。图 3.8 为下游河段在不同时期的纵比降变化情况。从时间层面来讲，随着时间的推移，花园口以上纵剖面有所变缓，泺口以下纵剖面有所变陡。1960 年各个河段纵比降都有所增大，高村至孙口河段增大更明显，这是由于三门峡水库于 1960 年开始蓄水运用，对下游河道造成普遍冲刷，1964 年后，各河段纵比降呈现整体变缓趋势。截至 1999 年，高村以上河段纵比降呈现下降趋势，高村以下河段纵比降有增有减，整体变化幅度不大。1999 年之后，高村以上河段纵比降呈略微上升趋势，高村以下河段仍是有增有减，整体变化幅度不大。对于夹河滩至高村河段，1999 年之前，河段纵比降变化不明显，而 1999 年之后，也呈现略微上升趋势。

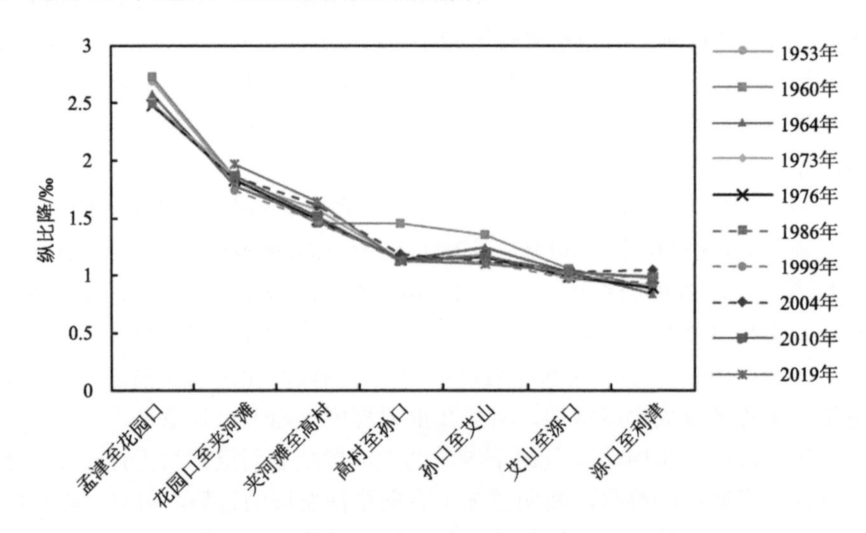

图 3.8　黄河下游河段不同时期纵比降变化情况

从空间层面来讲，黄河下游各河段平均纵比降具体如下：花园口以上河段多年平均纵比降为 2.58‰，花园口至夹河滩河段多年平均纵比降为 1.85‰，夹河滩至高村河段多年平均纵比降为 1.52‰，高村至孙口河段多年平均纵比降为 1.18‰，孙口至艾山河段多年平均纵比降为 1.17‰，艾山至泺口河段多年平均纵比降为 1.01‰，泺口至利津河段多年平均纵比降为 0.94‰。高村以上游荡型河段纵比降沿程变化幅度较大，而高村以下河段纵比降整体较为稳定(除 1960 年外)。

根据以上结果，黄河下游河道纵剖面的调整与来水来沙及河道边界条件密切相关，在丰水少沙年，中水流量历时长，洪峰流量不大，下游河道发生冲刷；而在丰水丰沙年，大洪水漫滩发生次数较多，下游河道多发生淤积。

根据模型试验及以上研究，河道整治工程对河势具有较好的控制作用。有工程控制的河段，河势比较稳定，上游或下游未受控制的河段，河势的演变十分复杂，主流线的摆动幅度将会更大，畸形河弯出现的概率也会增加。在控导工程约束下，河道几何形态调整分三个阶段。第一阶段，由于水动力过程变化，河相系数变小，河道弯曲系数增大，纵比降减小；第二阶段，由于边界条件的反馈作用，河相系数逐渐增大，河道弯曲系数减小，纵比降变化缓慢；第三阶段，由于河道几何形态进入相对平衡状态，河相系数、河道弯曲系数、纵比降均接近常数。由于水库调控运用，游荡型河段未来将面临长期枯水时期与短历时的设计流量过程，从试验模拟河槽塑造调整过程来看，要使得河势稳定，在不影响防洪的前提下，目前需要有一个稳定的河槽形态与水库调控的水沙过程相适应；当水库拦沙期结束转入正常运用后，进入下游的水沙条件将再次发生调整，若不对水沙过程进行动态调整，河槽形态将发生新的响应。因此，若要将来的水沙过程适应稳定的河槽形态，必须使得下游有一个相对稳定的、均衡的输沙过程，中游来沙情况通过人工挖沙和水库的动态调控相结合的方式进行调整，尽量维持平衡的水沙过程。由于下游河道河型不同，在水沙调控过程中还应考虑上下游不同河段冲淤的均衡性，这样对河槽的稳定才最有利。

3.2　河势控导工程与水沙动态调控的互馈效应

3.2.1　水沙调控与河道演变的互馈影响分析

1. 下游河势控导工程布局形式

(1) 单个有限控制边界工程的平面形态。黄河下游河道整治工程平面形式多种多样，很不规则，一部分是近几年修建的相对平顺的工程，另一部分是多年依附堤防抢险或堵口形成的，大体上可分为三类。①凸出型：从平面上看，工程突入河中，如黑岗口险工[图 3.9(a)]；②平顺型：工程平面布局比较平顺或呈微凸微凹相结合的外形，如花园口险工[图 3.9(b)]；③凹入型：工程平面外形为凹入的弧线，如王庵控导工程[图 3.9(c)]。

实践研究表明，凸出型和平顺型两类工程，各部位的靠溜概率比较小，送溜到下一工程的变化范围比较大，不能有效地控制流向，因而不是好的平面形式。凹入型工程对不同来溜方向适应能力强，既能迎溜、导溜，又能送溜，对河势有很强的控制能力，因此是好的平面形式。控导工程应采用凹入型布局，对布局不好的险工，大多已采用上延下续控导工程的办法予以改造。

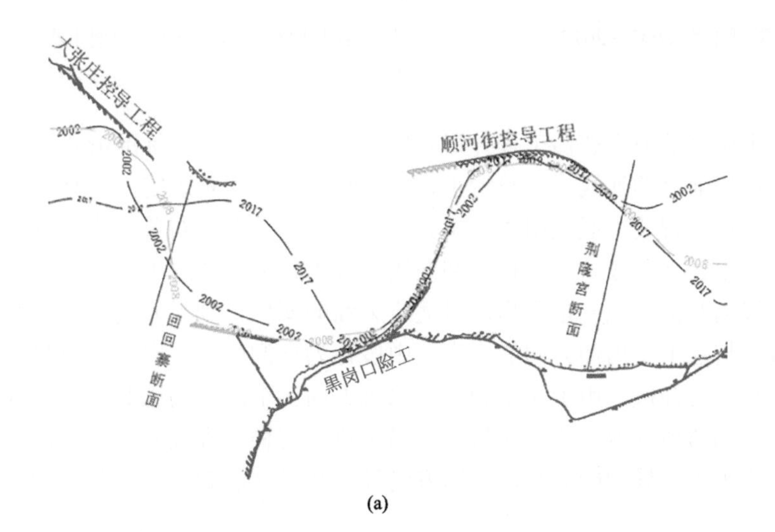

(a)

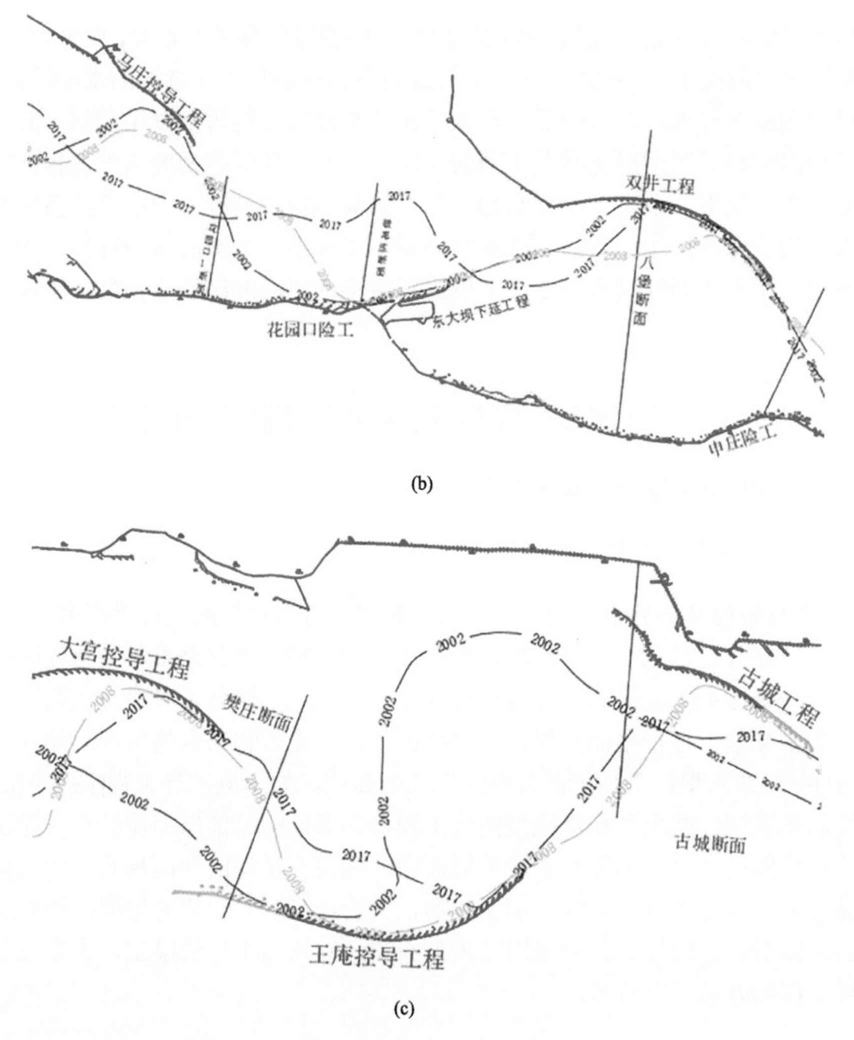

图 3.9 不同类型工程 2002～2017 年靠溜送溜情况：(a)凸出型工程；(b)平顺型工程；(c)凹入型工程

注：图中数字表示年份

因此，本研究的河道整治工程外形布置形式均为凹入型的标准形式，每处整治工程坝、垛头或护岸前缘的连线称为整治工程位置线，其作用是确定河道整治工程的长度和具体位置。工程位置线一般采用“上平、下缓、中间陡”的布置形式，按照与水流的关系可分为上、中、下三段。上段称为迎溜段，采用较大的弯道半径或与治导线相切的直线，使工程线离开治导线一定距离，以适应来溜的变化，利于迎溜入弯，并且忌布置成折线，以避免折点上下出溜方向的改变。中段称为导溜段，采用较小的弯道半径，且弯道半径明显小于迎溜段，用于调整和改变水流方向。下段称为送溜段，弯道半径较中段稍大，以便削弱弯道环流，归顺流势、送溜出弯。这种工程线的布置形式优点是水流进入弯道后较为平顺，导溜能力强，出溜方向稳，减轻坝前淘刷，如图 3.10 所示(胡一三等，2020)。

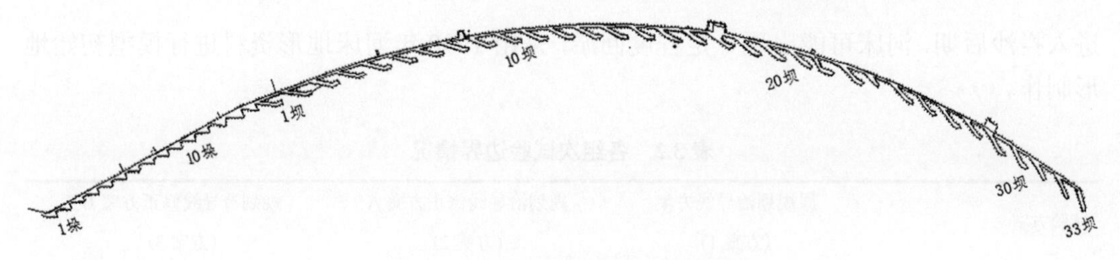

图 3.10　原阳双井控导工程平面图

(2) 黄河下游控导工程整体布局形式。按照不同河道整治类型，在长期的河道整治实践过程中，黄河下游逐渐形成了微弯型整治方案。该方案整治原则与思路为“防洪为主，统筹兼顾，中水整治，洪枯兼顾，以坝护弯，以弯导流，主动布点，积极完善，柳石为主，开发新材”，结合黄河下游游荡型河段的实际边界条件和水沙过程，提出了一套相对完善的河道整治参数确定方法。河道整治设计主要是对治导线的拟定，而治导线应与长期稳定的河弯流路形态相一致，如图 3.11 所示。为了制定河道整治工程的平面布局形式，一般需要明确的主要设计参数有整治流量、整治河宽、排洪河宽及河弯要素等。河弯要素主要包括弯曲半径 R，中心角 φ，河弯间距 L，弯曲幅度 P，各个河弯的中心 O_1、O_2、O_3，顺直河段长度 I，整治河宽 B 及河弯跨度 T 等(胡一三等，2020)。

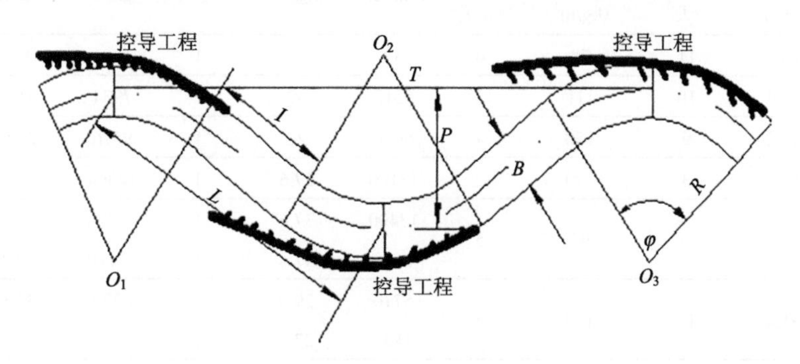

图 3.11　稳定河弯要素及控导工程示意图

2. 不同工程布局对河势及输沙的影响

黄河下游游荡型河段河道整治效果与进入下游的水沙过程关系紧密。控导工程不同布局方式与调控水沙过程的互馈效应不同，本研究借鉴以往模型试验成果(胡一三等，2020)，重点对花园口至东坝头河段控导工程不同布局方式进行系统地对比分析。该试验是就黄河下游小浪底至陶城铺河道大型河工模型开展的，该模型模拟范围为小浪底坝址至山东阳谷县的陶城铺河段，模拟的原型河段全长 476km。模型水平比例尺为 1∶600，垂直比例尺为 1∶60。

工程布局方式共考虑了 3 种，包括河道整治原规划治导线方案(方案 1)、规划治导线修正方案 A(方案 2)和规划治导线修正方案 B(方案 3)，具体布局方式参见表 3.2。试验水沙过程以黄河典型洪水过程为基础，考虑小浪底水库不同调控情景下的中常洪水、大洪水的不同水沙过程组合，具体参见表 3.3 和表 3.4。河道边界条件考虑小浪底水库已进入拦沙后期，河床可能出现一定程度回淤，采用1990年河床地形资料进行模型初始地形制作。

表 3.2 各组次试验边界情况

试验方案		原规划治导线方案 (方案1)	规划治导线修正方案A (方案2)	规划治导线修正方案B (方案3)
试验边界条件	工程布局	流路为马庄—花园口—双井—马渡—武庄—赵口—毛庵—九堡—三官庙—韦滩—大张庄—黑岗口—顺河街—柳园口—大宫—王庵—古城—府君寺—曹岗—欧坦—贯台	去掉作用较差的曹岗下延工程及有一定争议的来童寨下延工程、武庄工程及顺河街工程	根据前两组试验结果，对马渡下延工程、武庄工程、赵口下延工程、毛庵工程及顺河街工程的长度和弯曲半径进行调整，韦滩工程上首藏头段敞开

表 3.3 试验水沙过程

流量/(m^3/s)	中常洪水(2000～7000m^3/s流量级)				大洪水 Q_{max}=15300m^3/s(与1982年8月洪水相似)			大洪水 Q_{max}=22000m^3/s(1982年设计洪水)		
	一般水沙组合		多沙组合							
	含沙量/(kg/m^3)	放水时间/天	含沙量/(kg/m^3)	放水时间/天	流量/(m^3/s)	含沙量/(kg/m^3)	放水时间/天	流量/(m^3/s)	含沙量/(kg/m^3)	放水时间/天
2000	16.2	11	78	6	1320	8	1	1901	8.6	1
3500	31.4	10	111	5	5510	39	1	7934	41.8	1
5000	42.2	9	150	4	6650	22	1	9576	23.5	1
7000	52.6	3	120	2	13100	27.6	1	18864	19.5	1
5000	42.2	11	92	5	13400	37.6	1	19296	40.3	1
					8410	47.4	1	12110	50.8	1
3500	31.4	13	110	7	5710	29.9	1	8222	32.1	1
					4880	27.3	1	7027	29.2	1
2000	16.2	15	70	9	4780	28.7	1	6883	30.7	1
					4150	34.2	1	5976	36.7	1
					2800	31.9	1	4032	34.2	1
					2590	35.9	1	3730	38.4	1

表 3.4 高含沙洪水模型试验水沙条件

组次	洪水历时/h	流量/(m^3/s)	含沙量/(kg/m^3)	尾门水位/m
第一峰	24.0	2370	34.2	74.38
	48.0	5660	94.8	75.04
	63.4	5600	207.4	75.18
	73.7	8000	310.5	75.31
	84.0	6600	404.3	75.18
	96.0	5200	337.0	74.98
	120.0	3990	274.8	94.70

续表

组次	洪水历时/h	流量/(m³/s)	含沙量/(kg/m³)	尾门水位/m
第一峰	144.0	3460	158.4	74.57
	168.0	3860	105.2	74.69
	192.0	2880	75.8	74.50
	216.0	1770	48.8	74.07
第二峰	24.0	2020	79.2	74.31
	48.0	4520	197.2	74.81
	59.2	6131	300.2	75.07
	63.5	10428	345.6	75.56
	72.0	7945	288.2	75.30
	96.0	4430	300.6	74.80
	120.0	2880	430.6	74.50
	144.0	2740	197.2	74.47
	168.0	2170	98.8	74.35

(1)对河势调整的影响。方案 1：在中常洪水和大洪水期间，大部分新布设的工程都发挥了控导主溜、限制游荡的作用，但某些工程的位置和参数，尚需通过试验进行修正和调整。在高含沙洪水期间，该方案具有强烈的淤滩刷槽作用，输沙作用增强，同时对河势起到了一定的限制和控导作用。方案 2：在中常洪水和大洪水期间，在来童寨工程已下延四道丁坝及黑岗口工程具有一定导流能力的情况下，武庄、顺河街嫩滩塌失在所难免。因此，为稳定溜势及承上启下，必须增修武庄、顺河街两处控导工程。高含沙洪水试验与方案 1 的试验结果相近。方案 3：在中常洪水和大洪水期间，该方案比方案 2 洪水流路有所改善。与其他试验方案相比，高含沙洪水试验最为适应，该方案较好地发挥了控导主流、限制游荡范围及减少不利河势的作用。

(2)对河道输沙的影响。本书分别计算了不同工程布局对大洪水(表 3.5)及中常洪水，以及高含沙洪水(表 3.6)河床冲淤的影响。通过对各组试验结果进行对比分析得出在中常洪水和大洪水期间，新修建控导工程前后，漫滩范围、水位及中水期河床淤积量变化不大，但是与原规划工程条件下相比，大洪水期间河床冲刷量略有增加。高含沙洪水具有强烈的淤滩刷槽作用，大部分河段的横向摆动幅度相对不大，修建工程(即减小河宽)后，输沙作用增加，河势相对稳定，河段淤积量减少。

表 3.5 整治河段不同试验冲淤量计算(断面法) (单位：亿 m³)

方案	一般水沙组合	多沙组合试验	洪峰为 15300m³/s 试验	洪峰为 22000m³/s 试验
方案 1	0.95	1.50	–0.90	–1.23
方案 2	0.94	1.59	–1.09	–1.25
方案 3	0.91	1.63	–0.93	–1.29

表 3.6　整治河段高含沙洪水试验冲淤量计算结果(继面法)　　(单位：亿 m^3)

组次	方案 1	方案 2	方案 3
第一峰	1.80	1.88	1.81
第二峰	1.40	1.42	1.46

3. 水沙条件对控导工程的影响

小流量下控导工程对河势的影响。随着河道整治工程密度的增加，下游游荡型河段河势整体趋于稳定，但是近十几年来，进入黄河下游的水量和沙量锐减(图 3.12)，尤其是小浪底水库和三门峡、故县、陆浑等水库联合调度，人工化调蓄洪水(图 3.13)，显著削减了黄河下游稀遇洪水，使花园口断面百年一遇洪峰流量由 29200m^3/s 削减到 15700m^3/s，千年一遇洪峰流量由 42100m^3/s 削减到 22600m^3/s，其接近花园口设防流量(22000m^3/s)。在长期小水作用下，部分河道整治工程对河势的控导作用不理想，河势与 4000m^3/s 的整治流量不匹配，导致局部河段极易形成畸形河弯等不利河势。

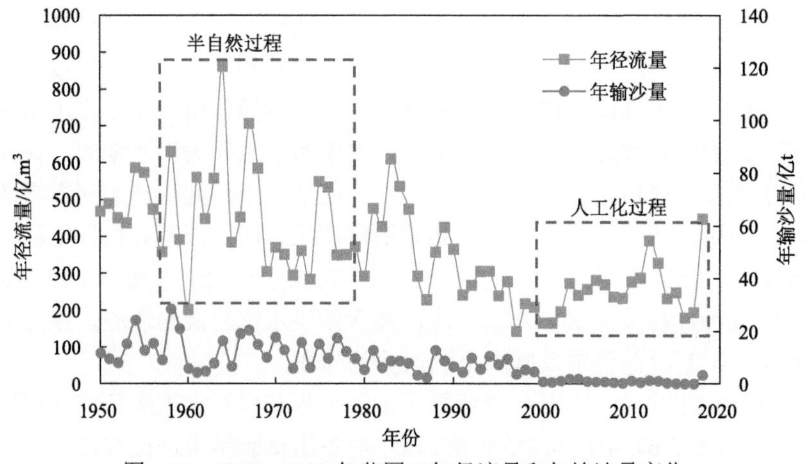

图 3.12　1950～2018 年花园口年径流量和年输沙量变化

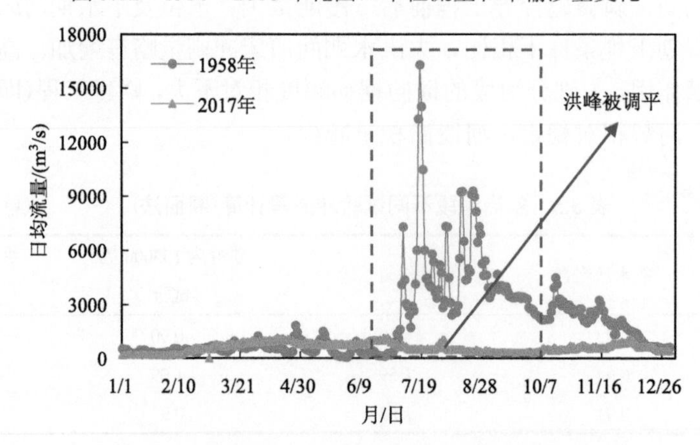

图 3.13　1958 年与 2107 年花园口日均流量变化

不同整治河宽对上下游输沙的影响。为了研究不同整治方案对上下游输沙的影响，通过完善非恒定流水沙数学模型对小浪底至利津河段的冲淤演变进行了计算(李军华等，2018)。

(1)计算条件。模型计算河段为铁谢至西河口。初始地形及初始床沙级配数据采用 2005 年汛前大断面及床沙组成资料。按河道边界条件分为两个不同河槽宽度方案：一是现状下的宽槽方案(以下简称“宽槽”方案)；二是高村以上宽河段设计河槽宽为 0.8～1km，高村以下设计河槽宽为 0.6km 的窄槽方案(以下简称“窄槽”方案)，相当于在这个宽度范围通过修建堤防缩窄河道。

基于对未来水沙变化趋势的研究，依据近几年黄河流域综合规划中黄河勘测规划设计研究院有限公司对未来 165 年(2005～2169 年)水沙设计的成果，本研究模型计算采用 45 年水沙系列，沿程引水以旁侧出流的方式分大河段均匀引出。初始出口水位流量关系采用西河口 2005 年设计水位流量关系控制。

本研究数学模型计算选取的 45 年水沙系列，共分两个：①小水小沙系列，选取 165 年水沙系列的前 45 年，其中前 15 年是小浪底水库拦沙运用期(2005～2019 年)，后 30 年是古贤水库拦沙运用期(2020～2049 年)。②大水大沙系列，前 15 年与小水小沙系列相同，后 30 年选取 165 年水沙系列中工程正常运用的 2100～2129 年。表 3.7 列出了小水小沙系列与大水大沙系列水沙量统计。图 3.14(a)、图 3.14(b)分别点绘了小水小沙系列与大水大沙系列进入黄河下游的年均水沙量。据统计，小水小沙系列与大水大沙系列前 15 年年均水量和年均沙量分别为 286.1 亿 m^3、286.1 亿 m^3 和 3.30 亿 t、3.3 亿 t；后 30 年年均水量和年均沙量分别为 296.5 亿 m^3、333.7 亿 m^3 和 5.99 亿 t、8.53 亿 t。

经统计，两个水沙系列流量大于 4000m^3/s 的水沙情况差别比较大(表 3.8)，小水小沙系列流量大于 4000m^3/s 的天数仅有 75 天，平均含沙量为 66.4kg/m^3；大水大沙系列流量大于 4000m^3/s 的天数有 177 天，平均含沙量为 87.7kg/m^3。

表 3.7　不同时段进入下游水沙量统计

时段		小水小沙系列		大水大沙系列	
		水量/亿 m^3	沙量/亿 t	水量/亿 m^3	沙量/亿 t
总水沙量	2005～2019 年(小浪底水库拦沙)	4290.9	49.49	4290.9	49.49
	2020～2049 年(古贤水库拦沙)	8893.6	179.75	10010.2	255.77
	2005～2049 年	13184.5	229.24	14301.1	305.26
平均水沙量	2005～2019 年(小浪底水库拦沙)	286.1	3.30	286.1	3.30
	2020～2049 年(古贤水库拦沙)	296.5	5.99	333.7	8.53
	2005～2049 年	293.0	5.09	317.8	6.78

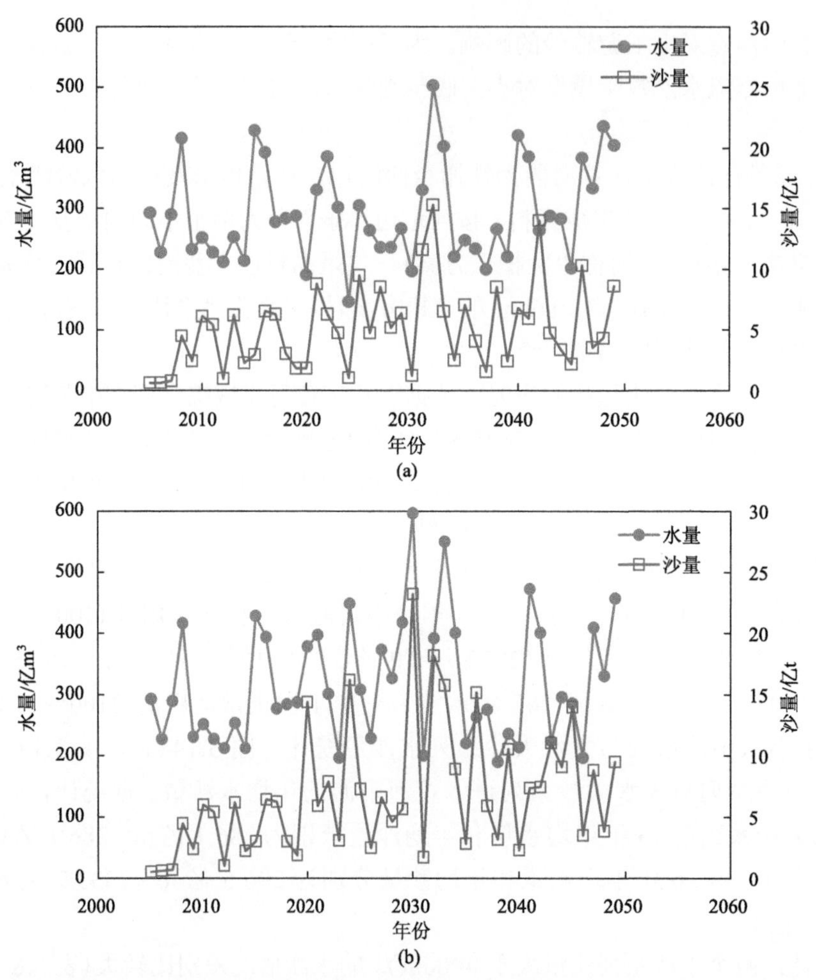

图 3.14　不同水沙系列不同时段进入下游水沙量统计：(a) 小水小沙系列；(b) 大水大沙系列

表 3.8　流量大于 4000m³/s 的水沙情况统计

方案	天数	水量/亿 m³	沙量/亿 t	平均含沙量/(kg/m³)
小水小沙系列	75	329	21.83	66.4
大水大沙系列	177	744	65.27	87.7

(2) 冲淤量计算结果。表 3.9 列出了各方案各河段累计冲淤量，表 3.10 列出了各方案各河段累计减淤量。图 3.15 分别点绘了小水小沙系列与大水大沙系列分河段累计减淤量。

表 3.9　各方案各河段累计冲淤量统计　　(单位：亿 m³)

方案	2019 年小水小沙系列		2019 年大水大沙系列		2049 年小水小沙系列		2049 年大水大沙系列	
	宽槽	窄槽	宽槽	窄槽	宽槽	窄槽	宽槽	窄槽
小浪底花园口	−1.350	−2.085	−1.350	−2.085	3.184	−0.707	2.191	−1.220
花园口至夹河滩	−1.647	−1.900	−1.647	−1.900	3.839	2.351	1.316	1.099

续表

方案	2019 年小水小沙系列		2019 年大水大沙系列		2049 年小水小沙系列		2049 年大水大沙系列	
	宽槽	窄槽	宽槽	窄槽	宽槽	窄槽	宽槽	窄槽
夹河滩至高村	–0.713	–0.691	–0.713	–0.691	4.025	4.537	5.797	6.199
高村至孙口	–0.685	–0.634	–0.685	–0.634	5.404	6.153	14.908	15.424
孙口至艾山	–0.252	–0.231	–0.252	–0.231	2.104	2.389	4.410	4.692
艾山至利津	–1.046	–0.972	–1.046	–0.972	3.581	4.069	6.747	7.215
小浪底至利津	–5.693	–6.513	–5.693	–6.513	22.138	18.793	35.370	33.409

表 3.10　各方案各河段累计减淤量(宽槽-窄槽)统计　(单位：亿 m^3)

方案	小水小沙系列			大水大沙系列		
	前 15 年	后 30 年	合计	前 15 年	后 30 年	合计
小浪底至花园口	0.735	3.155	3.890	0.735	2.677	3.412
花园口至夹河滩	0.253	1.236	1.489	0.253	–0.035	0.218
夹河滩至高村	–0.022	–0.490	–0.512	–0.022	–0.380	–0.402
高村至孙口	–0.051	–0.699	–0.750	–0.051	–0.465	–0.516
孙口至艾山	–0.021	–0.263	–0.284	–0.021	–0.261	–0.282
艾山至利津	–0.073	–0.414	–0.487	–0.073	–0.394	–0.467
小浪底至利津	0.820	2.525	3.345	0.820	1.140	1.960

从图 3.15(a)小水小沙系列可以看出，2020 年之前，小浪底水库拦沙运用，进入黄河下游河道的水量、沙量均明显偏少，黄河下游河道均表现为冲刷。在 2005～2019 年(15 年)，“宽槽”方案黄河下游共冲刷泥沙 5.693 亿 m^3，年均冲刷 0.380 亿 m^3；“窄槽”方案黄河下游共冲刷泥沙 6.513 亿 m^3，年均冲刷 0.434 亿 m^3，比“宽槽”方案多冲刷 0.820 亿 m^3。

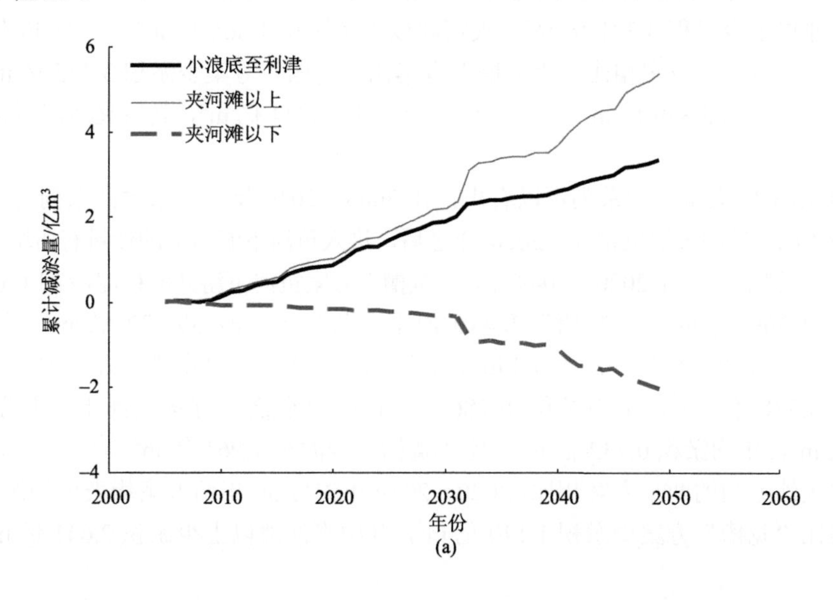

(a)

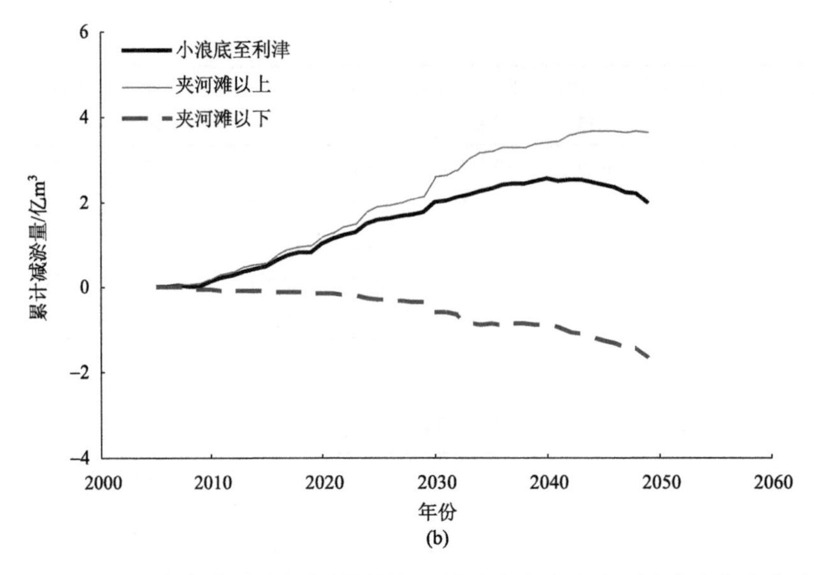

图 3.15　不同水沙系列累计减淤量统计：(a) 小水小沙系列；(b) 大水大沙系列

2020 年之后，古贤水库拦沙运用，进入黄河下游河道的沙量有所增多，黄河下游河道表现为淤积。在 2020～2049 年(30 年)，“宽槽”方案黄河下游共淤积泥沙 27.831 亿 m^3，年均淤积 0.928 亿 m^3；“窄槽”方案黄河下游共淤积泥沙 25.306 亿 m^3，年均淤积 0.844 亿 m^3，比“宽槽”方案少淤积 2.525 亿 m^3。至 2049 年，“宽槽”方案黄河下游共淤积泥沙 22.138 亿 m^3，年均淤积 0.492 亿 m^3；“窄槽”方案黄河下游共淤积泥沙 18.793 亿 m^3，年均淤积 0.418 亿 m^3，比“宽槽”少淤积 3.345 亿 m^3。

小水小沙系列的两个方案相比，在小浪底水库正常运用的前 15 年内(2005～2019 年)，两方案均表现为冲刷，“窄槽”方案比“宽槽”方案多冲刷 0.820 亿 m^3，其中夹河滩以上多冲刷 0.988 亿 m^3，夹河滩以下少冲刷 0.167 亿 m^3；古贤水库正常运用的 2020～2049 年的后 30 年两方案均表现为淤积，“窄槽”方案比“宽槽”方案少淤积 2.525 亿 m^3，其中夹河滩以上少淤积 4.391 亿 m^3，夹河滩以下多淤积 1.866 亿 m^3。至 2049 年，“窄槽”方案与“宽槽”方案相比，“窄槽”方案比“宽槽”方案少淤积 3.345 亿 m^3，其中夹河滩以上少淤积 5.379 亿 m^3，夹河滩以下多淤积 2.034 亿 m^3，其占夹河滩以上少淤积量的 38%。

从图 3.15(b) 大水大沙系列可以看出，在 2005～2019 年，大水大沙系列与小水小沙系列水沙相同，冲淤表现也相同。2020 年之后，进入黄河下游河道的沙量有所增多，黄河下游河道表现为淤积。在 2020～2049 年，“宽槽”方案黄河下游共淤积泥沙 41.062 亿 m^3，年均淤积 1.369 亿 m^3；“窄槽”方案黄河下游共淤积泥沙 39.922 亿 m^3，年均淤积 1.331 亿 m^3，比“宽槽”少淤积 1.140 亿 m^3。至 2049 年，“宽槽”方案黄河下游共淤积泥沙 35.370 亿 m^3，年均淤积 0.786 亿 m^3；“窄槽”方案黄河下游共淤积泥沙 33.409 亿 m^3，年均淤积 0.742 亿 m^3，比“宽槽”少淤积 1.961 亿 m^3。

大水大沙系列的两个方案相比，2020～2049 年的后 30 年两方案均表现为淤积，“窄槽”方案比“宽槽”方案少淤积 1.140 亿 m^3，其中夹河滩以上少淤积 2.641 亿 m^3，夹河滩以下多淤积 1.501 亿 m^3。至 2049 年，“窄槽”方案与“宽槽”方案相比，“窄槽”方案比“宽槽”方案少淤积 1.961 亿 m^3，其中夹河滩以上少淤积 3.629 亿 m^3，夹河滩以下多淤积 1.668 亿 m^3，占夹河滩以上少淤积量的 46%。

图 3.16 点绘了高村以上减淤量与高村以下减淤量对比结果，可以看出，高村以下减淤量随高村以上减淤量的减小而减小；相对而言，高村以上减淤量大于高村以下减淤量。

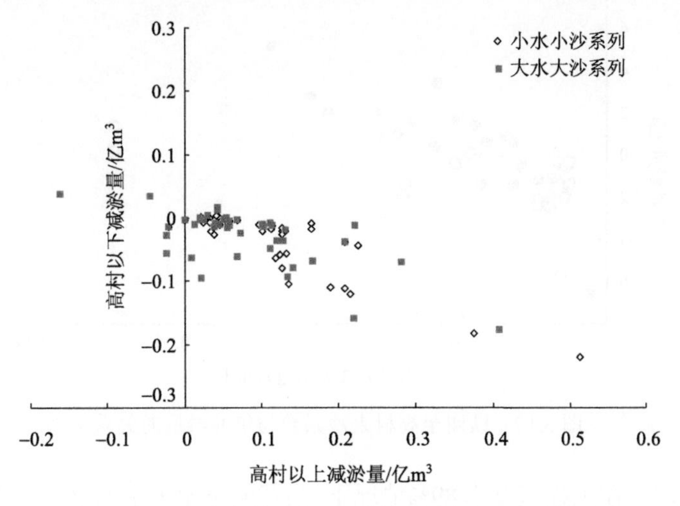

图 3.16　各方案高村以上减淤量与高村以下减淤量对比

综上所述，相对于“宽槽”方案而言，河道缩窄后，夹河滩以上多淤积的泥沙并不能全部被输送入海。小水小沙系列中，河道缩窄后，“宽槽”方案在夹河滩以上多淤积的泥沙有 62%被输送入海，有 38%将会淤积到夹河滩以下河段。大水大沙系列中，河道缩窄后，“宽槽”方案在夹河滩以上多淤积的泥沙有 54%被输送入海，有 46%将会淤积到夹河滩以下河段，这正是人们担心的“冲河南、淤山东”现象，对河南防洪形势改善不大，但对山东防洪安全影响极大，该方案显然是不可取的。通过以上研究，发现减小河宽有利于河道输沙，但应调节水沙使上下河段输沙均衡；减小河宽有利于河势控制，但应不影响河道排洪，因此推荐潜坝的工程形式。

3.2.2　水沙与河道边界互馈影响试验

在 2000 年河道控导工程(工程密度为 62.5%)的基础上，分别开展了初选(工程密度为 82%)、修改(工程密度为 90%)、建议(工程密度为 88.7%)和推荐方案(工程密度为 89.4%)4 组不同工程密度的长系列大型动床模型试验(江恩慧等，2005)。试验在黄河下游小浪底至陶城铺河道大型河工模型进行，初选方案和修改方案的实体模型检验试验水沙系列采用了 1977～1982 年、1987～1989 年 9 年实测水沙值作为试验水沙条件；建议方案和推荐方案的实体模型检验试验水沙系列采用了 1977～1982 年、1987～1989 年、1990 年、1992～1996 年 15 年实测水沙值设计水沙条件。

本研究分析了 15 年水沙系列下来沙量、来沙系数与河床冲淤量的关系。结果表明，来沙系数与河道冲淤密切相关(图 3.17)。当来沙系数小于 0.016(kg·s)/m^6 时，河道总体发生冲刷，当来沙系数大于 0.016(kg·s)/m^6 时，河道趋向淤积。同时，根据花园口断面来沙系数与河相系数的关系(图 3.18)，花园口的来沙系数约为 0.016(kg·s)/m^6，含沙量按 30kg/m^3 考虑，不冲不淤时花园口的年平均流量约为 1875m^3/s，河相系数为 33。这些数据相当于下游河道的临界平衡的断面。

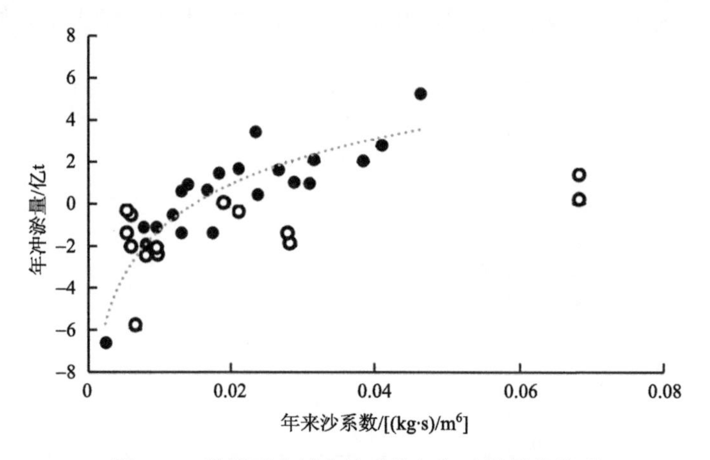

图 3.17 铁谢至高村来沙系数与年冲淤量的关系

已往研究表明，在工程密度为89%情况下，当黄河下游来水的含沙量为60～100kg/m^3 时，容易塑造出比较宽浅的断面，这对黄河下游恢复稳定的中水河槽是不利的。当来水含沙量小于 50kg/m^3 和大于 120kg/m^3 时，塑造的断面是较为窄深的，这对黄河下游中水河槽的塑造是有利的。也就是说调水调沙或者进行多年水沙调节时，如果要塑造中水河槽，含沙量可能要采取两个范围的数据，一个是 50kg/m^3 以下，另一个是 120kg/m^3 以上。

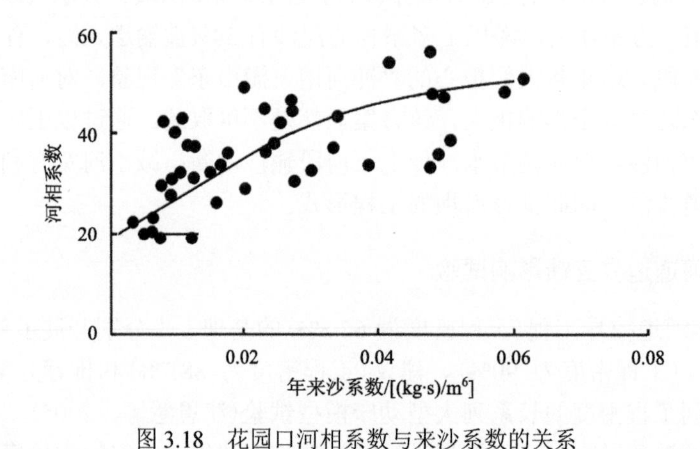

图 3.18 花园口河相系数与来沙系数的关系

3.2.3 水沙调控阈值

(1)通过原型资料分析 1985 年以前、1986～1999 年某一持续流量下黄河下游河道的冲淤演变规律(表 3.11)，结合前面开展的小浪底至陶城铺河段大型物理模型(方案 1、方案 2、方案 3)试验分析，随着含沙量范围不同，各河段冲淤临界流量也不相同，而不同时期各河段的冲淤临界流量虽略有差异，但基本在同一流量级变幅之内。也就是说不同时期各河段冲淤临界流量存在一定的起伏变化和明显的传递效应，这证明了河床自动调整的基本规律。借鉴韩其为(2011)提出的均衡输沙理论基本概念，将其进一步拓展，综合黄河下游各站流量、含沙量、河宽、水深、比降、床沙组成及沿程引水引沙资料和模型试验数据，分析了黄河下游不同河段、不同流量级、不同含沙量级、不同级配条件下的输沙规律，建立了均衡输沙关系。当含沙量小于 10kg/m^3 时，随含沙量的提高，河道逐步进入不同程度的超饱和输沙状态，河道输沙与淤积并存，要想输送更多泥沙，随着河流流程的下移，河道比降变缓，需要的输沙流量必须逐步增大；当含沙量为20～30kg/m^3 时，要保证山东河道不淤积，流量应大于 2500m^3/s。

表 3.11　不同时期各河段在不同含沙量情况的冲淤临界流量

时期	含沙量范围/(kg/m^3)	花园口/(m^3/s)	夹河滩/(m^3/s)	高村/(m^3/s)	艾山/(m^3/s)
1985 年以前	<10	1400	1500	1350	1600
	10～20	1800	1850	1900	2200
	20～30	2200	2300	2500	2550
	30～80	2500	2600	2800	2800
1986～1999 年	<10	1400	1500	1250	1300
	10～20	1700	1600	1500	1600
	20～30	2300	2300	2400	2500
	30～80	2500	2600	2600	2700

(2)建立了不同流量级下含沙量与淤积比的关系，根据李军华等(2018)建立了不同流量级下含沙量与淤积比的关系，分析了不同流量级下各河段输沙均衡的表现。在含沙量 S<15kg/m^3 条件下：①当 1000m^3/s＜Q＜2000m^3/s 时，花园口至利津四个河段冲淤规律表现不明显，各个河段均有冲有淤；②当 2000m^3/s≤Q＜3000m^3/s 时，花园口至利津四个河段均以冲刷为主，淤积幅度很小；③当 3000m^3/s≤Q＜4000m^3/s 时，黄河下游花园口至利津四个河段全线冲刷，冲刷效果比较明显；④当 4000m^3/s≤Q＜5000m^3/s 时，黄河下游花园口至利津四个河段全线冲刷，冲刷效果明显。在含沙量 15kg/m^3＜S＜80kg/m^3 条件下：①当 1000m^3/s＜Q＜2000m^3/s 时，花园口至利津四个河段以淤积为主；②当 2000m^3/s≤Q＜3000m^3/s 时，花园口至利津四个河段冲淤幅度都不大，输沙基本均衡；③当 3000m^3/s≤Q＜4000m^3/s 时，花园口至利津四个河段以冲刷为主；④当 4000m^3/s≤Q＜5000m^3/s 时，花园口至利津四个河段以冲刷为主，冲刷效果比较明显，进一步细化了水沙调节的指标。

因此，对于下游调控时，洪水流量应避免 1000～2500m^3/s，含沙量应避免 50～120kg/m^3，即小浪底下泄流量非汛期在 1000m^3/s 以下，汛期在 2500m^3/s 以上；含沙量汛期避免 50～120kg/m^3。

(3)通过理论研究与黄河下游不同流量级灾情评价，提出了黄河在防洪调度过程中要尽量避免 4000～6000m^3/s 的一般漫滩洪水。对含沙量较小的中小洪水要适当拦蓄，灵活调度。反之，若泥沙淤积在花园口以上河段，可调度 1000～2500m^3/s，使泥沙输至下游，保持均衡；考虑到大漫滩洪水与一般漫滩洪水对下游造成的损失与对河槽的塑造及输沙效率，调度尽量避免 4000～6000m^3/s 的一般漫滩洪水；对于大洪水要坚持“淤滩刷槽”的调度(图 3.19)。

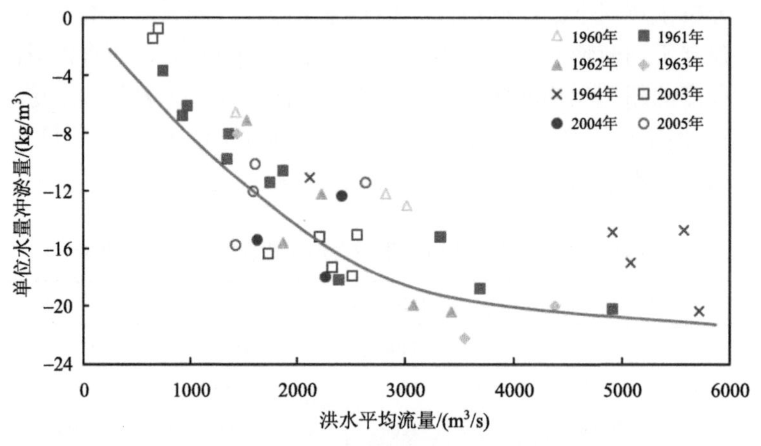

图 3.19　清水下泄期冲刷效率与平均流量关系

3.3　修建防护堤后下游河道稳定控制指标及阈值

3.3.1　修建防护堤后下游河道纵横断面与平面河势调整趋势

水库运用后，夹河滩以上的游荡型河段，主槽宽增加到 1202～1257m，主槽宽增大，很大程度上是由嫩滩塌滩展宽引起的。各河段的河相系数均减小，说明河槽横断面形态朝着更窄深的方向变化；河道纵比降由原来的 0.1745‰增加至 0.1870‰，增加了 7.2%。防护堤修建后，遇中常洪水时，泥沙在嫩滩淤积严重，滩区横比降增加，使河道宽深比增加(图 3.20)。

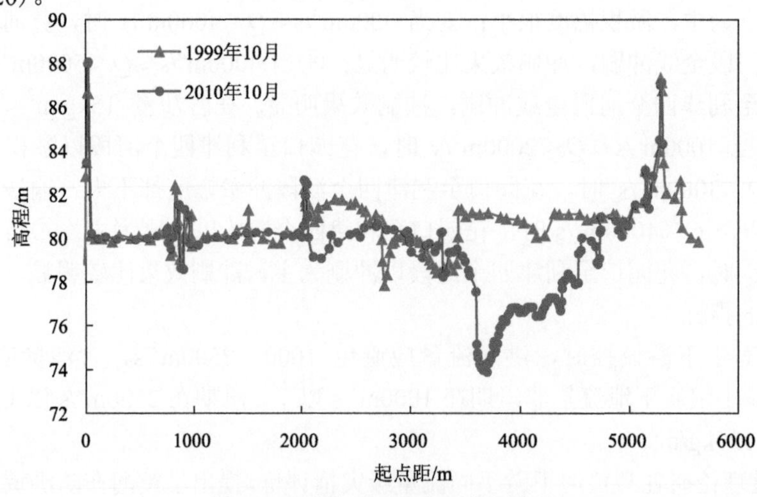

图 3.20　游荡型河段典型断面变化

开展了滩区分区运用滞洪沉沙效果共两个系列四个组次的动床实体模型试验，分别是“1996.8”洪水有围堤与无围堤两组次，与“1982.8”洪水有围堤与无围堤两组次，研究不同类型洪水条件下下游河道断面形态的调整情况(曹永涛等，2008)。这两种洪水水沙条件如表 3.12 所示。

表 3.12　“1996.8”洪水和“1982.8”洪水水沙条件概化

洪水类型	原型时间	夹河滩进口总水量/亿 m^3	夹河滩进口总沙量/亿 t	进口 d_{50}/mm
“1996.8”洪水	1996 年 7 月 16 日 0：00～8 月 18 日 0：00	74.09	5.05	0.0175
“1982.8”洪水	1982 年 7 月 30 日 12：00～8 月 21 日 0：00	97.02	6.02	0.017

1. 主槽形态特征变化

对于“1996.8”洪水，经过分析计算发现，有围堤和无围堤模式运用下，断面整体上均向宽浅方向发展，修建防护堤后河道河相系数稍有增大(图 3.21)，但两种运用模式的差别不大。此外，统计得出修建防护堤后主河槽平均河底高程与无围堤试验差别不大。这些情况表明，尽管修建防护堤后主槽淤积量较大，但是大部分淤积分布在防护堤间的嫩滩上，在主河槽的淤积两种运用模式差别不大。

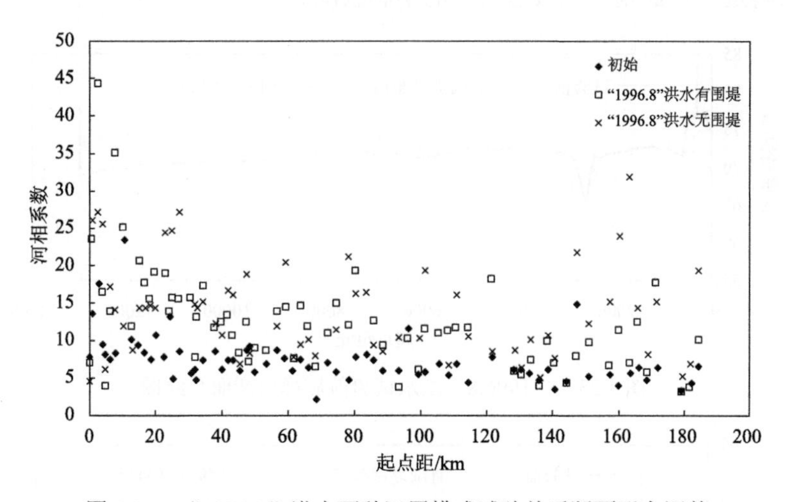

图 3.21　“1996.8”洪水两种运用模式试验前后断面形态调整

“1982.8”洪水与“1996.8”洪水类似，试验后断面整体上向宽浅方向发展，修建防护堤后河道河相系数稍有增大(图 3.22)，但两种运用模式的差别不大。此外，统计得出修建防护堤后主河槽平均河底高程与无围堤试验差别不大。

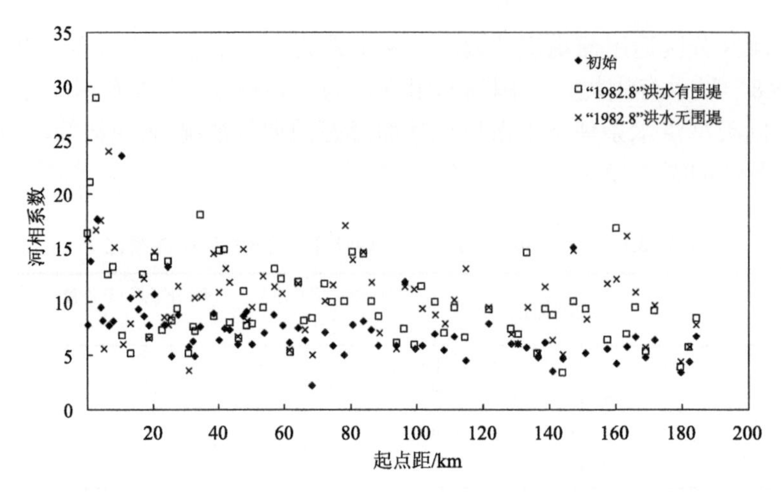

图 3.22 “1982.8”洪水两种运用模式试验前后断面形态调整情况

2. 横断面形态变化

图 3.23 和图 3.24 是“1996.8”洪水前后有无围堤试验典型断面地形变化结果，可以看出，有围堤试验嫩滩淤积明显，而无围堤试验嫩滩和滩地淤积比较均匀。两次试验主槽均有冲有淤。由统计的典型断面数据可知，有围堤试验，嫩滩平均淤高 0.59m，滩地平均淤高 0.19m；无围堤试验，嫩滩平均淤高 0.31m，滩地平均淤高 0.23m。很明显，修建防护堤后将进一步加剧“二级悬河”的不利状况。

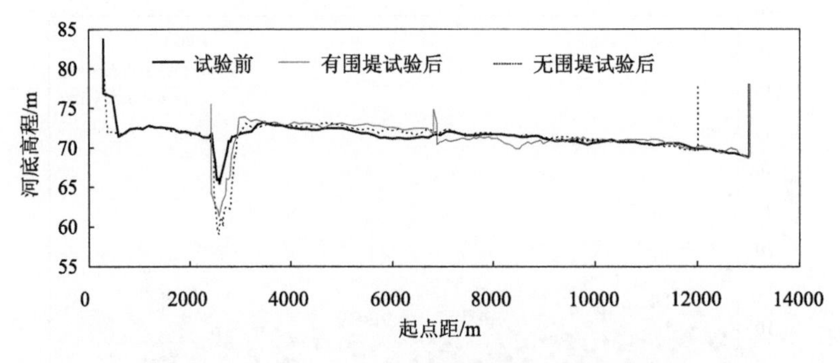

图 3.23 “1996.8”洪水试验前后禅房断面套绘图

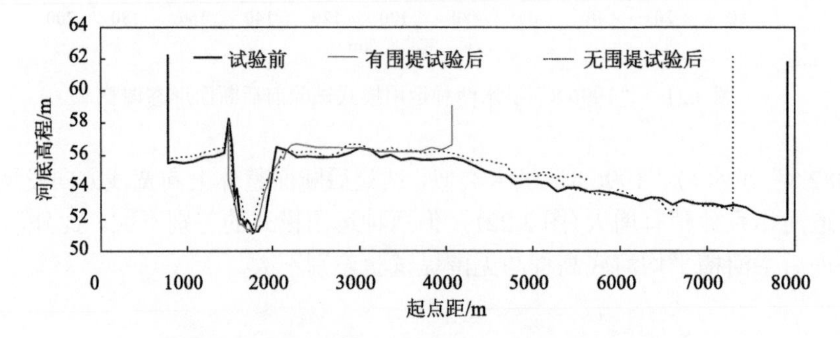

图 3.24 “1996.8”洪水试验前后马棚断面套绘图

图 3.25 和图 3.26 是“1982.8”洪水前后有、无围堤试验典型断面地形变化的对比结果，可以看出，修建防护堤后，淤积主要发生在防护堤内嫩滩和防护堤间的滩地，而无围堤试验淤积主要发生在滩地，淤积分布比较均匀。主河槽则表现为有冲有淤。由统计的这些典型断面数据可知，有围堤试验嫩滩平均淤高 0.41m，滩地平均淤高 0.33m；而无围堤试验嫩滩平均淤高 0.23m，滩地平均淤高 0.44m。很明显，修建防护堤后将进一步加剧“二级悬河”的不利状况，无围堤模式将缓解“二级悬河”的不利形势。

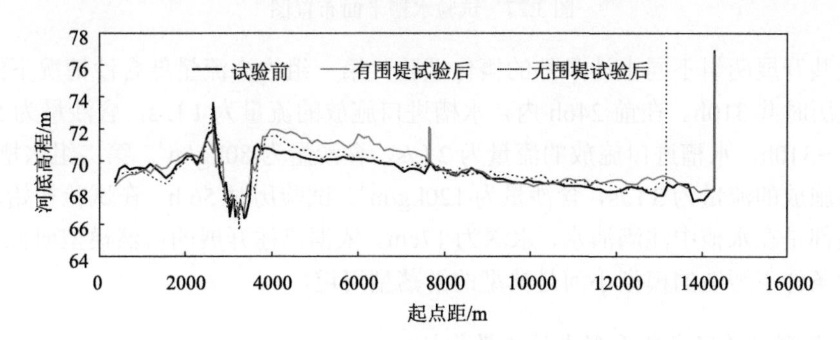

图 3.25　“1982.8”洪水试验前后马厂断面套绘图

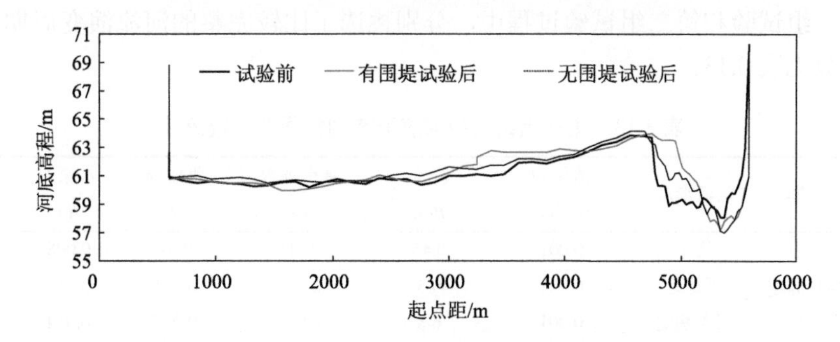

图 3.26　“1982.8”洪水试验前后高村断面套绘图

以上试验研究表明，对于不同类型洪水，修建防护堤后断面整体上向宽浅方向发展，河道河相系数稍有增大，与无防护堤运用模式差别不大。“1996.8”洪水，修建防护堤后嫩滩淤积明显，无围堤试验嫩滩和滩地淤积比较均匀。两次试验主槽均有冲有淤。“1982.8”洪水修建防护堤后淤积主要发生在防护堤内嫩滩和防护堤间的滩地，而无围堤试验淤积主要发生在滩地，淤积分布比较均匀。很明显，对于不同类型洪水，修建防护堤后将进一步加剧“二级悬河”的不利形势。

3.3.2　纵横断面与平面河势稳定控制指标及阈值

本研究开展了不同水沙条件下游荡型河道断面形态演变模型试验(李军华等，2022)。试验在宽 7.5m(内沿宽度)的水槽开展，整个水槽循环系统包括搅拌池(2 个)、孔口箱、进口前池、溢流堰、退水池及退水渠，在水槽右侧沿程还布置了水位测针，水槽内还布置了流场监测系统，平面布置示意图见图 3.27。试验采用的模型沙为郑州火电厂粉煤灰，其中值粒径为 0.042mm。

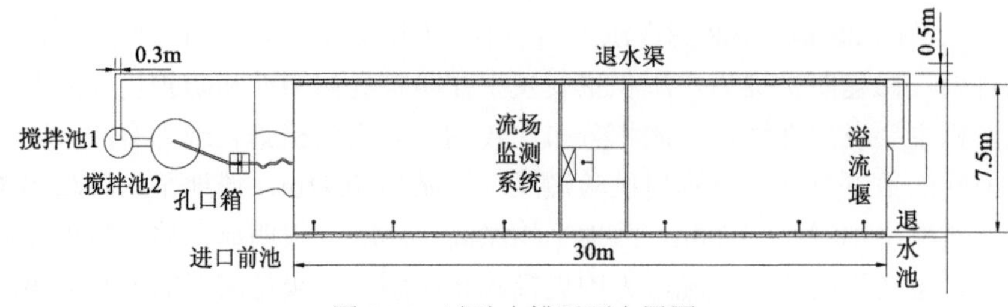

图 3.27　试验水槽平面布置图

本次共开展两组不同水沙条件的概化试验。第一组为小流量低含沙情况下的水沙条件，试验历时共 310h。在前 246h 内，水槽进口施放的流量为 1 L/s，含沙量为 50kg/m^3；在第 246～310h，水槽进口施放的流量为 2 L/s，含沙量为 80kg/m^3。第二组水槽试验中，水槽进口施放的流量为 3 L/s，含沙量为 120kg/m^3，试验历时 56 h。在试验初始，两组试验刚开始都是在水槽中注满清水，水深为 17cm。依据已往开展的自然模型研究成果，该水沙动力条件下塑造的模型小河是典型的游荡型河道。

1. 游荡型河道稳定断面形态的临界指标

从第一组试验和第二组试验过程中，分别挑选了比较完整的河流演变周期，统计相关水流参数见表 3.13。

表 3.13　第一组试验中河流形态调整周期参数统计

试验组次	周期	河流形态	流量 Q /(m^3/s)	河宽 B/m	弗劳德数 Fr	纵比降 J	水深 H /m	ξ
第一组	调整周期一	稳定	0.001	0.45	0.915	0.01	0.008	0.505
		不稳定	0.001	0.5	0.172	0.011	0.011	0.482
		极不稳定	0.001	6.8	0.027	0.007	0.014	3.19
		稳定	0.001	0.4	0.814	0.01	0.01	0.385
	调整周期二	稳定	0.001	0.3	0.386	0.012	0.02	0.184
		不稳定	0.001	0.65	0.255	0.008	0.015	0.353
		极不稳定	0.001	5.3	0.207	0.007	0.004	8.375
		稳定	0.001	0.35	0.17	0.014	0.031	0.156
	调整周期三	稳定	0.001	0.35	0.659	0.011	0.012	0.296
		不稳定	0.001	0.9	0.422	0.01	0.009	0.97
		极不稳定	0.001	5.6	0.093	0.006	0.007	4.846
		稳定	0.001	0.3	0.438	0.007	0.018	0.119
第二组	调整周期一	稳定	0.003	0.3	0.886	0	0.023	0.001
		不稳定	0.003	1.6	0.044	0.005	0.057	0.151
		极不稳定	0.003	4.9	0.006	0.014	0.101	0.684
		稳定	0.003	0.6	0.595	0.003	0.019	0.097
	调整周期二	稳定	0.003	0.6	1.082	0.008	0.013	0.353
		不稳定	0.003	2	0.275	0.005	0.016	0.58
		极不稳定	0.003	2.8	0.079	0.028	0.033	2.353
		稳定	0.003	0.35	0.017	0.012	0.048	0.083

采用上述两组自然模型试验资料，点绘了弗劳德数 Fr 与河道形态非稳定性无量纲数 $\xi=JB/H$ 的关系，绘于图 3.28（J 为河槽纵比降，B 为河宽，H 为水深）。由此可见，当 ξ 小于 Fr 时，河槽为稳定状态；当 ξ 大于 Fr 时，河槽开始失稳，特别是当 ξ 大于 $10Fr$ 时，河道处于极不稳定状态。于是可知，河道断面稳定形态的临界指标 η 表示为 $\eta=\dfrac{FrH}{JB}$。当 η 大于 1 时，河槽稳定；当 η 小于 1 时，河槽不稳定。

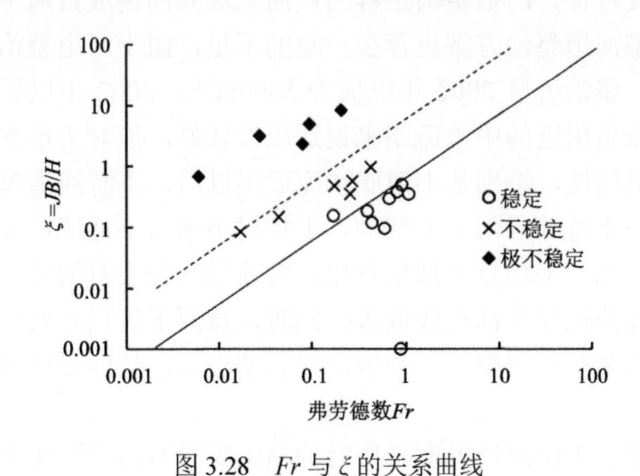

图 3.28　Fr 与 ξ 的关系曲线

2. 游荡型河道稳定性与纵、横比降的关系

从试验整个过程还可以看到，河槽淤积到一定程度会使河道横比降增大，调整到一定程度，河流形态往往开始由稳定状态过渡为临界状态，河道开始展宽，逐渐摆动游荡。图 3.29 点绘了河道不同河流形态下河道纵比降与横比降的关系，结果发现，当游荡型河道的横比降与纵比降之比小于 2 时，河道处于稳定状态，当横比降与纵比降之比为 2～4 或略大于 4 时，河道处于临界状态。根据建立的游荡型河道摆动临界指标$\xi=B/H$，认为稳定游荡型河道河势可通过增大流速、减小河宽两种途径实现，流速可通过水库进行调节，但受到黄河流域水资源短缺及黄河下游过洪能力的限制，同时调节过程还要考虑到不同河段输沙的均衡，河宽主要通过河道整治工程限制。

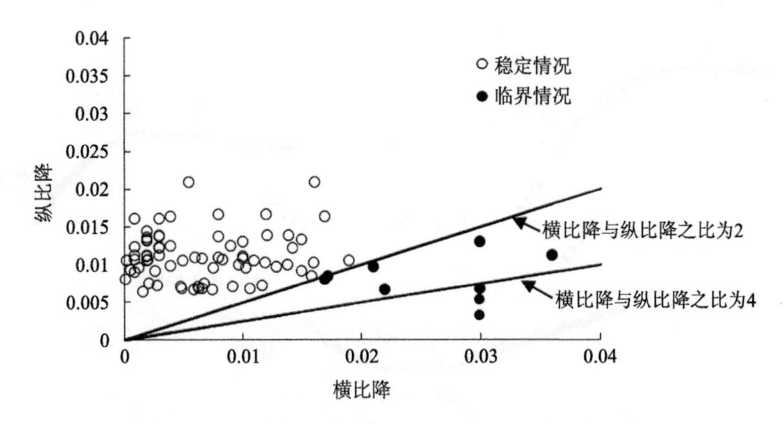

图 3.29　河道不同河流形态下河道纵比降与横比降的关系

3.4　适应泥沙动态调控的下游河势控导工程优化布局

3.4.1　整体布局模式

黄河下游现行的微弯型整治方案兼顾了大洪水，又适合中水流路，基本适应于黄河下游游荡型河道演变特征，河道整治工程与黄河大堤共同构成黄河下游防洪安全的两道防线。然而，微弯型河道整治方案也存在一定的不足，由于河道整治工程是按“中水整治”的思路设计的，整治流量 2002 年以前为 5000m^3/s，2002 年以后为 4000m^3/s，工程布设对流量在整治流量附近的中水流路来说适应性较好，但对于小水或大洪水，现有工程还存在一定的不适应性，特别是小浪底水库运用以后，下游河道每年约有 300 天流量都小于 1000m^3/s，小水持续时间大大增加，工程对小水的不适应性表现得更加明显，突出表现在畸形河弯增加、工程靠溜部位变化较大或脱河失去对河势的控导作用，对工程安全和黄河下游整体防洪安全都构成危害。同时，黄河下游仍有发生一定量级大洪水的可能。因此，未来游荡型河道整治必须解决好长期小水河势的稳定问题，又要兼顾大洪水的行洪输沙需求。

由前述研究可知，下游河道近期长历时的枯水流量对河道造床作用逐渐增加，现行河道整治工程布局与调控水沙过程的不和谐度显著增加，基于水沙输移与河床演变的自适应原理，河道工程必须考虑水沙过程的这一变化并兼顾大洪水期滩槽水沙交换和滩区社会经济的可持续发展。基于此提出了适应新时期水沙变化“洪—中—枯”兼容的“三级流路”控制技术(图 3.30)：①工程总体布局依照中水流路设计，稳定主槽，塑造高效排洪输沙通道；当发生整治流量(4000m^3/s)左右的中常洪水时，由丁坝群形成的河道整治工程及其下首的潜坝发挥主要作用，河势主流被控制在中水流路的范围内，槽宽 800～1000m，逐渐形成包括枯水河槽的中水河槽。②枯水流路，通过下延潜坝，并适当加大送溜段弯曲率和工程长度，以加强对小水的导溜、送溜作用，主动规避塌滩坐弯、畸形河势的频繁发生；在流量 1000m^3/s 以下的小水时，通过可淹没的潜坝增加河道迎送溜长度，河势主流被约束而控制在小水流路的范围内，槽宽 500m 左右，逐渐形成相对窄深的枯水河槽。同时，为了消除目前的畸形河势或应急抢险，在两个弯道间的直河段的中

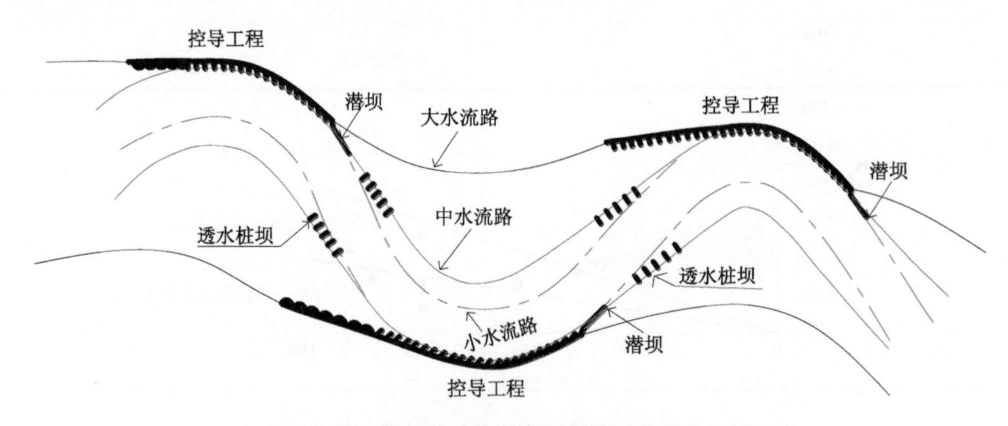

图 3.30　三级流路河势稳定控制工程布局方案图

水河槽的内部两侧布设透水桩坝。③大洪水流路，洪水漫过下延潜坝自由行洪，保障滩区行洪滞洪沉沙与漫滩水流归槽，实现充分的滩槽水沙交换；由丁坝群形成的河道整治工程发挥控导作用，其下首的潜坝及透水桩坝都过流，大部分水流被约束在两岸控导工程间的河槽内(大水流路)，洪水流量的 70%～80%在主河槽(李军华等，2018；江恩慧等，2021)。

在水位控制方面，上直线段的高程按 5000m^3/s 水位控制，弯道段的工程高程按 4000m^3/s 水位控制，下延直线段的潜坝工程按 1000m^3/s 水位控制。

3.4.2　优化布局方案

1. *游荡型河道河势控导工程优化方案*(江恩慧等，2021)

根据理论研究成果，对游荡型河道每个河道整治工程提出了具体的优化方案，其目标是稳定控制黄河下游游荡型河道的河势。本研究的河道整治工程优化方案除能够控导中常洪水河势、充分兼顾小流量河势、有利于防洪工程安全外，还必须保证在大洪水及超标准洪水时过流通畅，主河槽具有足够的过洪能力。铁谢至伊洛河口、高村至国那里河段的整治河宽不小于 1.6km，伊洛河口至高村河段的整治河宽不小于 2.0km，在整治河宽不足 2.0km 的河段全部采用潜坝形式进行整治。拟建工程共布设 49 处，工程总长度约为 32.5km。丁坝高程采用 2020 年 4000m^3/s 水位+0.5m，潜坝高程采用 2020 年 1000m^3/s 水位。同时，对一些河段的规划治导线进行了调整，如堡城至高村河段，为使当前河势尽快向规划流路调整，对堡城工程下延 400m，新建一处南河店工程，高村工程上延 1000m。根据前面的理论分析和计算，并结合近几十年来的河势控导效果，针对黄河下游游荡型河道每处工程给出了具体的优化方案，具体如表 3.14 所示。

表 3.14　工程优化方案统计表

序号	工程名称	工程布置		
		部位	原型长度/m	工程形式
1	白坡控导	上延 150m	150	潜坝
2	花园镇控导	下延 600m	600	潜坝
3	开仪控导	下延 240m	240	潜坝
4	赵沟控导	下延 200m	200	潜坝
5	化工控导	下延 240m	240	潜坝
6	裴峪控导	下延 600m	600	潜坝
7	大玉兰控导	下延 300m	300	潜坝
8	神堤控导	上延 720m	720	9 个垛
9	金沟控导	下延 800m	800	14 道坝
10	孤柏嘴控导	下延 800m	800	透水桩
11	驾部控导	下延 500m	500	4 个拐头坝
12	枣树沟控导	下延 1000m	1000	护岸
13	东安控导	下延 1500m	1500	透水桩

续表

序号	工程名称	工程布置		
		部位	原型长度/m	工程形式
14	桃花峪控导	下延 400m	400	潜坝
15	保合寨控导	下延 500m	500	潜坝
16	花园口险工	上延 1000m	1000	透水桩
17	东大坝控导	下延 500m	500	潜坝
18	双井控导	下延 300m	300	潜坝
19	马渡控导	下延 500m	500	潜坝
20	武庄控导	上延 800m	800	10 个垛
21	赵口控导	下延 300m	300	潜坝
22	三官庙控导	上延 500m	500	5 道坝
23	大张庄控导	上连徐庄工程 1100m、填弯 270m、下延 500m	1870	上连 9 道坝、填弯 2 道坝、下延 5 个垛
24	顺河街控导	下延 500m	500	潜坝
25	柳园口控导	下延 200m	200	潜坝
26	大宫控导	下延 500m	500	5 道坝
27	王庵控导	填-14 垛与-25 垛空裆	1200	17 个垛
28	古城控导	上延 1200m	1200	上延 12 道坝
29	府君寺控导	上延 800m	800	10 个垛
30	曹岗控导	下延 300m	300	潜坝
31	欧坦控导	上延 200m、下延 500m	700	上延 2 道坝、下延 500m 潜坝
32	贯台控导	下延 500m	500	潜坝
33	东坝头控导	下延 200m	200	2 道坝
34	蔡集控导	上延 500m、下延 500m	1000	上延 5 道坝、下延 5 道坝
35	王夹堤控导	下延 500m	500	5 道坝
36	大留寺控导	下延 500m	500	潜坝
37	辛店集控导	下延 300m	300	3 道坝
38	周营控导	下延 500m	500	下延 5 道坝
39	老君堂控导	下延 500m	500	5 道坝(35～39)
40	堡城险工	调弯、下延 400m	400	5 道坝
41	南河店	新建 1200m	1200	护岸
42	河道控导	下延 600m	600	上延 3 道坝、延长 2 道坝、下延 2 道坝
43	高村险工	上延 1000	1000	上延 11 道坝，调弯

2. *游荡型河道输沙效能提升技术模型检验*(江恩慧等，2021)

基于黄河下游小浪底至陶城铺河道大型河工模型，采用来水来沙偏枯系列(1990～

1999 年)前 7 年水沙过程开展了黄河下游游荡型河道输沙效能提升技术模型检验，研究水沙调控适配性情况。在此基础上，综合评价了改造后的工程优化布局与水沙过程的和谐度及河势稳定程度。

(1)河势变化分析。①小浪底至花园口河段。试验期间，该河段河势比较归顺，主流上提下挫均在工程控导范围之内。多数工程河势呈上提现象，工程靠河状况良好，靠溜长度基本达 1/2 以上。试验期间，该河段主流线年最大摆幅发生在裴峪断面附近，达 360m，其摆幅范围一般为 0～300m[图 3.31(a)]。②花园口至东坝头河段。试验期间，花园口至赵口河段工程靠河状况较好，双井至赵口河段主流均在工程控导范围内，变幅不大。试验期间，该河段主流线年最大摆幅达 1230m，其摆幅范围一般为 0～500m，主流线年最大摆幅发生在八堡断面附近[图 3.31(b)]。③东坝头至高村河段。总体上看，该河段河势的演变速度较慢，河势基本稳定，工程的控导作用较好。但局部河段也有河势调整相对大且速度快的现象，主流在工程处有明显的下挫现象。试验期间，该河段主流线年最大摆幅达 660m，其摆幅范围一般为 0～500m，主流线年最大摆幅发生在禅房断面附近[图 3.31(c)]。

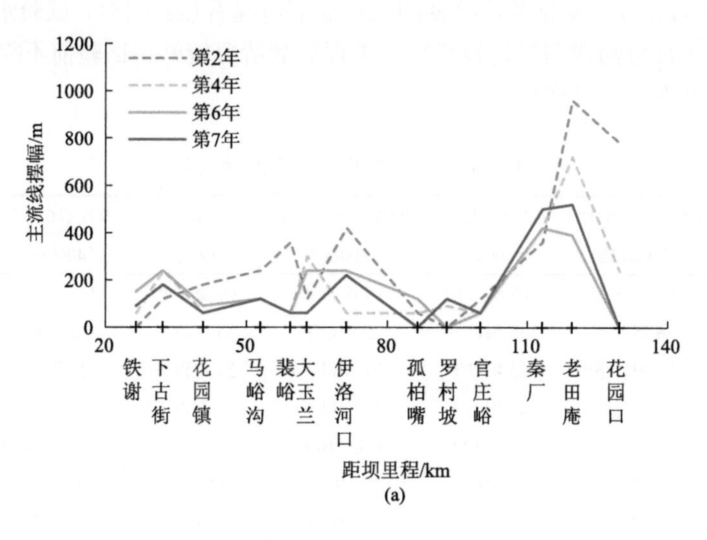

(a)

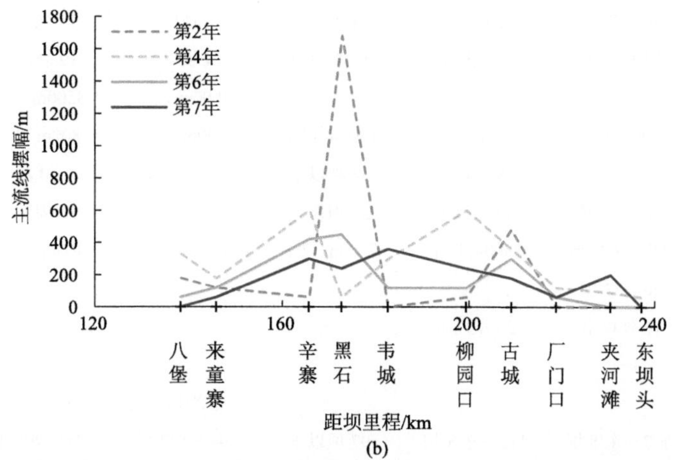

(b)

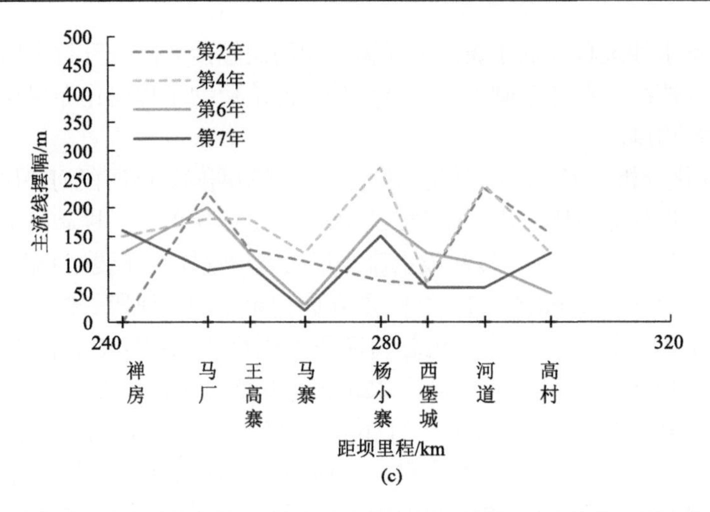

图 3.31　游荡型河段主流线摆幅：(a)小浪底至花园口河段；(b)花园口至东坝头河段；(c)东坝头至高村河段

(2)工程靠溜情况。从试验洪峰期间工程靠溜情况看(表 3.15)，试验水沙条件下，小浪底至陶城铺大部分河段河势比较稳定，工程靠溜情况较好，试验前不靠河的工程经过调整逐渐靠溜并发挥控导作用。

表 3.15　试验不同时期工程靠溜情况统计表

序号	工程名称	1991 年 6 月 3 日 3700m³/s	1993 年 6 月 10 日 4000m³/s	1994 年 6 月 25 日 4000m³/s	1995 年 6 月 27 日 4000m³/s	1996 年 6 月 23 日 4000m³/s	1997 年 6 月 26 日 4000m³/s
1	铁谢	16 垛–6 护	16 垛–6 护	16 垛–6 护	16 垛–6 护	16 垛–10 护	16 垛–10 护
2	逯村	36 坝以下	35 坝以下	29 坝以下	35 坝以下	28～36 坝	34～37 坝
3	花园镇	26 坝以下	23 坝以下	21 坝以下	24 坝以下	20 坝以下	18 坝以下
4	开仪	29 坝以下	33 坝以下	31 坝以下	31 坝以下	32 坝以下	31 坝以下
5	赵沟	上 4～10 坝	上 7～12 坝	上 1～10 坝	上 1～14 坝	上 7～14 坝	1～13 坝
6	化工	20 坝以下	25 坝以下	27～33 坝	9 坝以下	10 坝以下	6 坝以下
7	裴峪	25 坝以下	11 坝以下	14 坝以下	10 坝以下	10～25 坝	10 坝以下
8	大玉兰	30 坝以下	32 坝以下	24 坝以下	18 坝以下	16 坝以下	15 坝以下
9	神堤	14 坝以下	17 坝以下	15 坝以下	14 坝以下	19 坝以下	11～22 坝
10	张王庄	—	—	—	3500m 以下	3500m 以下	1300m 以下
11	孤柏嘴	1000m 以下	2600m 以下	1300m 以下	500m 以下	800m 以下	1400m 以下
12	驾部	—	28 坝以下	34 坝以下	37 坝以下	40 坝	20 坝以下
13	枣树沟	15～21 坝	36 坝以下	34 坝以下	34 坝以下	36 坝以下	31 坝以下
14	东安	700～2400m	2300m 以下	2200m 以下	2400m 以下	3000m 以下	3100m 以下
15	桃花峪	26～33 坝	—	—	—	—	25 坝以下
16	老田庵	16 坝以下	25 坝以下	—	—	—	28 坝以下
17	保合寨	—	—	—	—	—	—
18	马庄	—	—	—	8 坝以下	8 坝以下	—
19	花园口	东 7～东 8 坝	112～东 8 坝	97 坝以下	94～127 坝	116 坝以下	东 6 坝以下

续表

序号	工程名称	1991年6月3日 3700m³/s	1993年6月10日 4000m³/s	1994年6月25日 4000m³/s	1995年6月27日 4000m³/s	1996年6月23日 4000m³/s	1997年6月26日 4000m³/s
20	双井	21坝以下	26坝以下	4坝以下	1坝以下	8坝以下	5坝以下
21	申庄	—	—	—	—	—	—
22	马渡	44坝以下	86坝以下	52坝以下	22坝以下	24坝以下	46坝以下
23	武庄	护岸中下部以下	7坝以下	护岸上部以下	16垛以下	护岸上部以下	4坝以下
24	三坝	—	—	—	—	—	—
25	杨桥	—	—	—	—	—	—
26	万滩	—	—	—	—	—	—
27	赵口	18～37坝，下11～12坝	12坝～下延12坝	18坝～下延12坝	8坝～下延12坝	10坝～下延12坝	12～43坝
28	毛庵	—	14～19坝	19坝以下	11坝以下	16坝以下	12～22坝
29	九堡	—	127坝以下	148坝	139坝以下	121坝以下	128坝以下
30	三官庙	—	23坝以下	24坝以下	25坝以下	16坝以下	5坝以下
31	黑石	24坝以下	—	—	—	—	—
32	韦滩	—	—	3200m以下	2000m以下	2700m以下	1500m以下
33	徐庄	—	1～3坝	—	—	—	—
34	大张庄	15坝以下	—	1～14坝	3坝以下	8～15坝	1～10坝
35	三教堂	—	—	—	—	—	—
36	黑上延	15坝以下	—	—	20坝以下	17坝以下	—
37	黑岗口	下延1坝以下	下延7坝以下	下延10～13坝	37坝～下延13坝	29坝～下延13坝	35坝～下延13坝
38	顺河街	15～19坝, 31～37坝	18坝以下	37坝	35坝以下	17坝以下	29坝以下
39	高朱庄	—	—	—	—	—	—
40	柳园口	4支坝	1～4支坝	3～4支坝	—	4支坝	35坝～4支坝
41	大宫	14坝以下	15坝以下	12坝以下	13坝以下	14坝以下	12坝以下
42	王庵	14～21坝	27坝以下	28坝以下	16坝以下	27坝以下	25坝以下
43	古城	下4坝以下	下延20坝以下	下延26坝	下20坝以下	下17坝以下	—
44	府君寺	15～22垛	18垛以下	21垛以下	19垛以下	22垛以下	22垛以下
45	曹岗	24～33坝	30坝～下18坝	下延7～10坝	下延6坝以下	下延15坝以下	下延16坝以下
46	欧坦	30坝以下	—	—	31坝以下	—	—
47	贯台	—	—	—	—	—	—
48	夹河滩	—	—	—	—	—	—
49	东控导	5坝以下	3坝以下	4坝以下	3坝以下	3坝以下	4坝以下
50	东坝头险工	18垛以下	18垛以下	25垛以下	15垛以下	18垛以下	22垛以下
51	杨庄	—	—	—	—	—	—
52	禅房	18坝以下	25坝以下	21坝以下	20坝以下	27坝以下	34坝以下
53	蔡集	55～49, 22坝以下	18坝以下	26坝以下	49～51坝, 25坝以下	26坝以下	27坝以下
54	王夹堤	1坝以下	1坝以下	1坝以下	1坝以下	1坝以下	1坝以下

续表

序号	工程名称	1991年6月3日 3700m³/s	1993年6月10日 4000m³/s	1994年6月25日 4000m³/s	1995年6月27日 4000m³/s	1996年6月23日 4000m³/s	1997年6月26日 4000m³/s
55	四明堂	—	—	—	—	—	—
56	大留寺	31坝以下	28坝以下	33坝以下	29坝以下	32坝以下	38坝以下
57	单寨	—	—	—	—	—	—
58	马厂	—	—	—	—	—	—
59	大王寨	—	—	—	—	—	—
60	王高寨	17坝以下	20坝以下	15坝以下	16坝以下	17坝以下	23坝以下
61	辛店集	1坝以下	1坝以下	1坝以下	1坝以下	1坝以下	1坝以下
62	周营	上12坝以下	上13坝以下	上10坝以下	上12坝以下	上12坝以下	上15坝以下
63	老君堂	24坝以下	20坝以下	26坝以下	22坝以下	25坝以下	24坝以下
64	于林	17坝以下	16坝以下	16坝以下	19坝以下	14坝以下	15坝以下
65	黄寨	—	—	—	—	—	—
66	霍寨	15坝以下	—	—	—	—	—
67	堡城	工1～11坝	3～11坝	7～12坝	3～13坝	1～15坝	1～18坝
68	三合村	—	—	—	—	—	—
69	青庄	7～11坝	9坝以下	8～11坝	7～11坝	6～11坝	4～13坝
70	高村	16～27坝	21～27坝	18～27坝	13～27坝	18～27垛	20–32坝

(3)水沙配比合理性分析。为了对比分析模型试验水沙过程中采用水沙搭配的合理性，图3.32点绘了本研究模型试验黄河下游小浪底至孙口河段每年汛期进口来沙系数与试验河段冲淤量的关系，作为对比，图中同时点绘了原型1952～1990年汛期河道淤积量与来沙系数的对应关系。由图3.32可以看出，试验冲淤平衡点较原型偏大，即冲淤平衡时，试验来沙系数较原型偏大，也就是说水库调节后的水沙过程要优于当年原型实际，在试验河段水库调节后的水流过程挟沙能力要优于当年原型实际。

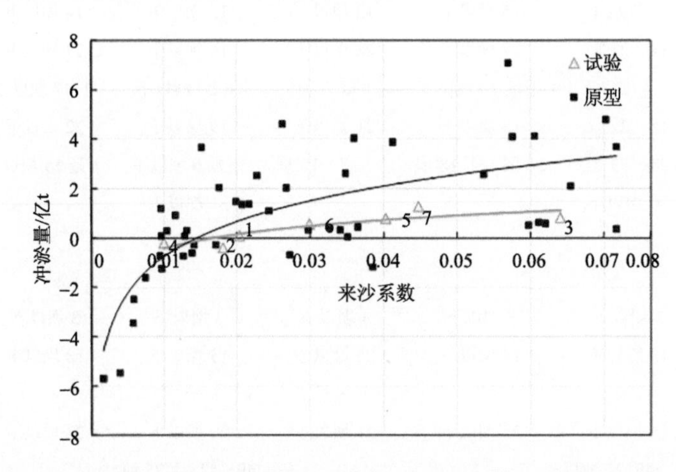

图3.32　黄河下游小浪底至孙口历年河道淤积与汛期来沙系数的对应变化关系

(4) 输沙能力变化。本次试验对含沙量、相应泥沙级配及沿程流速、水深等参数进行详细监测，表 3.16 对流量为 4000m^3/s 左右条件下花园口及夹河滩和高村 3 个断面的平均流速、平均水深、平均含沙量及相应泥沙级配等参数进行整理，并采用张红武和张清(1992) 公式计算了相应挟沙力。

表 3.16　9 组模型实测挟沙水流资料

试验阶段	组次	站点	平均流速 /(m/s)	平均水深 /m	含沙量 /(kg/m^3)	温度 /℃	中值粒径 d_{50}/mm	平均粒径 d_{pj}/mm	挟沙力 S^* /(kg/m^3)
试验初期	第 1 年	花园口	1.91	2.49	19.5	20.1	0.018	0.031	20.0
		夹河滩	1.87	4.34	21.6	20.5	0.022	0.041	10.9
		高村	1.70	3.13	17.8	20.5	0.015	0.027	15.3
	第 3 年-1	花园口	1.38	2.21	24.5	19.5	0.030	0.045	9.3
		夹河滩	2.10	4.03	23.9	19.6	0.023	0.038	16.8
		高村	1.67	3.07	22.0	20	0.019	0.032	14.3
	第 3 年-2	花园口	1.96	3.14	12.9	19.2	0.028	0.041	11.2
		夹河滩	2.20	3.50	19.1	19.2	0.026	0.041	16.1
		高村	2.06	3.68	3.8	20	0.015	0.029	9.4
	第 4 年	花园口	1.71	1.98	1.4	20.4	0.026	0.039	5.9
		夹河滩	1.96	3.02	20.9	20.8	0.026	0.042	14.2
		高村	1.92	3.16	7.4	21.2	0.018	0.029	11.8
试验后期	第 5 年	花园口	1.86	2.41	33.4	20.5	0.015	0.029	29.1
		夹河滩	1.78	2.86	31.4	20.5	0.012	0.020	35.7
		高村	1.78	3.14	19.2	21.2	0.012	0.025	18.0
	第 6 年-1	花园口	2.26	2.42	41.7	22.4	0.012	0.021	66.6
		夹河滩	1.96	2.55	41.4	23.7	0.012	0.018	59.5
		高村	1.83	2.78	32.2	24.2	0.012	0.023	31.2
	第 6 年-2	花园口	2.06	3.18	40.7	22.4	0.012	0.022	47.0
		夹河滩	1.88	3.22	28.9	23.7	0.010	0.017	40.8
		高村	1.86	3.21	43.9	24.3	0.011	0.023	36.7
	第 6 年-3	花园口	1.63	1.86	16.3	22.5	0.028	0.042	11.2
		夹河滩	1.95	3.24	19.1	23.1	0.021	0.031	17.0
		高村	1.87	2.82	22.8	24	0.019	0.031	19.0
	第 7 年	花园口	1.10	2.35	31.5	22	0.017	0.024	13.1
		夹河滩	1.80	3.16	34.8	22.3	0.014	0.024	28.8
		高村	1.66	3.10	45.1	23.5	0.013	0.025	29.0

将9组沿程挟沙力点绘至图3.33，可以看出，沿程花园口、夹河滩和高村等断面的挟沙力第1～4年点群基本处于第5～7年点群下方。根据前面河势分析，试验初期河势调整较快，前5年基本接近规划流路，工程靠溜良好。前4年处于河势调整过程中，水流流路还未调整至规划流路，其沿程挟沙力较弱，即图3.33第1～4年点群靠下；而从第5年开始，水流基本接近规划流路，工程靠溜良好，工程对水流的约束力加强，河道的挟沙力相对前4年也相应增强，因此第5～7年沿程挟沙力点群较第1～4年点群偏上。

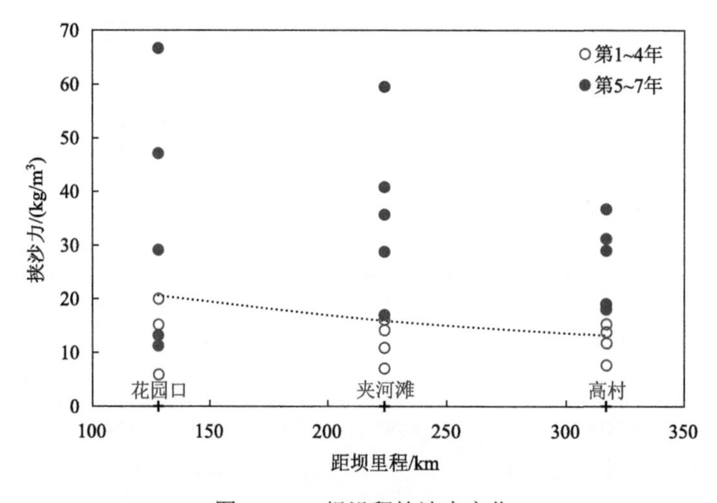

图3.33　9组沿程挟沙力变化

由前述水沙条件可知，试验初期，第3年汛期水量和沙量分别为84.87亿m^3、5.99亿t，最大流量为3989m^3/s，最大含沙量为531kg/m^3；河势归顺后，第7年汛期水量和沙量分别为89.81亿m^3、6.37亿t，最大流量为4191m^3/s，最大含沙量为510kg/m^3，两个年份汛期水沙条件比较接近(表3.17)。

表3.17　小浪底第3年和第7年水沙量及特征值

时间	水量/亿 m^3			最大流量	沙量/亿t			最大含沙量
	汛期	非汛期	全年	Q_{max}/(m^3/s)	汛期	非汛期	全年	S_{max}/(kg/m^3)
第3年	84.87	181.16	266.03	3989	5.99	0.06	6.04	531
第7年	89.81	128.33	218.14	4191	6.37	0.04	6.41	510

试验初期的第3年与河势归顺后的第7年沿程挟沙力对比见图3.34，可以看出，河势稳定控制后河道的挟沙力明显提高，其中高村断面提升幅度较大；与第3年相比，相同水沙条件下，第7年河道挟沙力平均提高1.27倍。

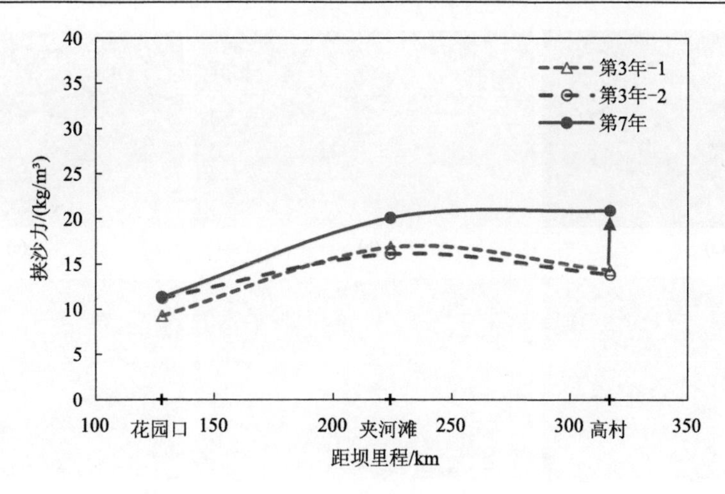

图 3.34　试验初期的第 3 年与河势归顺后的第 7 年沿程挟沙力对比

3. 水沙调控适配性原型检验效果(江恩慧等，2021)

1) 主槽行洪输沙能力明显提升

2018～2020 年，在有利的来水条件下，水利部黄河水利委员会利用小浪底水库连续 3 年塑造长历时大流量的出库过程，在缓解水库淤积的同时，对下游卡口河段进行大流量集中冲刷，打破下游河床表面粗化层的制约，冲破下游河槽过流能力提升的平台期，到 2020 年汛期，黄河下游河道最小过流能力提升到 5000m^3/s，为应对有可能发生的超标洪水提供了更好的河道地理条件，为保障滩区群众生命财产安全奠定了基础。同时，通过完善河道整治工程提高了汛期河道的输沙能力，河段平均输沙率提高了 30%，来水含沙量越高，输沙率就提高得越多，说明整治后的河道断面形态有利于高含沙水流的输送，而且在流域水沙锐减的背景下，近年来河口岸线正在逐渐蚀退，汛期泥沙输移，不仅可以减小河口岸线蚀退速率，还可通过泥沙输移挟带一定量的营养物质带入河口三角洲。

2) 河势向有利方向调整明显

通过连续 3 年汛期长历时大流量过程的洪水作用，游荡型河道整治工程对水流的控制也向着有利方向调整，整体上河道游荡特性已基本实现主槽稳定。特别是近年来的开仪至赵沟、裴峪至大玉兰、东安至桃花峪、九堡至黑岗口 4 处畸形河势(图 3.35)，前 3 处畸形河势通过水沙调控已基本归顺，九堡至黑岗口韦滩工程处的畸形河势主流线最大摆幅由原来的 2.5km 已缩减至目前的 0.4km，水沙调控明显改善了该河段的游荡特性。

3) 游荡型河道滩区和河口地区生态环境改善明显

黄河下游滩区是黄河生态系统的重要组成部分，对于下游河道与滩区而言，大流量过程为河道鱼类等物种提供广阔的栖息地和食物来源，改善其生存生活环境；滩地水面面积的增加和肥沃泥沙的输送使湿地植被生长发育状况显著改善。

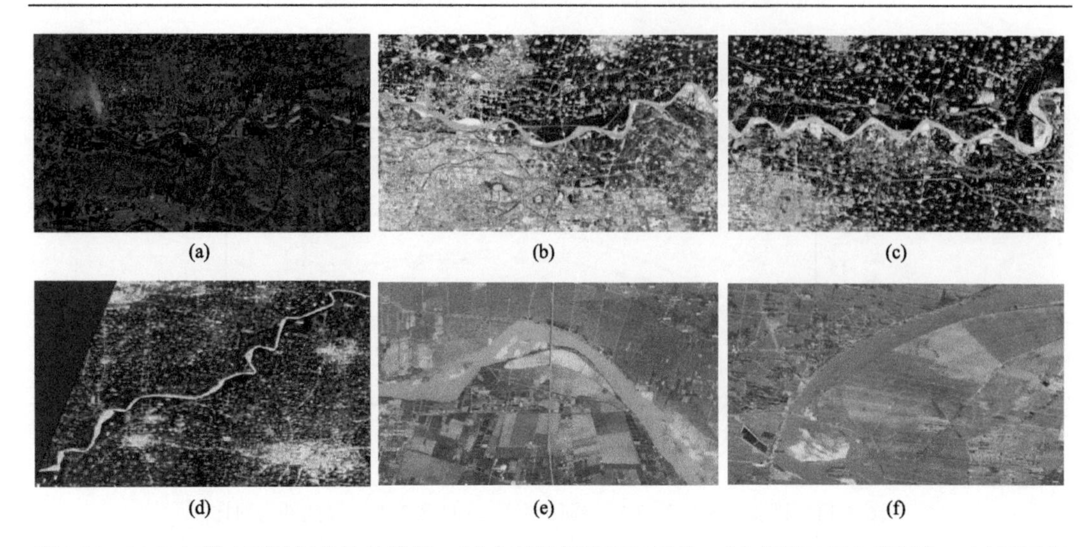

图 3.35　2020 年洪水下游河势控导效果：(a)白鹤至伊洛河口河势；(b)花园口至九堡河势；(c)顺河街至东坝头河势；(d)东坝头至高村河势；(e)双井控导工程河势；(f)周营控导工程河势

对河口近海地区而言，高效的输沙过程显著改善了河口近海生态系统，提高了渔业物种数量及其多样性。黄河入海水沙挟带的丰富营养物质和三角洲独特的气候与地理条件，使入海口附近滩涂和海域成为重要的水生生物繁殖与生长的场所。为近海输送的大量冲淡水能够显著提高并维持近海适宜低盐区产卵场面积，提高渔业物种数量及其多样性。

4)滩区及两岸引水保障等社会经济效益显著

游荡型河道整治工程在改善下游防洪形势、稳滩护村及保证工农业和城市生活用水等方面都发挥着巨大的作用。河道过流能力提升也减少了发生漫滩洪水的概率，降低了对下游滩区群众生产生活的影响，塌滩、掉村现象明显减少，滩区群众的安全感显著增强。河道整治改善了下游河段引黄涵闸的引水条件，促进了沿黄工农业的发展。防洪形势的改善也极大地加快了滩区土地流转进程，促进了滩区经济社会发展。

参 考 文 献

曹永涛, 刘燕, 张林忠, 等. 2008. 黄河下游滩区分区运用滞洪沉沙效果实体模型试验研究报告. 郑州: 黄河水利委员会黄河水利科学研究院.

韩其为. 2011. 论均衡输沙与河床演变的平衡趋向. 泥沙研究, (4): 1-14.

胡一三, 江恩慧, 曹常胜, 等. 2020. 黄河河道整治. 北京：科学出版社.

江恩慧, 曹常胜, 符建铭, 等. 2005. 黄河下游游荡性河道河势演变机理及整治方案研究总报告. 郑州: 黄河水利委员会黄河水利科学研究院.

江恩惠, 曹永涛, 张林忠, 等. 2006. 黄河下游游荡性河段河势演变规律及机理研究 北京, 中国水利水电出版社.

江恩慧, 李军华, 陈建国, 等. 2019. 黄河下游宽滩区滞洪沉沙功能及滩区减灾技术研究. 北京: 中国水利水电出版社.

江恩慧, 王远见, 李军华, 等. 2020. 黄河下游滩槽协同治理架构及运行机制研究. 郑州: 黄河水利委员会黄河水利科学研究院.

江恩慧, 赵连军, 王远见, 等. 2021. 游荡性河道河势演变与稳定控制系统理论. 郑州: 黄河水利委员会黄河水利科学研究院.

李军华, 江恩慧, 董其华, 等. 2018.黄河下游均衡输沙与游荡性河道整治. 郑州: 黄河水利出版社.

李军华, 江恩慧, 董其华, 等. 2022. 有限控制边界下游荡型河道调整机理. 郑州: 黄河水利委员会黄河水利科学研究院.

张红武, 张清. 1992. 黄河水流挟沙力的计算公式. 人民黄河, (11): 7-9.

第 4 章　水沙动态调控对下游环境生态的影响

黄河以高含沙水流著称，长期的高含沙水流，以及调水调沙期间的超高含沙水流，导致水体中水生生物稀少。同时，作为“二级悬河”的独特河流地貌，在生产堤和大堤之间形成的大范围的滩区，是 190 万人民群众生产生活的家园，造成这一区域环境生态、社会经济和防洪之间的复杂局面。水沙调控对下游河道和滩区的影响是黄河下游管理中重点关注的问题。在前述章节关于水沙调控对下游河道及河势演变介绍的基础上，本章主要介绍水沙动态调控对下游河道环境条件、典型物种群落，以及下游滩区环境条件及土地利用的影响，分析和模拟了不同水沙调控方案下滩区的土地利用模式。

4.1　水沙动态调控对下游河道环境条件的影响

水沙调控过程在短时间内向下游排放高含沙洪水，使得下游河流含沙量、水体理化性质和营养盐结构发生波动，进而对水生生态系统造成影响。为探明水沙调控对下游环境和生态的影响规律，分别在水沙调控前、水沙调控期和水沙调控后对下游河道的水体、底泥与水生生物进行采样，选取自小浪底水文站断面起至利津水文站断面的 10 个代表性断面，如图 4.1 所示，除 S3 外，其他采样断面均与水文站监测断面相对应，采样断面

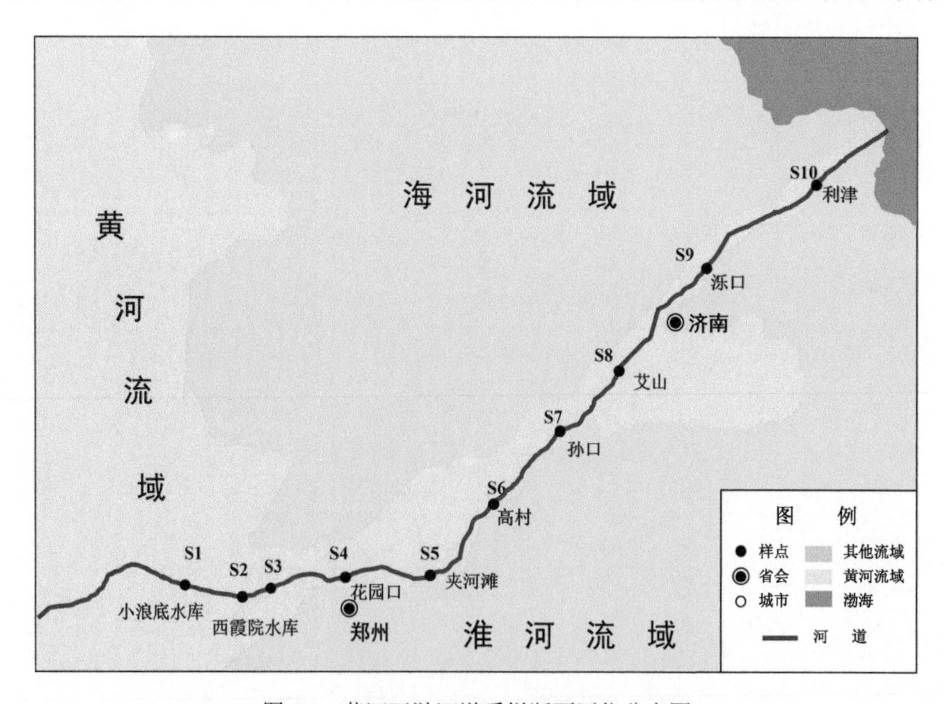

图 4.1　黄河下游河道采样断面区位分布图

经纬度坐标见表 4.1。根据下游河道形态特征，将下游河道分为 3 个河段，分别为游荡型河段(S1～S6)、过渡型河段(S6～S7)和弯曲型河段(S7～S10)。采样时间分别为 2018 年 6 月 21～23 日(水沙调控前)、7 月 5～7 日(水沙调控期)和 8 月 3～5 日(水沙调控后)。

表 4.1　采样断面经纬度坐标

采样点	地点	纬度	经度	采样点	地点	纬度	经度
XLD	小浪底	34°55′16.2″N	112°24′23.4″E	GC	高村	35°22′24.0″N	115°04′03.8″E
XXY	西霞院	34°55′46.1″N	112°28′05.1″E	SK	孙口	35°51′40.9″N	115°50′49.3″E
BX	坝下	34°52′34.5″N	112°33′18.9″E	AS	艾山	36°15′39.1″N	116°17′57.0″E
HYK	花园口	34°54′32.2″N	113°41′54.9″E	LK	泺口	36°44′18.5″N	116°55′43.9″E
JHT	夹河滩	34°53′01.6″N	114°43′44.0″E	LJ	利津	37°29′03.7″N	118°15′48.7″E

4.1.1　下游河道水环境条件对调水调沙的响应

1. 水环境因子

对 2018～2019 年小浪底水沙调控前、水沙调控期、水沙调控后下游河道沿程水环境因子监测结果进行分析，其特征值如表 4.2 所示。相对于水沙调控前，水沙调控期水温(T)、溶解氧(DO)、电导率(COND)、总可溶性固体(TDS)均发生显著变化，除电导率和氧化还原电位(ORP)外，大部分水环境因子标准差也明显上升。水沙调控后，相关水环境因子逐渐恢复，表明水沙调控对水环境因子产生的影响主要为短期影响，属于较强的外界胁迫。

表 4.2　2018～2019 年调水调沙不同时期下游河道水环境因子特征值

水环境因子	平均值±标准差			最小值～最大值		
	水沙调控前	水沙调控期	水沙调控后	水沙调控前	水沙调控期	水沙调控后
T/℃	27.10 ±1.27	27.39 ±2.07	29.67±2.23	25.18～30.17	24.61～33.25	26.84～34.051
DO/(mg/L)	6.77 ±1.84	5.83 ±2.37	5.92±1.78	4.73～11.73	4.11～14.81	4.08～11.32
COND/(μS/cm)	1024.86 ±77.54	977.26 ±78.41	904.05±87.83	907～1163	875.00～1103.00	734～1136
TDS/(mg/L)	637.34 ±46.20	605.33 ±41.96	526.52±53.76	547.31～695.06	531.82～654.30	416.52～629.86
pH	8.31 ±0.35	8.21 ±0.42	8.50±0.43	7.53～8.81	7.63～8.76	7.91～9.11
ORP/mV	161.94 ±48.50	173.34 ±23.87	163.49±24.26	49.4～262	120.41～219.80	118.5～214.1
浊度(NTU)	378.51 ±416.74	1870.60 ±1652.57	665.12±433.10	2.24～1605	9.64～5771.20	9.18～1692.9
叶绿素 a(Chla)/(mg/L)	3.46 ±1.67	7.51 ±10.27	5.19±2.43	0.96～7.6	3.66～49.68	2.36～11.58
总氮(TN)/(mg/L)	1.30 ±0.18	1.20 ±0.34	1.22±0.44	0.864～1.514	0.00～1.51	0.003～1.476
总磷(TP)/(mg/L)	0.04 ±0.01	0.07 ±0.04	0.08±0.03	0.006～0.057	0.04～0.18	0.007～0.151
硅(Si)/(mg/L)	3.77 ±0.27	5.17 ±1.39	5.73 ±1.18	2.64～5.76	3.18～8.34	3.42～10.63

水沙调控过程在影响水环境因子的同时，也改变了河流水体和沉积物的营养盐浓度，影响营养物质在河道的输移。黄河水沙调控前、水沙调控期和水沙调控后水体营养盐指标如图 4.2 所示。水沙调控期黄河下游总氮沿河道发生持续下降，特别是在 S1～S2 河段，降幅超过 80%，并且在下游河段仍呈下降趋势，而水沙调控前后两阶段总氮均呈先下降后上升的趋势，说明水沙脉冲可能导致下游河道总氮发生削减，水体中无机氮主要为硝酸盐氮、氨氮和亚硝酸盐氮，其含量除个别点偏高外整体处于较低水平。水沙调控过程使得下游河道磷酸盐浓度提高，而总磷浓度变化较小，说明水沙调控过程促进了颗粒态磷向可溶性磷的转变。

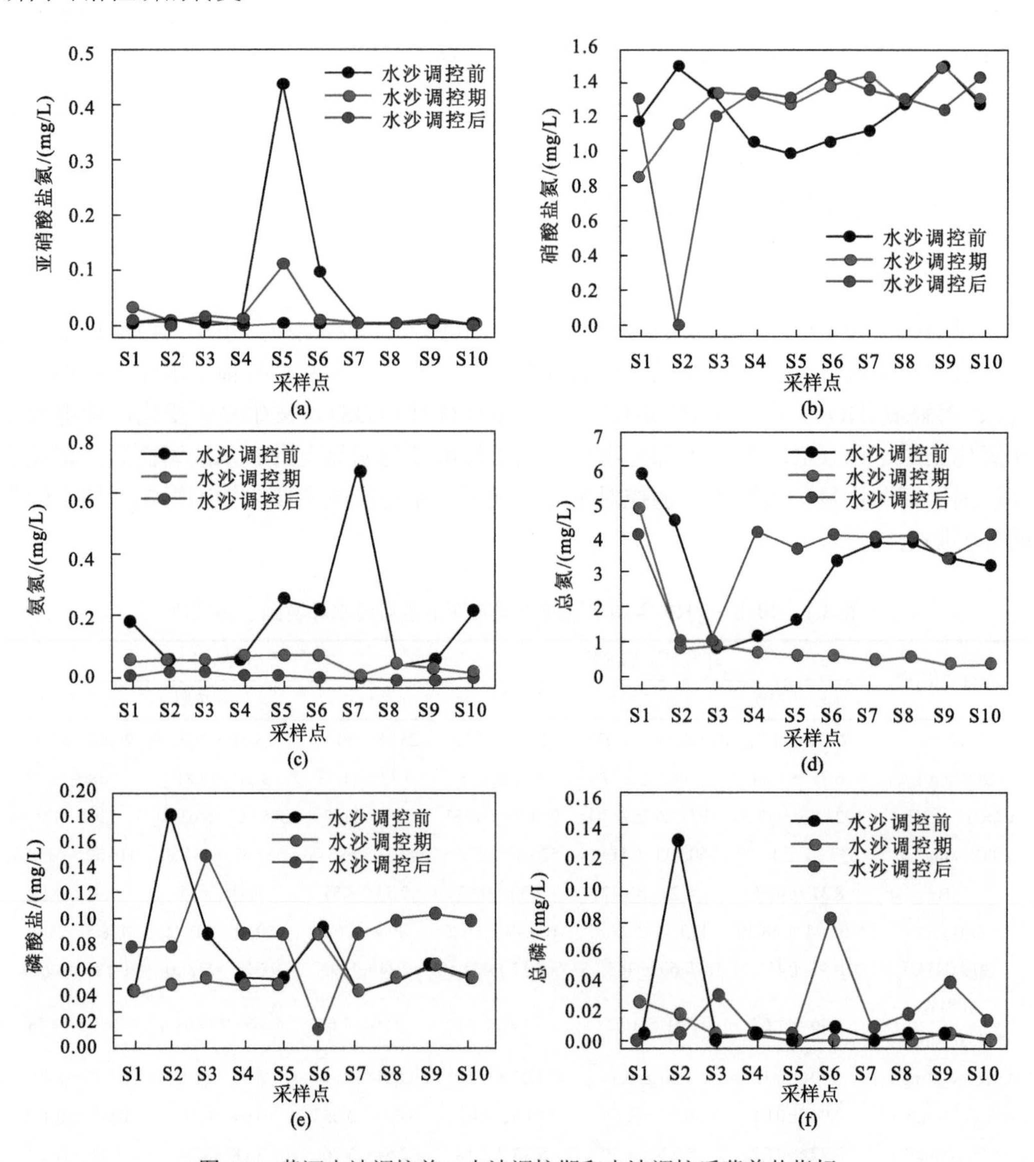

图 4.2 黄河水沙调控前、水沙调控期和水沙调控后营养盐指标

根据同期采集的水样结果(表 4.3)，水沙调控后黄河下游河道水体总氮浓度升高了60%以上，水沙调控期硝酸盐氮浓度平均值提高且在花园口至艾山河段(该河段滩地内有大量农田)明显增加，这种现象可能是流量增大，农田漫滩所致。黄河下游滩地面积达4000km^{2}以上，生活着超过 180 万人口，滩地的农业耕种活动使用了大量的化肥和农药，因此水沙调控期农田漫滩导致土壤中硝酸盐氮进入水体(Liu, 2015)，随着水位的下降，水沙调控后硝酸盐氮含量也略有下降。而黄河下游河道水体中磷酸盐和总磷在水沙调控后含量增大，这可能是水沙调控前期径流对河道中磷酸盐的稀释作用使其含量较低，随着水沙调控过程中水沙含量的递增，土壤中可溶性磷酸盐进入下游河道，使得磷酸盐和总磷在水沙调控期含量增加。水沙调控后悬浮物浓度减小导致其对磷的吸附作用减弱，故水沙调控后磷酸盐和总磷含量又有升高的趋势(陈沛沛等，2013)。

表 4.3　黄河下游河道水体氮、磷含量变化表　(单位：mg/L)

营养物质	均值±标准差		
	水沙调控前	水沙调控期	水沙调控后
硝酸盐氮	1.31±0.18	1.28±0.43	1.22±0.44
总氮	1.038±1.35	3.13±1.59	2.90±1.58
磷酸盐	0.040±0.014	0.067±0.045	0.085±0.035
总磷	0.0041±0.0077	0.01±0.042	0.02±0.025

2. 悬浮颗粒物

悬浮颗粒物作为氮、磷等营养元素在水体中迁移转化的关键载体，对黄河下游河道营养物质的输运具有重要影响。水沙调控的实施使黄河下游的悬浮颗粒物浓度升高，为厘清悬浮颗粒物对水沙调控过程的响应规律，本研究对水沙调控不同时期的悬浮颗粒物进行了采样分析。结果如图 4.3 所示，从水沙调控的不同时期来看，河道各断面悬浮泥沙颗粒物的中值粒径整体呈非汛期＞汛期＞水沙调控期的趋势。其中花园口断面悬浮颗粒物的中值粒径多年平均值为 0.029mm，非汛期为 0.046mm，汛期为 0.024mm，水沙调控期为 0.017mm；高村断面悬浮颗粒物的中值粒径多年平均值为 0.032mm，非汛期为 0.046mm，汛期为 0.031mm，水沙调控期为 0.014mm；艾山断面悬浮颗粒物的中值粒径多年平均值为 0.035mm，非汛期为 0.043mm，汛期为 0.037mm，水沙调控期为 0.020mm。总体来看，黄河下游河道悬浮颗粒物的中值粒径沿程变化不明显，7 个典型断面年均中值粒径均低于 0.05mm。非汛期河道悬浮颗粒物的中值粒径呈现沿程减小的趋势，高村以上宽河段悬浮颗粒物粒径较粗，经高村至艾山河段的过渡调整，艾山以下河段悬浮颗粒物的粒径呈大幅减小的趋势。汛期悬浮颗粒物的中值粒径呈现沿程略微增加的趋势，高村以上宽河段悬浮颗粒物粒径增大，经高村至艾山河段的调整，艾山断面悬浮颗粒物的粒径达到最大。

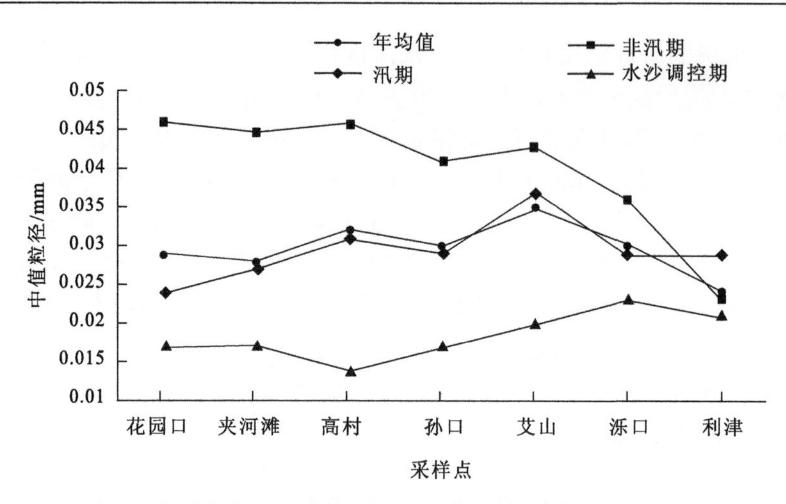

图 4.3　各时期黄河下游典型断面悬浮颗粒物的中值粒径变化图

Dong (2015) 的研究发现，水沙调控前黄河下游悬浮颗粒物 TOC 含量为 2.5%，水沙调控导致黄河下游河道悬浮颗粒物总有机物 (TOC) 含量增加约 50%，达 4.8%，水沙调控结束后 TOC 含量下降至 1.8%，分析悬浮颗粒物中 TOC 含量沿程变化规律，在水沙调控期利津采样点的 TOC 含量最高，达 5.9%，说明水沙调控的实施可运输大量的营养物质到河口。水沙调控后，沉积物中 TOC 含量下降约 40%，表明在水沙调控过程中输入下游的营养物质可能一部分来自小浪底水库中的泥沙，另一部分来自河道沉积物的冲刷，同时水沙调控对下游河道及河口营养物质具有一定的累积影响效应。

微塑料是指最大边长小于 5mm 的塑料碎屑，是近年来受到广泛关注的一类持久性水体污染物。虽然不是常规水质因子，但由于尺寸极小，其既可吸附在悬浮颗粒物表面随水流迁移，同时在一定条件下也可发生沉降，在此过程中可被浮游动物和无脊椎大型底栖动物等小型生物摄入，其不易排出体外，进而随食物链累积，最终威胁人类健康，因此除常规水质参数外，本研究调查了水沙调控对下游河流微塑料时空分布的影响。如图 4.4 所示，可发性聚苯乙烯 (EPS) 泡沫是最常见的微塑料成分，在水流流速较小或有挺水植被生长的样点丰度较大，而在水流流速大的样点丰度较小。排除人为集中排放的原因，也可能由于其密度较低 ($0.7g/mm^2$)，同样体积的情况下其随水流运动能力强于其他碎片状微塑料，因此其多在水流较小的区域或环流区滞留。

水沙调控期，黄河下游河道表面水体流速急剧增大，特别是在水沙调控前，原本流速较小的部分点位 (S4、S7、S10) 调水导致过水断面发生变化，原本的近岸缓流和回流区消失，同时挺水植被完全淹没在水面以下，失去了对微塑料的阻拦作用，使得水沙调控期微塑料丰度急剧下降，在水沙调控结束后微塑料丰度回升，同时也说明了微塑料的迁移与滞留受流速影响较大。

微塑料的尺寸分布与其水动力特性具有一定关联，通过测量 3 次采样获取的微塑料样品尺寸 (图 4.5)，并根据 100～300 μm、300～500 μm、500～1000 μm 和 1000～5000 μm 五个尺寸范围对黄河下游河道微塑料进行分类，结果表明，500～1000μm 粒径范围的微塑料所占比例最大，为 44.83%，其次是 300～500μm，占 28.51%。水沙

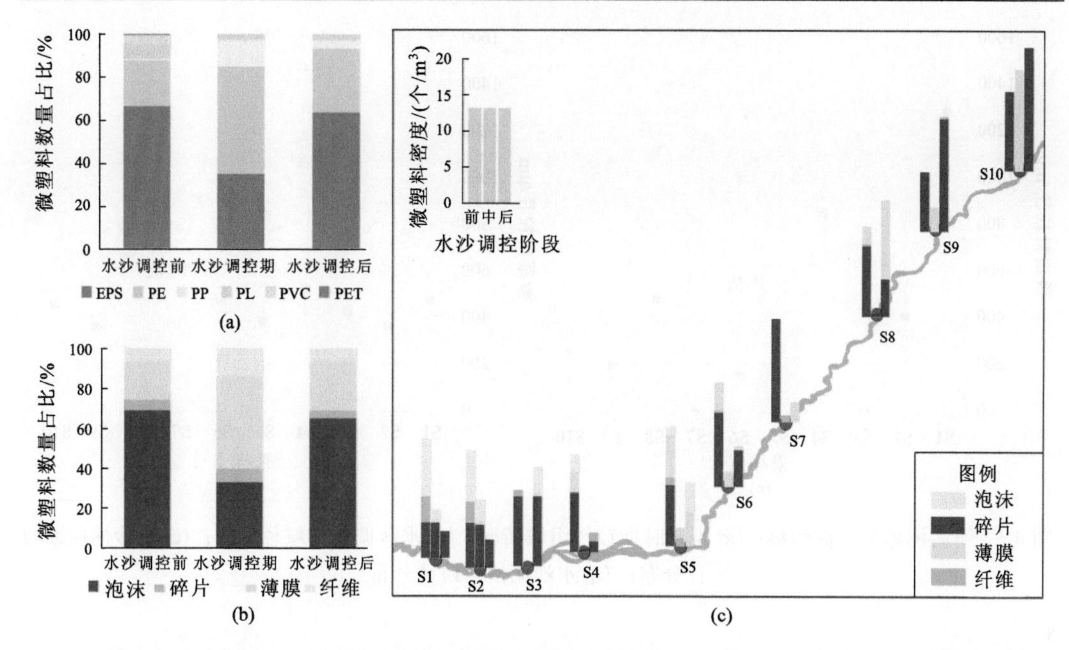

图 4.4　黄河水沙调控前、水沙调控期和水沙调控后悬浮微塑料：(a) 成分；(b) 形状；(c) 沿程分布情况

EPS 为可发性聚苯乙烯，PE 为聚乙烯，PP 为聚丙烯，PL 为磷脂，PVC 为聚氯乙烯，PET 为聚对苯二甲酸乙二酯

调控前，500～1000μm 粒径范围的微塑料占比最大，达到 57.17%，平均粒径为 1011.54μm，中值粒径为 703μm。在水沙调控期，300~500μm 尺寸范围的微塑料占比最大，为 41.90%，平均粒径为 509.46μm，中值粒径为 382μm。水沙调控后，300~500μm 粒径范围的微塑料占比最大，略低于前一阶段，平均粒径为 484.93μm，中值粒径为 423μm，微塑料粒径分布趋于均一化。

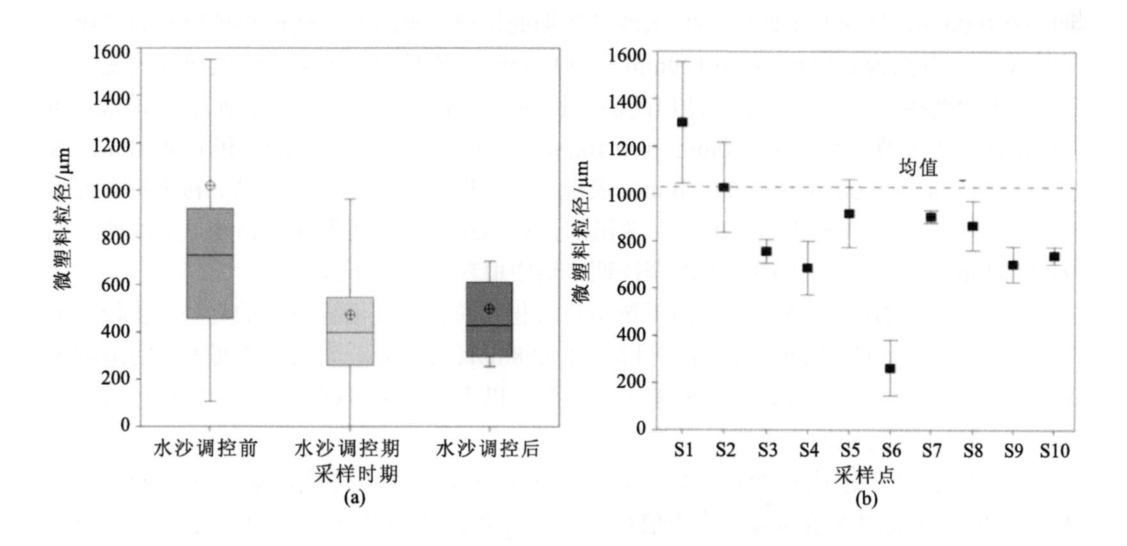

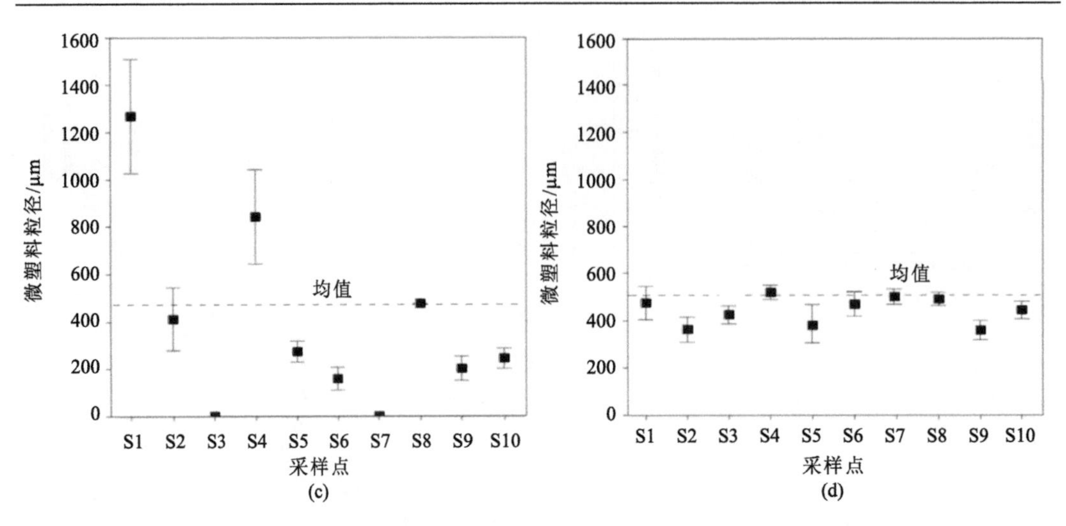

图 4.5　下游河道悬浮微塑料：(a)不同时期粒径组成情况；(b)水沙调控前粒径分布；(c)水沙调控期粒径分布；(d)水沙调控后粒径分布

4.1.2　水沙调控对河道沉积物的影响

泥沙颗粒的大小及级配组成可以反映河流的输沙能力，本节通过分析黄河下游河道沉积物的粒径组成，比较水沙调控前后河道沉积物中营养物质的组成，揭示小浪底水库水沙调控对下游河道泥沙颗粒及营养物质输移的影响规律。

1. 沉积物粒径组成

各时期黄河下游典型断面沉积物的中值粒径变化如图 4.6 所示，花园口断面河道沉积物的多年平均中值粒径为 0.205mm，非汛期为 0.234mm，汛期为 0.191mm，水沙调控期为 0.190mm，呈现非汛期>汛期>水沙调控期的规律。夹河滩、高村和孙口断面多年平均中值粒径分别为 0.143mm、0.129mm 和 0.128mm，各时期多年平均中值粒径表现为非汛期>水沙调控期>汛期。艾山和泺口断面沉积物的多年平均中值粒径分别为 0.105mm 和 0.095mm，非汛期分别为 0.100mm 和 0.102mm，汛期分别为 0.094mm 和 0.090mm，水沙调控期分别为 0.084mm 和 0.073mm，表现为非汛期>汛期>水沙调控期。利津断面沉积物的多年平均中值粒径为 0.090mm，非汛期为 0.085mm，汛期为 0.082mm，水沙调控期为 0.084mm，非汛期、汛期、水沙调控期平均中值粒径差别不大。

总体来看，2004～2015 年黄河下游河道沉积物粒径呈现沿程减小的趋势，粒径级配变化范围从花园口年平均 0.20mm 到利津的 0.08mm(图 4.6)。非汛期黄河下游河道沉积物粒径最大，汛期和水沙调控期相差不大，孙口以上河段水沙调控期的中值粒径大于汛期，孙口以下河段汛期大于水沙调控期。

自 2002 年小浪底水沙调控以来，黄河下游河道泥沙已逐渐由淤积转变为冲刷。2005～2018 年黄河下游河道平均中值粒径分析结果表明，2007～2013 年下游河道年平均累积冲刷量约为 86t，其中小浪底至高村河段约占 69%(59.89t)，高村至陶城铺河段约占 24%(20.43 t)，陶城铺至利津河段约为 7%(5.68t)，其中在 2008 年和 2011 年陶城铺至利津河段也发生了泥沙淤积的情况(Miao et al., 2010)。黄河下游河道沉积物的粒径呈现沿程减小的趋势，粒径级配变化范围从花园口断面多年平均 0.20mm 到利津的 0.08mm，而悬浮颗粒物的中值粒径呈现沿程略微增加的趋势。高村以上宽河段悬浮颗粒物的粒径增大，经高村至艾山河段的调整，艾山断面悬浮颗粒物的粒径达到最大(图 4.7)。表明 2004～2015 年黄河下游夹河滩以上河道冲刷量多，而艾山以下少，但总体呈冲刷侵蚀趋势(张宝利等，2018)。

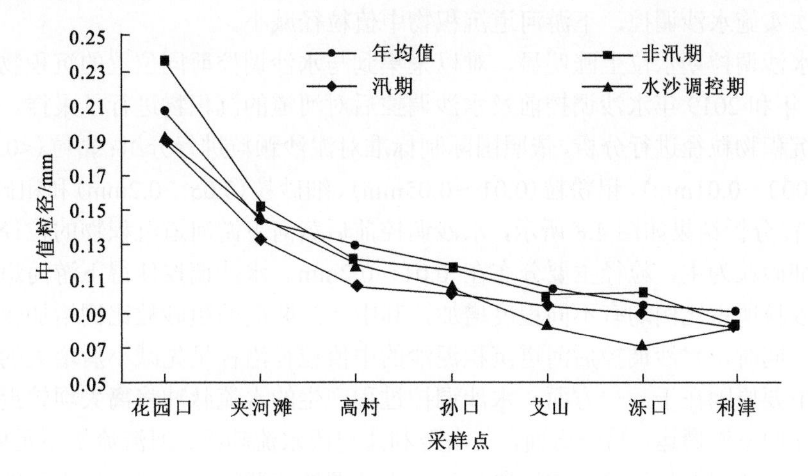

图 4.6　各时期黄河下游典型断面沉积物的中值粒径变化

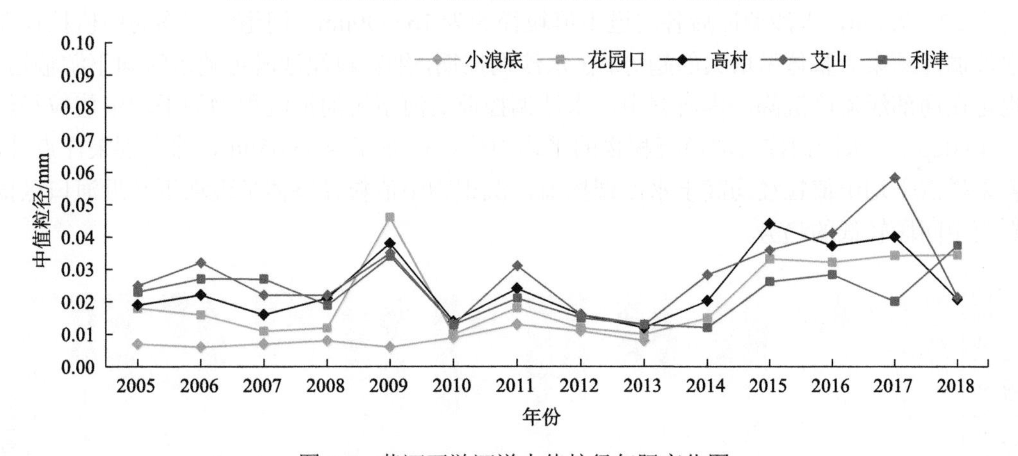

图 4.7　黄河下游河道中值粒径年际变化图

非汛期时小浪底水库下泄水沙含量较少，下游河道产生一定的冲刷，使得下游河床逐渐粗化；而小浪底水库在汛期来水来沙量较大，其冲刷河道使河道沉积物中细颗粒泥沙起悬，汛期黄河下游河道沉积物粒径及悬浮泥沙粒径均小于非汛期。而小浪底水沙调控过程将水库沉积的大量细颗粒泥沙排入下游河道，受河道地形的影响，其在河道中有不同程度的淤积，使得下游河道沉积物粒径及悬浮泥沙粒径在水沙调控期明显小于其他时期。

2013 年之前，黄河下游河道沉积物的中值粒径整体处于较为稳定的状态，仅在 2009

年有所上升。而在 2014 年后，各断面沉积物中值粒径逐年增大，且其年内各断面间差异也明显增大，表明不同河段的冲淤情况出现差异。根据黄河下游河道冲淤变化趋势，2013～2014 年下游河道呈现微淤的状态，而 2015 年河道以冲刷为主，故 2014 年后河道沉积物的中值粒径呈逐年增大的趋势(韩小军和朱莉莉，2017)。从历年变化来看，黄河下游河道沉积物呈现逐年粗化的趋势，年均中值粒径粒径由 0.0124mm 增加至 0.0284mm。2016～2017 年小浪底水库未进行水沙调控，黄河下游河道沉积物粗化明显，2018 年小浪底水库再次实施水沙调控，下游河道沉积物中值粒径减小。

由于水沙调控期水位上涨明显，难以采集到与水沙调控前同位置的沉积物样品，因此在 2018 年和 2019 年水沙调控前及水沙调控后对河道的沉积物进行了采样。采用激光粒度仪对沉积物粒径进行分析，依照国际制标准对泥沙颗粒进行分组：黏粒(<0.002mm)、细粉粒(0.002～0.01mm)、粗粉粒(0.01～0.05mm)、细砂粒(0.05～0.2mm)和粗砂粒(0.2～2mm)。粒径分析结果如图 4.8 所示，水沙调控前后黄河下游河道沉积物的粒径组成均以粗粉粒和细砂粒为主，粒径主要分布在 0.01～0.2mm。水沙调控使得下游河道各断面沉积物中粗砂粒所占比例均有不同程度增加，其中 S2 断面的粗砂粒比例增加幅度最大，为 9.21%。同时，水沙调控后河道沉积泥沙的中值粒径沿程呈先减小后增大的规律，这一现象的主要原因在于，一方面，水沙调控过程产生的水流脉冲将离大坝较近的细颗粒泥沙起动并向下游搬运，另一方面，艾山至利津河段水流趋缓，河流流量不足以输送中、粗泥沙，因此较粗颗粒泥沙在此河段沉积。水沙调控前黄河下游河道沉积物的中值粒径约为 22～72μm，水沙调控后各河道中值粒径约为 16～99μm，河道沉积物的中值粒径在水沙调控结束后整体呈增大的趋势。在水沙调控期，细颗粒泥沙既可随水流向下游输运，也可在局部缓流区沉降。本研究中，水沙调控前黄河下游河道沉积物的平均中值粒径约为 40.02μm，水沙调控后河道沉积物的平均中值粒径提高至 56.65μm，除个别采样点外，各采样点平均中值粒径均高于水沙调控前，沉积物中值粒径整体呈现坝下及近河口区偏高而中间段较低的趋势。

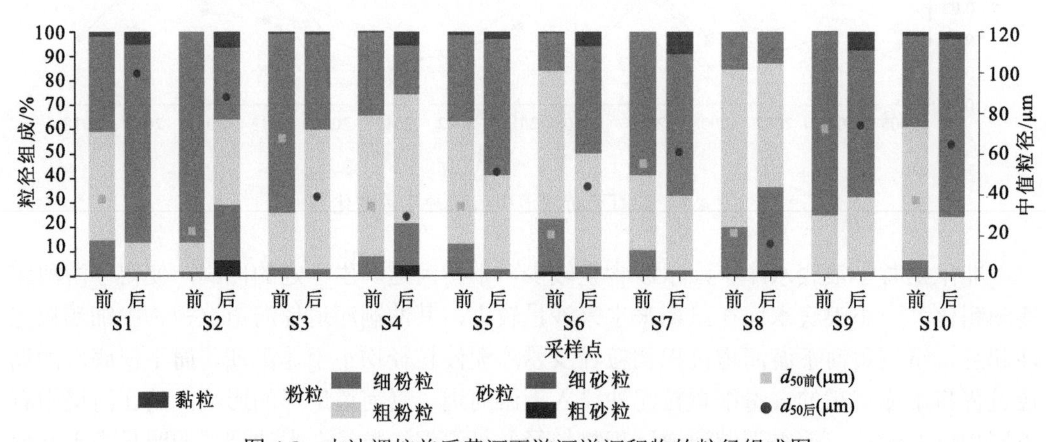

图 4.8　水沙调控前后黄河下游河道沉积物的粒径组成图

粒度参数是一种量化指标，能够综合反映沉积物粒度特征及其沉积环境，常用的粒度参数有平均粒度($\bar{X}$)、分选系数(Sd)、偏度(Sk)、峰度(Ku)等。平均粒度代表沉积物粒度分布的集中趋势；分选系数主要用标准差或第二矩表示，是表征分选性的指标，用来区分沉积物颗粒大小的均匀程度；偏度表示沉积物粒度频率曲线的对称性，反映粒度分布的不对称程度；峰度是表示数据在平均粒度两侧集中程度的参数，主要用来衡量沉积物频率分布曲线峰型的宽窄陡缓程度，若 $Ku>1$,则说明沉积物样品粒度分布的尾部比正态分布的尾部粗。水沙调控前后黄河下游河道沉积物的粒度参数如图 4.9 所示，水沙调控前，下游各河段沉积物整体平均粒度较低、分选系数变化较小，水沙调控后整体平均粒度升高、分选系数升高且波动频繁。水沙调控前下游河道沉积物偏度整体处于 0.5～0.6，S2～S6 河段沉积物峰度大于 7 而 S6 以下河段明显下降。水沙调控后除 S7 外，下游河道沉积物峰度均普遍低于水沙调控前，表现为宽平粒径分布曲线的平坦化，两个时期的沉积物粒径分布均属于右偏态，表明沉积物有粗化的趋势。

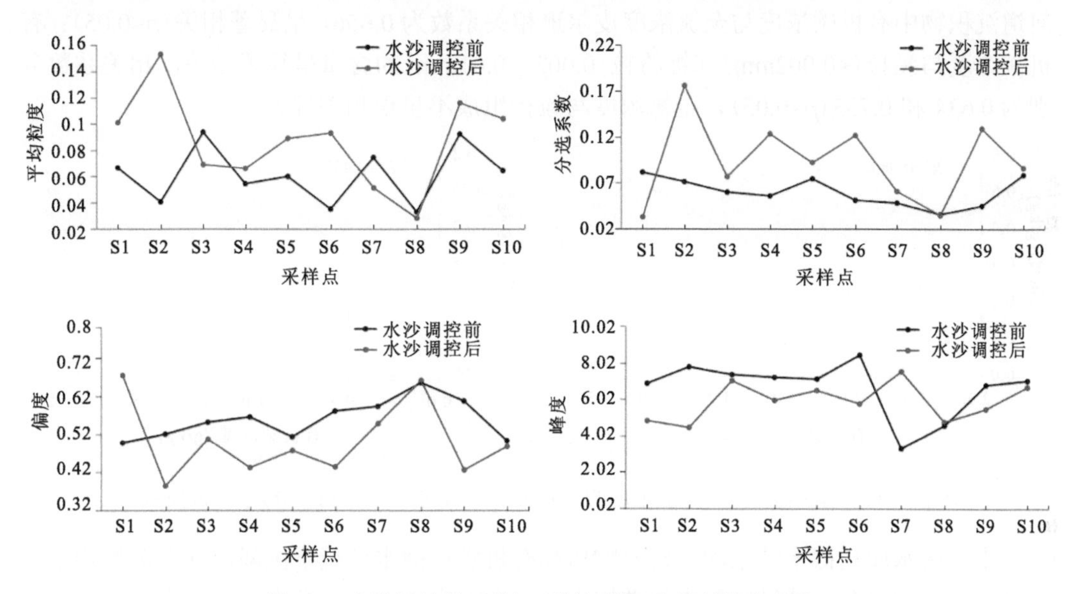

图 4.9　水沙调控前后黄河下游河道沉积物的粒度参数

2. *沉积物中营养物质含量*

水体中的细颗粒泥沙由于具有较大的比表面积，易于与碳、氮、磷等生源物质相结合。本书测定了水沙调控前后黄河下游河道有机碳和全氮浓度，结果如图 4.10 所示，水沙调控前黄河下游河道有机碳和全氮浓度分别为 0.55～5.34g/kg 和 0.09～0.53 g/kg，水沙调控后下游河道有机碳和全氮浓度变化范围分别为 0.54～1.65g/kg 和 0～0.27 g/kg。受小浪底水沙调控的影响，黄河下游河道发生冲刷，河道沉积物中有机碳浓度及全氮浓度呈现大幅降低，一方面改变了黄河下游河道中水生生物生境条件，另一方面对黄河口及近海水体中营养物质浓度产生一定影响。

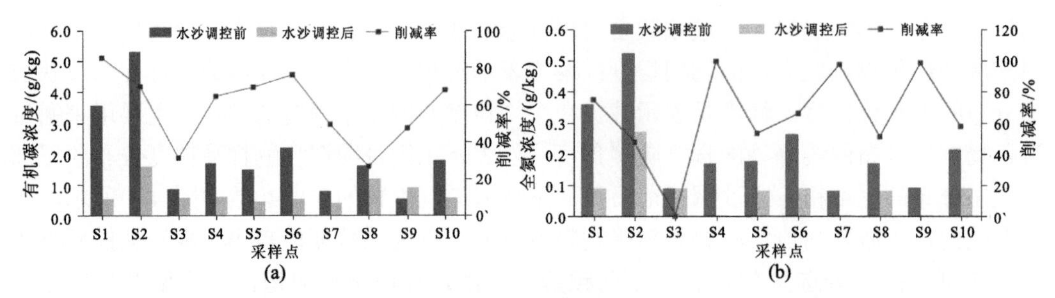

图 4.10　水沙调控前后黄河下游河道：(a)有机碳浓度变化图；(b)全氮浓度变化图

如图 4.11 所示，水沙调控前黄河下游河道沉积物有机碳浓度与全氮浓度呈显著线性相关性，R^2 达 0.9838，皮尔逊(Pearson)相关系数达 0.993(p<0.01)。水沙调控后，下游河道沉积物中有机碳浓度与全氮浓度皮尔逊相关系数为 0.656，呈显著相关(p<0.05)；有机碳浓度与黏粒(<0.002mm)和细粉粒(0.002～0.01mm)的含量呈显著相关，相关系数分别为 0.634 和 0.733(p<0.05)，全氮浓度与粒径组成不呈现相关性。

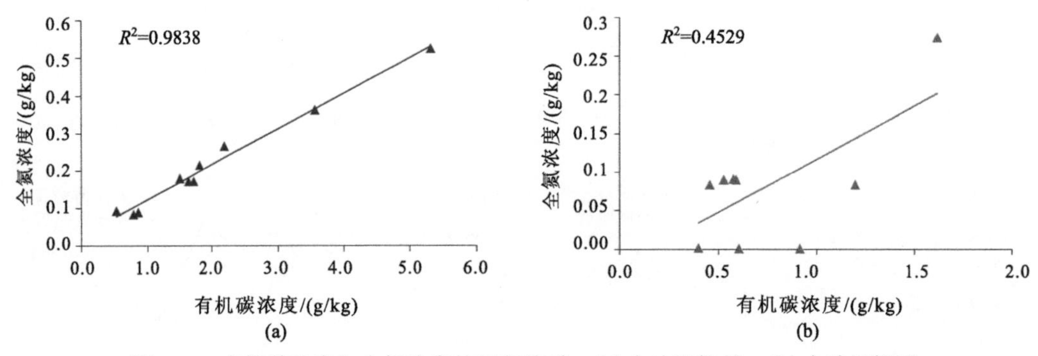

图 4.11　有机碳浓度与全氮浓度的回归关系：(a)水沙调控前；(b)水沙调控后

小浪底水库拦截上游来沙，营养物质和有机碳在静水环境下沉降，并在沉积物中富集(Li et al., 2017)。通过实施水沙调控下泄高含沙水流，大量有机碳短期内随水流输送到下游河道与河口，造成下游河道中总有机碳含量增加(张婷婷等，2015)。河道悬浮泥沙中总有机碳含量在小浪底站到利津站的河段中呈逐渐增加的趋势(Dong, 2015)。在相同河段内采集的河道沉积物总有机碳含量呈沿程下降的趋势，并且总有机碳含量与细颗粒泥沙比例呈显著相关(R^2=0.733，p<0.05)，其可能是水沙调控导致下游河道冲刷及沉积物再悬浮，细颗粒泥沙在水流作用下由沉积态变成悬浮状态，因此样品中细颗粒泥沙含量减少，总有机碳含量降低，而悬浮物中总有机碳含量增加。同时，根据同期采样获得的水质数据，水沙调控期下游河道水体中全氮含量明显增加，这可能是水沙调控后沉积物中全氮含量大幅减少的主要原因。

相比于河床沉积物的泥沙粒径，由小浪底水库释放的泥沙粒径较低(Li et al., 2017)，因此水沙调控过程可在短时间内将累积的细颗粒泥沙输送到河口及近海，相关研究发现，碳、氮及颗粒磷都较易吸附在细颗粒泥沙表面(Meng et al., 2014)，且营养物质在泥沙颗粒中的赋存形态和含量与泥沙级配密切相关，因此，随着细颗粒泥沙的入海通量增加，河流向河口的营养物质入海通量也会增加，且在流量较小时细颗粒泥沙沉降速度较慢，其中挟带的营养物质可被输运至更远的海域(Yao et al., 2016；Wang et al., 2017)。

4.2　黄河下游河道水生态对调水调沙的响应

2018 年和 2019 年水沙调控前、水沙调控期、水沙调控后对黄河中下游沿程水生生物调查结果显示，黄河中下游生态系统中水生生物的总体生物量和丰度较低。浮游动植物和细菌群落对环境变化较为敏感，与鱼类和底栖动物相比，浮游动植物和细菌的体积小、寿命短而繁殖能力强，随水流迁移，对水环境要素具有很高的响应能力，并且不同类群的敏感性和适应性不同，因此本节以浮游动植物和细菌群落为重点，分析水沙调控对下游河道生态的影响。

4.2.1　水沙调控前后浮游生物组成及生物量演变趋势

浮游生物包括浮游植物和浮游动物，是河流生态系统主要生物类群之一，也是鱼类和底栖动物种群的主要食物，在河流生态系统物质循环和能量流动中发挥了重要的作用。在对黄河下游河道浮游生物群落组成的调查过程中，共鉴定蓝藻门(Cyanophyta)、甲藻门(Pyrrophyta)、裸藻门(Euglenophyta)、硅藻门(Bacillariophyta)、隐藻门(Cryptophyta)和绿藻门(Chlorophyta)6 个门类的浮游植物，共计 78 种，其中，以绿藻的种类数最多，有 30 种，其次是硅藻 26 种，蓝藻 11 种，裸藻 5 种，甲藻 4 种，隐藻 2 种。共鉴定浮游动物 3 门 10 科 28 种，其中轮虫纲(Rotifera)25 种；枝角类(Cladocera)1 种；桡足类(Copepoda)2 种(图 4.12)。

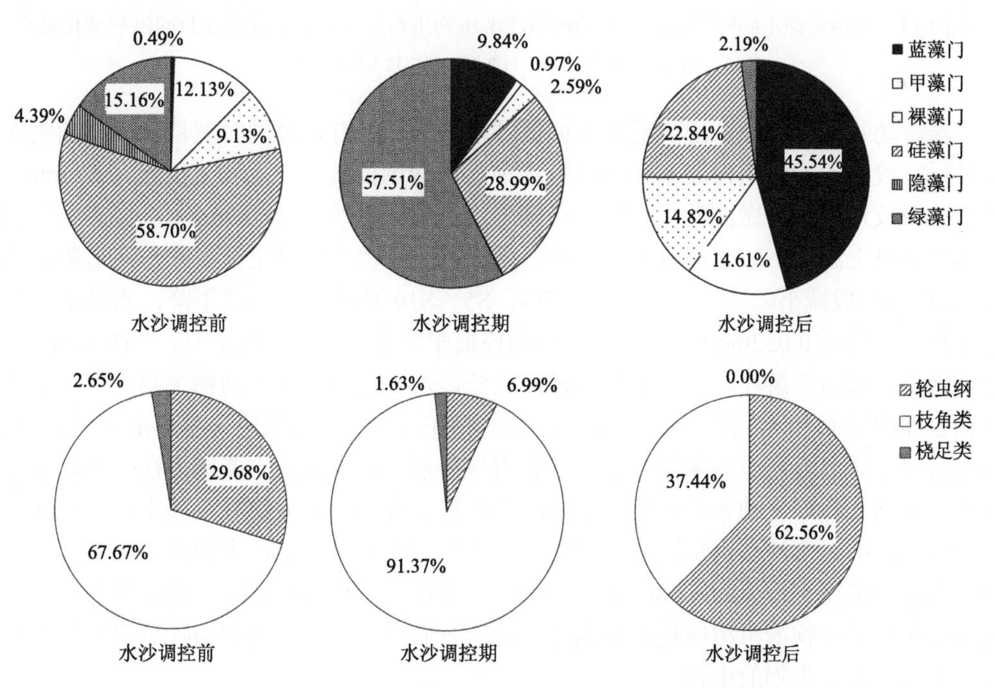

图 4.12　水沙调控不同时期小浪底下游河道浮游生物的物种组成

注：因数据修约个别图中物种组成比例和不是 100%。

水沙调控前黄河下游浮游植物平均生物量为0.66mg/L，最低点出现在S3，最高点出现在S7，总体上S1～S4生物量较低，S5～S10生物量较高；水沙调控期平均生物量降至0.47mg/L，较之前降低了28.79%，最低点出现在S1，最高点出现在S9；水沙调控后浮游植物平均生物量增至0.61mg/L，最低点出现在S2，最高点出现在S8，如图4.13所示。整体而言，水沙调控对小浪底水库下游浮游植物的生物多样性影响较小，特别是在远离大坝的河段，对浮游植物生物量的影响则集中于接近坝下的河段，影响河段长度可达540km。水动力学要素可通过改变水体的理化因子，最终影响浮游植物的群落结构，水沙调控期水体紊动加快，使得沉积物中的营养盐发生再悬浮，并提高了悬浮物中内源营养盐的释放、扩散和输移速率，有利于浮游植物细胞对营养盐的吸收。然而，当水流达到一定流速时，水体紊动带动悬泥在水体中的运动可对浮游植物的细胞造成机械损伤，并抑制藻细胞的分裂增殖，不利于藻类生物量的稳定。

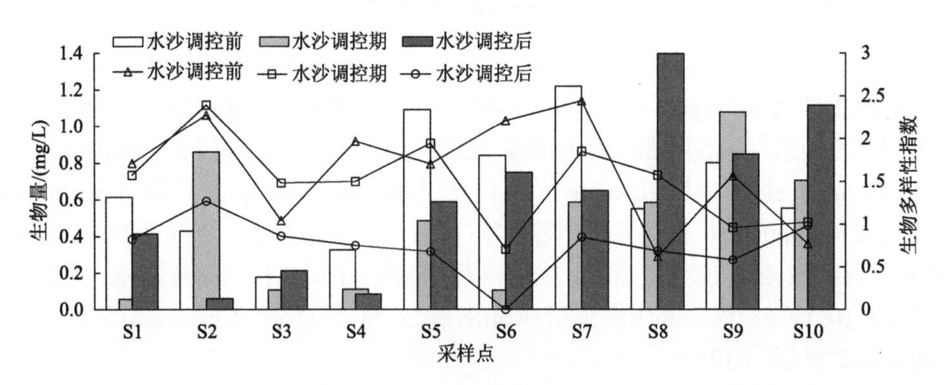

图4.13　水沙调控不同时期小浪底下游河道浮游植物生物量及生物多样性指数的沿程变化趋势

柱状图表征生物量，折线图表征生物多样性指数

浮游动物生物量分布规律受水沙调控过程影响，具有显著的时空特征。枝角类在三个采样时段内均为河道内浮游动物优势物种，水沙调控前平均生物量仅为0.025mg/L，沿程分布较均匀，略微波动；水沙调控期平均生物量增长至0.449mg/L，空间上生物量总体呈现自上游向下游逐渐减小的趋势，排除S2点位水库排空造成其与河道隔离的情况，S1～S4段减小幅度较大，达85.97%，S5～S10段则呈波动式下降；水沙调控后河道生物量回落至0.032mg/L，但相较水沙调控前平均生物量仍有所上升，如图4.14所示。总体来说，黄河下游浮游动物生物多样性较低，水沙调控期浮游动物生物量明显上升而生物多样性反而有所下降。一般而言，浮游动物在河流中沿水流纵向呈逐渐递减的趋势，而在黄河下游河道各个时期都与该趋势有明显区别。该现象的主要原因在于黄河水流流速快，流动水体产生的紊动降低了浮游动物的捕食成功率，最终导致其生长繁殖受到抑制。除流速外，含沙量也是浮游动物生长受到制约的外部条件，水沙调控前小浪底下游河道的悬沙浓度平均值为6.28kg/m^3，水沙调控期最高可达26kg/m^3。高浓度的泥沙一方面直接对浮游动物的组织结构产生损害，另一方面会堵塞浮游动物的呼吸器官与滤食器官，不利于浮游生物的生存。

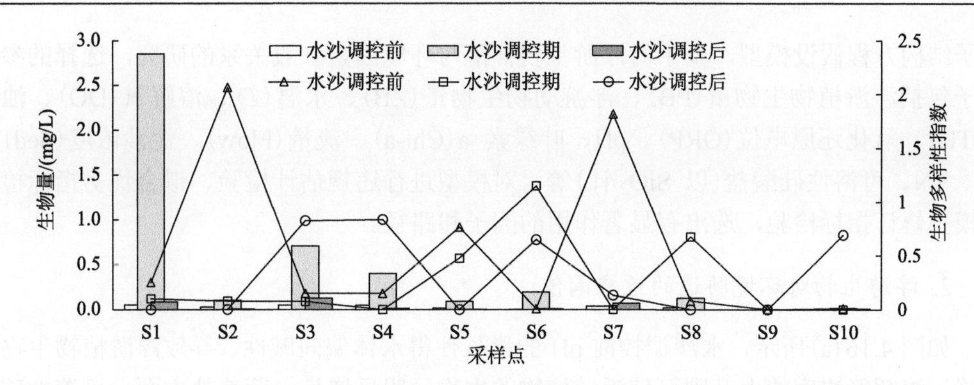

图 4.14　水沙调控不同时期小浪底下游河道浮游动物生物量及生物多样性指数的沿程变化趋势
柱状图表征生物量，折线图表征生物多样性指数

4.2.2　浮游生物对环境胁迫的适应阈值

河流生态系统中浮游动植物群落的分布易受到水体中水动力和理化条件的影响。由于不同种类浮游生物对环境因子的响应不同，并且环境因子之间也存在较复杂的相互作用，因此难以明确浮游生物群落与环境因子之间的作用关系。已有的研究已经明确其中一些环境因子如何影响浮游动植物群落。例如，光照条件、水温、营养盐(包括氮、磷和硅等)、pH、电导率、浊度和氧化还原电位等环境因子，均可能对浮游动植物产生不同程度的影响。

1. 结构方程模型

结构方程模型(structural equation modeling, SEM)是一种基于协方差矩阵分析变量之间关系的模型，作为一般线性模型的拓展，由因子模型与结构模型组成，在传统路径分析的基础上引入因子间相互作用分析。SEM 一般使用最大似然法(maximum likelihood, ML)估计模型分析结构方程的路径系数等估计值，可评价系统中的多维关系，反映模型中要素之间的相互影响，同时在评价过程中解释测量误差，并补充假设模型中缺少的概念关系。由于浮游生物与水环境因子间作用关系复杂，同时水环境因子间也存在未知作用关系，因此采用结构方程模型方法分析二者关系。图 4.15 为浮游生物与环境

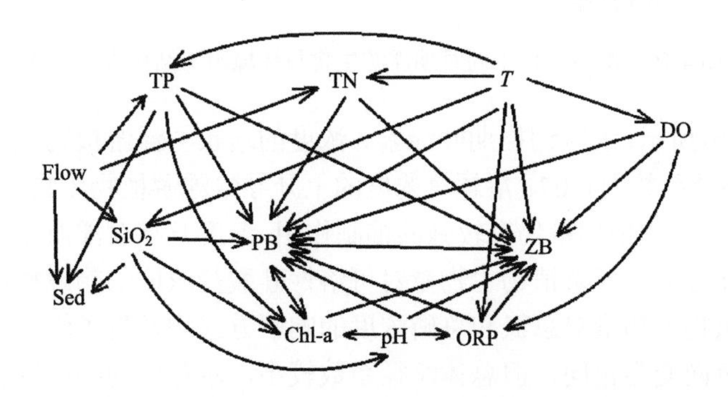

图 4.15　浮游生物与环境因子结构方程假设模型

因子结构方程假设模型，基于对浮游生物群落与环境因素一般关系的研究，选择的参选因子包括浮游植物生物量(PB)、浮游动物生物量(ZB)、水温(*T*)、溶解氧(DO)、浊度(NTU)、氧化还原电位(ORP)、pH、叶绿素 a(Chl-a)、流量(Flow)、泥沙浓度(Sed)、TP、TN、可溶性硅酸盐(以 SiO_2 计)等，对模型进行违规估计检验、拟合优劣指标检验和模型修订指标检验，选出有显著作用的因子和路径。

2. 浮游生物对环境胁迫的适应阈值

如图 4.16(a)所示，水沙调控前 pH 的增长使得水体偏向碱性，导致浮游植物生物量下降；溶解氧浓度的上升则可使浮游植物的生物量明显增长。营养盐方面，可溶性硅酸盐对浮游植物负向影响的路径系数最大，达 4.92，表明可溶性硅酸盐的增长会显著降低水体中浮游植物的生物量；总磷增长与浮游植物生物量增长呈正相关，而总氮增长则与浮游植物生物量的增长呈负相关。浮游动物种群与环境因子间无显著的响应关系，但其生物量的增长显著降低了浮游植物的生物量，路径系数达 13.94。

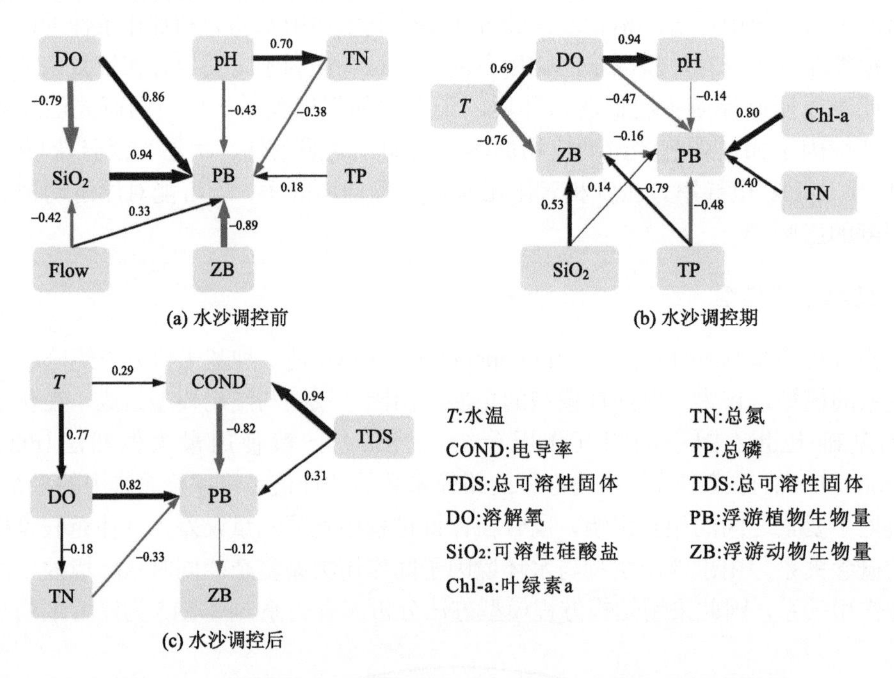

图 4.16　水沙调控不同时期浮游生物与环境因子结构方程优化模型

如图 4.16(b)所示，水沙调控期叶绿素 a 浓度的增长与浮游植物生物量增长间存在显著的正相关，路径系数为 6.07；溶解氧浓度的上升导致浮游植物生物量的增长受到抑制；pH 的增长对浮游植物生物量仍有较强的抑制作用；温度升高对浮游动物生物量有明显抑制作用。营养盐方面，浮游植物生物量对可溶性硅酸盐浓度的响应程度较水沙调控前明显降低；浮游植物生物量对总氮和总磷浓度的响应方式均发生了较大的变化，对总氮的响应由先前的负向变为正向，但总体路径系数较小，对总磷的响应则由先前的正向变为负向，路径系数由 1.55 增大至 4.2。温度上升对浮游动物生物量的上升有抑制作用，浮游动物对可溶性硅酸盐浓度的上升有正向响应，浮游动物生物量的增长仍对浮游植物生物量增长有一定抑制作用。

如图 4.16(c)所示，水沙调控后影响浮游植物生物量的主要环境因子为总可溶性固体，其路径系数为 1.43；溶解氧浓度与浮游植物生物量的关系重新回到与水沙调控前相同的正向影响；电导率的升高抑制了浮游植物生物量的增长。营养盐方面，浮游植物仅随着总氮浓度升高而降低，并且其路径系数较小，为 0.5，浮游生物对总磷和可溶性硅酸盐浓度的响应均不显著。浮游植物生物量的增长对浮游动物的生物量起到了一定的抑制作用，二者关系相较于水沙调控前和水沙调控期变为反向作用，即由浮游动物生物量增长抑制浮游植物生物量转变为浮游植物生物量增长抑制浮游动物生物量。

4.2.3　微生物群落对环境胁迫的响应

微生物是河流生态中的主要分解者，也是地球生物化学过程中的关键要素，细菌具有多样化的种群和功能，同时体型较小，因而对水体中理化性质的变化较为敏感。在 2019 年的三次调查中，共获取 4036 个操作分类单元(operational taxonomic units，OTU)，经物种注释划分为 45 个门、115 个纲、292 个目、480 个科、903 个属和 1778 个种。其中，变形菌门(Proteobacteria)、酸杆菌门(Acidobacteria)、放线菌门(Actinobacteria)、绿弯菌门(Chloroflexi)等在不同采样时期均占有较大比例。各时期种属分布如图 4.17 所示。

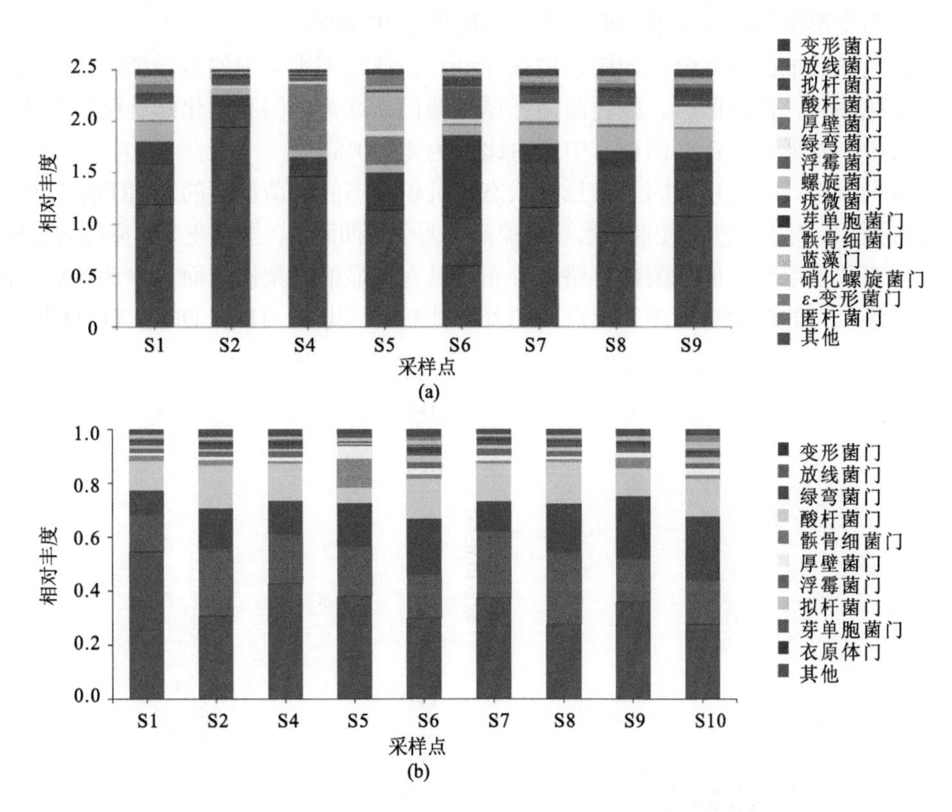

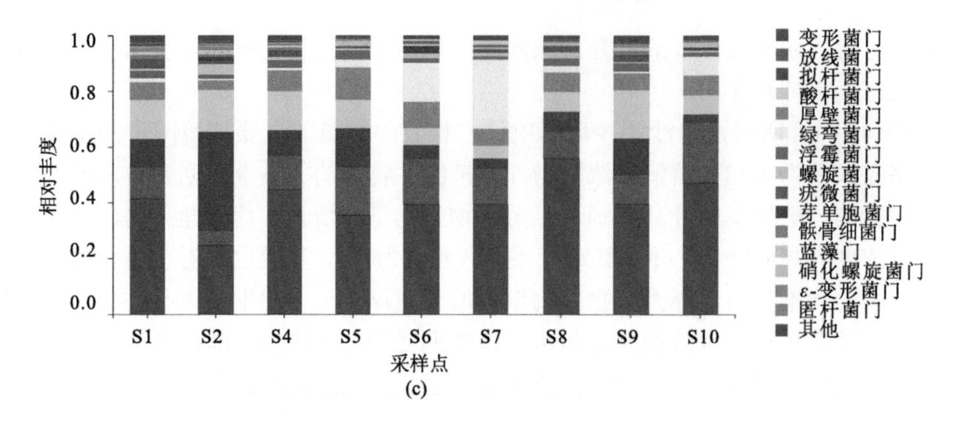

图 4.17　黄河下游河流细菌群落的物种组成：(a)水沙调控前；(b)水沙调控期；(c)水沙调控后

水沙调控前细菌群落分布如图 4.17(a)所示，在水体中以悬浮状态存在的细菌群落主要以变形菌门、拟杆菌门(Bacteroidetes)、绿弯菌门、酸杆菌门、放线菌门和厚壁菌门(Firmicutes)等为优势物种，其中占比最大的为变形菌门，其在细菌群落中所占比例为 47.50%。

水沙调控期细菌群落分布如图 4.17(b)所示，在该时期的细菌群落中变形菌门、放线菌门、拟杆菌门、厚壁菌门、芽单胞菌门(Gemmatimonadetes)为主要优势物种，其中占比最大的为变形菌门，其在细菌群落中所占比例达 97.88%。

水沙调控后细菌群落分布如图 4.17(c)所示，在该时期水体中的悬浮细菌群落以变形菌门、放线菌门、拟杆菌门、酸杆菌门、厚壁菌门、绿弯菌门和硝化螺旋菌门等为优势物种。其中，变形菌门在细菌群落中所占比例为 47.50%。

水沙调控不同时期环境因子对悬浮状态和沉积状态的细菌群落的 db-RDA 分析结果如图 4.18 所示。对于水沙调控前和水沙调控期这两个时期而言，虽存在个别离散的采样点，但沉积状态和悬浮状态的细菌群落整体分布均具有明显的聚集性，而水沙调控后，沉积状态和悬浮状态的细菌群落在采样点间的差异性减弱。其中，TDS、DO、COND 和 Chl-a

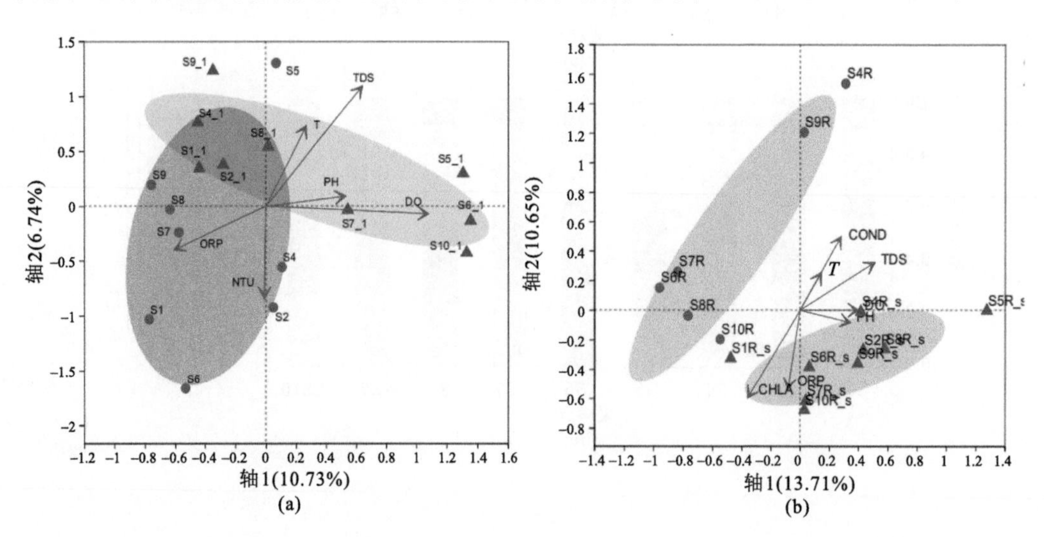

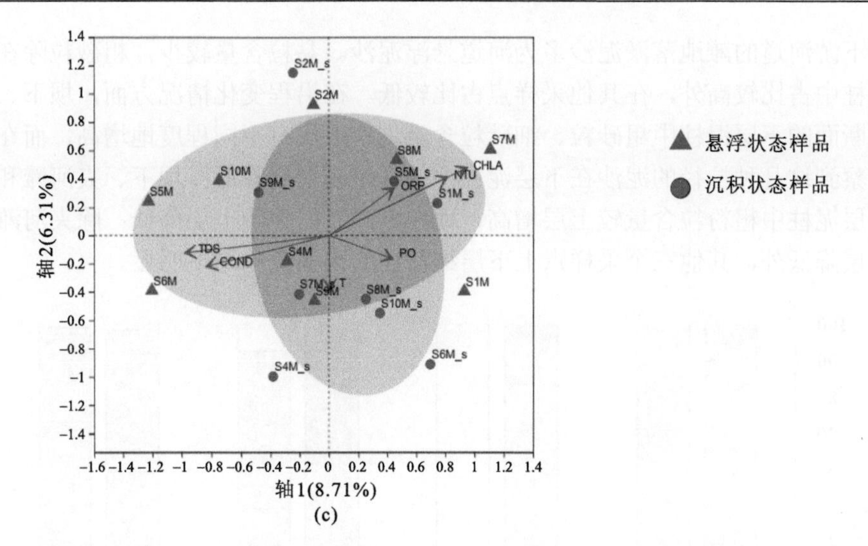

图 4.18　细菌与环境因子间的 db-RDA 分析结果：(a)水沙调控前；(b)水沙调控期；(c)水沙调控后

对细菌相对丰度的影响较强。同时可以观察到，在水沙调控前和水沙调控后，大多数环境因子在采样点上均有明确投影，而相比于水沙调控前后两个时期，水沙调控期大多数采样点在环境因子上的投影均为虚影，表明环境因子在水沙调控期对群落分布的影响较弱，仅 ORP 和 pH 两个环境因子对群落分布有一定影响，其他环境因子在采样点上的投影距离均较小，在这一时期，两种存在状态下的细菌群落在采样点间表现出最明显的差异。

4.3　水沙调控对下游滩区环境条件及土地利用的影响

黄河下游河道内分布有广阔的滩地，总面积为 3544km^2，占河道面积的 84%。涉及河南、山东两省 14 个地(市)44 个县(区)，滩区内有耕地 25 万 hm^2，村庄 1924 个，人口 190 万人。下游滩区多为大堤、险工及生产堤所分割，共形成 120 多个自然滩。本节基于野外调查和遥感数据，结合滩区水利建设，分析了水沙调控对滩区沉积物粒径等环境条件和土地利用变化的影响。

4.3.1　水沙调控对嫩滩区沉积物垂向粒径分布的影响

下游滩区修建有生产堤，一般洪水只在生产堤之间运行，生产堤以内的滩地通常称为嫩滩，能被一般洪水过程淹没。水沙调控期，黄河下游河道流量增大并淹没嫩滩，洪水漫滩期滩地河槽间存在十分强烈的水流泥沙交换，大量的泥沙从主槽进入滩地，在滩地落淤。水沙调控后，被淹没的嫩滩重新裸露出来。选取坝下、夹河滩、孙口、利津四个具有典型滩地结构的断面采集滩地泥柱样品，泥柱全长 20cm，分上下两部分进行粒径测定。测定结果如图 4.19 所示，采样现场可观察到两岸滩地在调水调沙过程后泥沙落淤情况显著，结合粒径分析结果，可得黄河下游各河段滩地淤积的泥沙粒径 50%以上是 0.01～0.05mm 的粗粉粒，30%左右是 0.05～0.20mm 的细砂粒，该结果说明漫滩洪水过后黄河下游河道的滩地落淤泥沙多为河道悬浮泥沙。黏粒含量较少，粗砂粒除在夹河滩下层泥柱中占比较高外，在其他采样点占比较低。在沿程变化情况方面，坝下、夹河滩和孙口断面的下层泥柱中粗砂粒、细砂粒含量均较上层有不同程度地增高，而在利津断面则观察到这几种粒径的泥沙在下层泥柱中的含量较上层降低；坝下、夹河滩和孙口断面的下层泥柱中粗粉粒含量较上层增高，而在利津断面中较上层降低；除夹河滩断面下层较上层降低外，其他三个采样点上下层细粉粒的比例变化均不明显。

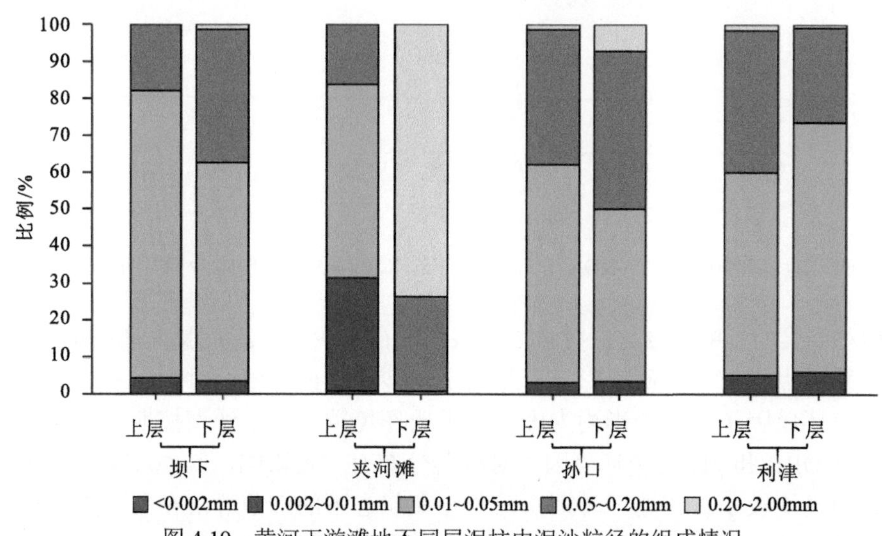

图 4.19　黄河下游滩地不同层泥柱中泥沙粒径的组成情况

水沙调控使得下游河道发生冲刷，对嫩滩的监测表明，水沙调控期大量的泥沙从主槽进入滩地，在滩地落淤，降低进入窄河段的水流含沙量，利于窄河段的主槽冲刷，有利于延长现行河道的寿命，即“大水淤滩刷槽”的特性(曲少军等，2006；姜东生等，2015)。对 S3 滩地近河槽与远河槽滩地泥柱粒级组成的分析表明，远河槽滩地上落淤粒径较近岸处粗砂粒(0.20～2.00mm)含量高，并且中值粒径也相对较高。淹没期间，近岸水深较大，冲刷程度低，故远河槽滩地泥沙以粗砂粒为主，细颗粒所占比例较近河槽处低。根据滩地泥柱泥沙粒径组成分析结果(表 4.4)，泥柱下层中粗砂粒含量较泥柱上层含量明显偏高，这可能是滩地表层土经风化侵蚀粒径粗化，洪水过后大量细颗粒泥沙淤积覆盖，使得滩地泥柱下层粗砂粒含量较高。根据下游河道悬浮颗粒物的粒径分布，可见水沙调控期小浪底下游河道各河段的悬浮泥沙中值粒径在 0.01～0.02mm，而黄河下游各河段滩涂淤积的泥沙粒径 50%以上是 0.01～0.05mm 的粗粉粒，30%左右是 0.05～0.20mm 的细砂粒，这说明滩涂的落淤泥沙主要来自悬浮泥沙的沉降。

表 4.4　坝下滩地泥柱泥沙粒径组成表　　（单位：%）

采样点	黏粒	粉粒		砂粒	
		细粉粒	粗粉粒	细砂粒	粗砂粒
S3-上(近河槽)	0	3.73	67.3	28.97	0
S3-下(近河槽)	0	3.35	59.18	36.17	1.3

续表

采样点	黏粒	粉粒		砂粒	
		细粉粒	粗粉粒	细砂粒	粗砂粒
S3-上(远河槽)	0	2	50.71	26.33	1.14
S3-下(远河槽)	0	4.55	53.95	26	3.05

4.3.2　滩区土地利用变化对水沙调控的响应

1. 滩区土地利用及其景观变化特征

根据黄河下游滩区 100m 土地利用数据集(1985～2015 年)，滩区土地利用类型主要分为 6 个大类：耕地，主要包括水田和旱地；林地，主要包括有林地、灌木林地、疏林地和其他林地；草地，主要包括高、中、低覆盖度草地；水域，主要包括河渠、湖泊、水库坑塘、海涂和滩地等；建设用地，主要包括城镇建成区、农村居民点、工矿用地和交通基础设施用地等；未利用地，主要包括沙地、盐碱地、沼泽地、裸地等。

黄河下游滩区 1985 年、1990 年、1995 年、2000 年、2005 年、2010 年、2015 年七年土地利用类型分布状况如图 4.20 所示，滩区 6 个主要土地利用类型中，耕地面积最大，1985 年和 1990 年耕地面积占区域总面积的 50%以上，1995～2015 年耕地面积占区域总面积的 70%以上。水域和建设用地面积分别占区域总面积的 10%以上，其他三类土地利用类型所占比例较小。从空间分布来看，耕地主要分布在水域周围，建设用地分布在水域外围。

1985 年以来，黄河下游滩区土地利用类型发生了显著变化，耕地面积呈现先升后平稳的变化趋势，1985～1990 年、1990～1995 年耕地面积呈现阶梯式增长变化趋势(图 4.21)。耕地面积从 1985 年的 1744 km^2 逐年递增至 1995 年的 2202 km^2，1995～2015 年耕地面积呈现平稳的变化趋势，中间略有波动，但是波动幅度较小，这是因为 2000 年前国家投资开展了滩区水利建设，大力扶持滩区修建水利枢纽工程、农田灌溉等工程建设，从而影响滩区内河流现状。黄河下游滩区是典型的游荡区，随着水沙调控对河流自身特性的影响，新修建的水利工程对河道主流的约束作用使得河槽固定，一些河渠形成了新的滩地。滩区地理位置决定了其以农为主的产业结构特征，受滩区内经济发展及人口增长影响，耕地需求增加。滩区内居民为了拓展自身的生存空间及改善自身生存环境，在滩区内进行围河造地，主要表现为“占滩为耕”，将新生成的滩地转化为耕地。2000 年后，随着国家水生态保护理念的逐步推广，国家和各级政府未再安排滩区进行大型水利枢纽建设，这限制了河道内水沙交互对该区域内土地利用类型转化的影响，使得土地利用类型转化速度放缓。

水域面积呈现先降后略升的变化趋势，与耕地面积的变化趋势相反，1985～1990 年、1990～1995 年、1995～2000 年水域面积呈现阶梯式下降变化，从 1985 年的 816.1 km^2 逐年递减至 2000 年的 296 km^2，2000 年以后水域面积开始增长，但是增长幅度不大，从 2000 年的 296 km^2 缓慢增加至 2010 年的 439 km^2，2010～2015 年水域面积降低至 324.36 km^2。建设用地面积整体呈现平稳的变化趋势，从 1985 年的 334 km^2 变化至 2015 年的 354 km^2。

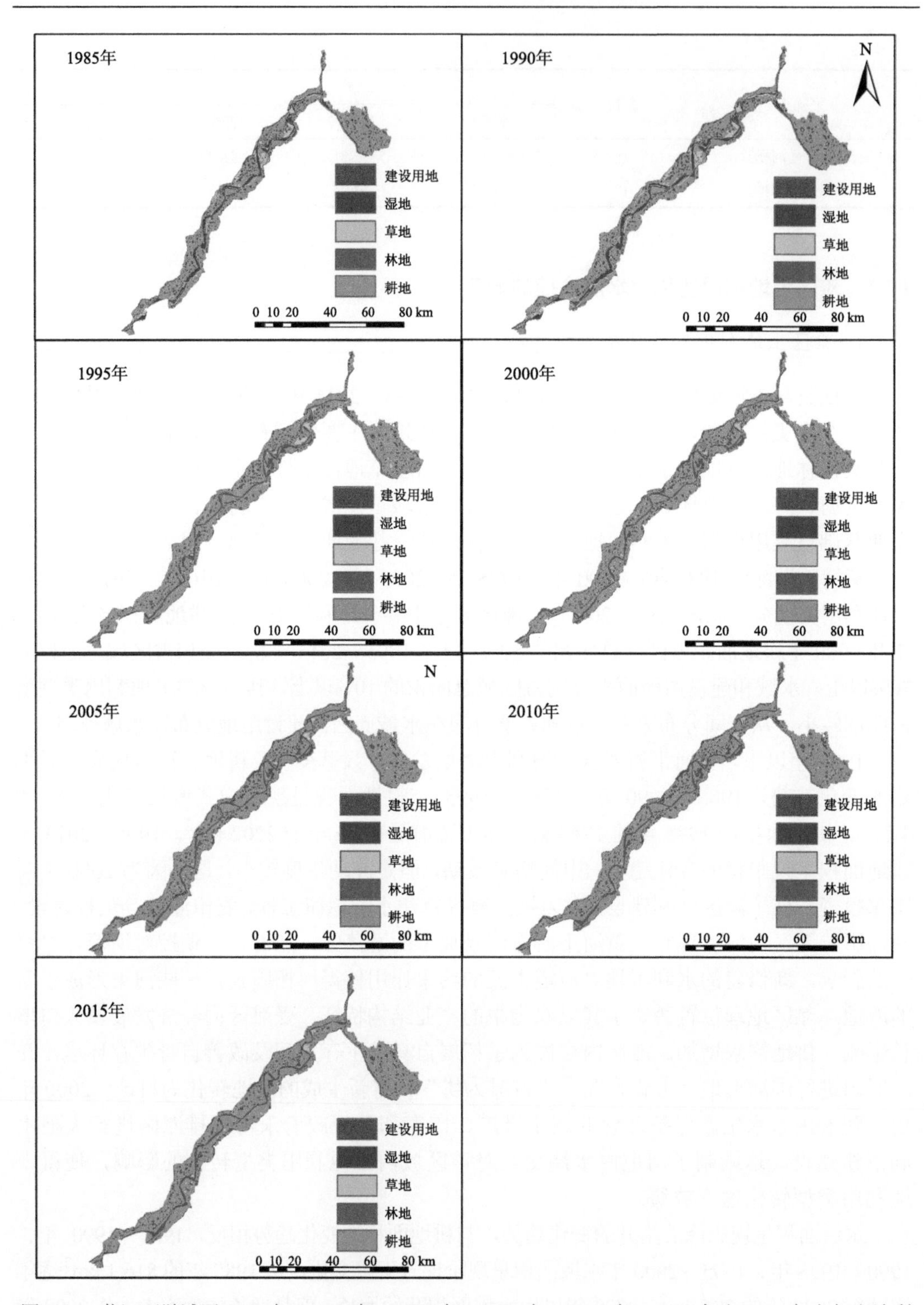

图 4.20　黄河下游滩区 1985 年、1990 年、1995 年、2000 年、2005 年、2010 年和 2015 年七年土地利用类型分布状况

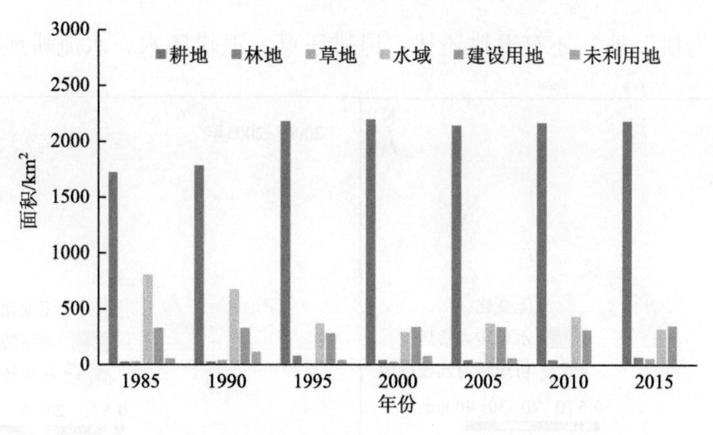

图 4.21　黄河下游滩区 1985～2015 年土地利用类型面积变化

表 4.5 展示了 1985～2015 年黄河下游滩区土地利用类型占比变化，可见耕地作为下游滩区主要土地利用类型，其占比 1985 年已近 60%，至 2000 年，耕地占比已超过 70%，并稳定在 72%～74%。水域作为第二主要土地利用类型，在 1985 年占比达 27.16%，但逐年降低后，2000 年降至不到 10%。水域的大幅减少主要是由于当地农民“占滩为耕”。2000 年以后水域占比略有增加，2010 年恢复到近 15%，但 2015 年降至 10.80%。由此可见水域面积不稳定，变动较大。

表 4.5　1985～2015 年黄河下游滩区土地利用类型占比　（单位：%）

土地利用类型	占比						
	1985 年	1990 年	1995 年	2000 年	2005 年	2010 年	2015 年
耕地	58.06	60.14	73.28	73.89	72.02	72.82	73.35
林地	0.82	0.88	2.70	1.34	1.29	1.27	2.31
草地	0.98	1.27	0.43	0.92	0.74	0.46	1.74
水域	27.16	22.77	12.59	9.85	12.48	14.62	10.80
建筑用地	11.12	11.19	9.66	11.42	11.49	10.56	11.78
未利用地	1.87	3.76	1.34	2.58	1.98	0.29	0.03

在不同时期(1995～2000 年、2000～2005 年、2005～2010 年和 2010～2015 年)，黄河下游滩区土地利用变化过程并不一致(图 4.22)。1995～2000 年黄河下游滩区河道附近出现了明显的水域转为耕地的情况，这是由于黄河下游滩区作为典型的游荡区，其受水沙调控的影响，河流自身特性改变，沿河岸修建的河流控导工程的运行会使黄河下游河槽固定，使得部分河渠变为滩地，受经济发展因素的驱动，很多农民“占滩为耕”导致水域面积减少，使其转为耕地。2000～2010 年滩区土地利用变化并不明显，这是由于随着水利设施的修建，漫滩洪水发生频率下降，耕地面积趋于稳定。2010～2015 年距离河流较远处的水域转为耕地。1995～2015 年耕地、水域和建设用地的空间转化相对剧烈，其他三种地类的转化较少，主要是因为耕地、水域和建筑用地的面积基数较大，并且其活跃度较高，容易受到社会经济及人为因素的影响，区域内土地利用类型的转化除较为

激烈的“占滩为耕”外，还有退耕还林、退耕还草、退耕还水、水淹耕地等现象。

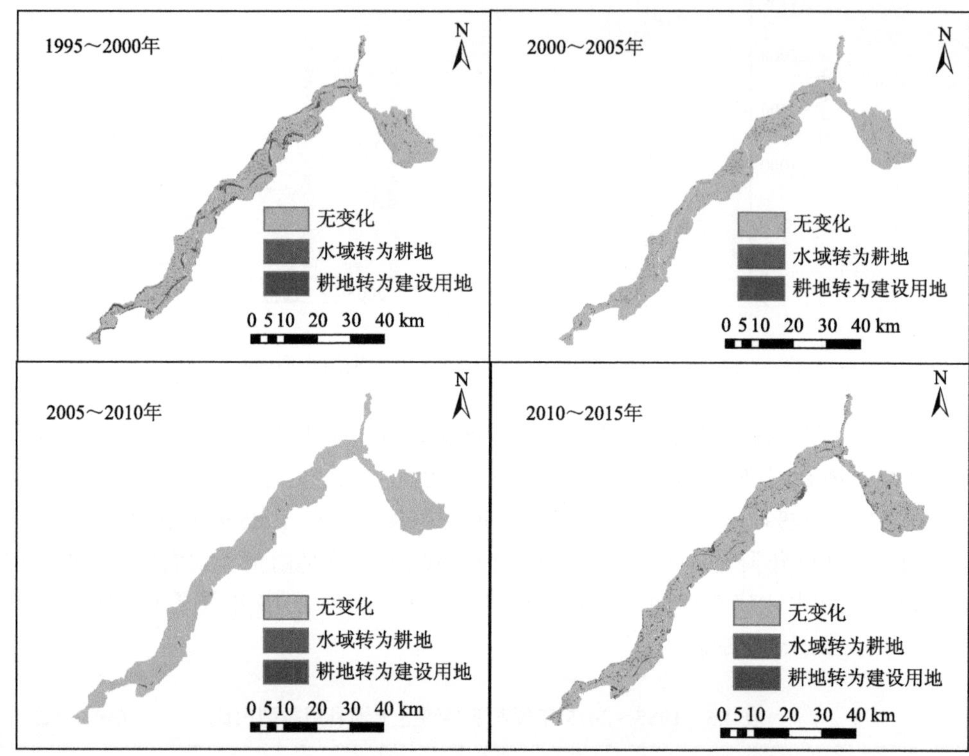

图 4.22　黄河下游滩区 1985～2015 年每 5 年土地利用变化情势

在分析土地利用数量变化的基础上，基于景观格局视角进一步探究滩区景观格局变化特征(表 4.6)。多样性指数和均匀度指数能反映景观中斑块类型的丰富程度及比例大小，其值越大表明斑块类型越多或各景观组分所占比例越接近。滩区的景观多样性指数和均匀度指数分别由 1985 年的 1.1615 和 0.8125 降低为 2015 年的 1.1032 和 0.7811，反映出景观结构异质性的减弱有一定均衡化趋势。1985 年，各景观组分中耕地面积所占比例最大(约 60%)，构成景观基质。水域和建设用地面积之和所占比例约 40%，是另一个重要的景观组分。至 2015 年，农业用地急剧扩张及伴随而来的水域面积减少，各景观组分所占面积比例差异变大，导致景观多样性指数和均匀度指数降低。

表 4.6　黄河下游滩区 1985～2015 年景观格局指数变化

年份	多样性指数	均匀度指数	蔓延度指数	破碎度指数
1985	1.1615	0.8125	36.2365	0.0251
1990	1.1582	0.8093	35.8723	0.0268
2000	1.1520	0.7926	35.8857	0.0277
2005	1.1323	0.7903	34.4634	0.0281
2010	1.1137	0.7866	33.6271	0.0290
2015	1.1032	0.7811	33.0326	0.0293

蔓延度指数可测度同一景观组分的集聚程度，其值越大，表明斑块集聚程度越高，连通性越好，反之则说明景观由较多小斑块组成。1985 年和 2015 年蔓延度指数分别为 36.2365 和 33.0326，属于中等水平，表明景观中存在一定数目的大斑块现象，其主要是耕地和水域斑块。蔓延度指数逐年降低，表明斑块数目的增多和平均面积的减小，其可能与该区各县域在研究时段内新增部分小型建设用地斑块，而较少增加大型建设用地斑块有关。小型建设用地斑块的大量增加势必导致原有大型耕地、水域等斑块的减少，从而使蔓延度指数降低，这与描述景观空间结构复杂性和割裂、破碎程度的破碎度指数的变化一致。破碎度指数在 1985～2015 年由 0.0251 增大为 0.0293，说明在具有一定随机性的人类活动干扰下景观结构复杂程度提高，整体破碎程度上升，加大了该区维持生态平衡的压力。

2. 滩区土地利用变化驱动因子分析

本节分别就自然环境因子和人类活动因子对滩区土地利用变化的影响进行分析。其中，自然环境因子包括土壤质地、植被类型、与水域的距离等；人类活动因子包括经济活动强度和交通联通程度等，分别以县域单位土地面积 GDP (万元/km^2) 和与公路的距离为衡量经济活动强度和交通联通程度的指标。

对于耕地转变为建设用地的过程，主要影响因子为单位土地面积 GDP 和与公路的距离。与公路的距离越近，耕地越容易转变为建设用地，距离超过 2500m 后，公路对耕地转变为建设用地的影响变得不明显。单位土地面积 GDP 越高，耕地转变为建设用地的可能性越大(图 4.23)。

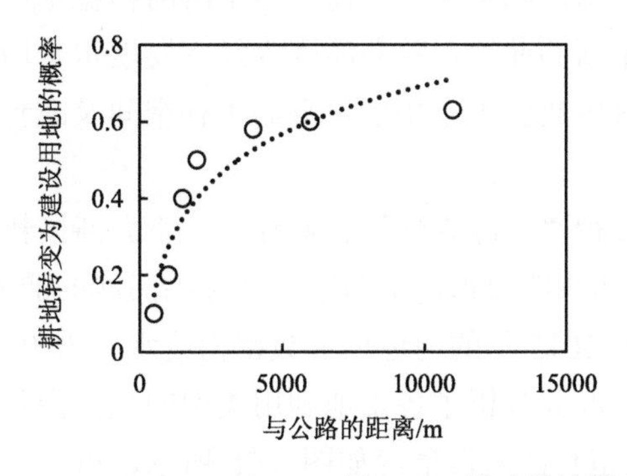

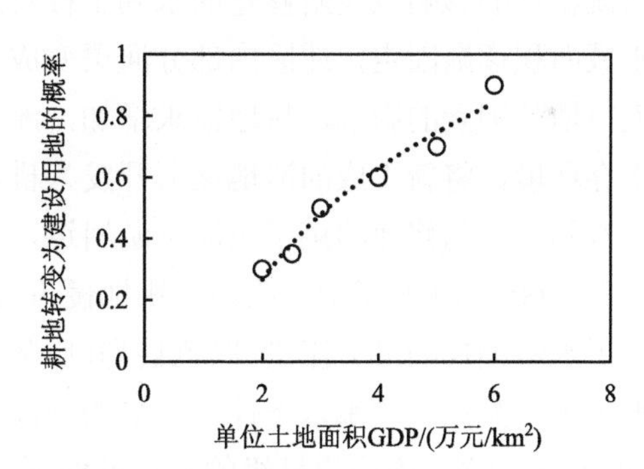

图 4.23　影响耕地转变为建设用地的因子分析

对于耕地扩张的过程，主要影响因子包括与水域的距离和与公路的距离(图 4.24)。与其他地区的土地利用变化驱动因子不同，滩区表现出与水域距离越近，距公路越远，越容易出现耕地扩张的情况。滩区的耕地主要通过“占滩为耕”实现，并且近河流区域具有易于灌溉的优势，因此距水域越近，滩区耕地扩张趋势越明显。距公路越近虽然更方便农产品外输，但近公路区域主要转变为建设用地，因此没有表现出明显的耕地扩张趋势。当与公路的距离为 5000m 以上时，该因子不再作为影响耕地扩张的主要因素。

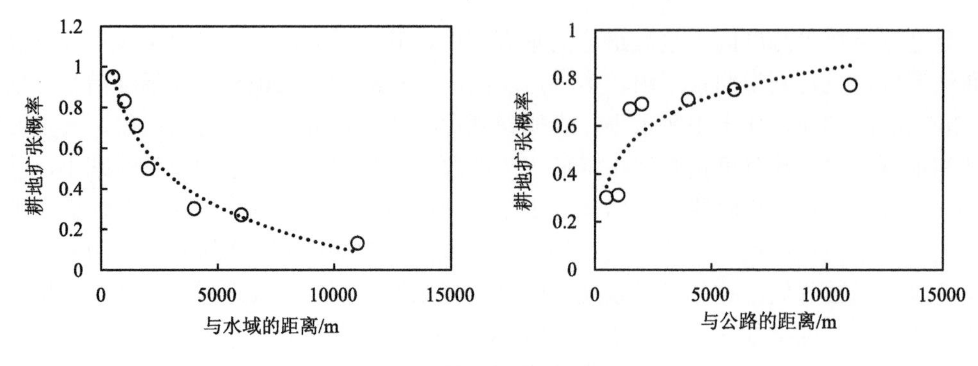

图 4.24　影响耕地扩张的因子分析

滩区各类土地利用类型转变为建设用地的过程，最主要的驱动因子是经济活动强度，即单位土地面积 GDP 越高的区域，建设用地增加的幅度越大。耕地和水域的相互转换，主要与距公路和水域的距离有关。

3. 水沙调控对滩区土地利用变化的驱动

通过选取 1985～2015 年黄河下游滩区河南段耕地、水域和建设用地土地利用类型及水利工程密度分析其相关性发现，耕地与水利工程密度呈现较高的正相关性(0.78)，水域与水利工程密度呈现较高的负相关性(–0.74)，而建设用地几乎和水利工程密度无相关性。这主要是因为在滩区内国家投资修建了水利枢纽工程、农田灌溉工程等，水沙调控对河流特性的影响以及新修建的水利工程对河道的约束作用使得黄河下游河槽稳定，因此水域面积逐渐固定，滩区内部分河渠变成了新的滩地，随着滩区内经济发展水平增长及人口增长因素的影响，耕地需求增加，滩区内居民为了拓展自身的生存空间及改善自身生存环境，将新生成的滩地逐渐开发为耕地。

水利工程的修建约束了黄河下游河道，使得“占滩为耕”普遍存在，下游滩区耕地面积在 1985～1995 年增加明显。耕地侵占自然滩地面积，削弱了滩区行洪滞沙的能力，限制了水沙调控的最大流量。以范县为例，基于 2013 年的河道地形数据构建水动力模型，模拟了不同流量级的来水条件下范县的淹没情况并分析了各土地利用类型的淹没面积。以 2010 年为例，不同流量级的来水条件下，范县的淹没情况如图 4.25 所示，可见当流量由 6000m³/s 上升到 8000m³/s 时，淹没面积增加显著。建议考虑滩区土地利用开发以 6000m³/s 和 8000m³/s 两个流量的淹没范围划定土地用途管制区。

图 4.26 展示了 1990～2015 年不同流量级的来水条件下范县建设用地的淹没面积，可见 1990 年后随着水利工程的修建，漫滩洪水较少发生，建设用地向滩区内扩张，面临潜在淹没风险的建设用地的面积增加。2010 年后，随着退耕还滩的进行，滩区内的建设用地外迁，面临潜在淹没风险的建设用地的面积减少。

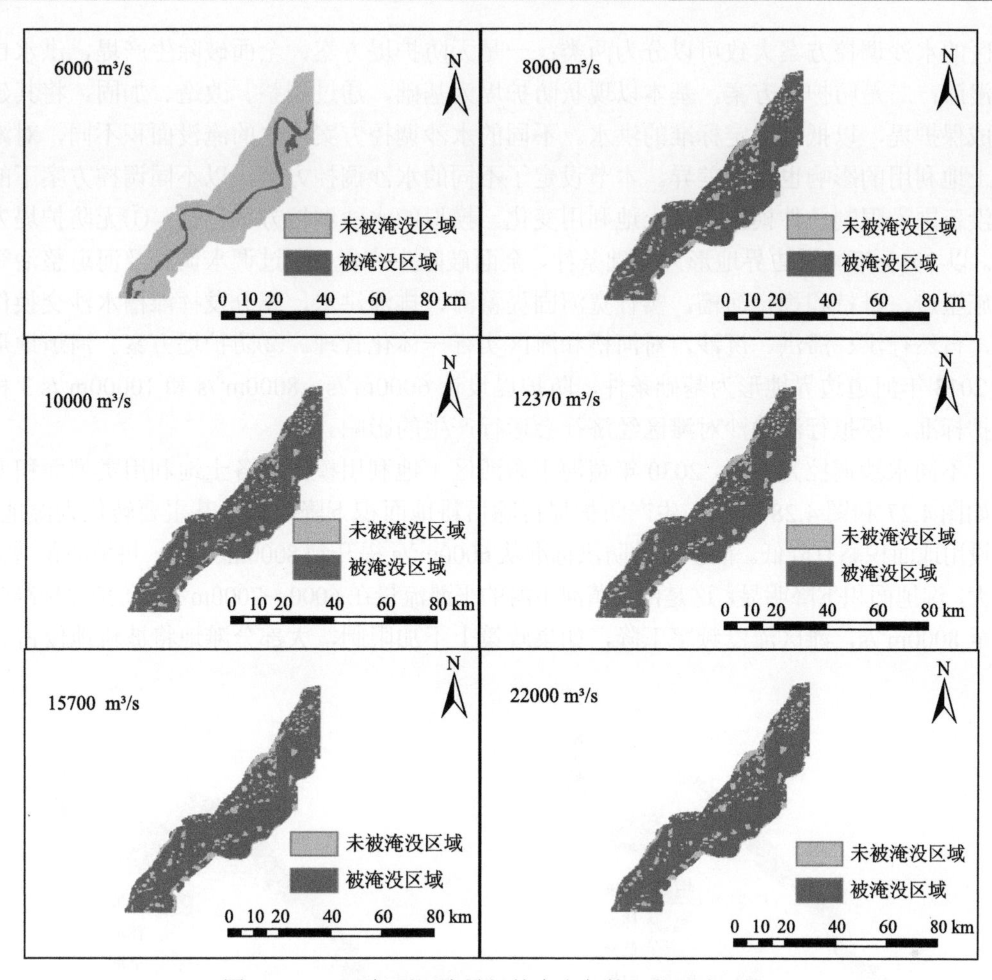

图 4.25　2010 年不同流量级的来水条件下范县淹没情况

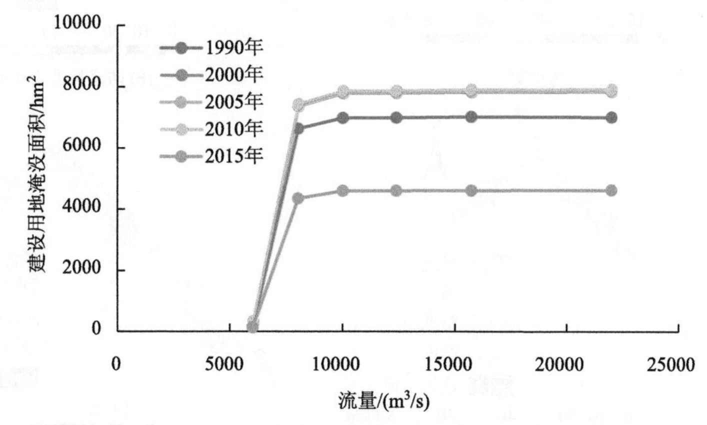

图 4.26　不同流量级的来水条件下范县建设用地的淹没面积

4.3.3　不同水沙调控方案下滩区土地利用模式模拟

水沙调控方案，尤其是最大流量方案的选择直接驱动滩区土地利用变化，黄河下游滩区的水沙调控方案大致可以分为两类：一是无防护堤方案，全面破除生产堤，洪水自然漫滩；二是防护堤方案，基本以现状防护堤为基础，通过调整、改造、加固，将其建设成保护堤，以抵御一定标准的洪水。不同的水沙调控方案产生的淹没面积不同，对滩区土地利用的影响也会有差异。本节设定了不同的水沙调控方案，以不同调控方案下的淹没范围为限制条件模拟滩区土地利用变化。模拟的水沙调控方案包括：①无防护堤方案。以 2013 年河道边界地形为基础条件，全面破除生产堤，通过调水调沙及河道整治等措施塑造、维持和稳定河槽，实行宽河固堤蓄滞、排泄洪水，充分发挥滩槽水沙交换作用，自然行洪、滞洪、沉沙，对河槽和滩区实行一体化管理。②防护堤方案。河道地形以 2013 年河道边界地形为基础条件，防护堤设计 6000m^3/s、8000m^3/s 和 10000m^3/s 3 种防护标准。模拟行洪输沙对滩区经济社会运行产生的影响。

不同水沙调控方案下，2030 年黄河下游滩区土地利用模式和各土地利用类型面积变化如图 4.27 和图 4.28 所示。生产防护堤拆除后耕地面积下降明显，其主要转化为湿地，建设用地面积略有降低。防护堤的防洪标准从 6000m^3/s 提升到 8000m^3/s 时，耕地面积增幅较大，湿地面积下降明显，这是由于黄河下游的平滩流量在 6000～7000m^3/s，防护堤标准升高至 8000m^3/s，滩区淹没频率下降，如果政策上不加限制，大部分滩地将被耕地侵占。

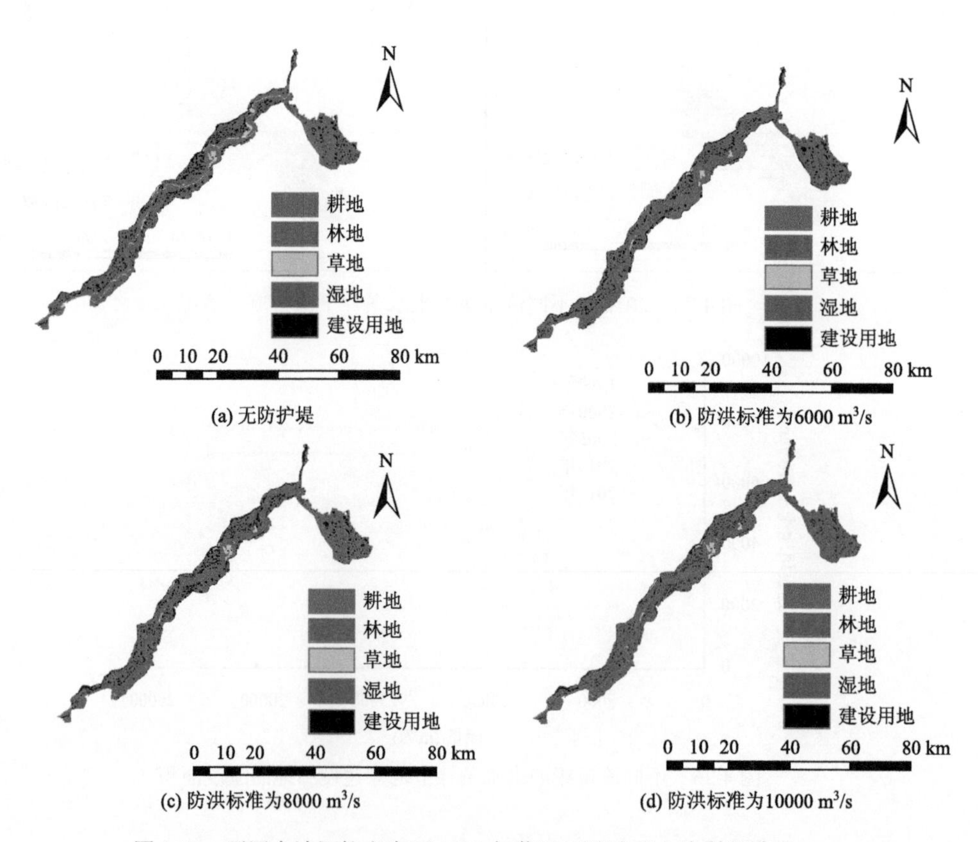

图 4.27 不同水沙调控方案下 2030 年黄河下游滩区土地利用模式

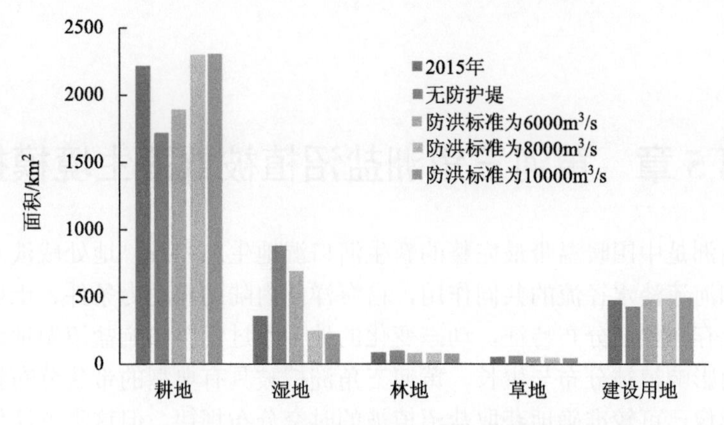

图 4.28　不同水沙调控方案下各土地利用类型面积变化

参 考 文 献

陈沛沛, 刘素美, 张桂玲, 等. 2013. 黄河下游营养盐浓度、入海通量月变化及“人造洪峰”的影响. 海洋学报, 35(2): 59-71.

韩小军, 朱莉莉. 2017. 小浪底水库运用前后黄河下游河道冲淤特征分析. 陕西水利, (5): 1-2.

姜东生, 阎永新, 王静. 2015. 调水调沙对黄河山东河段水文特性的影响. 人民黄河, 37(12): 6-8.

曲少军, 审冠卿, 李勇, 等. 2006. 黄河下游宽河段漫滩洪水作用初析. 水利水电科技进展, (3): 7-9, 48.

张宝利, 卢书慧, 张治昊. 2018. 小浪底水库运用初期黄河下游河道冲刷特征分析. 水利建设与管理, 38(2): 68-70.

张婷婷, 姚鹏, 王金鹏, 等. 2015. 调水调沙对黄河下游颗粒有机碳输运的影响. 环境科学, (8): 2817-2826.

Dong, J. 2015. Effect of water and sediment regulation of the xiaolangdi reservoir on the concentrations, bioavailability, and fluxes of pahs in the middle and lower reaches of the yellow river. Journal of Hydrology, 527: 101-112.

Li X, Chen H, Jiang X, et al. 2017. Impacts of human activities on nutrient transport in the yellow river: the role of the water-sediment regulation scheme. Science of The Total Environment, 592: 161-170.

Liu S M. 2015. Response of nutrient transports to water-sediment regulation events in the huanghe basin and its impact on the biogeochemistry of the bohai. Journal of Marine Systems, 141: 59-70.

Meng J, Yao Q, Yu Z. 2014. Particulate phosphorus speciation and phosphate adsorption characteristics associated with sediment grain size. Ecological Engineering, 70: 140-145.

Miao C, Ni J, Borthwick A G L. 2010. Recent changes of water discharge and sediment load in the yellow river basin, china. Progress in Physical Geography, 34(4): 541-561.

Wang H, Wu X, Bi N, et al. 2017. Impacts of the dam-orientated water-sediment regulation scheme on the lower reaches and delta of the Yellow River(Huanghe): a review. Global and Planetary Change, 157: 93-113.

Yao Q Z, Du J T, Chen H T, et al. 2016. Particle-size distribution and phosphorus forms as a function of hydrological forcing in the Yellow River. Environmental Science and Pollution Research, 23(4): 3385-3398.

第5章 黄河三角洲盐沼植被群落生境模拟

黄河三角洲是中国暖温带最完整的新生河口湿地生态系统，地处咸淡水交互区域，受海洋潮汐和河流淡水径流的共同作用，自海洋向内陆的水动力条件、土壤盐度等环境条件在空间上存在梯度分布特征，动态变化的地下水过程会影响盐沼湿地浅层土壤的水盐条件，进而影响植被分布与生长。黄河三角洲植被具有典型的带状分布特征，尽管目前通过遥感影像已可较准确地获取盐沼植被的时空分布规律，但这类方法仍难以解释地下水动力及水盐条件变化对植被分布的影响机制。本章耦合土壤水盐动力过程与植被生长扩散生态动力学模型，考虑芦苇、盐地碱蓬和柽柳三种典型盐沼植被对地下水埋深和浅层土壤盐度的耐受阈值，模拟在不同水文年情景下黄河三角洲湿地土壤水盐条件变化过程，以及相应植被种群的生长、扩散及种间竞争过程。

5.1 黄河三角洲地下水-土壤水盐协同关系

黄河三角洲自然保护区地处咸淡水交互区域，波浪潮汐和入海河流共同影响地下水的流动模式，进而决定盐沼植被的分布。通过设置监测井监测研究区内四个典型盐沼植被生态分区(裸地区、盐地碱蓬区、盐地碱蓬-柽柳交错区、柽柳区和芦苇区)内的地下水垂向流动模式、浅层土壤含水率和盐度，分析不同河流及潮汐条件影响下地下水和土壤水盐分布间的协同变化关系。

5.1.1 土壤及地下水原位监测实验

选择黄河三角洲自然保护区内典型盐沼植被分区，于2019年3～10月逐月开展土壤及地下水原位监测实验，其中2019年7月2～29日开展了为期28天的连续监测实验，同步监测土壤和地下水指标。从海向河的梯度上设置长约4000m的样带，如图5.1所示，样带北侧为海洋，南侧为黄河河道。

依据优势植被种类将样带分成5个区域类型，分别为裸滩区、盐地碱蓬区、交错区、柽柳区和芦苇区，如图5.2所示。裸滩区几乎没有植被生长，仅分布有稀疏的盐地碱蓬植株。在盐地碱蓬区，优势种是密集生长的盐地碱蓬。在交错区，盐地碱蓬和柽柳交错分布。在柽柳区，优势种是斑块状分布的柽柳。在芦苇区，优势种是成片生长的芦苇。4月初，在每个植被分区内设置地下水监测点，共计5个(表5.1)，W1设置为裸滩区，W3 设置为盐地碱蓬区，W5 设置为交错区，W7 设置为柽柳区，W10 设置为芦苇区。

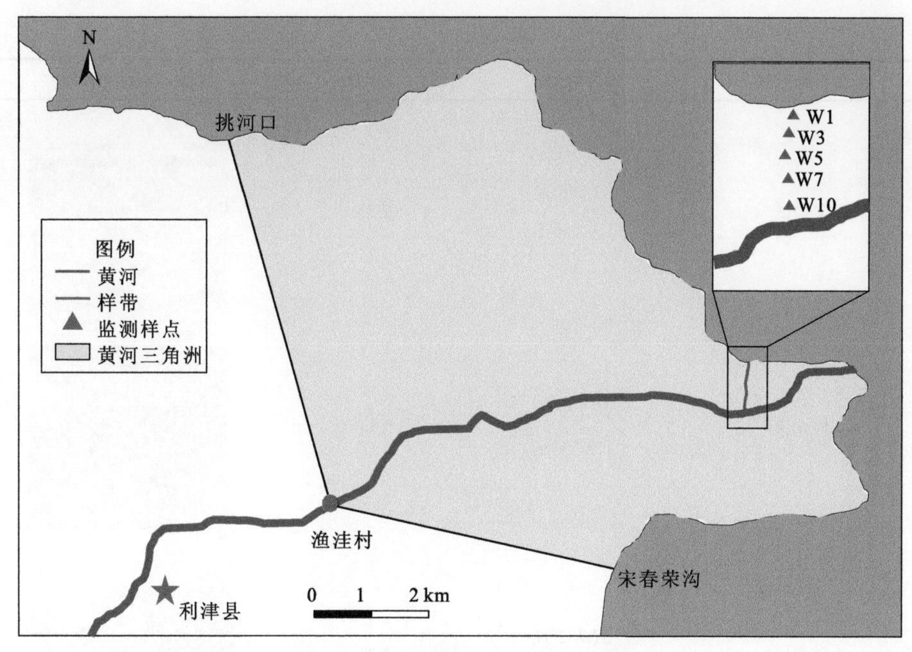

图 5.1　样带及地下水监测点位置

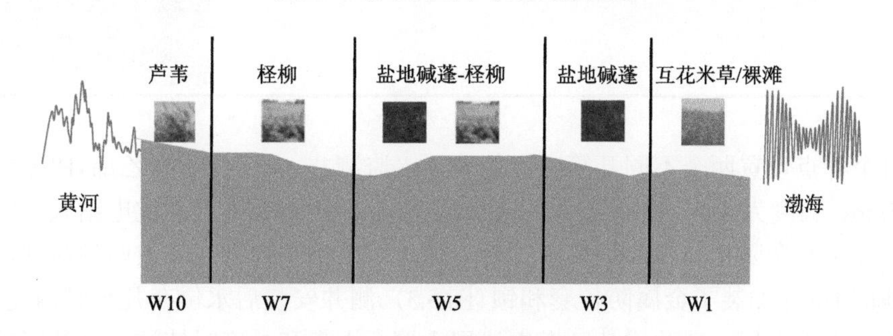

图 5.2　样带盐沼植被分布示意图

表 5.1　地下水监测点相关参数

编号	盐沼植被区	经纬度坐标	高程/m	周边环境实拍照片
W1	裸滩区	37.797°N 119.161°E	0.47	
W3	盐地碱蓬区	37.792°N 119.158°E	1.52	

续表

编号	盐沼植被区	经纬度坐标	高程/m	周边环境实拍照片
W5	交错区	37.786°N 119.156°E	2.33	
W7	柽柳区	37.775°N 119.156°E	3.11	
W10	芦苇区	37.762°N 119.157°E	2.21	

在每个样点设置两个不同开筛深度的地下水监测井，井管由聚氯乙烯(PVC)管制成，半径为5cm，长度为4m，开筛深度分别为0.5～1m和2～2.5m，通过电钻人工钻孔的方式开筛，使用纱布防止泥沙倒灌堵塞井管。通过手工钻井的方式安放两种测井，井管顶端高出地面1m并加装了金属防护套和锁(图5.3)。测井安装后水位在几小时内趋于稳定，说明筛管透水性良好，建井成功。考虑浅层土壤含水率和盐度对植被根系的影响，于各样点平行采集三个0～40cm深度土壤混合样品，在实验室内测定含水率和盐度，含水率采用烘干称重法，盐度采用土壤浸出液法。

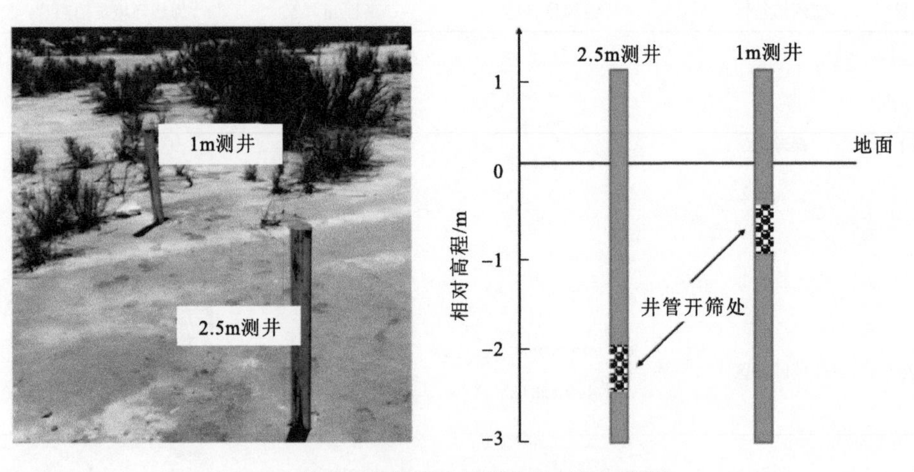

图5.3　地下水监测井实拍照片及结构示意图

浅层土壤含水率和盐度的监测结果如图 5.4 所示，裸滩区(W1)、盐地碱蓬区(W3)、交错区(W5)和柽柳区(W7)内浅层土壤盐度和含水率均存在较大差异。裸滩区、盐地碱蓬区和交错区浅层土壤盐度和含水率较为接近，且浅层土壤盐度均显著低于柽柳区，浅层土壤含水率均显著高于柽柳区。同时，由海向陆直至黄河的梯度上，浅层土壤盐度和含水率的变化范围增大。靠近海洋的盐地碱蓬区土壤盐度较低，含水率较高，变化范围均较小。靠近黄河的柽柳区土壤盐度较高，含水率较低，变化范围均较大。交错区盐度和含水率与盐地碱蓬区较为一致，但变化范围显著变大。交错区作为过渡区，其含水率和盐度为盐地碱蓬和柽柳的适宜范围。

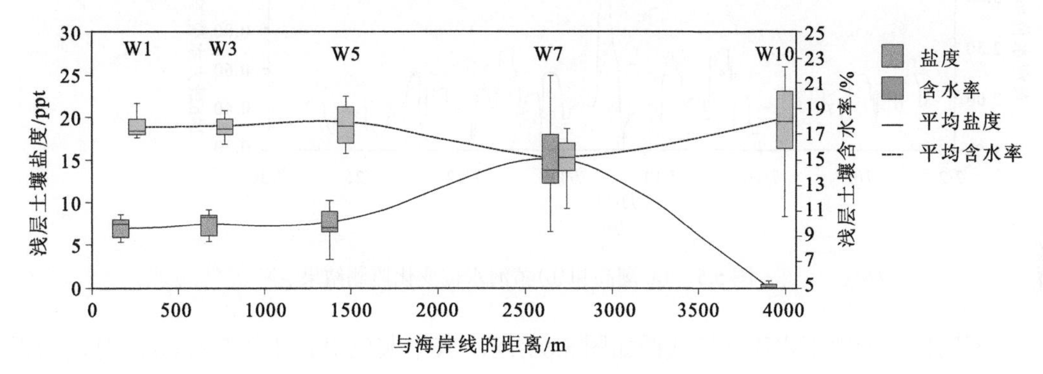

图 5.4　浅层土壤含水率和盐度的监测结果

1ppt=10^{-12}，全书同；W10 为芦苇区

在潮滩和黄河河岸附近使用水位记录仪记录潮高和黄河水位变化。监测结果(图 5.5)表明，样带北侧存在大小潮持续影响，潮汐周期约为 14 天，大潮出现在 7 月 6 日和 18 日前后，小潮出现在 7 月 12 日和 26 日前后。黄河水位波动剧烈，在调水调沙前(7 月 2～9 日)、中(7 月 10～16 日)和后期(7 月 17～29 日)变化显著，调水调沙中期黄河水位激增，水位波动较大，调水调沙开始早期和结束后水位较低。

基于两种不同开筛深度测井测得的地下水埋深变化分析其垂向流动模式，包括垂向流动的方向和速率(Hemond and Fifield, 1982)。在黄河调水调沙期(2019 年 7 月 2～29 日)连续记录地下水位数据，时间间隔为 1h。将地下水垂向水位差(dh)作为分析指标，表示每个地下水监测点的两口开筛深度不同的地下水监测井的地下水垂向水头差值，其公式为

$$\mathrm{d}h=H_{\mathrm{deep}}\text{-}H_{\mathrm{shallow}} \tag{5.1}$$

式中，dh 为地下水垂向水头差，m；H_{deep} 为开筛位置在 2～2.5m 的地下水监测井测得的地下水位，m；H_{shallow} 为开筛位置在 0.5～1m 的地下水监测井测得的地下水位，m。根据达西公式，当 dh 为正时，地下水垂向流动方向由下向上；当 dh 为负时，地下水垂向流动方向由上向下；dh 的绝对值与地下水垂向流动的速率成比例关系(Fetter, 2001)。

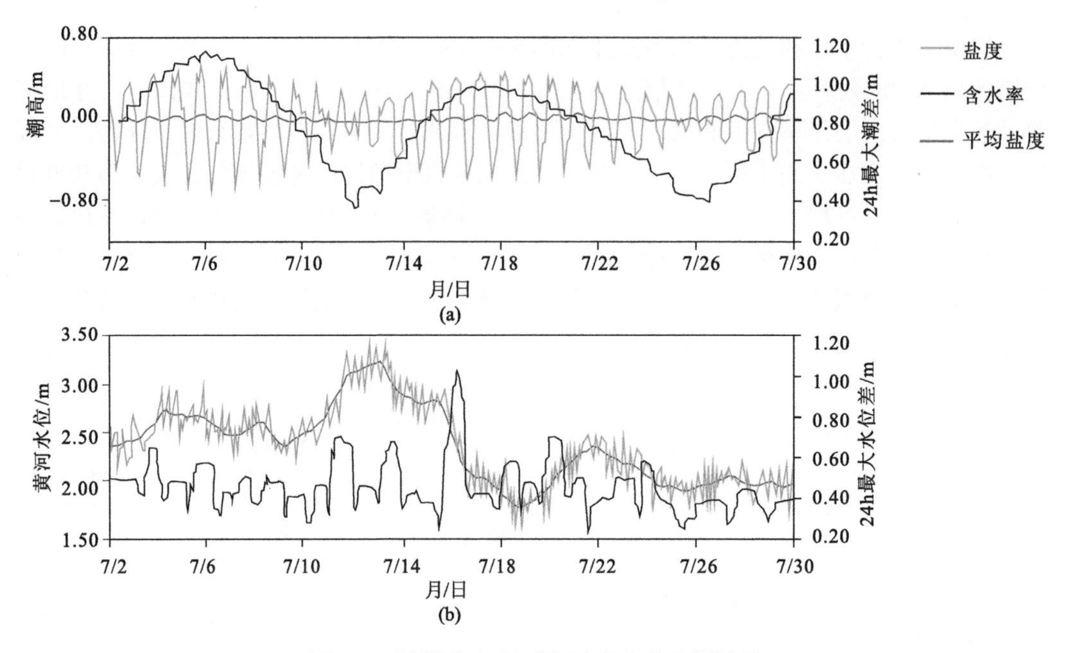

图 5.5　(a)潮高和(b)黄河水位变化监测结果

不同样点的地下水流动模式图如图 5.6 所示，其中灰色阴影部分表示 dh 瞬时值为正数的时段，代表地下水由下向上的动态过程；白色部分表示 dh 瞬时值为负数的时段，代表孔隙水由上向下的动态过程。在样带上，裸滩区(W1)、盐地碱蓬区(W3)、交错区(W5)和柽柳区(W7)间地下水流动模式存在显著的差异。在裸滩区[图 5.6(a)]，潮汐 14 天的周期地下水垂向流动方向频繁交替，垂向流动速率周期性变化。裸滩区内的地下水垂向流动方向受到潮汐的显著影响。地下水流动方向频繁交替多发生在小潮日前后，由上向下流动占主导的过程频发在大潮日前后。第一个小潮日前后 dh 的 24h 移动平均值为正，但第二个小潮日前后 dh 的 24h 移动平均值为负，两个小潮日地下水垂向流动总体方向相反。裸滩区内地下水垂向流动的速率呈现出连续变化趋势，从小潮日到大潮日和从大潮日到小潮日均呈现出地下水垂向流动变化过程特征为波动变化，在大小潮前后地下水垂向流动的速率出现极大值。

盐地碱蓬区[图 5.6(b)]地下水流动模式同样受到潮汐的影响，并且与裸滩区地下水流动模式相比出现了明显差异。盐地碱蓬区地下水流动模式在潮汐 14 天的周期出现和裸滩区类似趋势的地下水流动模式，但盐地碱蓬区地下水垂向流动方向交替频率显著降低，垂向流动的速率周期性变化，并且速率变化范围变大。小潮日前后和第二个大潮日前后，地下水下渗和地表蒸发作用驱动的向上补给过程都持续了一段时间，这是与裸滩区最大的差别。

柽柳区[图 5.6(d)]地下水流动模式与受潮汐控制的裸滩区和盐地碱蓬区存在显著差异。在柽柳区黄河补给是地下水流动模式的主要控制因子，在调水调沙期，黄河水位骤增，地下水流动的方向为由下向上，并且地下水流动的速率随着水位的上升骤增。

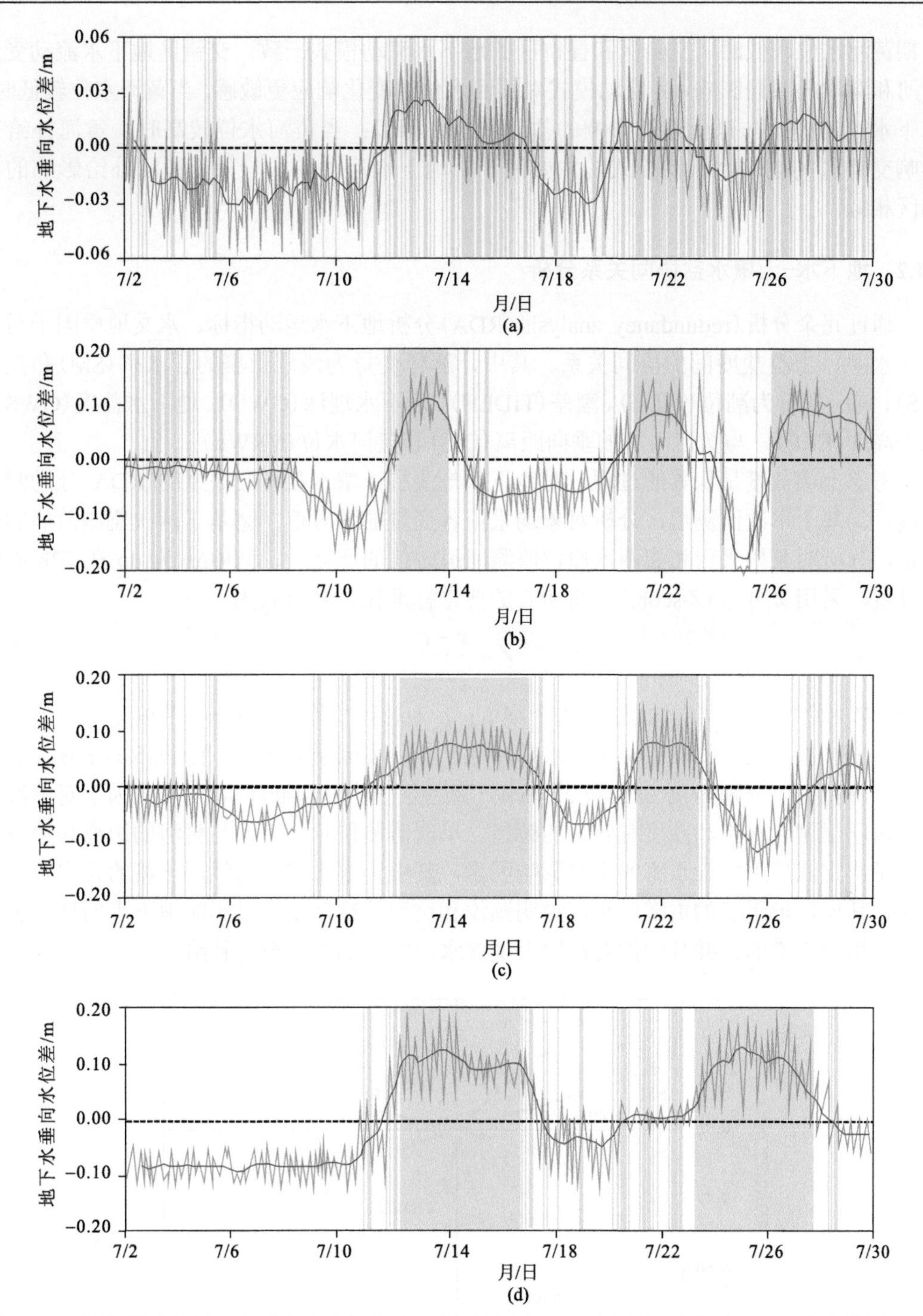

图 5.6　不同植被分区地下水垂向水位差(dh)：(a)裸滩区 W1；(b)盐地碱蓬区 W3；(c)交错区 W5；(d)柽柳区 W7

交错区[图 5.6(c)]作为两种盐沼植被交错区，其地下水流动模式兼备了与盐地碱蓬区和柽柳区的地下水流动模式的特征，在调水调沙中期黄河水位较高及调水调沙前期、后期黄河水位较低时，交错区和柽柳区的地下水流动模式一致。交错区地下水流动受到黄河和潮汐的共同影响，其流动模式对黄河水位的变化响应更敏感，当黄河水位较低时，地下水流动模式与只受潮汐影响的盐地碱蓬区相似；当黄河水位较高时，黄河补给是影响交错区的地下水流动模式的主要因子，地下水流动模式与只受黄河补给影响的柽柳区相似。

5.1.2　地下水–土壤水盐协同关系分析

通过冗余分析(redundancy analysis, RDA)分析地下水运动指标、水文地质因子与土壤含水率、土壤盐度间的协同关系。其中，解释变量为浅层土壤的含水率(SM)和盐度(SS)，响应变量为潮位(TIDE)、潮差(TIDEH)、地下水埋深(GWD)、地下水盐度(GWS)、地表高程(ELE)、与黄河河岸的垂向距离(DIS)和黄河水位(YRWL)。

考虑土壤盐度是积累的过程，对地下水与浅层土壤水盐协同关系的 RDA 分为两个角度：①基于单次监测值，分析对象均采用各变量的瞬时值；②基于两次监测前后的变化值，分析对象均采用相邻两次原位监测间瞬时值的变化量，其中Δh为 dh 在 72h 内的累计值。采用 Z 分数(Z-score)法将所有的变量标准化，其公式为

$$Z = \frac{x-\mu}{\sigma} \tag{5.2}$$

式中，Z 为个案的标准化结果；x 为个案值；μ 为总体平均值；σ 为标准偏差。

基于单次监测值的浅层土壤含水率和盐度与环境因子 RDA 结果(图 5.7)表明，前 2 个排序轴特征值分别为 75.39%和 22.75%，总特征值为 98.14%，表明响应因子对单次监测的浅层土壤含水率和盐度有较好的解释。单次监测值角度下，与黄河的距离和地下水埋深是决定浅层土壤含水率的主要影响因素，其中地下水埋深与浅层土壤的含水率呈负相关，其他环境因子的贡献较小，说明潮汐和黄河补给都是通过影响地下水的埋深影响浅层土壤含水率的，并且潮汐对浅层土壤含水率的影响大于黄河补给。

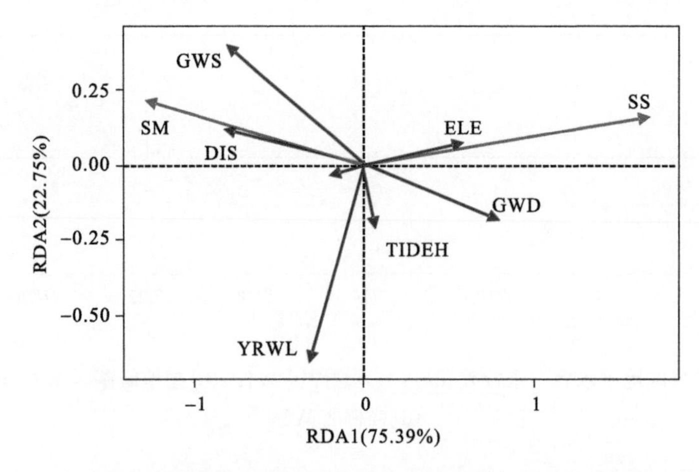

图 5.7　基于单次监测值的浅层土壤含水率和盐度与环境因子 RDA 结果

考虑到采集的浅层土壤样品深度处于地下水位之上，监测土壤样品均为非饱和土壤，因此含水率与地下水埋深的关系应该符合浅层土壤非饱和区土-水保持曲线(Gardener, 1973)，其公式为

$$\theta = \phi \exp(\alpha\varphi) \tag{5.3}$$

式中，θ 为土壤含水率，%；φ 为压力水头，m，$\varphi = z-H$，H 为地下水埋深，m，z 为测点的埋深；ϕ 与 α 均为参数。基于对浅层土壤(0～40cm)的含水率状况监测结果，将式(5.3)积分后，样带上 0～40cm 土壤平均含水率(θ^R)公式为

$$\theta^R = \frac{\phi}{0.4}\int_{-0.4}^{0} \exp[\alpha(z-H)]\mathrm{d}z \tag{5.4}$$

基于多元线性回归分析，在 SPSS 软件内以四个样点含水率与地下水埋深实地监测的结果率定方程，φ 取值为 0.429，α 取值为 0.8。回归检验得到该方程的回归系数为 R^2=0.763，对监测数据的拟合度较高。因此，黄河三角洲浅层土壤的含水率与地下水埋深关系为

$$\theta^R = 1.0725 \times \int_{-0.4}^{0} \exp[0.8 \times (z-H)]\mathrm{d}z \tag{5.5}$$

浅层土壤盐度主要与地表高程和潮高相关，其他环境因子影响较小，虽然受潮高影响较为明显，但该因子解释度极低。浅层土壤盐度与地表高程呈正相关关系，这可能是因为高程越高，地表裸露时间越长，蒸发作用使土壤中水分蒸发，盐分留存在土壤中。值得注意的是，地下水盐度与浅层土壤盐度相关关系较弱，土壤盐分受地下水盐度变化的影响较小，这主要是由于地下水中的盐分需要通过毛细作用上升到浅层土壤，在地表蒸发作用下析出才能留在土壤中。

采用广义可加模型(generalized additive models，GAMs)量化土壤盐度与环境因子之间的关系。该模型基于函数具有可加和性且各项光滑的假设，用链接函数建立解释变量平均值和环境变量光滑函数之间关系的方法，广泛应用于非线性关系的量化和建模研究中(易雨君等，2013)。GAMs 的一般形式为

$$g[\mu(Y)] = \beta_0 + f_1(x_1) + \cdots + f_m(x_m) \tag{5.6}$$

式中，g 为链接函数；μ 为解释变量平均值；β_0 为参数；f_i 为环境变量光滑函数，i=1,2,…,m。

基于以下步骤构建土壤盐度与环境因子之间关系的 GAMs 方程：①根据数据情况确定解释变量分布和链接函数；②模型选择，设置光滑函数及参数；③模型构建和优化；④模型验证。将薄板样条函数作为模型光滑函数，以约束性最大似然法为光滑参数估计方法，模型拟合度检验使用残差偏差法。残差偏差的计算公式为

$$R_D = 2\left\{\ln\left[p\left(y|\theta_s\right)\right] - \ln\left[p\left(y|\theta_0\right)\right]\right\} \tag{5.7}$$

式中，R_D 为偏差残差；θ_s 为复杂模型参数；θ_0 为简单模型参数；p 为模型的最大似然函数。

采用皮尔逊(Pearson)相关系数法检查环境因子之间的共线性。判断值越接近 1，说明正相关性越强；判断值越接近–1，说明负相关性越强；判断值越接近 0，说明相关性

越弱。ELE 与 DIS、SM 与 GWD、TIDE 与 TIDEH、DIS 与 GWS 存在显著相关关系(图 5.8)。因此，在模型中只保留其中的一个环境变量，选取 ELE、GWD 和 TIDE、GWS。

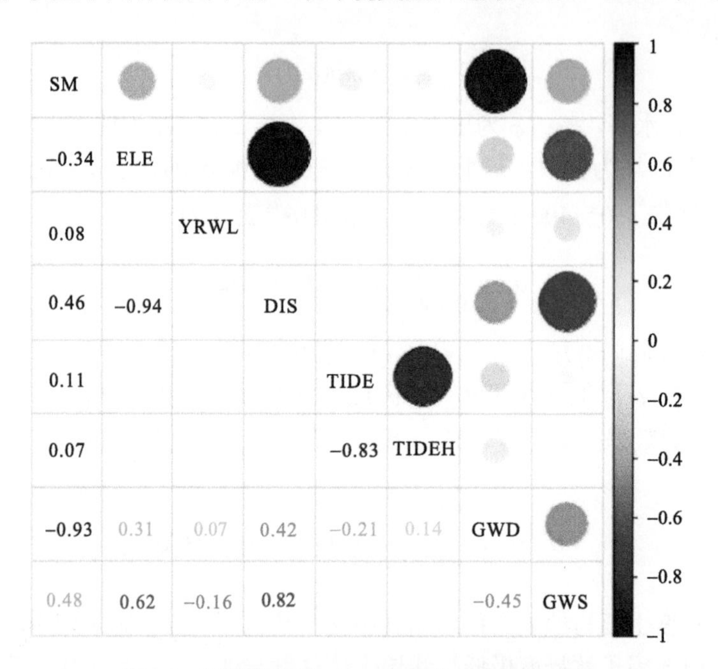

图 5.8　环境变量的 Pearson 相关系数检验结果

浅层土壤盐度对环境因子单变量相应的 GAMs 检验结果(表 5.2)表明，GWD、GWS、ELE 和 YRWL 的响应曲线为曲线，TIDE 为直线。GWD、GWS 和 ELE 通过显著性检验，可以单独作为模型的解释变量，模型的解释率在 3.31%～50.90%。以 GWD、GWS 和 ELE 为模型参数基础，考虑它们之间交互因子的影响，建立多个 GAMs 方程。单因子的 GAMs 方程曲线(图 5.9)表明，SS 对 GWS 和 ELE 的响应为先减后增，SS 对 GWD 的响应为单增函数。GWD、GWS 和 ELE 两两交互项对 SS 的影响结果(表 5.3)表明，3 项交互项均有显著影响，模型解释率在 51.80%～68.10%，环境因子之间的交互作用对 SS 有显著的影响。SS 对环境因子交互作用的响应曲面见图 5.10。

表 5.2　土壤盐度对环境因子单变量相应的 GAMs 检验

环境因子	估计自由度	参考自由度	F	p	解释率/%	调整判断系数 R^2
GWS	1.924	1.994	19.22	0.00000223***	50.90	0.483
GWD	1.81	1.964	13.81	0.0000192***	46	0.433
ELE	1.841	1.975	9.271	0.000357***	37	0.338
YRWL	1.37	1.603	1.516	0.157	9.73	0.0636
TIDE	1	1	1.094	0.282	3.31	0.00507

***极显著(p<0.01)

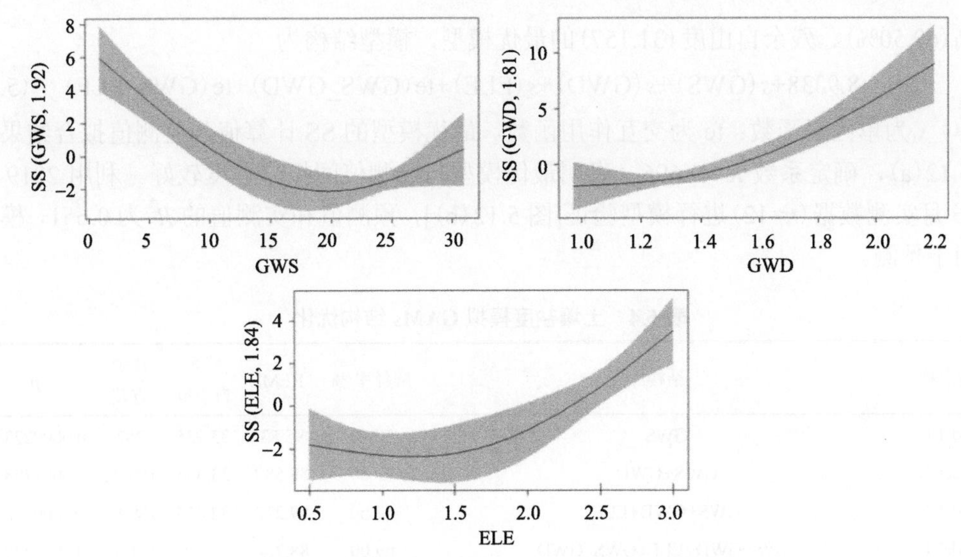

图 5.9　土壤盐度对 GWS、GWD 和 ELE 的响应

表 5.3　土壤盐度对于双因子交互效应响应的 GAMs 检验

交互因子	估计自由度	参考自由度	F	p	解释率/%	调整判断系数 R^2
GWS_GWD	4.645	5.358	12.94	0.0000000383***	68.10	0.637
GWS_ELE	3.971	4.338	8.206	0.0000512***	51.80	0.462
GWD_ELE	3.768	4.18	12.18	0.000000766***	60.50	0.562

***极显著(p<0.01)

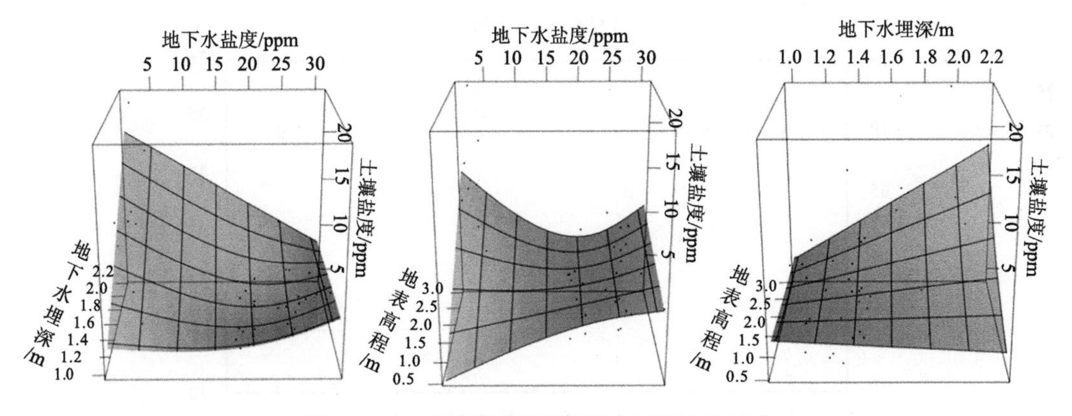

图 5.10　土壤盐度对环境因子交互作用的响应

1ppm=10^{-6}

以上述单因子、双因子的 GAMs 为基础，采用向前逐步回归法对模型进行优化。按照环境因子影响的显著程度增加模型结构，建立总共 10 个模型(表 5.4)。以残差偏差评价模型拟合度，残差偏差越小，模型拟合程度越好。为了不让模型过度拟合，采用似然比检验来判断是否显著提高模型性能，使用复杂模型和简单模型的比例判断，这个比例应该近似卡方分布，以 p 进行判断(郑敬彤，2012)。由图 5.11 可知，Model 7 为解释率

最高(69.50%)、残余自由度(31.157)的最优模型，模型结构为

$$SS \sim 8.9338+s(GWS)+s(GWD)+s(ELE)+te(GWS\_GWD)+te(GWS\_ELE) \quad (5.8)$$

式中，s 为单因素函数；te 为交互作用函数。最优模型的 SS 计算值与监测值拟合结果见图 5.12(a)，确定系数 R^2=0.696，表明最优模型与监测值间拟合程度较好。利用 2019 年 4～6 月实测数据(n=12)进行模型验证[图 5.12(b)]，预测值和实测值的 R^2 为 0.651，模型可用于预测。

表 5.4　土壤盐度模拟 GAMs 结构优化

模型名称	结构	解释率/%	–REML	残余自由度	残余方差	p
Model 1	GWS	50.90	95.83	35.935	287	0.0000223***
Model 2	GWS+GWD	67.60	89.589	33.836	189.92	0.0001798***
Model 3	GWS+GWD+ELE	67.60	89.227	32.815	189.87	0.0007881
Model 4	GWS+GWD+ELE+GWS_GWD	69.00	88.702	31.81	181.43	0.0008228***
Model 5	GWS+GWD+ELE+GWS_ELE	67.60	89.227	32.815	189.87	0.0007882***
Model 6	GWS+GWD+ELE+GWD_ELE	68.10	89.209	32.229	186.75	0.001036**
Model 7	GWS+GWD+ELE+GWS_GWD+GWS_ELE	69.50	88.673	31.157	178.5	0.001096**
Model 8	GWS+GWD+ELE+GWS_GWD+GWD_ELE	69.00	88.702	31.81	181.43	0.0008227**
Model 9	GWS+GWD+ELE+GWS_ELE+GWD_ELE	68.60	89.168	31.628	184.06	0.001388**
Model 10	GWS+GWD+ELE+GWS_GWD+GWS_ELE+GWD_ELE	69.50	88.673	31.157	178.5	0.001096**

** 显著(p<0.05)

*** 极显著(p<0.01)

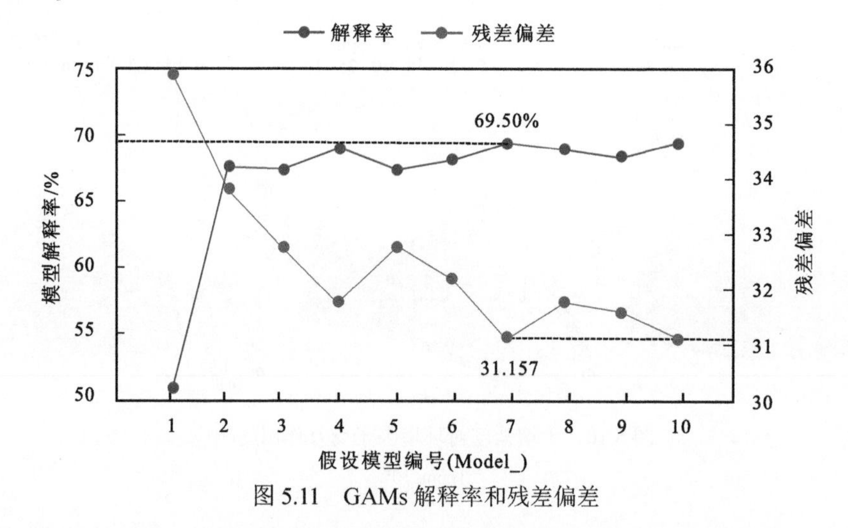

图 5.11　GAMs 解释率和残差偏差

基于两次监测前后浅层土壤含水率和盐度变化量与环境因子变化量间的 RDA 结果(图 5.13)可得，前 2 个排序轴特征值分别为 75.31%和 12.44%，总特征值为 87.75%，环境因子变化量对土壤含水率和盐度变化量的解释度较高。值得注意的是，土壤盐度变化量与 dh 累计变化量(Δh)呈显著正相关，并且 dh 累计变化量对土壤盐度变化量有较高的解释度。由线性回归分析结果(图 5.14)可知，土壤盐度变化量与 dh 两次监测前后变化的

累计值有显著的线性关系，其回归系数 R^2 为 0.838，拟合度较高。土壤盐度变化量与 dh 累计变化量可表示为

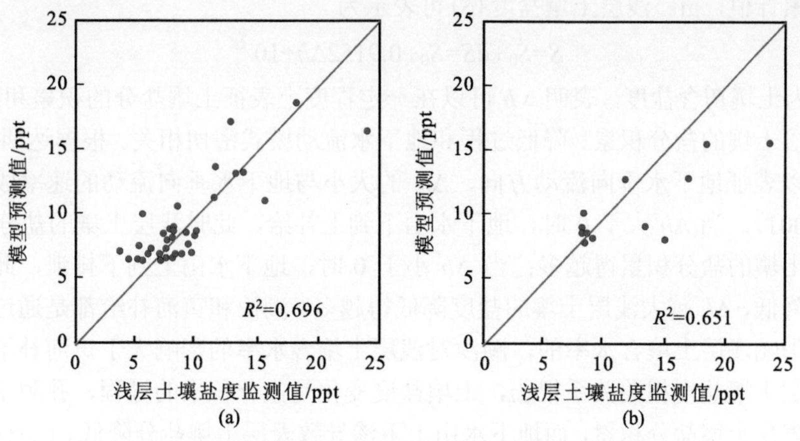

图 5.12　最优模型（Model 7）的（a）率定和（b）验证结果

红线表示预测值与监测值完全一致

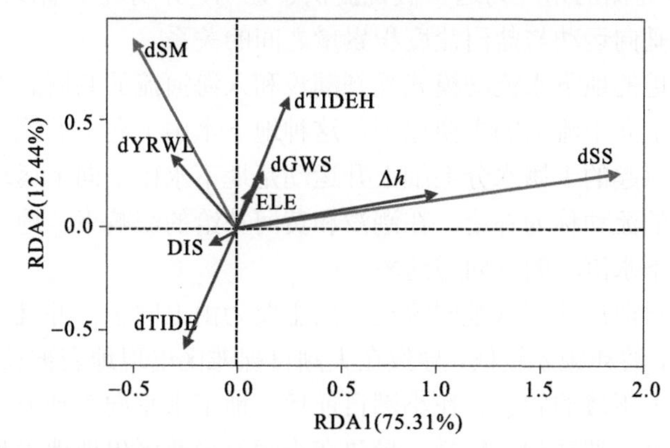

图 5.13　基于两次监测前后浅层土壤含水率和盐度变化量与环境因子变化量间的 RDA 结果

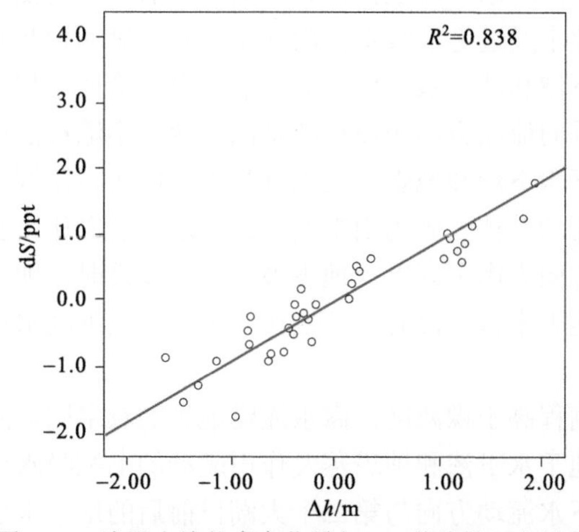

图 5.14　浅层土壤盐度变化量与 Δ h 的线性回归结果

$$dS=0.9152\Delta h+10^{-6} \tag{5.9}$$

式中，dS 为浅层土壤盐度两次监测前后的变化量，ppt；Δh 为两次监测前后浅层土壤盐度变化的累计值，m。浅层土壤盐度(S)可表示为

$$S=S_0+dS=S_0+0.9152\Delta h+10^{-6} \tag{5.10}$$

式中，S_0 为土壤初含盐度。表明 Δh 可以在一定程度上表征土壤盐分的积累和降低程度。这说明浅层土壤的盐分积累、降低过程和地下水流动模式密切相关。根据达西定律，Δh 的正负可以表征地下水垂向流动方向，Δh 的大小与地下水垂向流动的速率成比例关系(Fetter, 2001)。当 Δh 大于 0 时，地下水由下到上补给，此时浅层土壤的盐分积累，Δh 越大浅层土壤的盐分积累得越多；当 Δh 小于 0 时，地下水由上到下排泄，此时浅层土壤的盐度降低，Δh 越大浅层土壤的盐度降低得越多。潮汐和黄河补给都是通过影响地下水的埋深影响浅层土壤含水率的，潮汐对浅层土壤含水率的影响大于黄河补给。地下水盐度与浅层土壤盐度相关关系很弱，土壤盐度变化是盐分积累的过程，孔隙水由下向上补给导致表层土壤盐分积累，而地下水由上下渗导致表层土壤盐分降低。已有研究表明，潮汐、蒸散发和密度差驱动下孔隙水的垂向运动是盐沼盐度积累的主要原因(Xin et al., 2017)，本节从原位监测的角度为这一假说提供了证明，并明确了潮汐运动、蒸散发和密度差驱动的孔隙水垂向运动与盐沼盐度积累量之间的关系。

黄河口盐沼湿地的地下水流动模式受到潮汐和入海河流的共同影响，潮汐淹没和降雨补给是地下水由上向下流动的主要原因，这种地下水由上向下的流动称为排泄。而由水位升高和蒸散发引起的土壤水分毛细上升运动是地下水由下向上运动的主要原因，这种地下水由下向上的流动称为补给。在潮汐和黄河补给的影响下，地下水排泄和补给的相对强度决定了地下水流动的方向与速率。

裸滩区内大潮日前后地下水垂向流动方向主要为由上向下，并且交替频率很低，这使大潮日潮幅较大，波动频率较低，导致在大潮日裸滩区出现地表被长时间淹没的现象，地下水一直处于由上下渗的状态。在小潮日前后，地下水垂向流动方向交替频率极高，这使小潮日潮幅较小，波动频率较高，导致在小潮日裸滩区出现地表被淹没和裸露两个状态频繁交替的现象。而海水从地表直接补给地下水的过程会使地下水下渗，地表裸露后蒸发驱动的土壤孔隙水通过毛细吸水作用使水分向上运动(Alicia et al., 2015)，因此小潮日前后地下水处于下渗和地表蒸发作用驱动的向上补给两个状态间频繁交替。在两个小潮日前后，地下水垂向流动方向相反可能是因为两个小潮日前后地表淹没和暴露时间比例不同，从而使地下水下渗和地表蒸发毛细吸水作用所占比例不同。当地下水下渗占主导时，地下水垂向流动总体方向为由上向下；当地表蒸发作用驱动毛细吸水作用时，地下水垂向流动总体方向为由下向上。地表被长时间淹没时，地下水下渗会加速地下水由上向下垂向流动；地表未被淹没时，蒸发作用驱动的毛细吸水过程会加速地下水由下向上垂向流动。

盐地碱蓬区地表高程高于裸滩区，海水淹没地表的频率明显降低，并且地表裸露持续的时间更长，导致地下水下渗和地表蒸发作用驱动的毛细吸水过程交替频率降低。第一次大潮日前后的地下水流动方向与第二个大潮日前后的地下水仅下渗现象不同，盐地

碱蓬区依然出现和裸滩区相似的地下水流动方向频繁交替的现象，这可能是因为第一个大潮日前后潮差显著大于第二个大潮日前后潮差，潮汐潮位波动的范围较大，第一个大潮日前后海水淹没地表的频率高于第二个大潮日前后，地下水下渗和毛细吸水过程也因此频繁交替。

柽柳区海拔最高，其地表常年裸露，地下水埋深较深，当黄河水位增加时，黄河水持续补给地下水，同时地表蒸发也会引起土壤孔隙水向上流动，最后导致地下水位被持续抬升。而在调水调沙前期、后期，地表蒸发、降雨补给和黄河水位的小范围波动共同影响着柽柳区地下水流动模式，这与已有的盐沼植被生态分区概念模型研究(Moffett et al., 2012)结论一致。

原位实验结果表明，潮间带的裸滩区、盐地碱蓬区的土壤盐分的积累主要是由潮汐引起的。Xin 等(2017)在滨海湿地研究中得到了相同的结果，潮间带盐分的积累和降低主要受到潮汐引起的地下水垂向流动和密度差流的影响，在离海较远的内陆地区土壤盐分主要受蒸发和降雨的影响，而与地下水垂向流动无关。然而，在柽柳区的地下水监测结果表明，地下水受黄河侧向补给的影响，垂向流动方向变化的频率低。该结果表明，在河口湿地中，远离海洋的内陆地区的盐分积累不是由降雨和蒸发决定的，而是由黄河控制的。滨海湿地和河口湿地具有不同的盐分积累驱动力。

不同植被分区地下水流动模式在受潮汐和黄河补给影响的同时，地表高程也对其产生显著影响(图 5.15)。裸滩区(W1)、盐地碱蓬区(W3)、交错区(W5)和柽柳区(W7)地表高程依次增加，其地下水流动的方向和速率都与高程有明显的关系，这一结果与均质承压含水层的基本水文地质理论(Freeze and Cherry, 1997)一致。裸滩区高程最低，地下水流动的总体方向为由上向下，并且水流速率变化范围最小。盐地碱蓬区与裸滩区类似，并且水流速率变化范围显著增大，这可能是由于盐地碱蓬的生长增大了该区域土壤的渗透性。柽柳区内地下水主要由下向上运动，其速率与盐地碱蓬区一致。交错区内地下水在垂向交错运动，地下水流动速率的变化范围相比于盐地碱蓬区和柽柳区较小。这一现

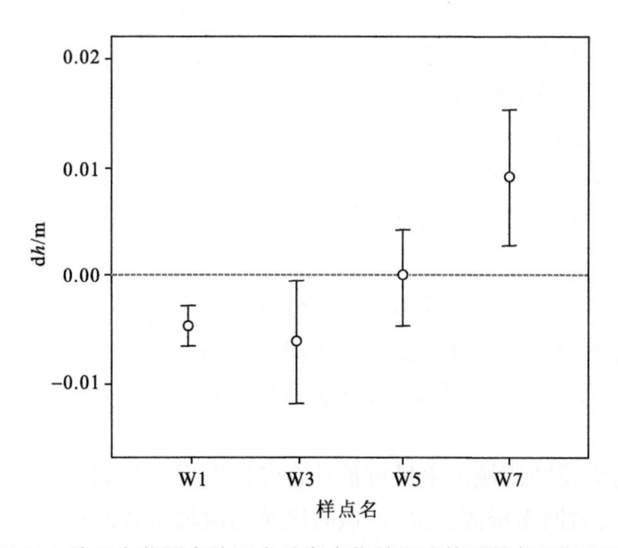

图 5.15　地下水监测点地下水垂向水位差(d*h*)的误差条形图(95%)

象说明，在受潮汐和黄河补给同时显著影响的区域，地下水流动的总体方向由二者影响程度决定。当潮汐是主要影响因子时，地下水流动的总体方向为由上下渗；当黄河补给是主要影响因子时，地下水流动的总体方向为由下向上补给。地下水流动的速率由于两个因子影响效果的相互抵消而减弱。

通过在河口盐沼湿地中不同开筛深度的地下水监测井组中的地下水监测结果，解释了不同盐沼植被分区的地下水流动模式。监测结果表明，河口盐沼地下水流动模式对盐沼植被生态分区具有重要的控制作用。裸滩区地下水下渗和地表蒸发作用驱动的向上补给过程频繁交替，浅层土壤盐度的积累和降低过程频繁交替，盐分难以持续积累。盐地碱蓬区主要受潮汐影响，存在长时间地下水持续向上补给或下渗过程，盐度持续积累或降低。柽柳区地下水埋深较深，浅层土壤的含水率较低，蒸发引起的地下水由下向上的补给过程为主要地下水流动模式，表层土壤盐度以积累为主要过程。交错区兼具盐地碱蓬区和柽柳区的地下水流动模式。总体而言，不同盐沼植被带分布影响地下水流动模式，同样地下水流动模式差异又支持不同的盐沼植被生态分区。

5.2　黄河三角洲地下水动力过程数值模拟

通过分析黄河流域的水资源总量的年际变化，基于累积频率分析方法，设计不同水文年(黄河流域水资源总量最大、最小、丰水、平水和枯水年时间序列)，进一步根据黄河三角洲水文地质资料，基于地下水流动理论，利用 Visual MODFLOW 软件构建研究区地下水动力三维模型，根据实地监测地下水结果率定和验证模型，研究不同水文年情景下地下水位的时空分布变化。

5.2.1　地下水模拟时间序列

1. 黄河流域水资源总量

水资源是指可被社会经济发展和生态环境利用的水分，包括了降水补给的有效部分和径流类的水资源。流域水资源总量包括流域内降水补给的地表、地下水资源量(胡士辉等，2012)。其中，地表水资源量是指流域内地表水体的动态水量，地下水资源指降水、地表水体入渗补给地下含水层的动态水量。地表水资源量和地下水资源量存在重合部分，在实际核算中需要将重复计算的部分剔除。流域的水资源常采用王浩等(2005)提出的公式进行计算：

$$W=R_S+R_G+E_P+E_{SS}+E_{ES} \tag{5.11}$$

式中，W 为流域水资源总量；R_S 为地表水资源量；R_G 为地下水资源量；E_P 为植物冠层截流蒸发量；E_{SS} 为地面截流有效蒸发；E_{ES} 为与地表水、地下水不重复的土壤水有效蒸发量。

水资源总量可以反映流域内水量可被社会经济发展和生态环境有效使用的程度。根据 1956～2018 年《黄河水资源公报》，该时段黄河流域水资源总量(图 5.16)处于持续波动。其中，20 世纪 50～70 年代流域内水资源总量较大，中部崛起导致流域内用水量增大，加之水体污染，导致 70～80 年代流域内水资源逐渐降低。在 2002 年小浪底水库开始实施调水调沙后流域水资源总量有所增加。

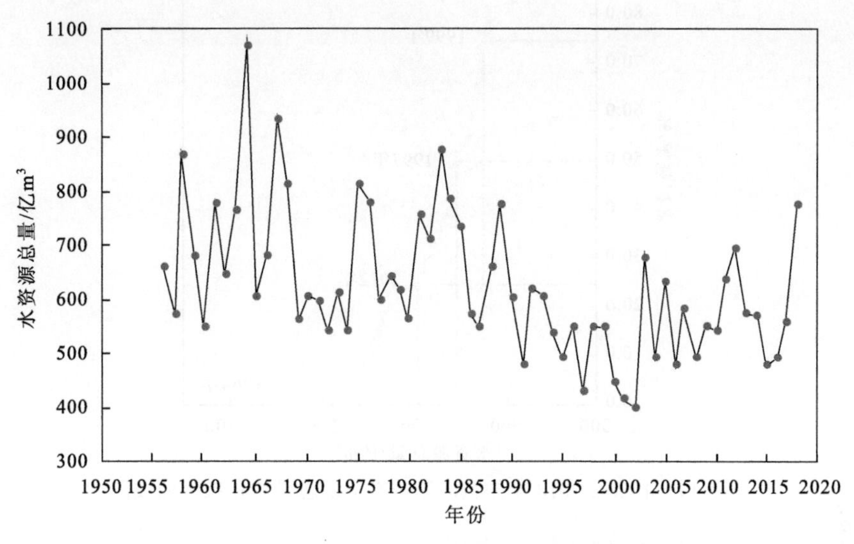

图 5.16　1956～2018 年黄河流域水资源总量

2. 水资源总量频率分析

采用频率分析法确定黄河流域水资源总量的特征值。假定在长期的水文过程中，生态系统已经适应水文变化过程的扰动，基于这个假设选择一定保证率下的水文变化过程作为特征值，实际计算过程中，一般借鉴水文中常用的频率曲线法进行计算(陈长清和魏聪，2020)。根据 1956～2018 年的黄河流域水资源总量数据，可以确定不同保证率下水资源总量的特征值，并给出最大、最小、丰水、平水、枯水年的代表年份，为后续地下水模型模拟的情景提供依据。

依据频率分析法，首先将 1956～2018 年的黄河流域水资源总量由大到小排序，累积频率计算公式为

$$P_m = \frac{m}{n+1} \tag{5.12}$$

式中，P_m 为累积频率；n 为样本总数；m 为排序序号。

1956～2018 年的黄河流域不同保证率下的水资源总量及代表年份累积频率计算结果如图 5.17 所示，分别以累积频率 25%、50%和 75%对应的水资源总量及年份作为丰水年、平水年和枯水年的水资源总量特征值及代表年份。枯水年流域水资源总量小于 547 亿 m^3，丰水年流域水资源总量大于 692.15 亿 m^3,平水年流域水资源总量介于两者之间。选择 2012 年、1971 年、1999 年分别为丰水年、平水年、枯水年的代表年份，其流域水资源总量分别为 682.15 亿 m^3、606 亿 m^3、547 亿 m^3。黄河流域水资源总量最大、最小年份分别为 1964 年、2002 年，其流域水资源总量分别为 1069 亿 m^3、402.29 亿 m^3。

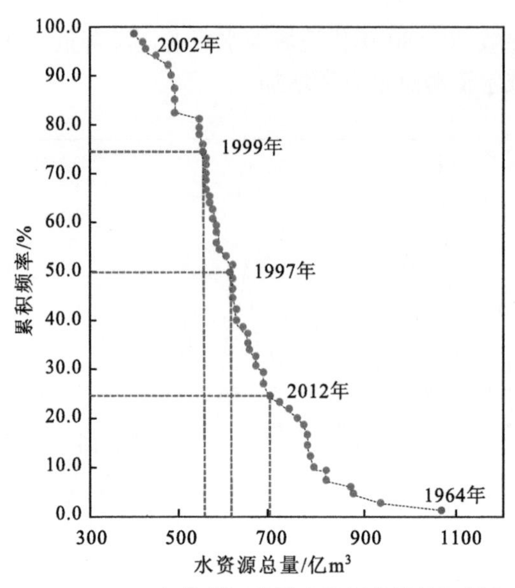

图 5.17 1956～2018 年的黄河流域水资源总量累积频率曲线图

3. 时间序列设置

根据上述分析结果，分别以 1964 年、2012 年、1971 年、1999 年和 2002 年为黄河流域水资源总量最大、丰水、平水、枯水和最小的代表年份，以此为依据设置时间序列。采用对应序列下利津水文站实测月均水位，如图 5.18 所示，月均水位波动范围在 10.33～15.90m，在冬季和春季月均水位较低，在夏季和秋季出现峰值。

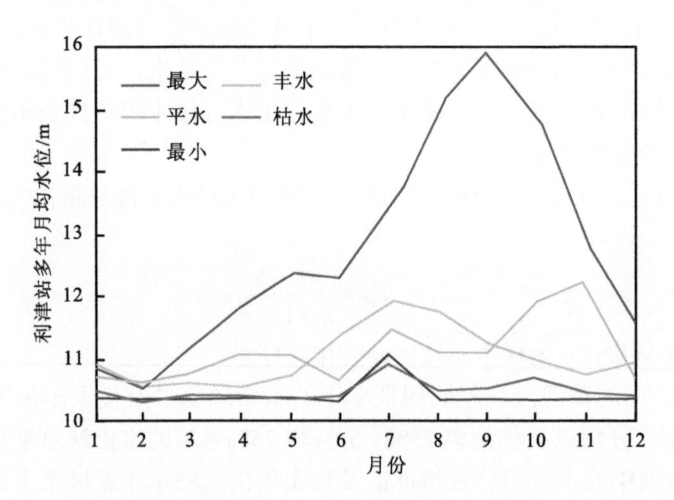

图 5.18 黄河流域水资源总量各时间序列在利津站的月均水位的年内变化

5.2.2 研究区地下水动力三维模型

黄河三角洲自然保护区因生态保护政策的限制，地质勘查资料较少，难以直接对研究区边界概化。因此，先对地质勘查资料丰富的现代黄河三角洲构建地下水动力三维模型，以现代黄河三角洲(Modern Yellow River Estuarine)地下水动力三维模型(MY 模型)的结果确定黄河三角洲自然保护区(Yellow River Estuarine Nature Reserve)地下水动力三维模型(YR 模型)的初始条件和边界条件。

1. 现代黄河三角洲地下水动力三维模型

现代黄河三角洲是指以渔洼为顶点的扇形区域，北侧和东侧为渤海，南起宋春荣沟，西至挑河。MY 模型和 YR 模型的边界如图 5.19 所示。

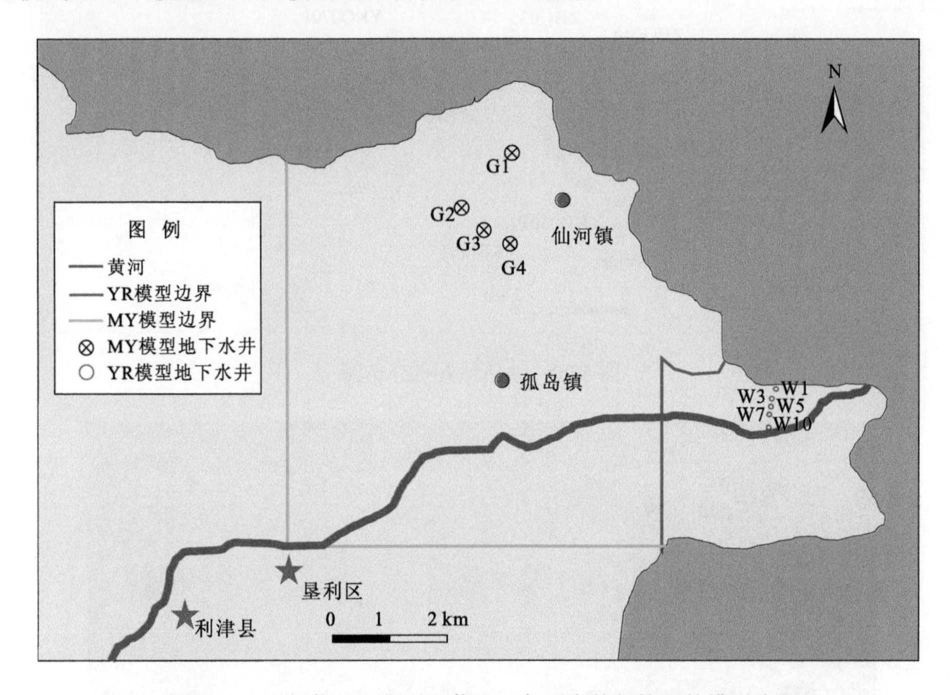

图 5.19　现代黄河三角洲和黄河三角洲自然保护区的模型边界

现代黄河三角洲模拟区面积约为 62×78km^2，其中陆地面积约为 3536km^2，高程约为 0～13m，具有西南高、东北低的特点。模拟区域的东侧、北侧均为渤海，南侧、西侧为陆地，没有明显的水力边界。黄河是模拟区域内中最主要的河流，自西向东横穿模拟区，是最重要的陆上分水岭。地下水埋深多年平均值为 2.5m。

以底板小于 60m 的含水层为研究对象，以浅层潜水-微承压水为主(孙晓明等，2013)。从全国重要地质钻孔数据库管理与服务平台收集到研究区及周边的地质钻井点 40 多个，其中具有完整地质钻井图的地质钻井点有 24 个(图 5.20 和表 5.5)。根据地质钻井图的土壤岩性信息将土壤浅层含水层概化为非均质、各向异性的潜水含水层(以粉土、黏土为主)和微承压含水层(以砂土为主)两层，并通过空间插值的方法，将含水层各层的顶板和底板概化(图 5.21)，其中地表采用数字高程模型(DEM)数据。为减小因空间插值而在模型边缘产生误差的影响，插值面的范围大于模型实际的表面，截取模型有效的范围后，再进行模拟。

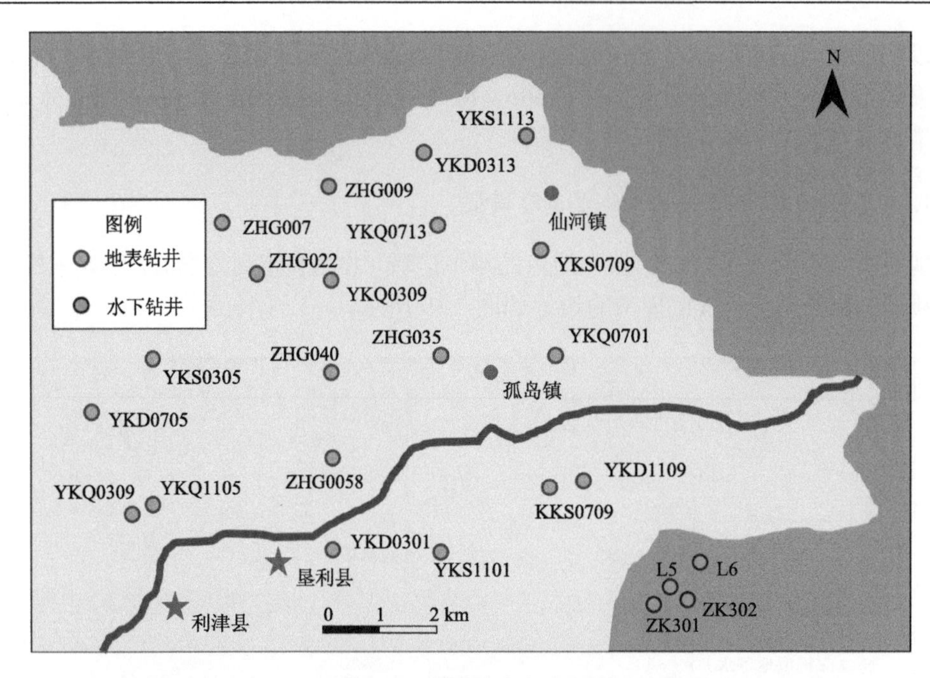

图 5.20 地质钻井点分布图

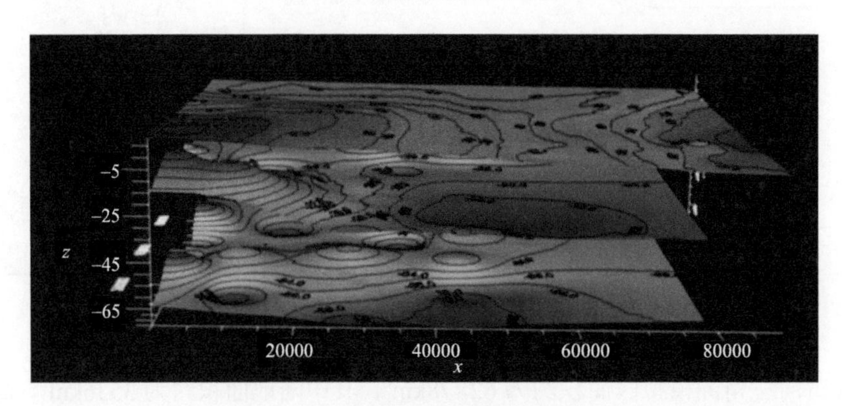

图 5.21 含水层顶板和底板概化结果

表 5.5 地质钻井信息

钻井编号	位置	年份	深度/m	钻井编号	位置	年份	深度/m
YKS1113	38.02°N,118.88°E	2012	75	YKD0705	37.80°N,118.72°E	2012	75
ZHG007	38.00°N,118.29°E	2012	75	YKQ1105	37.79°N,118.87°E	2012	75
ZHG009	38.01°N,118.40°E	2012	75	ZHG0058	37.71°N,118.49°E	2012	75
YKD0313	38.02°N,118.61°E	2012	75	YKD0301	37.67°N,118.57°E	2012	75
YKQ0713	38.00°N,118.75°E	2012	75	YKS1101	37.68°N,118.87°E	2012	75
YKD1109	37.93°N,118.89°E	2012	75	YKQ0701	37.69°N,118.94°E	2012	75
YKS0709	37.94°N,118.79°E	2012	75	L6	37.55°N,118.24°E	2000	12
YKQ0309	37.90°N,118.59°E	2012	75	L5	37.55°N,118.24°E	2000	12.9
ZHG022	37.93°N,118.48°E	2012	75	KKS0709	37.57°N,118.73°E	2012	75

续表

钻井编号	位置	年份	深度/m	钻井编号	位置	年份	深度/m
YKD1109	37.59°N,118.87°E	2012	75	ZK302	37.46°N,118.85°E	1990	52.42
ZHG035	37.88°N,118.36°E	2012	75	ZK301	37.48°N,118.79°E	1990	32
ZHG040	37.83°N,118.30°E	2012	75				
YKS0305	37.79°N,118.56°E	2012	75				

MY 模型边界概化情况：东侧和北侧为渤海，以海岸线为边界概化为一类已知水头边界；南侧和西侧为自然的大陆地块，概化为第二类流量边界；地表存在黄河径流，概化为河流边界；地表受降雨和蒸发影响，概化为水量交换边界；地层为承压水隔水顶板，土质渗透性差，概化为不透水的隔水边界。

MY 模型源汇项概化情况：地下水主要补给来自大气降水、黄河侧向补给和南部边界处外部向研究区自南向北的补给等；地下水主要通过蒸发作用和边界越流等途径排泄。

基于达西定律和渗流连续方程及实际水文地质条件，建立 MY 模型的浅层地下水三维非稳定流数学模型(郇立等，2009)，公式如下：

$$\begin{cases} \mu_d \dfrac{\partial h}{\partial t} = \dfrac{\partial}{\partial x}\left(K_x \dfrac{\partial h}{\partial x}\right) + \dfrac{\partial}{\partial y}\left(K_y \dfrac{\partial h}{\partial y}\right) + \dfrac{\partial}{\partial z}\left(K_z \dfrac{\partial h}{\partial z}\right) + \varepsilon & (x,y,z) \in \Omega, t \geqslant 0 \\ h(x,y,z,t)\big|_{t=0} = h_0(x,y,z) & (x,y,z) \in \Omega \\ h(x,y,z,t)\big|_{S_1} = h_1(x,y,z) & (x,y,z) \in \Omega, t \geqslant 0 \\ \left.\dfrac{\partial h}{\partial t}\right|_{S_1} = 0 & (x,y,z) \in \Omega, t \geqslant 0 \end{cases} \tag{5.13}$$

式中，Ω 为渗流模拟区域；h 为含水层水头，m；K_x、K_y、K_z 分别为 x 轴、y 轴、z 轴的渗流系数，m/d；μ_d 为给水度，m^{-1}；h_0 为初始水头，m；h_1 为第一类边界的水头，m；t 为时间，天；S_1 为第一类边界。数学模型的求解采用有限差分法，利用 Visual MODFLOW 软件中的强隐式迭代法解算器(strongly implicit procedure，SIP)求解，最大迭代次数为 50，收敛情况和残差判别标准为 0.001，考虑边界干湿转换。

MY 模型模拟时间为 2004 年 5 月 5 日至 2019 年 6 月 30 日。以 2014 年 5 月 6 日至 2015 年 5 月 6 日为验证期。MY 模型使用 4 口地下水观测井的实测数据(牟夏，2017)进行参数识别和验证，其中 G1、G2 和 G4 用于参数识别，G3 用于模型验证。根据模型范围及精度要求，将研究区剖分成长×宽为 1240m×1560m 的 2500 个矩形网格(图 5.22)，黑色网格为陆地区域(有效网格)，蓝色网格为黄河河道网格(有效网格)，绿色网格为海洋(无效网格，不参与计算)。为提高验证精度，将观测井处的网格细化为 248m×312m 的小网格。模型初始地下水头采用野外调查结果①，将测井(编号为 DZ04～DZ18)观测数据通过 ArcGIS 软件空间插值后导入模型。初始地下水水头如图 5.23 所示。

① 中国科学院院地理科学与资源研究所。

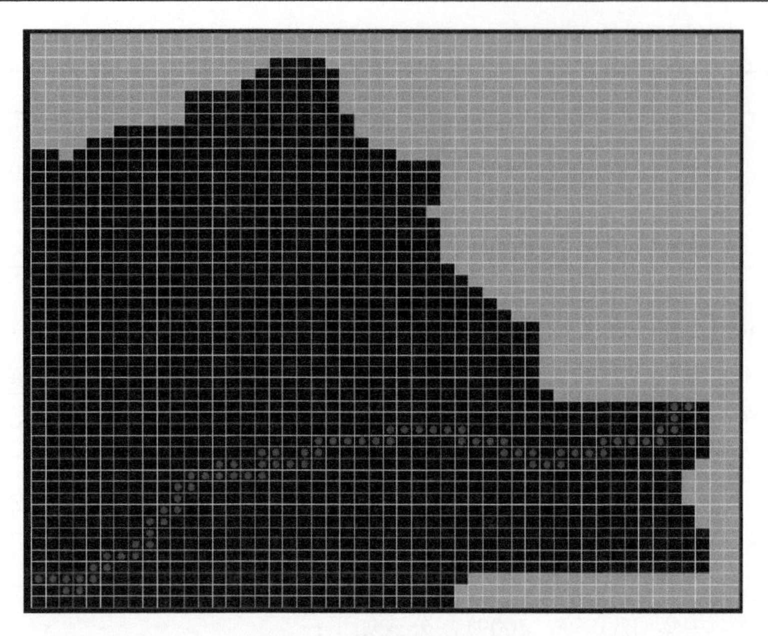

图 5.22　模拟区域剖分图

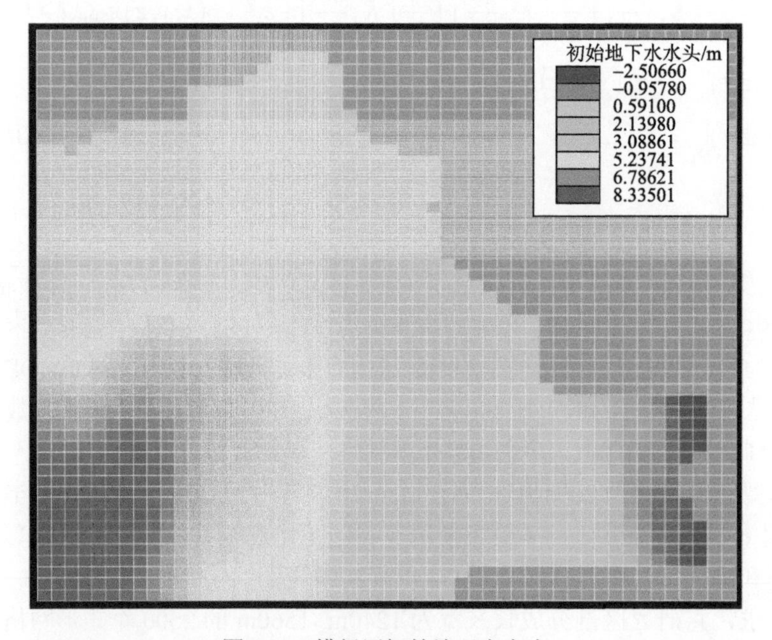

图 5.23　模拟区初始地下水水头

水文地质参数是水文地质模型中表征特性的定量指标，其取值直接影响模型的拟合效果。MY 模型构建中主要关注给水度和渗透系数。根据水文地质资料以及相关研究的结果，给水度和渗透系数的经验值见表 5.6 和表 5.7。将 MY 模型研究区分为 10 个水文地质参数区(图 5.24)。

表 5.6　给水度经验值

区域	细粉砂	粉砂	粉土	粉质黏土
三角洲平原	0.069～0.083	0.06～0.074	0.04～0.06	0.03～0.044
山前平原	/	0.059	/	0.045

表 5.7　渗透系数经验值

岩性	中细砂	细砂	细粉砂	粉砂	粉土	粉质黏土
渗透系数	15～27	8～15	7～8	2.4～3	0.7～1.4	0.47～1.2

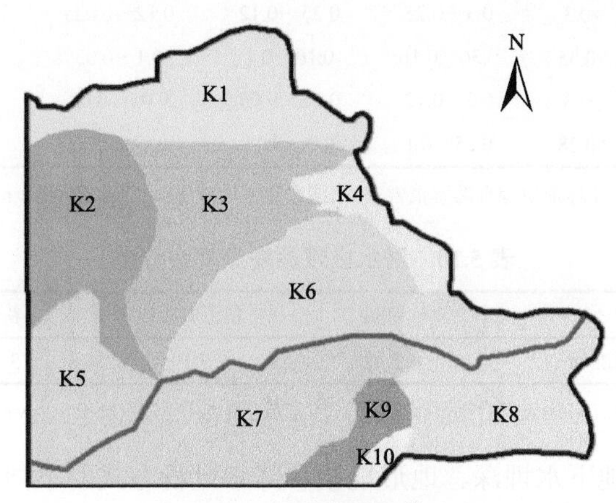

图 5.24　水文地质参数分区

MY 模型因降水入渗和地表蒸散发引起的地下水补给和排泄量须以源汇项形式输入模型。大气降水入渗补给是指大气降水通过非饱和带补给地下水的部分，与地表岩性、地下水埋深、地形地貌和降水过程有关，其计算公式为

$$Q_P = 10^{-1}\alpha P \tag{5.14}$$

式中，Q_P 为大气降水入渗补给强度，mm/a；α 为降水入渗补给系数，取值见表 5.8；P 为多年平均降水量，m。

表 5.8　降水入渗补给系数经验值

地下水埋深/m	以砂为主	砂性土	砂性土黏性土互层	黏性土
<1	<0.22	<0.18	<0.14	<0.1
1～2	0.22～0.3	0.18～0.22	0.14～0.19	0.1～0.13
2～3	0.3～0.33	0.22～0.3	0.19～0.28	0.13～0.25
3～4	0.33～0.3	0.3～0.2	0.28～0.25	0.25～0.24
4～5	0.3～0.24	0.28～0.26	0.25～0.2	0.24～0.2
5～6	0.24～0.21	0.28～0.18	0.25～0.15	0.2～0.14
6～7	0.21～0.15	0.18～0.13	0.15～0.08	<0.12
>8	<0.15	<0.13	<0.07	/

资料来源：《黄河三角洲水工环地质综合勘察报告书》，国家数字地质资料馆(http://www.ngac.org.cn/pwd/)，2010。

潜水蒸散发是指土壤在毛细作用的影响下，水分向上输移后直接蒸发以及植物蒸腾作用消耗的水分总和。计算公式为

$$E_D = CE \tag{5.15}$$

式中，E_D 为潜水蒸散发强度，mm/a；C 为潜水蒸散发系数，取值见表 5.9；E 为多年平均蒸发强度，mm/a。模型还需要输入潜水极限蒸发深度，取值见表 5.10。

表 5.9　潜水蒸散发系数经验值

地下水埋深包气带岩性	地下水埋深/m					
	<1	1～2	2～3	3～4	4～5	>5
以砂为主	>0.3	0.3～0.25	0.25～0.12	0.12～0.035	<0.01	
砂性土	>0.35	0.36～0.16	0.16～0.1	0.1～0.03	0.03～0.01	<0.01
砂性土黏性土互层	>0.3	0.3～0.12	0.12～0.05	0.05～0.02	0.02～0.01	<0.01
黏性土	>0.28	0.25～0.1	0.1～0.04	0.04～0.02	0.02～0.01	<0.001

资料来源：《黄河三角洲水工环地质综合勘察报告书》，国家数字地质资料馆(http://www.ngac.org.cn/pwd/)，2010。

表 5.10　潜水极限蒸发深度经验值

岩性	细砂	黏土质粉砂	粉砂	粉质黏土
潜水极限蒸发深度/m	2.42	3.19	3.56	4.1

资料来源：《黄河三角洲水工环地质综合勘察报告书》，国家数字地质资料馆(http://www.ngac.org.cn/pwd/)，2010。

根据地表岩性、地下水埋深、地形地貌和降水过程方式的不同，将降水入渗和潜水蒸散发相关参数共同分成八个区(图 5.25)。

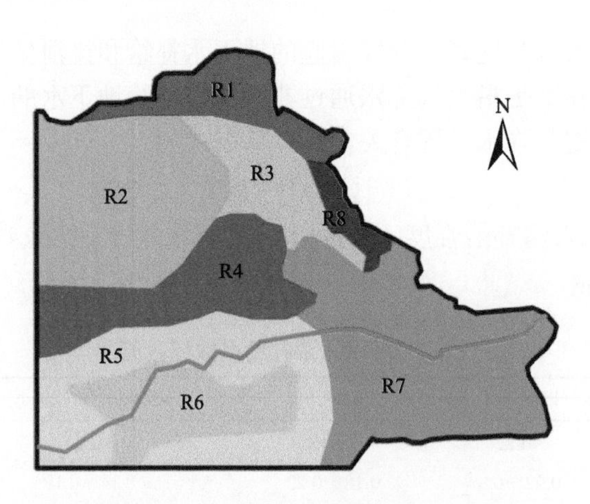

图 5.25　降水补给和潜水蒸散发分区

黄河干流的侧向补给是 MY 模型中重要的补给源。黄河侧向补给强度以河流子程序包(RIV)，将河流处理为第三类边界进行模拟，其计算公式为

$$Q_R = \frac{KWL}{M}(H - h) \tag{5.16}$$

式中，Q_R 为河流侧向补给强度，$10^4\ m^3/a$；K 为渗透系数；L 为河床长度，m；W 为河床

宽度，m；M为河床底层厚度，m；H为河流水位；h为河床底高程。基于模拟时间内利津站实测水位(图 5.26)，通过河流距离插值得到各河流单元格水位，河底渗透系数取值为 0.0167m/d(范晓梅，2007)。

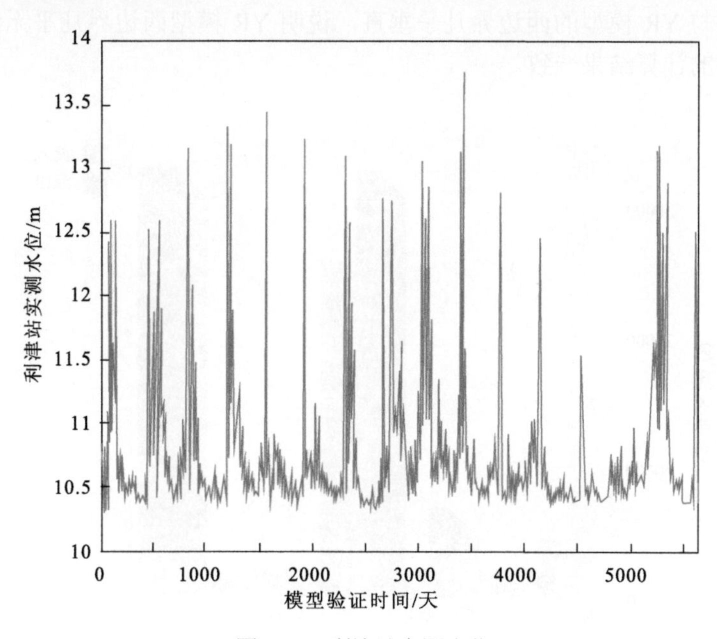

图 5.26 利津站实测水位

MY 模型的西部边界处地下水流向与边界同，按照零流量边界使用 Wall 子程序包模拟。《环渤海地区地下水资源与环境地质调查评价》中概化现代黄河三角洲南侧边界流出的地下水量约为 $212m^3/(d \cdot km)$，采用 Pumping Well 子程序包模拟南侧流量边界。

利用 2014 年 5 月 6 日至 2015 年 5 月 6 日地下水观测井实测数据(牟夏，2017)对 MY 模型进行率定和验证。模型的模拟结果与实测数据的拟合度采用均方根误差(RMSE)进行评估，RMSE 越小模拟效果越好。考虑到 MY 模型的作用在于为 YR 模型提供初始流场，模型调参后 RMSE 为 10.42%，模型误差较小，证明模型率定完成，模型的水文地质参数取值结果见表 5.11。模型验证的 RMSE 为 24.43%，精度能够满足要求。

表 5.11 MY 模型的水文地质参数取值结果

区号	K1	K2	K3	K4	K5	K6	K7	K8	K9	K10
L1 横向渗透系数	1.52	2.1	0.62	4.33	3.58	2.66	3.62	0.78	0.61	2.61
L2 横向渗透系数	0.52	0.52	0.52	0.52	0.52	0.52	0.52	0.52	0.52	0.52
L1 垂向渗透系数	0.152	0.21	0.062	0.433	0.358	0.266	0.362	0.078	0.061	0.261
L2 垂向渗透系数	0.052	0.052	0.052	0.052	0.052	0.052	0.052	0.052	0.052	0.052
给水度	0.075	0.40	0.11	0.16	0.373	0.17	0.50	0.382	0.16	0.40

MY 模型的区域水均衡计算结果(图 5.27)表明海水、黄河和降雨是该区域地下水的主要补给源，而蒸散发是主要的流出项，值得注意的是，MY 模型与 YR 模型的流入量、流出量均极少，结合水头分布结果可知，这与黄河侧向补给在 YR 模型研究区强度大有关，等水头线与 YR 模型的西边界几乎垂直，说明 YR 模型西边界几乎无自西向东的补给，与水均衡的计算结果一致。

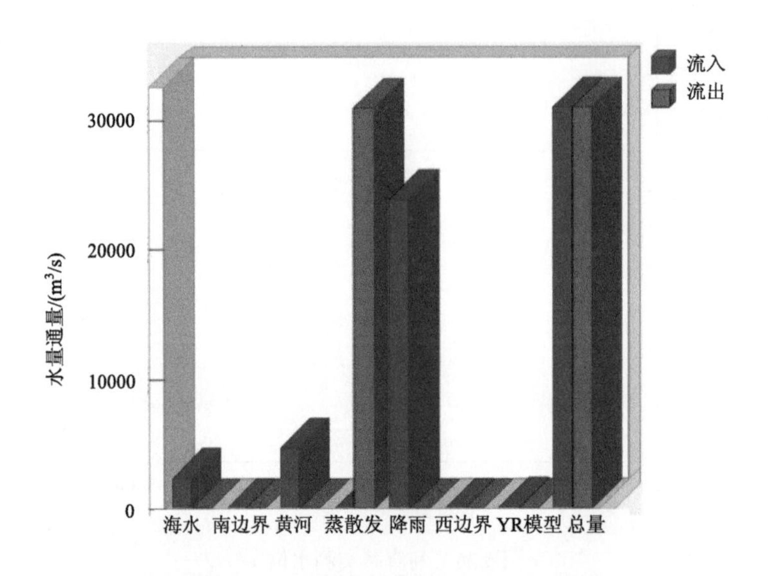

图 5.27　MY 模型区域水均衡计算结果图

2. 黄河三角洲自然保护区地下水动力三维模型

黄河三角洲自然保护区模拟区面积约为(46×46) km^2，其中陆地面积约为 687km^2。以 MY 模型的 YR 模型区域为基础，细化边界条件，对该区域的地下水进行模拟。将研究区划分成 460m×460m 的 10000 个矩形网格，在地下水监测井处细化网格为 230m×230m 的小网格。以 2019 年 7 月 2～29 日地下水观测井的实测数据为模型参数率定和模型验证的数据，其中，W1、W3 和 W7 三个样点实测数据用于模型参数率定，W5 实测数据用于模型验证。

以 MY 模型 2019 年 6 月 30 日的模拟结果为 YR 模型的初始流场和边界概化的依据。YR 模型沿用 MY 模型的非均质、各向异性的双层潜水含水层结构。模型的边界概化和参数分区情况见图 5.28。模型的东北侧、东侧和南侧均为渤海，概化为一类已知水头边界；西北侧为堤坝，概化为不透水边界；西侧为自然的大陆地块，由 MY 模型模拟结果可知，自西向东流量近似为 0，概化为零流量边界。YR 模型处于降水补给和潜水蒸散发分区的 R7 区内，沿用 R7 区设置。YR 模型处于水文地质参数分区的 K6、K7、K8、K9 和 K10 区中，给水度和渗透系数不变。基于模拟时间内利津站每日实测水位(图 5.29)，通过单元格与利津站的河流距离插值得到每个河流单元格的水位。

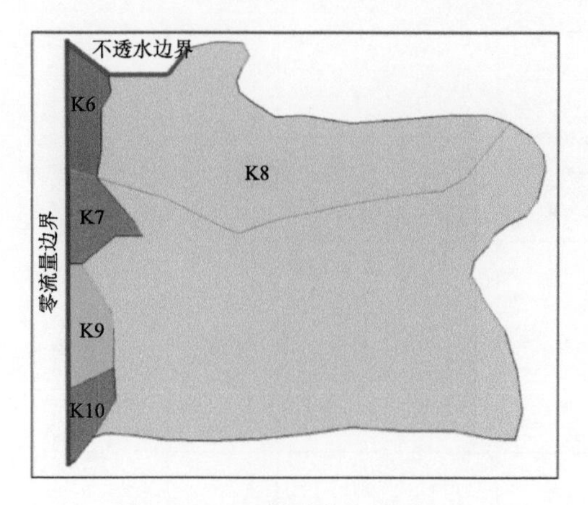

图 5.28　YR 模型水文地质分区

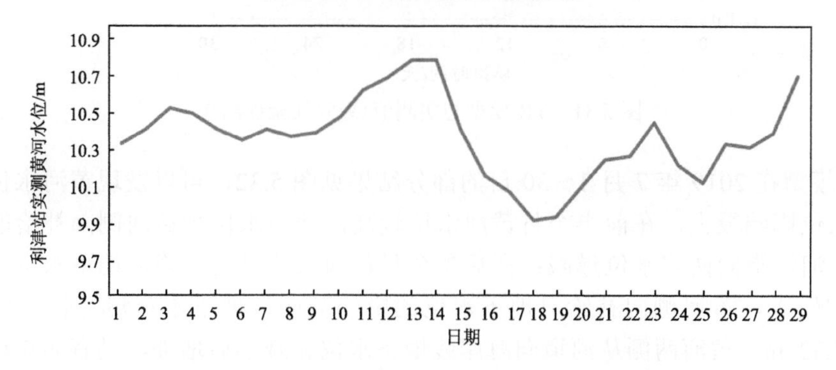

图 5.29　利津站每日实测水位(2019 年 7 月 1～28 日)

以 W1、W3 和 W7 地下水观测井实测数据对模型参数进行率定，模型调参后 RMSE=7.79%，表明模型误差较小，模型的地下水位时间序列图见图 5.30。以 2019 年 7 月 2～29 日 W5 地下水观测井实测数据对模型进行验证。验证结果 RMSE=9.18%，模型的地下水位时间序列图见图 5.31，表明模拟精度良好。

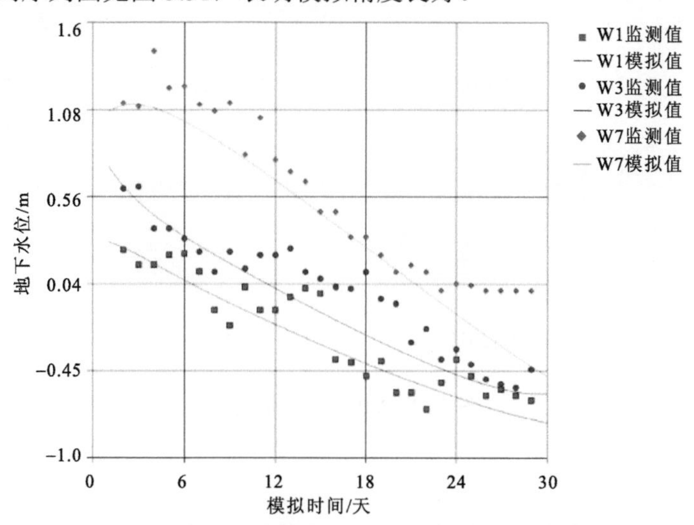

图 5.30　YR 模型与实测值(W1、W3 和 W7)间的率定结果

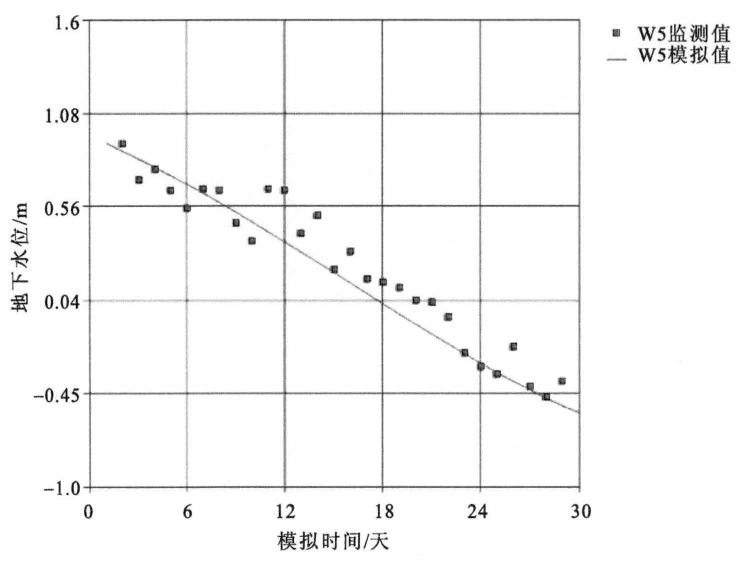

图 5.31　YR 模型与实测值(W5)间验证结果

YR 模型在 2019 年 7 月 1～30 日的部分结果见图 5.32，可以发现黄河水位对模拟区地下水位影响很大，在前半个月黄河水位较高，地下水位受黄河侧向补给的影响较大，从黄河河道向两岸水位递减；在后半个月黄河水位显著下降，地下水位受海水补给的影响较大，黄河侧向补给对地下水位的影响减弱。地下水(包括河水)位高程在 –2.59～7.32 m，黄河两侧从河道向海岸线地下水位先减小后增加，具有明显梯度变化特征。

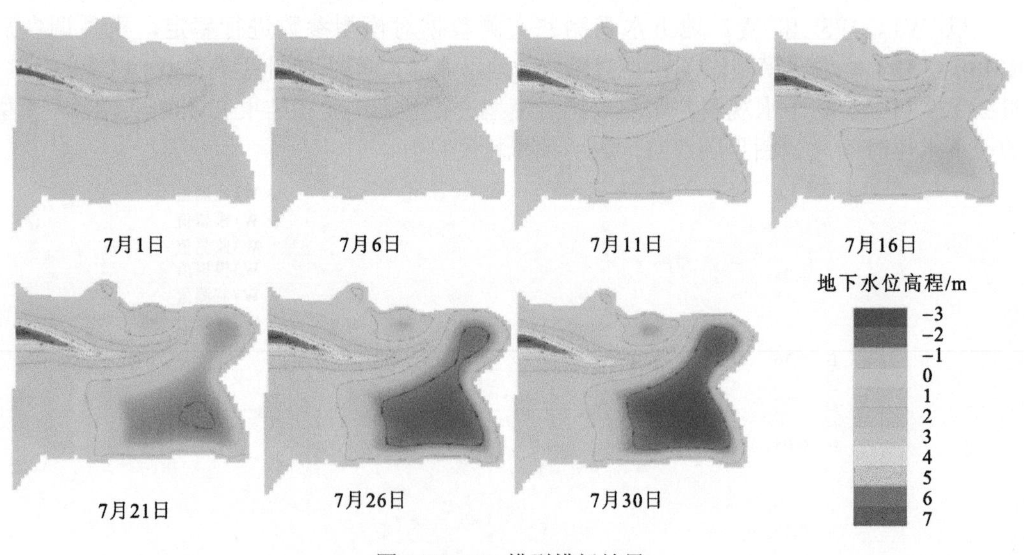

图 5.32　YR 模型模拟结果

5.2.3 不同水文年黄河三角洲自然保护区地下水位模拟结果

河口盐沼湿地的地下水埋深较浅，岸带植被的生长和分布与地下水密切相关，因此通过模拟地下水变化预测黄河三角洲盐沼植被分布，对指导湿地生态修复有十分重要的参考价值。以2019年7月1日至12月31日利津站的实测水位为基础，根据河道距离插值得到每个河道单元格的水位。从2020年1月1日起，利用YR模型开始模拟不同水文年情景下逐月的地下水位分布情况，模型情景模拟的时间为2020年1月1日至12月31日，时间步长为1个月。

不同水文年黄河三角洲地下水位模拟结果如图5.33所示。可以看出，黄河水位的变化对于靠近黄河河道两岸的地下水位有显著影响，河道附近的地下水位变化剧烈，从河道向远离河道方向地下水位递减，随后因为渤海的补给，地下水位上升直至海平面。在距离黄河河道较远的东南部地下水位较为稳定且在海平面下，主要受到海水补给和黄河补给的共同影响，并且因距离河道和渤海均较远，受到补给的强度较弱。西侧河道较东侧入海口处河道较窄，但西侧黄河的补给影响比东侧更强。

根据黄河流域水资源总量最大年时间序列模拟结果[图 5.33(a)]，地下水位在–4～10m。在一年的模拟期内，黄河补给抬升了河道周边的地下水位，影响的范围在1～9月逐渐扩大，在9～12月逐渐减小，9月是黄河补给最强烈的时间。

根据丰水年时间序列模拟结果[图 5.33(b)]，地下水位在–4～9米。1～5月黄河的补给范围较为稳定，6～7月补给范围扩大，在7月达到峰值，随后直至11月逐月减小，在12月小幅度增加。对比黄河流域水资源总量最大时间序列的模拟结果，1～4月的黄河补给影响范围较为一致，但在5～12月黄河补给影响范围在每个月都明显缩小。

根据平水年时间序列模拟结果[图 5.33(c)]，地下水位在–4～9.5m。1～6月和12月黄河的补给范围较为稳定，7～11月影响范围变大，11月达到最大。

根据枯水年时间序列模拟结果[图 5.33(d)]和黄河流域水资源总量最小年时间序列模拟结果[图 5.33(e)]，地下水位都在–4～8m，并且全年的黄河补给影响范围均较稳定，地下水位年内变化较小。

黄河流域水资源总量最大年时间序列、丰水年时间序列和平水年时间序列的模拟结果均有较明显的黄河补给峰值出现，而枯水年时间序列和黄河流域水资源总量最小年时间序列的模拟结果全年黄河补给范围变化较为稳定。黄河流域水资源总量最大年时间序列和丰水年时间序列模拟结果表明黄河补给影响范围较大的时段为夏季、秋季，但平水年时间序列的模拟结果中其出现在冬季。

黄河河道对于西北、西南的区域的地下水位补给很弱，一方面原因是研究区西侧黄河河道逐渐变宽，水位随之逐渐下降直至海平面，水头差驱动的河道侧向补给较弱；另一方面原因是西北、西南的区域处于水文地质分区的K8区，包气带岩性主要为粉土，其渗透系数较小，地下水的横向传导较慢，黄河补给的有效输移距离短。

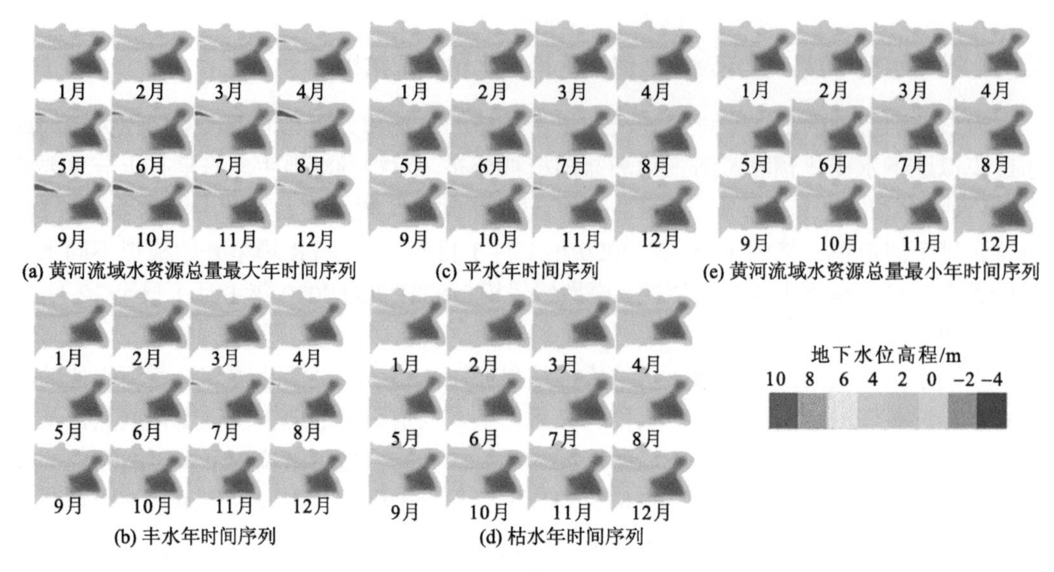

图 5.33　五种水文年下黄河三角洲自然保护区地下水位模拟结果

5.3　耦合水盐动力过程的盐沼植被群落适宜生境模拟

为了模拟研究区盐沼植被群落(盐地碱蓬、柽柳和芦苇)在潮汐和河流共同影响下造成的水文梯度下的适宜生境和植物量的时空分布与变化过程，基于 YR 模型模拟不同水文年情景下地下水位的动态演变；基于地下水位动态，结合前面构建的 GAMs，计算研究区浅层土壤盐度和地下水埋深；进一步耦合元胞自动机(cellular automata, CA)和逻辑斯谛(Logistic)模型构建盐沼植被群落生长、竞争与扩散的耦合生境模拟模型，预测研究区盐沼植被群落适宜生境和生物量的时空分布。

5.3.1　植被群落生长-扩散-竞争生态动力学模型

基于盐沼植被对地下水埋深和浅层土壤盐度的耐受性，耦合元胞自动机和改进的 Logistic 方程，建立植被群落生长-扩散-竞争生态动力学模型。

1. 基于元胞自动机的植被分布模型

元胞自动机是一种将复杂系统时空演变在时间、空间和状态三个维度上离散模拟的数学动力系统。元胞自动机将研究区分割为多个长方形网格，在每个独立网格中对状态进行模拟，在相邻网格间通过一定的传递规律将状态变化传递。每个网格的状态受到本网格中变量影响的同时，也受到相邻网格的影响。

元胞自动机方法具有 4 个基本元素，分别为元胞、状态、邻域和传递规则。元胞是元胞自动机的最小单元，分布在离散的欧几里得空间的格点上。状态指元胞内包含的一个或多个变量在某一特定时刻的取值。邻域为与元胞相邻的具有状态传递关系的其他元胞，目前常用的邻域多为 Neumann 结构和 Moore 结构(图 5.34)。传递规则是根据元胞和邻域当前时刻的状态确定下一时刻元胞的状态的动力学函数。元胞自动机的元胞、状态和邻域为静态系统，在静态系统中引入传递规则后成为动态系统，用于动力学模拟。

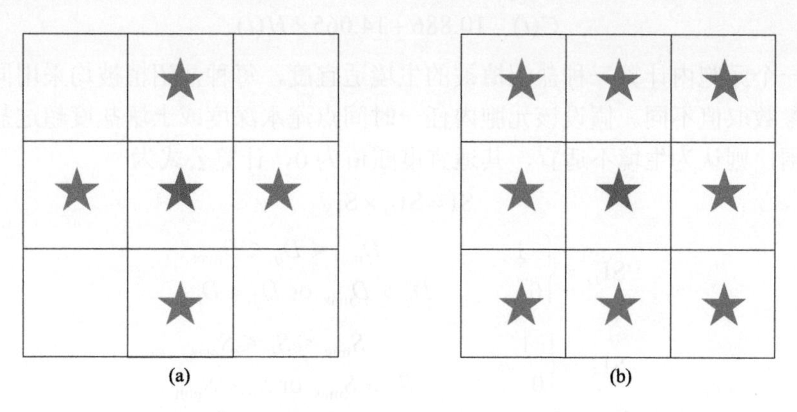

图 5.34　元胞自动机的邻域结构：(a) Neumann 结构；(b) Moore 结构

在自然条件下，植被种子的发芽率及幼苗的定植率较低，而地下茎的克隆繁殖是植被主要的定植和繁殖扩散方式(张娜，2015)。植被的地下茎的克隆扩散过程受到植株状态和环境因素的共同影响，基于此对植被的扩散行为进行简化模拟，环境条件考虑对地下茎的克隆扩散过程最为关键的土壤水盐指标，分别选用地下水埋深和土壤盐度。

根茎的出芽率定义为仅与地下水埋深和土壤盐度有关的函数，传递规则为：①当地下水埋深和土壤盐度处在植被可生长的范围时，植被继续存活，并具有一定的生长力；②当地下水埋深和土壤盐度处在植被最适宜生长的范围时，植被生长处于旺盛的状态；③当地下水埋深和土壤盐度处在植被不可生长的范围时，植被在下一时刻死亡；④当元胞没有存活的植被且地下水埋深和土壤盐度处在植被可生长的范围时，下一时刻元胞内产生新植被的概率 P 为

$$P = \sum_{i=1}^{8} \left(\frac{N_i \times r}{8} \right) \tag{5.17}$$

式中，i 为邻域元胞编号；N_i 为领域元胞的出芽数；r 为元胞的出苗率。

在每个元胞内计算地下水埋深和土壤盐度，地下水埋深计算公式为

$$D_{ij} = \mathrm{ELE}_{ij} - H_{ij} \tag{5.18}$$

式中，i 为元胞行号；j 为元胞列号；D 为地下水埋深，m；H 为地下水位高程，m；ELE 为地表高程。

土壤盐度采用 GAMs 方程计算：

$$\mathrm{SS} \sim 8.9338 + s(\mathrm{GWS}) + s(\mathrm{GWD}) + s(\mathrm{ELE}) + \mathrm{te}(\mathrm{GWS\_GWD}) + \mathrm{te}(\mathrm{GWS\_ELE})$$

式中，地下水埋深(GWD)和地表高程(ELE)已知；地下水盐度(GWS)采用原平(2018)提出的计算公式，其数学表达式为

$$C(t) = C_{\min} + (C_{\max} - C_{\min}) \cdot \frac{H(t) - H_{\min}}{H_{\max} - H_{\min}} \tag{5.19}$$

式中，$C(t)$ 为 t 时刻地下水盐度，ppt；$C_{\min}$ 为监测期地下水盐度最小值，ppt；$C_{\max}$ 为监

测期地下水盐度最大值，ppt；$H(t)$为t时刻地下水水头，m；H_{min}为地下水水头最小值，m；H_{max}为地下水水头最大值，m。并利用原位监测数据率定，$C(t)$数学表达式为

$$C(t)=10.886+14.065\times H(t) \tag{5.20}$$

在每一个元胞内计算三种盐沼植被的生境适宜度，每种盐沼植被均采用同样的计算方法，但参数取值不同。假设该元胞内任一时间点淹水深度或土壤盐度超过盐沼植被生长适宜范围，则认为生境不适宜，其适宜度赋值为0，计算公式为

$$\mathrm{SI}=\mathrm{SI}_D\times\mathrm{SI}_S \tag{5.21}$$

$$\mathrm{SI}_D=\begin{cases}1 & D_{\min}\leqslant D_{ij}\leqslant D_{\max}\\ 0 & D_{ij}>D_{\max}\ \text{or}\ D_{ij}<D_{\min}\end{cases} \tag{5.22}$$

$$\mathrm{SI}_S=\begin{cases}1 & S_{\min}\leqslant S_{ij}\leqslant S_{\max}\\ 0 & S_{ij}>S_{\max}\ \text{or}\ S_{ij}<S_{\min}\end{cases} \tag{5.23}$$

式中，SI为一种植被的生境适宜度，其取值为0或1，当取值为1时表明该元胞内植被可以生长，取值为0时说明该元胞内植被不可以生长；SI_D为水埋深胁迫量，SI_D取值为1时表明该元胞内这种植被不受地下水埋深胁迫影响，其取值为0时表明这种植被受地下水埋深胁迫影响而无法正常生长；SI_S盐度胁迫量，SI_S取值为1时表明该元胞内这种植被不受土壤盐度胁迫影响，其取值为0时表明这种植被受土壤盐度胁迫影响而无法正常生长；S_{ij}为土壤盐度，ppt；D_{max}和D_{min}为埋深的阈值；S_{max}和S_{min}为土壤盐度的阈值。

2. 植被生长-竞争生态动力学模型

Logistic 生长曲线适用于处于无环境干扰下的植物萌发后正常生长过程的模拟，该生长曲线为“S”形，分为发生、发展和成熟三个阶段，斜率先变大再变小(张彩琴，2007)，其一般数学表达式为

$$Y(t)=\frac{K}{1+a\mathrm{e}^{-bt}} \tag{5.24}$$

$$a=\frac{K}{Y(0)}-1 \tag{5.25}$$

式中，$Y(t)$为t时刻的植被生物量；K为植物的最大生物量；b为植被的内禀增长率。在时间维度上离散后，得到可用于计算的公式：

$$Y(t+\Delta t)=bY(t)\left[\frac{1-Y(t)}{K}\right]\Delta t+Y(t) \tag{5.26}$$

Logistic 方程忽略了植被在不适宜环境下生物量损失的情况，因此采用考虑生物量损失的Hill方程对Logistic方程进行修正(Yi et al., 2020)。同时引入盐沼植被的种间竞争方程(Xin et al., 2013)，进而提出考虑植物生物量损失和种间竞争的Logistic方程的数学表达式：

$$\Delta R_i=\Delta L_i-\Delta C_i-\Delta H_i-\Delta F_i \tag{5.27}$$

$$\Delta L_i=r_i\cdot R_{i-1}\cdot\left(1-\frac{R_{i-1}}{K}\right)\Delta t \tag{5.28}$$

$$\Delta C_i = r_i \cdot R_{i-1} \times \beta_{j,i-1} \times R_{j,i-1} \times \Delta t \tag{5.29}$$

$$\Delta H_i = L \cdot \frac{(D_i - D_{\mathrm{m}})^p}{(D_i - D_{\mathrm{m}})^p + h^p} \times \Delta t \tag{5.30}$$

$$\Delta F_i = L \cdot \frac{(S_i - S_{\mathrm{m}})^p}{(S_i - S_{\mathrm{m}})^p + s^p} \times \Delta t \tag{5.31}$$

式中，Δt 为模拟的时间步长，主要关注生长季内的变化，以月计；ΔR_i 为 i 月的盐沼植被生物量净增量，$\mathrm{g/m^2}$，只考虑地上部分；ΔL_i 为 i 月的生物量增量，$\mathrm{g/m^2}$；ΔC_i、ΔH_i 和 ΔF_i 分别为 i 月因种间竞争、地下水埋深和土壤盐度导致的生物量损失量，g(DW)/m^2；r_i 为 i 月的内禀增长率；L 为不适条件下的最大生物损失量，g/(m^2·月)；D_i 为 i 月的地下水埋深，m；D_{m} 为最适地下水埋深，m；S_i 为 i 月的土壤盐度，ppt；S_{m} 为最适土壤盐度；p 为模型形状参数，取值为2、4或6(赵志轩，2012)；h 为半致死地下水埋深，m；s 为半致死土壤盐度，ppt；$\beta_{j,i-1}$ 为该盐沼植被的种间竞争系数；$R_{j,i-1}$ 为与盐沼植物竞争的另一种盐沼植物 j 在 $(i-1)$ 月的生物量。

3. 模型耦合

为模拟植被分布和生长对水盐变化的响应过程，基于地下水流场和土壤盐度模拟结果，耦合植被分布模型和植被生长-扩散模型，构建盐沼植被群落适宜生境模拟模型。耦合的方法为利用元胞自动机模拟适宜生境分布，利用 Logistic 方程计算每个元胞内植被的生物量。在此基础上假设生长季开始时植被在适宜生境处完成芽的扩散，在生长季内不会产生新的植株，只在芽分布处进行生长。将研究区划分为(1223×1038)个 30 m×30 m 的正方形网格，利用 30 m 分辨率卫星数字高程数据，采用反距离权重(IDW)法，在 ArcGIS 软件中对研究区(1223×1038)个高程点进行空间插值，得到研究区的高程图(图 5.35)。

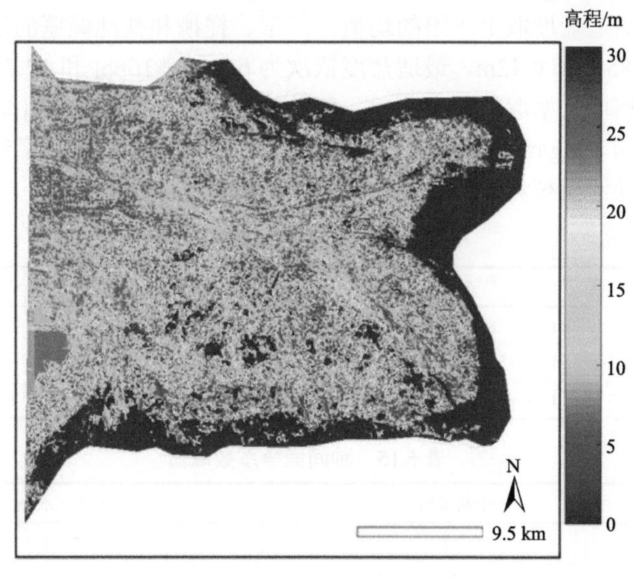

图 5.35　研究区高程图

4. 参数率定

芦苇、盐地碱蓬和柽柳的生长季一般为4～10月，已有较多研究通过室内移植实验、原位监测实验等方法研究盐沼植株对淹水和土壤盐度的耐受性。采用已有研究的野外监测结果(崔保山等，2008；杨其纯，2006；谢涛，2006)确定了三种典型盐沼植被的生境阈值(表5.12)，并将其作为植被分布模型的参数。盐沼植被在不同生境条件下出芽数和出苗率的取值见表5.13。

表 5.12　三种典型盐沼植被的生境阈值

盐沼植被名称	可生长盐度下限/ppt	最适盐度下限/ppt	最适盐度上限/ppt	可生长盐度上限/ppt	可生长地下水埋深下限/m	最适地下水埋深下限/m	最适地下水埋深上限/m	可生长地下水埋深上限/m
芦苇	0	4	9	20	–2.5	–0.6	0.23	1.5
柽柳	0	12	20	33	0	0.5	1.2	3
盐地碱蓬	0	8.94	16.48	100	–0.08	0.17	0.67	2

注：地下水埋深负值表示地表被完全淹没。

表 5.13　盐沼植被在不同生境条件下出芽数和出苗率的取值

盐沼植被名称	最适生境		可生长生境		不可生长生境		数据来源
	出芽数	出苗率	出芽数	出苗率	出芽数	出苗率	
芦苇	4	0.63	3	0.23	0	0	(Yi et al.，2020)
柽柳	4	0.76	3	0.25	0	0	(刘帅等，2017)
盐地碱蓬	4	0.47	3	0.27	0	0	(赵肖依等，2019)

在植被生长模型中，三种盐沼植被的最大生物量取值参照已有研究结果(齐曼，2018)，芦苇为2437.24g/m^2，柽柳为3137.75g/m^2，盐地碱蓬为5970.15g/m^2。模型的最适地下水埋深和最适盐度取上下限的均值，芦苇、柽柳和盐地碱蓬的最适地下水埋深依次为–0.185m、0.85m和0.42m，最适盐度依次为6.5ppt、16ppt和12.71ppt。芦苇、柽柳和盐地碱蓬的内禀增长率取值见表5.14，三种盐沼植被在生长季开始时的初始生物量构建的模型参数设为100g/m^2。三种盐沼植被的种间竞争系数取值如表5.15所示，对环境胁迫耐受力强的盐沼植被竞争能力弱(祝梅莎，2017)。

表 5.14　内禀增长率取值

盐沼植被	4月	5月	6月	7月	8月	9月	10月	参考文献
芦苇	1.14	1.40	1.26	1.24	1.10	0.90	0.31	(Yi et al.，2020)
柽柳	1.01	1.06	1.10	1.03	1.05	1.01	0.87	(王利伟，2019)
盐地碱蓬	1.05	1.08	1.19	1.39	3.11	1.47	0.63	(魏梦杰，2014)

表 5.15　种间竞争系数取值

盐沼植被	处于盐度胁迫下	处于地下水埋深胁迫下
芦苇	1	0.4
柽柳	0.5	1
盐地碱蓬	0.27	0.55

模型的修正参数 p 一般可取 2、4 或 6，由地下水埋深胁迫的盐沼植被最大生物量损失值 L 一般可取 120g/m^2、130g/m^2、140g/m^2、150g/m^2、160g/m^2 和 170g/m^2(赵志轩，2012)。目前研究中对于由土壤盐度影响的生物量损失值的取值研究较少，因此，不区分由地下水埋深胁迫和由土壤盐度胁迫的生物量损失值。模型基于野外植被调查结果，以通过高斯拟合方法得到的土壤盐度和盐沼植被生物量相关关系方程为参数率定依据，选取土壤盐度反演得到的三种盐沼植被的生物量作为验证数据，计算不同 p 和 L 组合下模型模拟结果的均方根误差(RMSE，单位：g/m^2)，选取 RMSE 最小时的组合作为三种盐沼植被生长模型的参数值。

在盐沼植被处于无地下水埋深胁迫和种间竞争的条件下，选取 10ppt、15ppt、20ppt、30ppt、50ppt、70 ppt 的盐度梯度计算模型的 RMSE。参数率定结果如表 5.16 所示，当芦苇模型的 p 和 L 分别为 2 和 170g/m^2 时，RMSE 最小值为 202.97g/m^2；当柽柳模型的 p 和 L 分别为 6 和 120g/m^2 时，RMSE 最小值为 135.90g/m^2；当盐地碱蓬模型的 p 和 L 分别为 2 和 170g/m^2 时，RMSE 最小值为 386.55g/m^2。模型在盐度梯度的最佳模拟结果见图 5.36。

表 5.16　不同 p 和 L 取值下模型的 RMSE　(单位：**g/m^2**)

植被	参数名称	L=120g/m^2	L=130g/m^2	L=140g/m^2	L=150g/m^2	L=160g/m^2	L=170g/m^2
芦苇	p=2	203.91	203.71	203.52	203.33	203.15	202.97
	p=4	204.94	204.80	204.66	204.52	204.38	204.24
	p=6	205.88	205.81	205.74	205.67	205.60	205.53
柽柳	p=2	140.42	140.79	141.19	141.60	142.03	142.48
	p=4	136.74	136.81	136.90	137.02	137.15	137.30
	p=6	135.90	135.91	135.94	135.99	136.06	136.15
盐地碱蓬	p=2	388.86	388.40	387.93	387.47	387.01	386.55
	p=4	392.08	391.88	391.67	391.47	391.26	391.06
	p=6	393.68	393.61	393.54	393.46	393.39	393.32

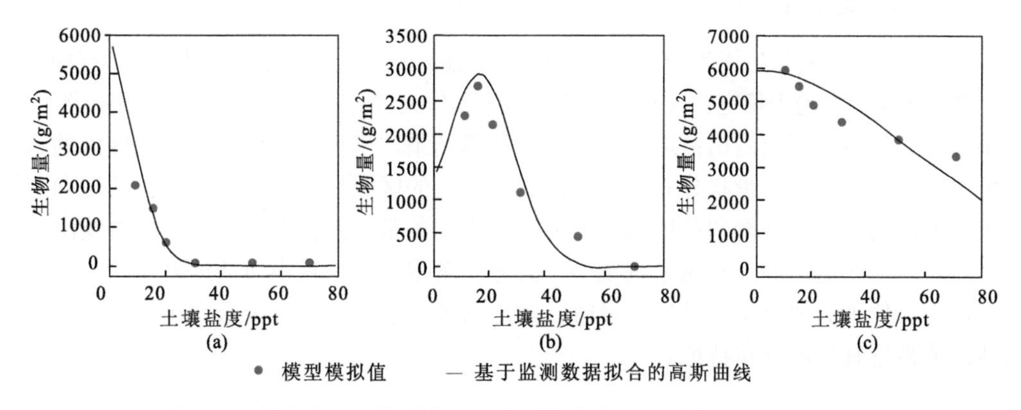

图 5.36　生态动力学模型模拟结果：(a)芦苇；(b)柽柳；(c)盐地碱蓬

5.3.2　不同水文年情景下盐沼植被群落适宜生境模拟

1. 不同水文年情景下浅层土壤盐度分布

基于浅层土壤盐度 GAMs 计算黄河流域不同水文年情景下的浅层土壤盐度，结果如图 5.37 所示。以水资源总量最大年为时间序列的浅层土壤盐度计算结果如图 5.37(a)所示，结果表明，黄河两岸和海岸线附近的盐度较低，分别为 0～15ppt 和 0～10ppt，而在黄河和海岸线之间，包括研究区北侧、东侧和东南侧均出现了超盐带，盐度分别大于 20ppt、30ppt 和 30ppt。随着黄河补给范围的变化，研究区的浅层土壤盐度分布变化明显。黄河补给增强导致黄河两岸的浅层土壤盐度快速下降，但同时也使超盐带的范围扩大。图 5.37(b)～(e)分别是丰水年、平水年、枯水年和黄河流域水资源总量最小年时间序列的模拟结果。在这些水文年中，浅层土壤盐度的分布相对稳定，超盐带均无明显变化，只是在某些地区存在差异。

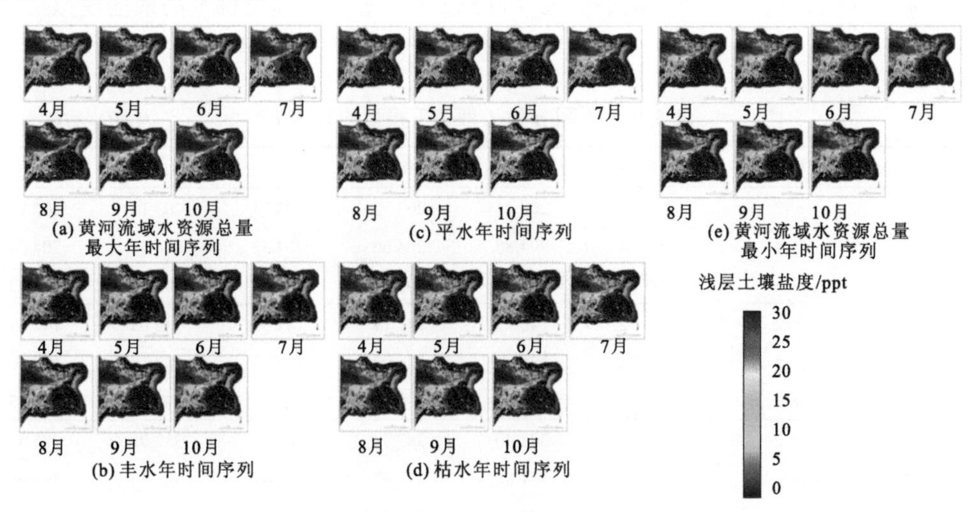

图 5.37　不同水文年情景下浅层土壤盐度分布变化

2. 不同水文年情景下盐沼植被适宜生境分布

假设盐沼植被初始生境为均匀分布，密度为 20%，在每个水文年逐月反复运行模型，直至潜在生境分布趋于稳定，并将稳定的生境分布作为该月的适宜生境模拟结果。图 5.38 为不同水文年情景下盐沼植被适宜生境分布计算结果，三种盐沼植被在研究区内的适宜生境主要在黄河两岸呈带状分布，在距离黄河较远的区域呈散点状分布。自黄河向海梯度上，依次为芦苇、柽柳和盐地碱蓬的分布条带，条带之间存在交错区。随着黄河水位的增高，芦苇在河岸的分布越来越集中，其分布条带的宽度减小而盐地碱蓬的分布条带变宽，当水位过高使得岸带发生淹没时，附近盐地碱蓬死亡。其余水文年也出现了类似的盐沼植被适宜生境分布特征。

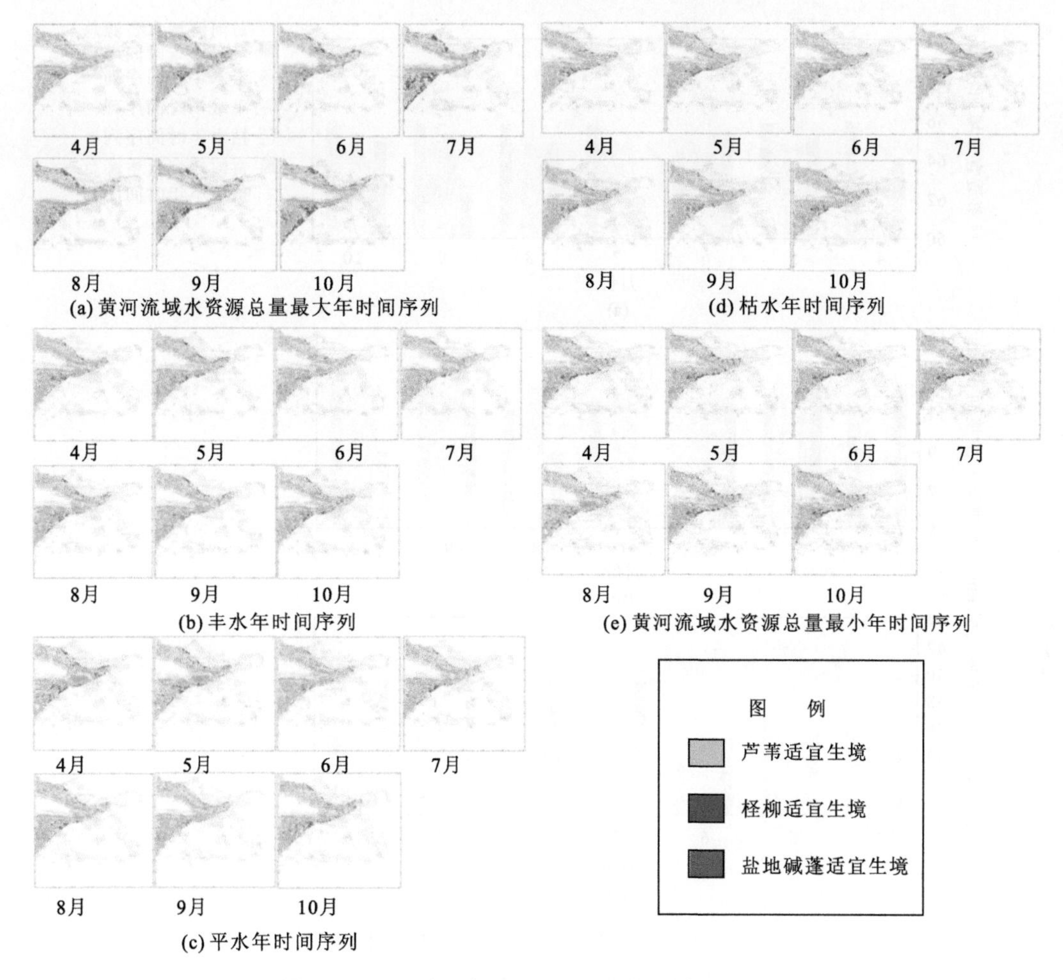

图 5.38　不同水文年情景下盐沼植被适宜生境分布

统计研究区内典型盐沼植被在5种水文年情景下的适宜生境面积(图5.39)。结果表明，三种盐沼植被的适宜生境面积在不同水文年情景下均存在一定差异。芦苇的适宜生境面积统计结果[图5.39(a)]表明，研究区芦苇适宜生境面积在62～67km^2，在7月和9月黄河流域水资源总量最大年时间序列情景下，芦苇适宜生境面积快速减少，主要是由于这两个月黄河水位较高，长时间淹水会破坏芦苇适宜生境。在5月和6月丰水年时间序列的水位最适宜芦苇生长，而在7～10月黄河流域水资源总量最小年时间序列下的水位可以使芦苇生境维持较大的面积。8～10 月平水年时间序列的水位也可以使芦苇适宜生境维持较大的面积。柽柳的适宜生境面积统计结果[图5.39(b)]表明，研究区柽柳的适宜生境面积维持在6～13km^2，丰水年时间序列在整个生长季内均能保持柽柳较大的适宜生境面积。盐地碱蓬的适宜生境面积统计结果[图5.39(c)]表明，研究区盐地碱蓬的适宜生境面积维持在34～42km^2，在7～10月黄河流域水资源总量最大年时间序列下，盐地碱蓬的适宜生境面积明显高于其他时间序列结果，而其他时间序列下，盐地碱蓬的适宜生境面积变化较小。

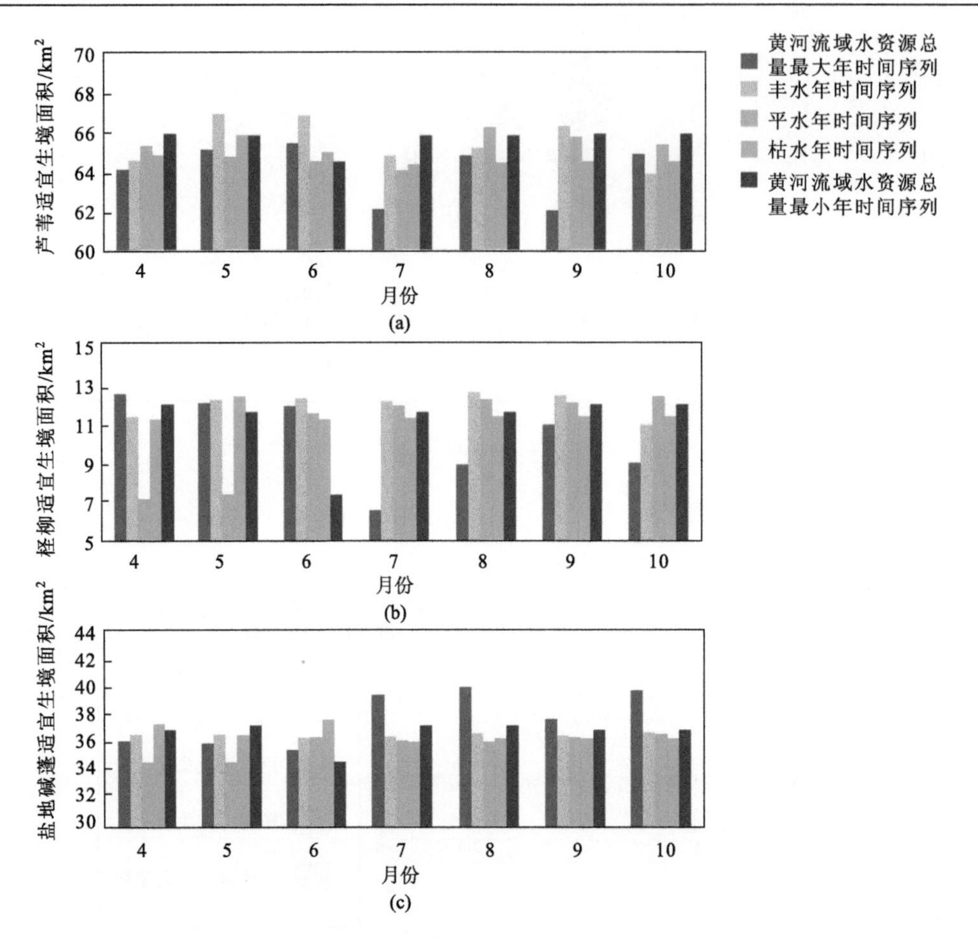

图 5.39　适宜生境面积的模拟结果

盐沼植被月均适宜生境面积占比(植被月均适宜生境面积与研究区总面积比值)计算结果如图 5.40 所示，比较了 5 种水文年情景下典型盐沼植被整个生长季内适宜生境面积占比，结果表明黄河流域水资源总量最小年时间序列为芦苇适宜生境的最优时间序列，丰水年时间序列为柽柳适宜生境的最优时间序列，黄河流域水资源总量最大年时间序列为柽柳适宜生境的最优时间序列，丰水年时间序列为三种盐沼植被适宜生境总面积的最优时间序列。

3. 不同水文年情景下盐沼植被生物量分布

耦合土壤水盐动力过程与植被生长扩散生态动力学模型，模拟在不同水文年情景下三种盐沼植被的生物量积累及种间竞争过程。盐沼植被生物量分布的模拟结果如图 5.41 所示，不同水文年情景下盐沼植被生物量分布的位置存在差异，通过对比适宜生境的模拟结果可以发现，生物量的累积主要发生在黄河河道补给的带状分布区内，而周围散点状分布的生境中，盐沼植被生物量积累得缓慢。芦苇的生物量积累主要发生在较窄的条带上，而盐地碱蓬和柽柳的生物量积累发生在面状区域。芦苇的生物量分布表现为靠近黄河河道的生境内生物量多于远离黄河河道的生境内生物量，说明黄河补给的直接作用

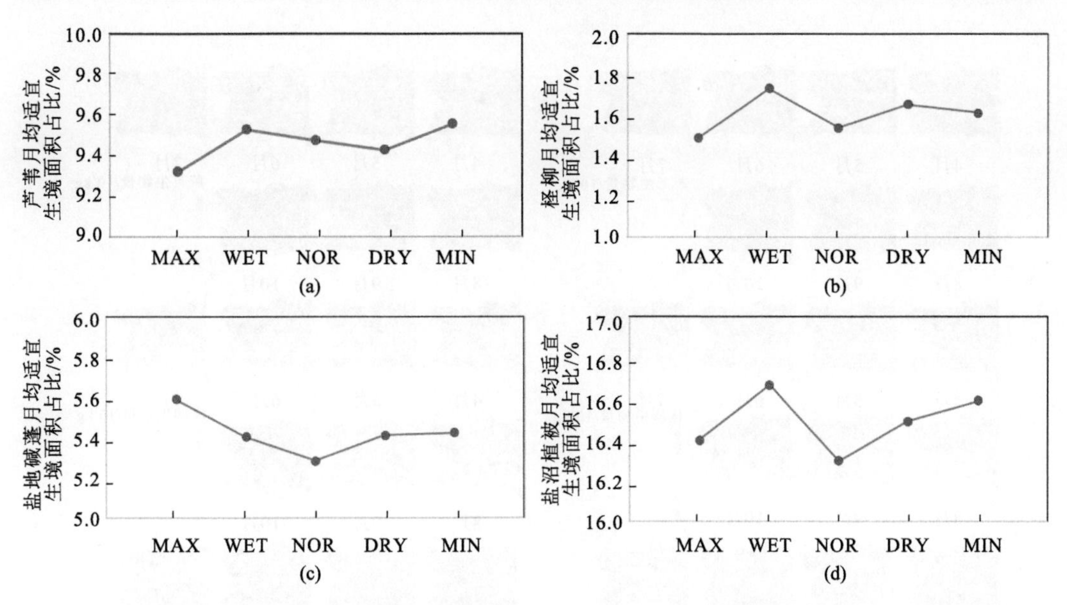

图5.40 月均适宜生境面积占比结果：(a)芦苇；(b)柽柳；(c)盐地碱蓬；(d)三种盐沼植被总面积

MAX为黄河流域水资源总量最大年时间序列，WET为丰水年时间序列，NOR为平水年时间序列，DRY为枯水年时间序列，MIN为黄河流域水资源总量最小年时间序列

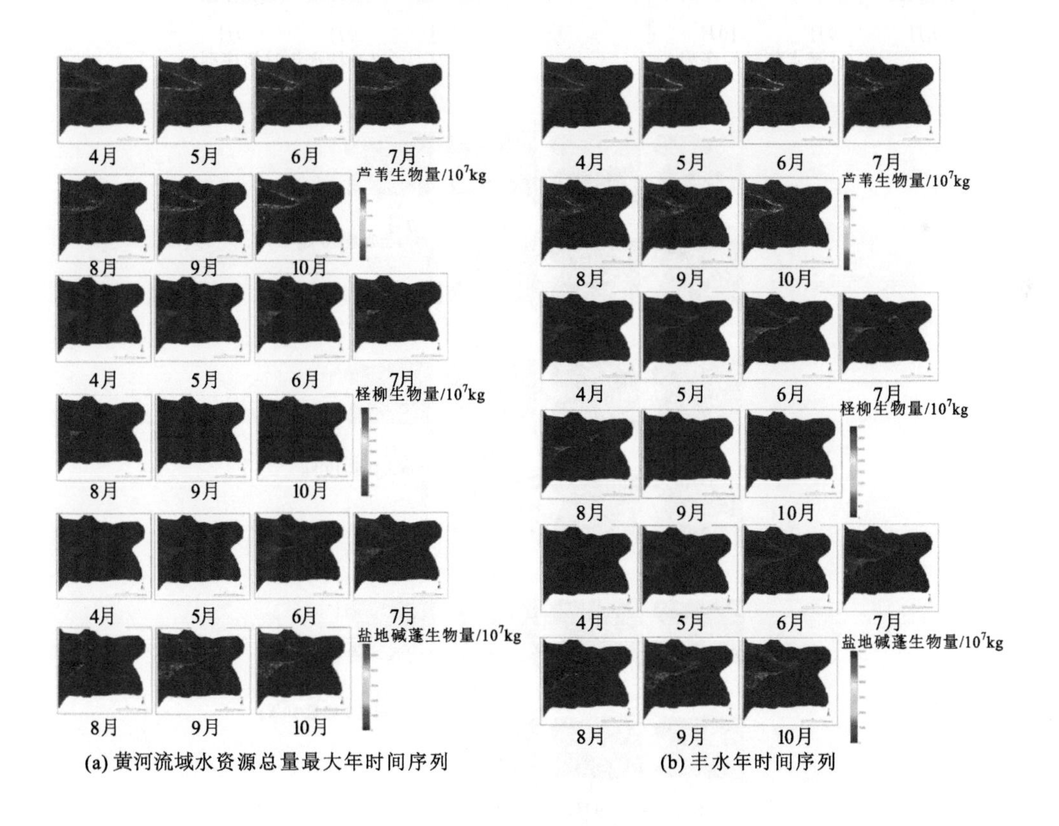

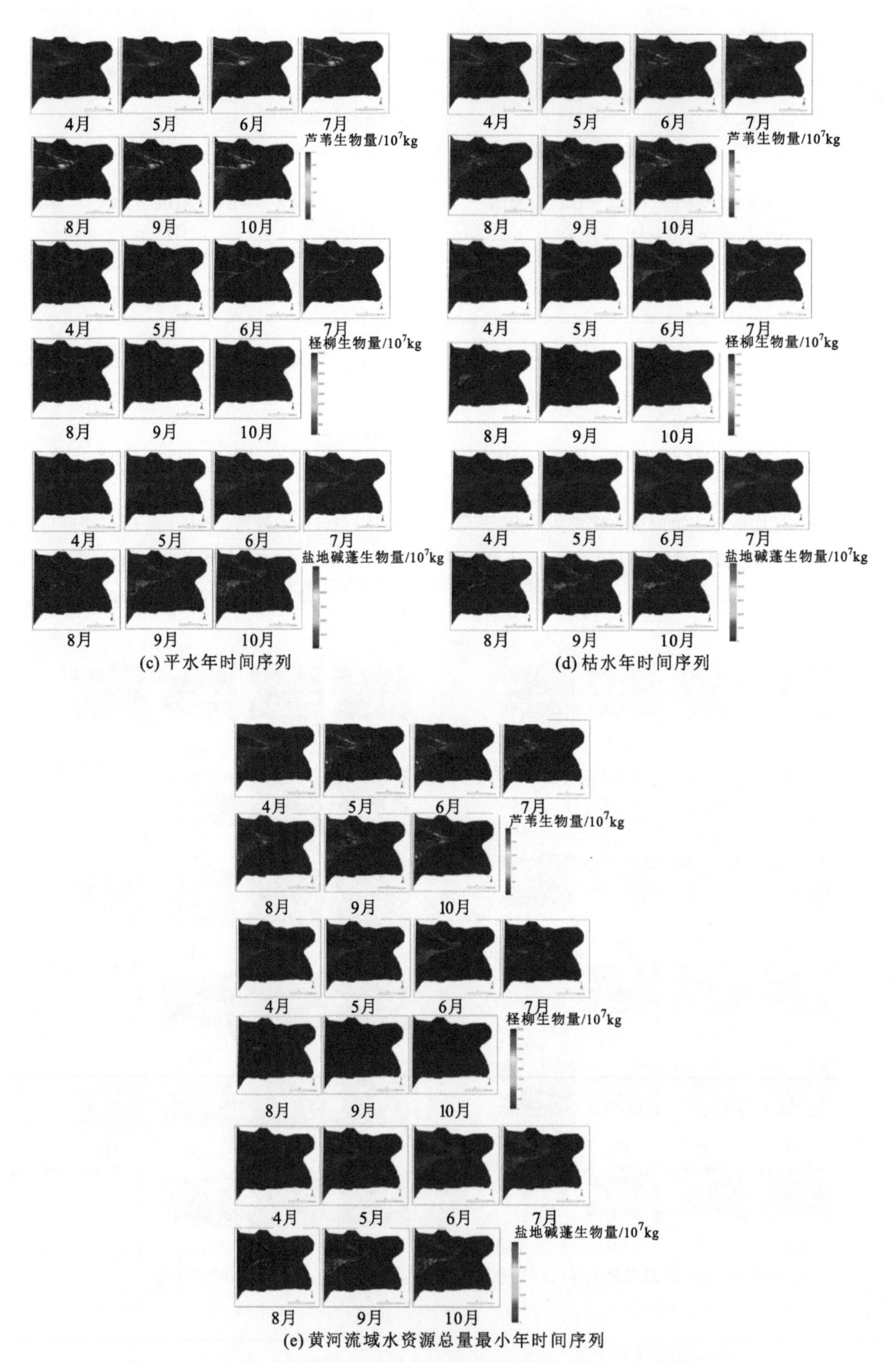

图 5.41　不同水文年情景下黄河三角洲盐沼植被生物量分布的模拟结果

对芦苇生物量积累过程影响较大。柽柳的生物量分布较为均匀。盐地碱蓬在 8 月出现明显的靠近黄河河道的生境内生物量多于远离黄河河道的生境内生物量现象，柽柳靠近黄河河道的生境内生物量与远离黄河河道的生境内生物量差别不大。这可能与黄河补给的影响范围有关，盐地碱蓬和柽柳的适宜生境范围内黄河横向补给对地下水的影响较小，土壤主要受到海洋和蒸散发的影响，不同水文年情景下黄河水位的变化引起的黄河补给范围变化对生物量积累过程的影响较小，而芦苇的适宜生境范围内既存在受黄河补给影响强烈的区域，又存在受黄河补给影响较小的区域，这导致整个生境范围内生物量积累的空间分布异质性较大。

假设生长季开始时，盐沼植被在适宜生境完成芽的扩散，在生长季不会产生新的植株，只在芽分布处进行生长。不同盐沼植被生长季生物量变化的模拟结果(图 5.42)表明，盐沼植被的生物量变化主要受季节的影响，不同水文年情景下生物量存在差异。芦苇生物量为 1.90×10^7～7.33×10^7kg，不同水文年情景下芦苇的生物量变化规律一致，均在 4～9 月逐月递增，在 9 月达到峰值，在 10 月下降；柽柳的生物量为 0.42×10^7～3.91×10^7kg，

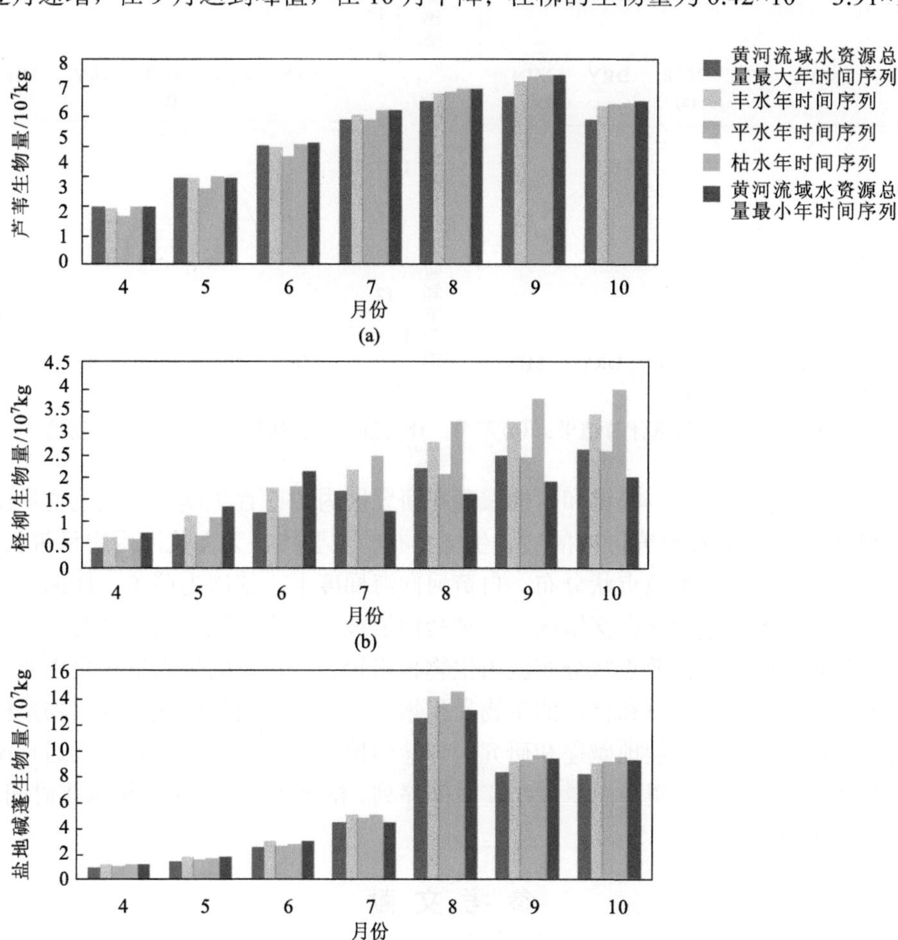

图 5.42 不同盐沼植被在生长季生物量变化的模拟结果

在黄河流域水资源总量最大、丰水、平水和枯水年时间序列下逐月递增，黄河流域水资源总量最小年时间序列在4～6月逐月递增，在7月骤减，随后在7～10月逐月递增，峰值出现在6月；盐地碱蓬的生物量为0.94×10^7～14.28×10^7kg，不同水文年情景下盐地碱蓬的生物量变化规律一致，在4～7月逐月递增，在8月骤增，在9月骤减，随后在9～10月逐月递减，峰值出现在8月。

比较5种水文年情景下典型盐沼植被在整个生长季的月均生物量(图5.43)，发现在黄河流域水资源总量最小年时间序列和枯水年时间序列下芦苇的生长最好；枯水年时间序列下柽柳、盐地碱蓬及三种盐沼植被月均总生物量均达最高。

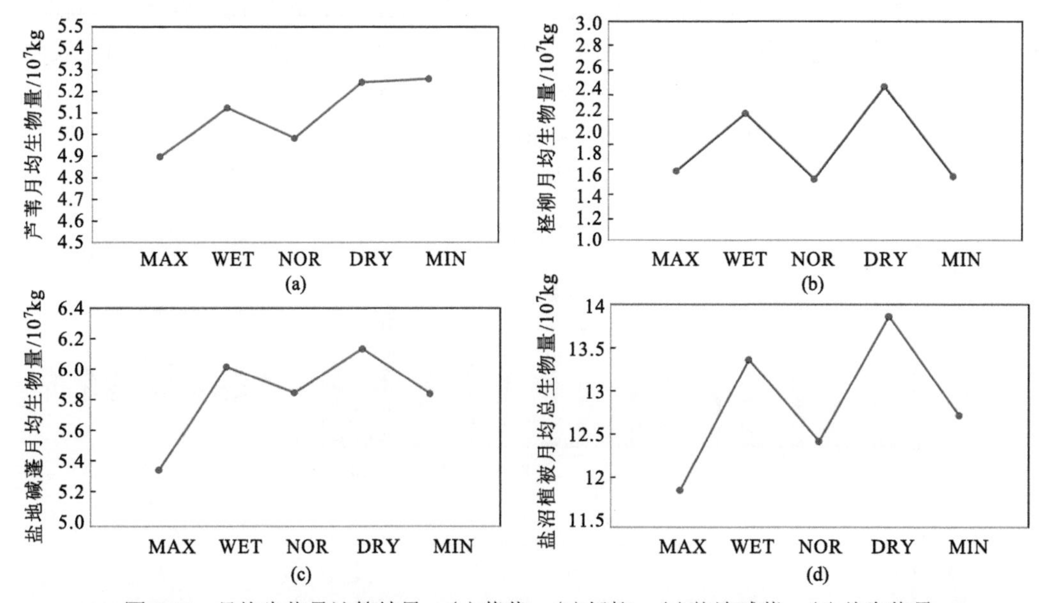

图5.43　月均生物量计算结果：(a)芦苇；(b)柽柳；(c)盐地碱蓬；(d)总生物量

总体而言，根据芦苇、柽柳和盐地碱蓬在研究区内的适宜生境分布及生物量模拟结果，三种典型盐沼植被在研究区内的适宜生境分布的主要特征为在黄河两岸呈带状分布，在距离黄河较远的地区呈散点状分布。自黄河向海梯度上，依次为芦苇、柽柳和盐地碱蓬的分布条带，条带之间存在交错区。三种盐沼植被的生物量积累过程多发生在黄河两岸的带状分布区域，而在散点状分布区内生物积累较少。芦苇的生物量积累主要发生在较窄的条带上，而盐地碱蓬和柽柳的生物量积累均匀发生在面状区域。以生物量积累最多为目标，芦苇、柽柳、盐地碱蓬和研究区内盐沼植被总生物量最大时的最适宜调水时间序列分别为黄河流域水资源总量最小年时间序列、枯水年时间序列、枯水年时间序列、枯水年时间序列。

参 考 文 献

陈长清，魏聪. 2020. 河汊湖生态水位确定方法研究. 水资源开发与管理, (2): 30-33.

崔保山，贺强，赵欣胜. 2008. 水盐环境梯度下翅碱蓬(Suaeda salsa)的生态阈值. 生态学报, (4): 1408-1418.

范晓梅. 2007. 黄河三角洲地下水动态及其生态效应. 南京: 河海大学.

胡士辉, 陈巧红, 张桂花, 等. 2012. 黄河流域水资源利用趋势分析. 水资源与水工程学报, 23(2): 112-115.

刘帅, 付和平, 蓝登明,等. 2017. 3 种柽柳属植物种子萌发特性研究. 安徽农业科学,45(11): 130-132,181.

马海丽. 2015. 黄河三角洲典型区地下水动态及其与土壤盐渍化的关系. 济南: 济南大学.

马玉蕾. 2014. 基于 Visual Modflow 的黄河三角洲浅层地下水位动态及其与植被关系研究. 咸阳: 西北农林科技大学.

牟夏. 2017. 变化环境下滨海湿地浅层地下水模拟研究——以黄河三角洲湿地为例. 北京: 北京师范大学.

齐曼. 2018. 环境胁迫下黄河三角洲盐沼植物种间关系及群落稳定性驱动机制. 北京: 北京师范大学.

秦伟颖, 庄新国, 黄海军. 2008. 现代黄河三角洲地区地面沉降的机理分析. 海洋科学, 32(8): 38-43.

孙晓明, 王卫东, 徐建国, 等. 2013. 环渤海地区地下水资源与环境地质调查评价. 北京: 地质出版社.

王浩, 贾仰文, 王建华, 等. 2005. 人类活动影响下的黄河流域水资源演化规律初探. 自然资源学报, (2): 157-162.

王利伟. 2019. 柴达木盆地盐湖盐沼带植物生态化学计量学研究. 北京: 中国地质大学.

魏梦杰. 2014. 辽河三角洲创建与修复湿地生长季节 CO_2 释放通量分布特征. 西宁：青海大学.

郇立, 万军伟, 潘欢迎, 等. 2009. 琼北自流盆地地下水三维数值模拟研究. 安全与环境工程, 16(3): 12-17.

谢涛. 2006. 黄河三角洲湿地芦苇对土壤水盐条件和地下水位的生理响应研究. 北京: 北京师范大学.

杨其纯. 2006. 黄河三角洲不同环境梯度下柽柳生理生态特征研究. 北京: 北京师范大学.

易雨君, 程曦, 周静. 2013. 栖息地适宜度评价方法研究进展. 生态环境学报, 22(5): 887-893.

原平. 2018. 河口变盐度条件下海水—地下水相互作用的数值模拟. 北京: 中国地质大学.

张彩琴. 2007. 内蒙古典型草原生长季内植物生长动态的数学模型与计算机模拟研究. 呼和浩特: 内蒙古大学.

张娜. 2015. 铅污染对不同水分生境芦苇生长、生理和克隆繁殖的影响. 长春: 东北师范大学.

赵肖依, 魏海峰, 黄欣, 等. 2019. 不同水位条件对翅碱蓬发芽与生长的影响. 环境生态学,1(6): 18-22.

赵志轩. 2012. 白洋淀湿地生态水文过程耦合作用机制及综合调控研究. 天津: 天津大学.

郑敬彤. 2012. 长春地区麻疹野毒株 *H* 基因与 *F* 基因变异情况及流行病学研究. 长春: 吉林大学.

祝梅莎. 2017. 地下水影响下的黄河口典型盐沼植被格局演变机制与模拟. 北京: 北京师范大学.

Alicia M, Tyler E, Willard M, et al. 2015. Groundwater controls ecological zonation of salt marsh macrophytes. Ecology, 96(3): 840-849.

Cui B, He Q, An Y. 2011. Comminity structure and abiotic determinants of salt marsh plant zonation vary across topographic gradients. Estuaries and Coasts, 34(3): 459-469.

Fang H, Liu G, Kearney M. 2005. Georelational analysis of soil type, soil salt content, landform, and land use in the Yellow River Delta, China. Environmental Management, 35(1): 72-83.

Fetter C. 2001. Applied Hydrogeology. 4th ed. Trenton: Prentice Hall.

Freeze R, Cherry J. 1979. Groundwater. Trenton: Prentice Hall.

Gardner L R. 1973.The effect of hydrologic factors on the pore water chemistry of intertidal marsh sediments. Southeastern Geology, 15:17-28.

Hemond H, Fifield J. 1982. Subsurface flow in salt marsh peat: a model and field study. Limnology and Oceanography, 27: 126-136.

Li F, Xie Y, Chen X, et al. 2013. Succession of aquatic macrophytes in the Modern Yellow River Delta after 150 years of alluviation. Wetlands Ecology and Management, 21(3): 219-228.

Moffett K, Gorelick S, McLaren R, et al. 2012. Salt marsh ecohydrological zonation due to heterogeneous vegetation-groundwater-surface water interactions. Water Resources Research, 48: W02516.

Xin P, Kong J, Li L, et al. 2013. Modelling of groundwater–vegetation interactions in a tidal marsh. Advances in Water Resources, 57: 52-68.

Xin P, Zhou T, Lu C, et al. 2017. Combined effects of tides, evaporation and rainfall on the soil conditions in an intertidal creek-marsh system. Advances in Water Resources, 103: 1-15.

Yi Y, Xie H, Yang Y, et al. 2020. Suitable habitat mathematical model of common reed (Phragmites australis) in shallow lakes with coupling cellular automaton and modified logistic function. Ecological Modeling, 419: 108938.

第 6 章　黄河口海草床对水沙环境条件的响应

河口作为海陆交替处的特殊地理单元，受淡水径流和海洋潮汐共同影响，环境条件复杂，生物多样性丰富。海草床是河口生态系统的初级生产者，为生态系统中其他物种提供营养物质和栖息地，同时对河口地形的冲淤也起到至关重要的作用。日本鳗草作为我国黄河口海草床中分布最广的物种，近年来，由于多重人类活动的影响，日本鳗草海草床面积显著减少，因此，明晰环境条件对其生长繁殖的影响机制，对该物种的保护具有非常重要的意义。本章介绍黄河口日本鳗草对水沙、水盐条件的响应机制。本章针对黄河口的水沙和水盐特性，在日本鳗草生长季(4～10 月)，通过野外原位监测，并结合室内控制实验，研究日本鳗草对盐度、浊度及浊度-盐度交互影响的响应，分析了短期盐度、浊度环境胁迫对日本鳗草生长代谢的影响机制，筛选了盐度、浊度胁迫下日本鳗草的敏感生理生态指标，量化了日本鳗草对不同胁迫因子及强度的响应机制。

6.1　黄河口海草床及水沙条件

受全球变暖、海平面上升和人类活动的影响，自 20 世纪 90 年代以来，世界范围内的海草床以每年 7%的衰退率减少(Waycott et al., 2009)。近年来，中国滨海海草床衰退严重。

6.1.1　日本鳗草分布概况

日本鳗草是中国滨海海草床中最广泛分布的物种，属温度广适种，从亚热带的福建和两广地区一直延伸到温带的山东、河北和辽宁沿海。日本鳗草属沼生目大叶藻科、大叶藻属植物，具发达的根茎，根茎匍匐。主要生长于潮间带上部区域，为多年生被子植物，既可以通过地下茎无性繁殖，也可以通过种子萌发进行有性生殖。2015 年在黄河三角洲保护区内发现了中国沿海最大的与互花米草混生的日本鳗草海草床(面积为 1031.8hm^2)，黄河口日本鳗草海草床均匀分布在黄河口南北两侧，上下绵延 25～30km，由海岸向海方向分布宽度为 200～500m(图 6.1)(周毅等，2016)。日本鳗草海草床也为大天鹅、灰鹤、白鹳和其他湿地食草鸟类提供食物来源(Li et al., 2019)。

6.1.2　黄河口水沙动力条件

黄河小浪底水库水沙动态调控改变了河口区域的水量、沙量及营养物质的年内分配。大量高含沙水流注入河口，一方面使得悬浮泥沙含量增大，浊度增加，可能对海草光合作用和新陈代谢产生影响；另一方面，大量淡水下泄，使得河口区域盐度显著下降(接近于 0ppt)，可能对生长在该区域的日本鳗草海草床的生长代谢造成影响。

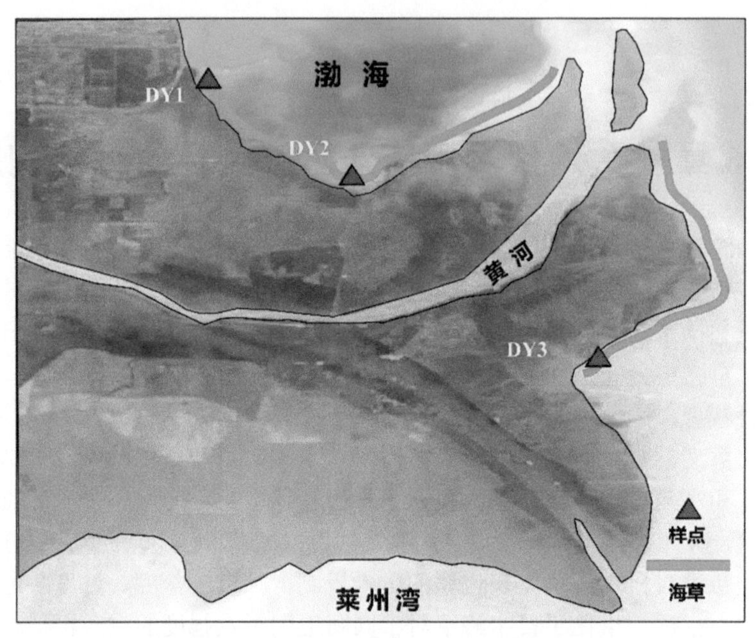

图 6.1　日本鳗草在黄河口的主要分布区域

黄河口日本鳗草生长区域受径流和波浪共同作用，悬浮泥沙含量浓度高，并且不同时期差异显著。黄河下游利津水文站的水位在 2019 年 4～10 月的波动范围为 8.53～11.76m(图 6.2)，流量为 571～960m³/s，含沙量为 0.84～26kg/m³。6 月 24～28 日，利津水文站流量增加 254%，7 月 11～21 日，含沙量增加 356%(图 6.3)。

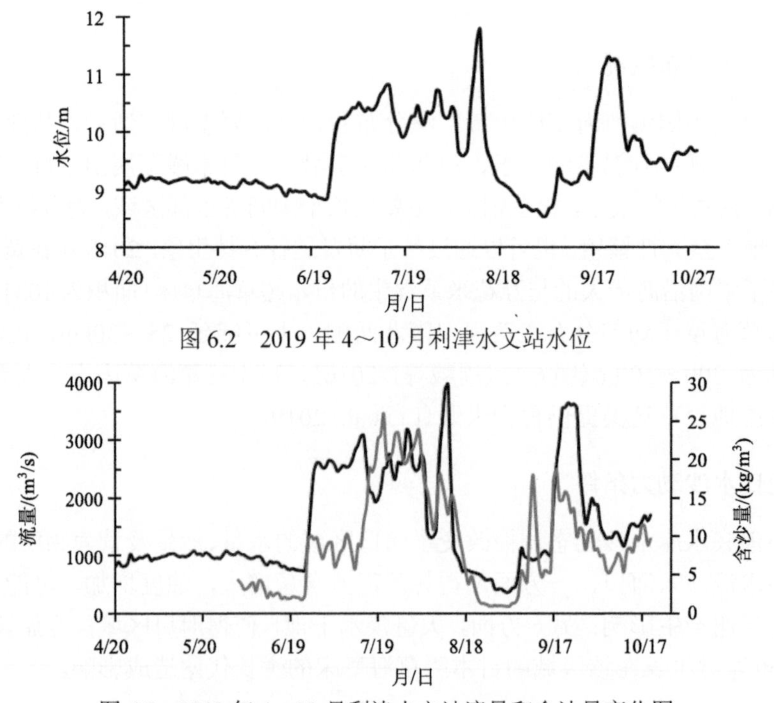

图 6.2　2019 年 4～10 月利津水文站水位

图 6.3　2019 年 4～10 月利津水文站流量和含沙量变化图

黄河口的潮汐类型为弱潮型，潮差小于 1m(图 6.4)。河口附近的区域潮汐格局在年内保持相对稳定，但是 2019 年 4～10 月(采样)高潮、低潮出现时间不同，存在一定偏移。7 月下旬，由于黄河小浪底汛期排水，河水以近 3000m^3/s 的流量流入渤海湾，使得该时段低潮时水位高于其他时段正常水位。

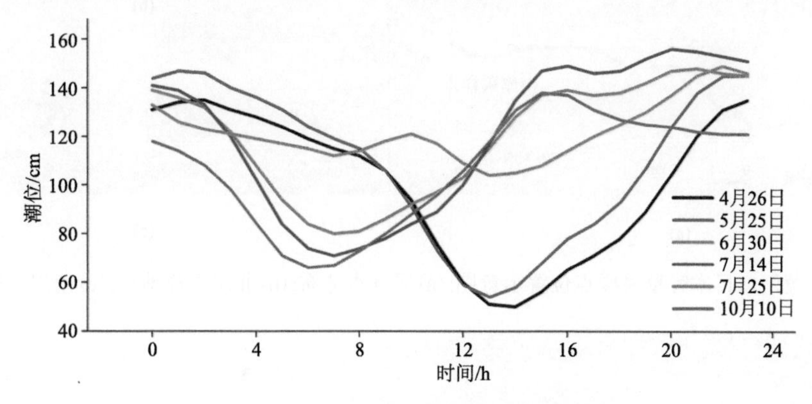

图 6.4　2019 年采样期间东营港口日潮位图

资料来源：潮汐网

6.2　实 验 设 计

6.2.1　野外试验与样品采集

于日本鳗草生长季(2019 年 4 月 26 日至 10 月 9 日)在黄河口进行了野外试验。分别在黄河入海口南岸和北岸设置样区，其中南岸样区距离黄河入海口较近，北岸样区距离入海口较远。每个样区 3 条采样带，每条采样带均匀设置 3 个采样点(间隔 50m)，每个采样点布设 1m×1m 的样方[图 6.5(b)、(c)和图 6.6]，共 18 个采样点。将日本鳗草生长季划分为 4 个时期，分别为幼苗期 4 月，生长期 5～6 月，成熟期 7～8 月，衰亡期 9～10 月。具体采样日期见表 6.1。样品采集主要为日本鳗草植株(含根)、表层水、表层土、根系土；采样频率为每个月采集一次，在汛期增加采样频次(8 月、9 月底采样区退潮时潮位较高，考虑安全问题，故未进行采样)。在采样过程中，从每个 1m×1m 的样方中随机挖出一个 10cm×10cm 的样方，收集所有完整的日本鳗草植株。计数后，分离植株并用蒸馏水洗净，测定植株各项生理生化指标。

表 6.1　采样点经纬度及采样时间

采样区		经纬度	采样时间					
			1	2	3	4	5	6
采样区 1	北岸	119°5′51.45″E 37°50′53.62″N	4 月 26 日	5 月 25 日	6 月 29 日	7 月 14 日	7 月 25 日	10 月 8 日
采样区 2	南岸	119°15′10.25″E 37°44′17.04″N	4 月 27 日	5 月 26 日	6 月 30 日	7 月 15 日	7 月 26 日	10 月 9 日

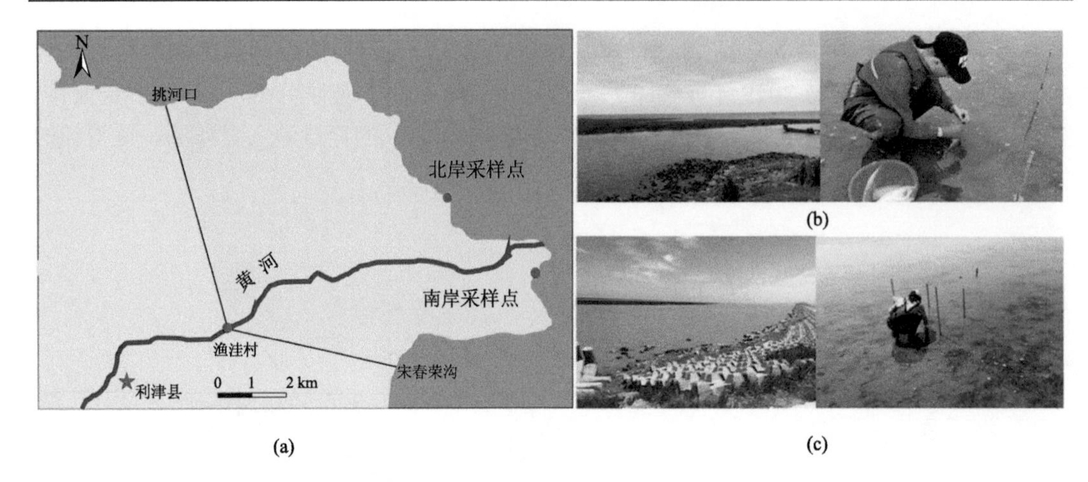

图 6.5　黄河口日本鳗草采样点位置示意图:(a)采样点分布;(b)北岸采样地点;(c)南岸采样地点

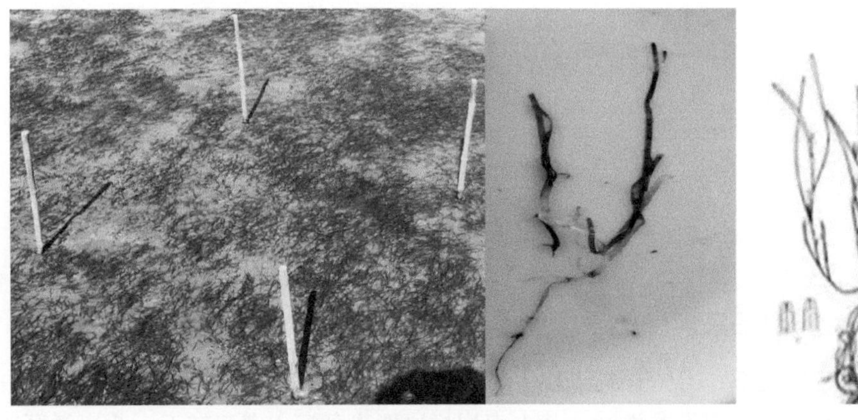

图 6.6　黄河口日本鳗草采样点及植株图

6.2.2　室内实验设计与指标测定

1. 实验材料

实验所用日本鳗草采自黄河口北岸(119°15′10.25″E, 37°44′17.04″N)，选取长势相似、干扰较小区域的海草，其密度约为 1000 株/m^2。挖取整株日本鳗草以保持根系完整，选择聚丙烯(PP)材质种植盆，其厚度为 0.8mm，底径为 6.0cm，高为 8.0cm。将植株栽入盆中并覆表土，每盆栽入 10 株左右，将种植盆置于室内进行为期一周的预培养，选取适应较好的植株，选择通风、光照较好的地方进行为期 10 天的控制实验。

使用当地生产的海水晶制备不同盐度的实验用水(产地为山东省东营市河口区孤岛镇)，产品不含氮磷等营养物质，生产厂家为中国山东济南慧利化工科技有限公司。在黄河口北岸日本鳗草生长区域取表层沉积物，将沉积物进行烘干研磨，过 100 目筛后(粒径小于 150μm)用于控制不同浊度梯度。

2. 实验设计

1) 实验装置

室内控制实验在山东省东营市黄河口国家重点实验室完成，实验装置分为水沙混合箱和实验反应箱两部分，箱体为 5mm 厚的透明玻璃，透光性良好。水沙混合箱由发动机带动位于玻璃箱底部的螺旋桨，保持螺旋桨一直转动以保持水沙充分混合，通过扰动水流使得其中的泥沙发生起悬，悬浮状态的泥沙通过隔板孔隙进入实验反应箱中，形成不同浊度梯度，对实验植株进行处理。实验过程中水深保持在 35cm，每隔 4h 测量反应箱中的浊度并及时调整。电机转速为 110r/min，隔板有均匀分布的小孔。实验装置如图 6.7 所示。

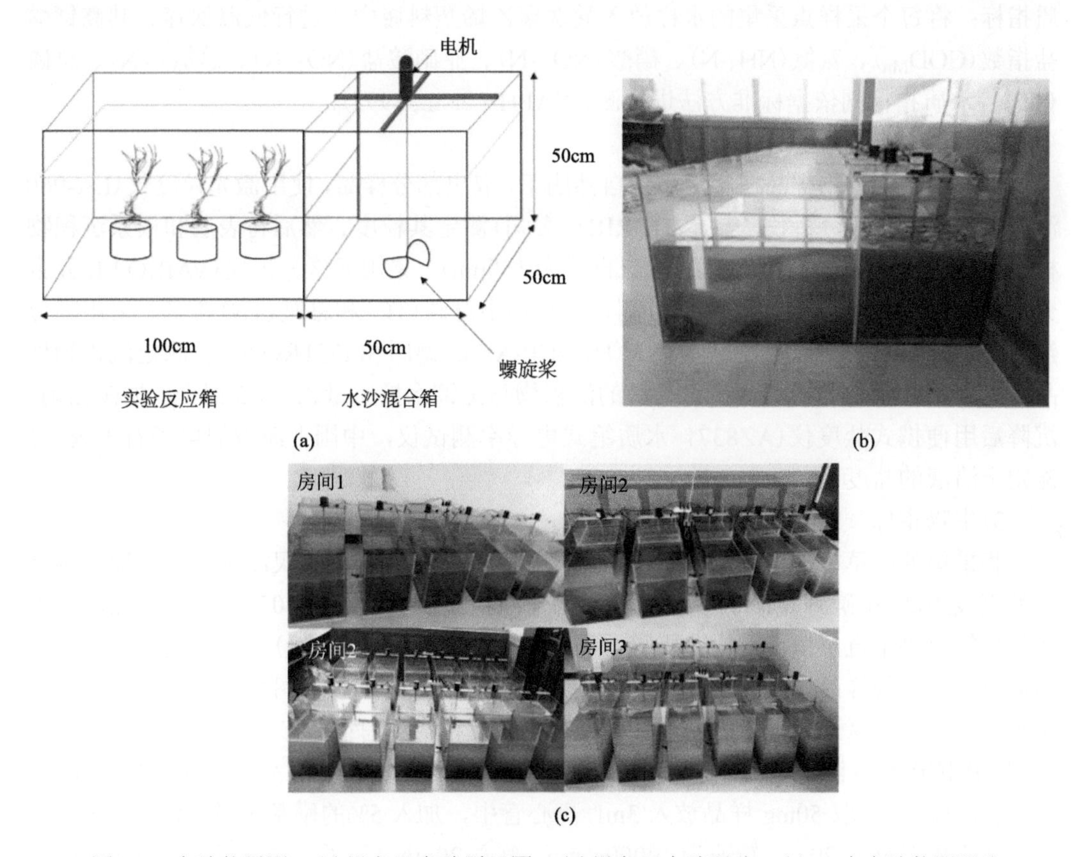

图 6.7　实验装置图：(a) 设备及实验原理图；(b) 设备及实验照片；(c) 36 套实验装置照片

2) 实验条件控制

实验共设置 6 个盐度梯度和 6 个浊度梯度，盐度梯度分别为 0ppt（淡水）、5ppt、10ppt、20ppt、25ppt 和 35ppt（海水），浊度梯度分别为 0 NTU（淡水）、50 NTU、100 NTU、150 NTU、200 NTU 和 250 NTU。在日本鳗草幼苗期（4 月）、生长期（6 月）和成熟期（7 月）分别进行盐度和浊度的交互实验。如图 6.7(c) 所示，36 套实验装置放置在实验室的 3 个房间中，每个房间放置 12 套装置。考虑实验场地的限制和可使用电力的安全性，本研究在实验的每个阶段均使用 36 套实验装置(组)(不同盐度-浊度组合)。实验过程中水温在25℃左右，不添加营养物质。对实验植株的处理结束后，从每套实验装置中收集 3 个花盆，统计每个花盆中存活的植株数量，分离存活植株，用蒸馏水洗净后测定其生理生化指标。

3. 指标测定方法

1)水质指标

采样前使用 YSI(美国 EXO 多参数水质监测仪)现场监测水温度(T)、电导率(COND)、溶解氧(DO)、pH、总可溶性固体(TDS)、浊度(NTU)和叶绿素 a(Chl a)等水质指标；将每个采样点采集的水样放入酸洗聚乙烯塑料瓶中，进行低温保存。其高锰酸盐指数(COD_{Mn})、氨氮(NH_3-N)、硝酸(NO_3^--N)、亚硝酸盐(NO_2^--N)、总氮(TN)、总磷(TP)等水质指标则依据标准方法进行测定(APHA et al., 1995)。

2)沉积物指标

将采集的沉积物样品在实验室中自然阴干，取出部分样品，使用激光粒度仪(LA-960激光散射粒度分布分析仪，日本 HORIBA 公司)测定其粒度。然后将表层和根系沉积物样品分别进行研磨，过 100 目尼龙筛(直径为 150μm)。采用元素分析仪(VARIO EL 元素分析仪，德国 ELEMENTAR 公司)测定沉积物中总碳(TC)和总氮(TN)含量。采用高分辨电感耦合等离子体原子发射光谱法(HR-ICP-AES, 德国 SPECTRO 公司)测定沉积物样品中总磷(TP)的含量。将研磨过筛后的沉积物与蒸馏水按质量比 1∶5 混合，振荡摇匀，沉降后用便携式盐度仪(AZ8371 水质笔式电导率测试仪，中国上海双旭电子有限公司)测定上清液的盐度。

3)生物指标

将采集的鳗草植株用蒸馏水洗净后，平铺在托盘中，用钢卷尺测量从植株地径到叶尖的直线距离(精确到 0.1cm)，得到鳗草株高；将鳗草植株先经 105℃ 杀青，然后放入70℃烘箱里烘干直至恒重，用分析天平称量其干重(精确到 0.001g)，得到鳗草生物量；然后将烘干后的样品进行研磨并用直径为 150μm 的尼龙筛网(100 目)进行筛分，部分用于测定样品碳、氮元素。采用元素分析仪分析植物样品中总碳(TC)和总氮(TN)的含量；采用 HR-ICP-AES 测定样品中总磷(TP)的含量。将研磨后的植物样品过直径为 250μm(60目)的筛网后，称取 50mg 样品放入 3mL 离心管中，加入 5%的磺基水杨酸溶液 1.5mL，设置离心机温度为 20℃，转速为 10000r/min，离心 20min 后，取上清液并加入 0.02mol/L 的稀盐酸溶液稀释 2 倍，用 Biochrom 30+全自动氨基酸分析仪(英国 BIOCHROM 公司)测定游离氨基酸(FAA)含量。实验过程所用仪器如图 6.8 所示，全自动氨基酸分析仪共测定出鳗草植株组织中的 17 种游离氨基酸，如表 6.2 所示。

图 6.8　实验中主要仪器图：(a)激光粒度仪；(b)YSI；(c)全自动氨基酸分析仪；(d)元素分析仪

表 6.2　实验测得游离氨基酸种类表

名称	简式	分子量	名称	简式	分子量
天冬氨酸	Asp	133.10	苏氨酸	Thr	119.12
丝氨酸	Ser	105.09	谷氨酸	Glu	147.132
甘氨酸	Gly	75.07	丙氨酸	Ala	0.993
胱氨酸	Gys	240.3	缬氨酸	Val	117.15
异亮氨酸	Ile	131.17	亮氨酸	Leu	131.18
酪氨酸	Tyr	181.189	苯丙氨酸	Phe	165.19
赖氨酸	Lys	182.65	组氨酸	His	155
精氨酸	Arg	174.20	脯氨酸	Pro	115.13
蛋氨酸	Met	149.21			

6.3　盐度和浊度对日本鳗草生长的影响规律

6.3.1　盐度和浊度对日本鳗草株高的影响

1. 幼苗期

幼苗期日本鳗草在不同的浊度-盐度梯度下的株高变化情况如图 6.9 所示。当浊度为

0 NTU 时，不同盐度梯度下日本鳗草株高差异不显著($p>0.05$)；当浊度为 50～250 NTU 时，不同盐度梯度下的日本鳗草株高有显著差异($p<0.05$)。浊度为 0 NTU 时，幼苗期日本鳗草植株在 0～35ppt 盐度范围均可生长，在 20ppt 和 25ppt 盐度下日本鳗草株高达最大，分别为(11.57±0.15)cm 和(11.57±0.12)cm，高于对照组(0ppt 和 0 NTU，即淡水处理)[(11.35±0.212)cm]，表明中盐度条件有利于日本鳗草幼苗生长。当浊度为 0 NTU 时，日本鳗草在 0～35ppt 盐度范围均可生长，但当浊度高于 50 NTU 时日本鳗草株高呈下降趋势，表明幼苗期日本鳗草植株不适宜在浊度较高的环境下生长。当浊度为 50 NTU 和 100 NTU 时，日本鳗草幼苗株高分别在 5ppt[(10.05±0.35)cm]和 10ppt[(10.05±0.78)cm]盐度条件下较其他盐度梯度高。而在高浊度(250 NTU)条件下，随着盐度的增加，日本鳗草幼苗的株高呈逐渐减小的趋势。整体来说，浊度越高，株高越小；中低盐度对幼苗期植株比较有益；高盐度和高浊度对幼苗期植株具有协同抑制作用。

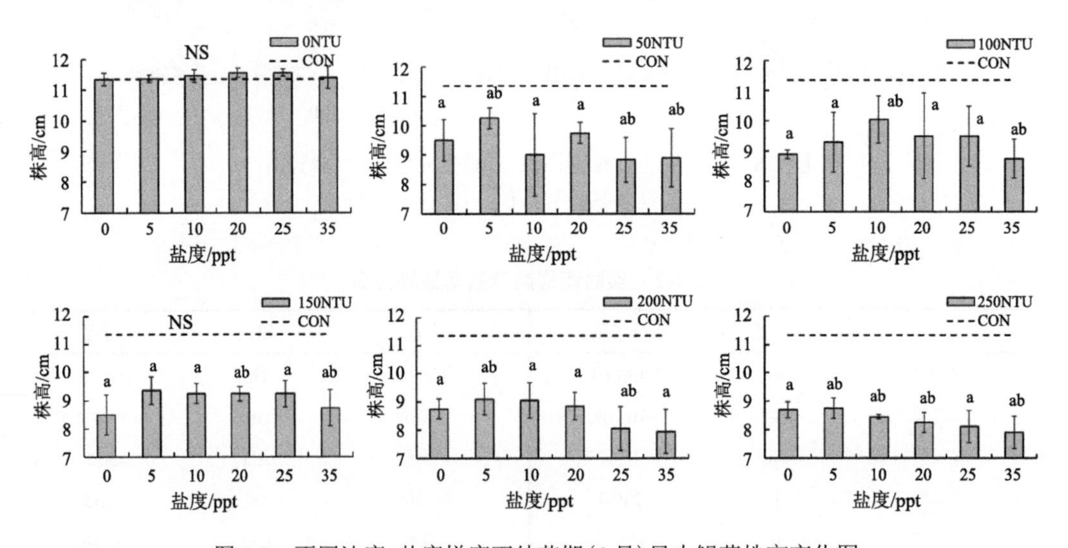

图 6.9　不同浊度-盐度梯度下幼苗期(4 月)日本鳗草株高变化图

CON：对照组株高；同组中标注相同字母即差异不显著($p>0.05$)；不同字母即差异显著($p<0.05$)；NS 即差异不显著

2. 生长期

不同的浊度-盐度梯度下，生长期日本鳗草的株高变化如图 6.10 所示。相比幼苗期植株，生长期植株对盐度和浊度表现出更高的耐受性。浊度的升高对植株有一定的抑制作用，但可能由于生长期植株个体比较高，叶片较大，光合能力更强，同时高浊度挟带了更多的营养物质而有利于植株生长，补偿了一部分光照不足的影响。因此，总体来说，盐度和浊度对生长期植株有一定的影响，但较幼苗期耐受性更强。

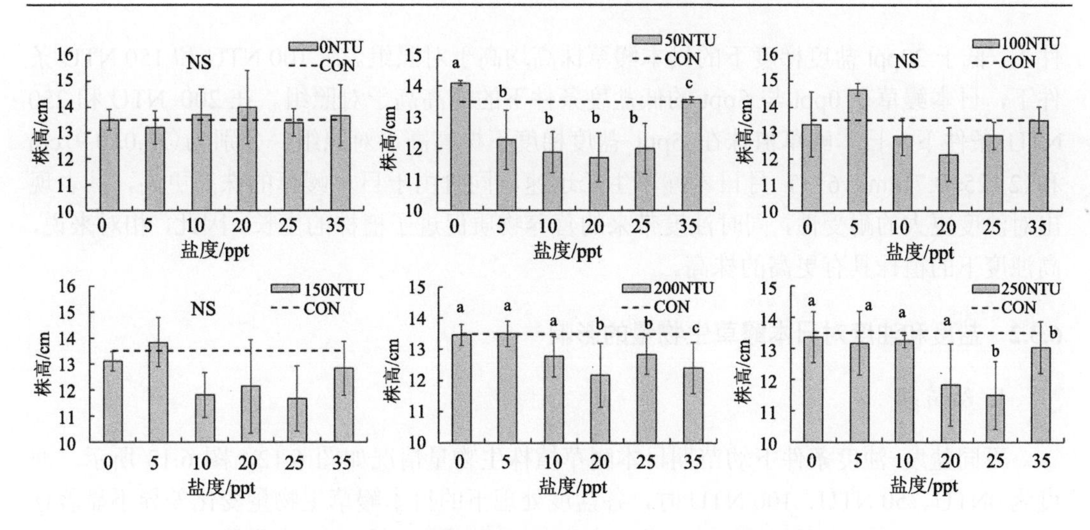

图 6.10　不同浊度-盐度梯度下生长期(6 月)日本鳗草株高变化图

CON：对照组株高；同组中标注相同字母即差异不显著(p ＞ 0.05)；不同字母即差异显著(p＜ 0.05)；NS 即差异不显著

3. 成熟期

成熟期日本鳗草在不同的浊度-盐度梯度下的株高变化情况如图 6.11 所示。当浊度小于 200 NTU 时，各盐度处理下日本鳗草株高变化的差异不显著(p>0.05)；浊度为 250 NTU 时，0ppt 盐度梯度与其他盐度梯度的株高差异显著(p<0.05)。将淡水处理(0 NTU 和 0ppt)下的日本鳗草作为对照组，其株高为(19.5±0.5) cm。在无浊度条件下(0 NTU)，成熟期日本鳗草在 0～35ppt 的盐度范围均可生长，在 20ppt 时株高最大，为(21.0±1.0) cm；适宜范围为 20～25ppt。在无盐度(0ppt)条件下，成熟期日本鳗草在 0～250 NTU 浊度范围均可生长，但当浊度低于 150 NTU 时其株高高于对照组。其中在 50 NTU(低浊度)条

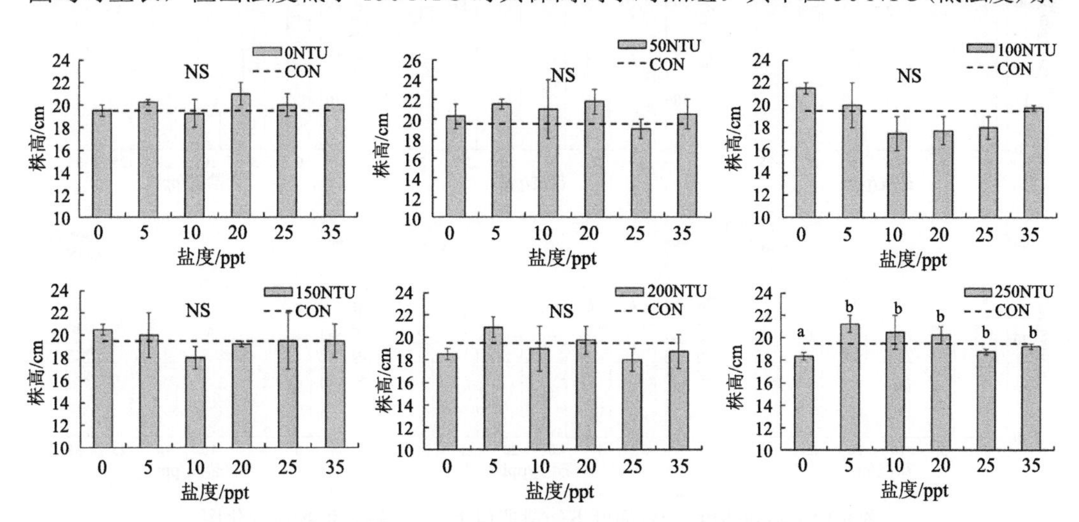

图 6.11　不同浊度-盐度梯度下成熟期(7 月)日本鳗草株高变化图

CON：对照组株高；同组中标注相同字母即差异不显著(p ＞ 0.05)；不同字母即差异显著(p＜ 0.05)；NS 即差异不显著

件下，低于 20ppt 盐度梯度下的日本鳗草株高均高于对照组。在 100 NTU 和 150 NTU 条件下，日本鳗草在 0ppt 与 5ppt 的低盐度条件下的株高高于对照组。在 200 NTU 和 250 NTU 条件下，日本鳗草植株在 5ppt 盐度梯度下株高高于对照组，分别为(20.0±0.9) cm 和(21.25±0.7) cm。6～7 月日本鳗草生长迅速，同时由于日本鳗草的株高更高，其表现出对浊度更大的耐受性，同时浊度带来的营养物质促进了植株的生长，因此，相对来说，高浊度下的植株具有更高的株高。

6.3.2　盐度和浊度对日本鳗草生物量的影响

1. 幼苗期

不同盐度-浊度条件下幼苗期日本鳗草植株生物量情况如图 6.12、图 6.13 所示。浊度为 0NTU、50 NTU、100 NTU 时，各盐度处理下的日本鳗草生物量变化差异不显著(p >0.05)，在 150 NTU 和 200 NTU 梯度下，35ppt 盐度处理条件下生物量呈现明显的差异(p<0.05)，而在 250 NTU 梯度下，20ppt 盐度处理条件下日本鳗草生物量开始出现显著差异(p<0.05)。对照组为淡水处理下的日本鳗草幼苗，其生物量为(30.515±2.638) g/m^2。当浊度为 0NTU 时，日本鳗草植株在 20ppt 时生物量达到最大[(35.515±3.412) g/m^2]，25ppt 时次之[(35.173±0.352) g/m^2]。当盐度为 0ppt 时，50 NTU 梯度下生物量为(34.15±1.626) g/m^2，是对照组的 1.11 倍。当浊度大于 100 NTU 时，各盐度下日本鳗草植株的生物量均整体低于对照组。综合幼苗期日本鳗草株高(图 6.9)及生物量变化情况，高盐度(>25ppt)、高浊度(>100NTU)条件不利于幼苗期日本鳗草植株的生长，但其在低盐度(<20ppt)、低浊度(<50NTU)条件生长状况高于对照组。

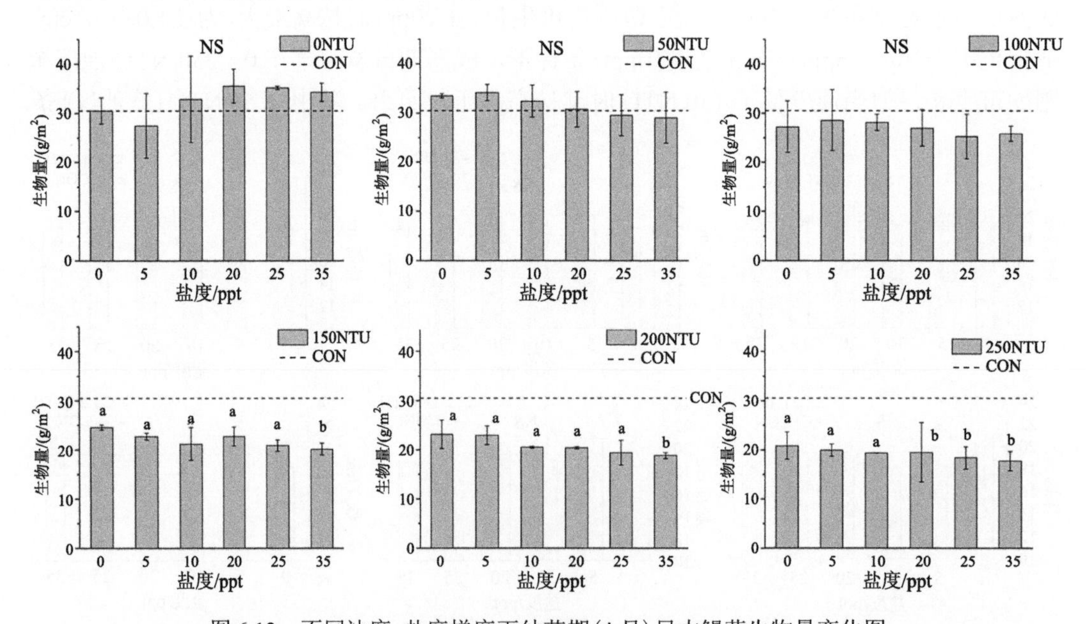

图 6.12　不同浊度-盐度梯度下幼苗期(4 月)日本鳗草生物量变化图

CON：对照组生物量；同组中标注相同字母即差异不显著(p > 0.05)；不同字母即差异显著(p< 0.05)；NS 即差异不显著

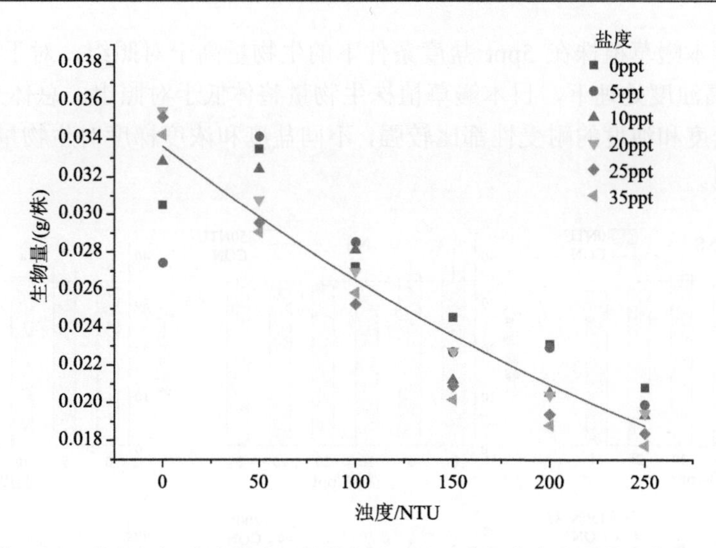

图 6.13　不同浊度-盐度梯度下幼苗期(4 月)日本鳗草生物量的变化趋势图

2. 生长期

生长期日本鳗草在不同的浊度-盐度处理下的生物量变化情况如图 6.14、图 6.15 所示。在 0 NTU、50 NTU 处理下，各盐度处理下的日本鳗草生物量变化差异不显著($p>0.05$)，在 100 NTU、150NTU 和 200 NTU 处理下，35ppt 盐度处理条件下日本鳗草生物量呈现明显的差异($p<0.05$)，而在 250 NTU 处理下，25ppt 盐度处理条件下日本鳗草生物量开始出现显著差异($p<0.05$)。对照组为淡水处理下的日本鳗草，其生物量为(34.838±1.188) g/m^2。在无浊度胁迫下，日本鳗草植株在 20ppt 盐度下生物量是对照组的 1.03 倍，为(36.025±4.428) g/m^2，当盐度为 0ppt 时，50 NTU 浊度下植株生物量为(36.988±4.762) g/m^2，是对照组海草生物量的 1.06 倍。当浊度小于 150 NTU 时，5ppt 盐度条件下的生物量高于对照组；当浊度为 200 NTU 和 250 NTU 时，各盐度梯度下植株生物量整体低于对照组。综合生长期日本鳗草株高(图 6.10)及生物量变化情况，高盐度(＞25ppt)、高浊度(＞150 NTU)对生长期日本鳗草植株的生长会造成一定胁迫，但其在低盐度(＜20ppt)、低浊度(＜150 NTU)条件生长状况高于对照组。

3. 成熟期

不同盐度-浊度条件下成熟期日本鳗草植株生物量的变化情况如图 6.16、图 6.17 所示。在 0 NTU 和 50 NTU 处理下，不同盐度处理组之间有显著差异($p<0.05$)；在 100NTU、150NTU 和 200 NTU 处理下，各盐度处理组间差异不显著($p>0.05$)，而在 250 NTU 处理下 35ppt 处理与其他盐度处理组间存在明显的差异($p<0.05$)。对照组(淡水处理下)的日本鳗草生物量为(41.880±0.380) g/m^2；当浊度为 0NTU 时，日本鳗草植株在 20ppt 和 25ppt 盐度下生物量高于对照组，分别为(55.363±4.838) g/m^2 和(51.685±0.735) g/m^2；在 20ppt 盐度下的生物量最大，是对照组的 1.32 倍。而当盐度为 0ppt 时，50 NTU 处理下日本鳗草植株的生物量是对照组的 1.06 倍，为(44.45±3.417) g/m^2。在高于 100 NTU 浊

度处理下的日本鳗草植株在 5ppt 盐度条件下的生物量高于对照组，对于 200 NTU 和 250 NTU 的高浊度处理下，日本鳗草植株生物量整体低于对照组。总体来说，成熟期日本鳗草对盐度和浊度的耐受性都比较强，不同盐度和浓度梯度对生物量有一定影响，但是不很强烈。

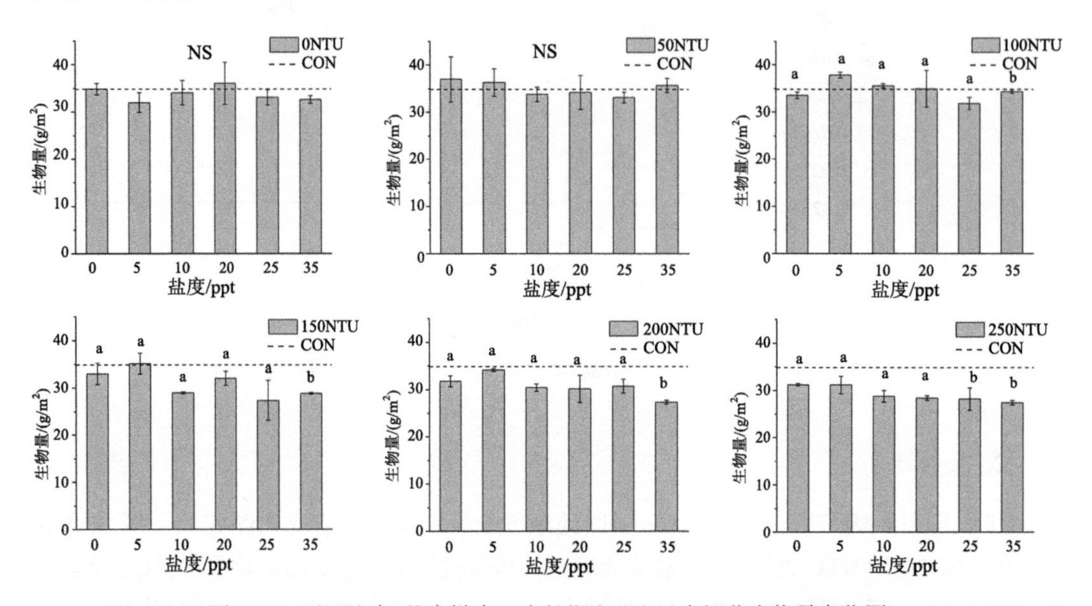

图 6.14　不同浊度-盐度梯度下生长期(6 月)日本鳗草生物量变化图

CON：对照组生物量；同组中标注相同字母即差异不显著(p> 0.05)；不同字母即差异显著(p < 0.05)；NS 即差异不显著

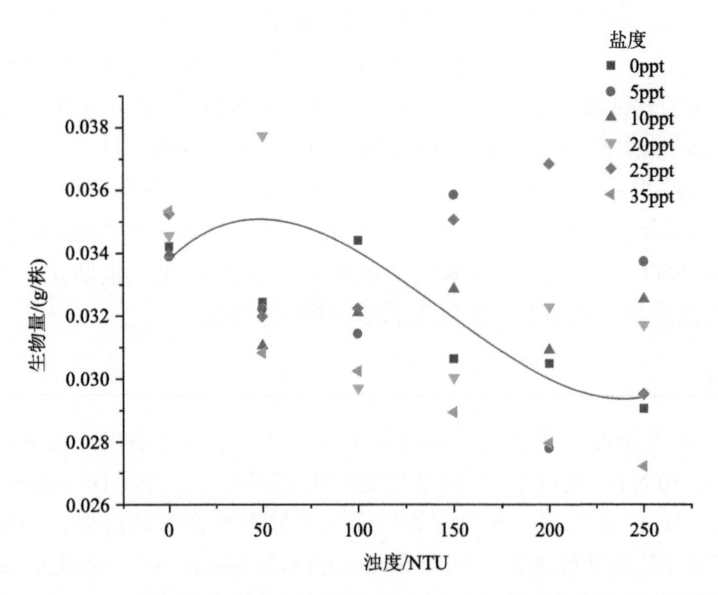

图 6.15　不同浊度-盐度梯度下生长期(6 月)日本鳗草生物量的变化趋势图

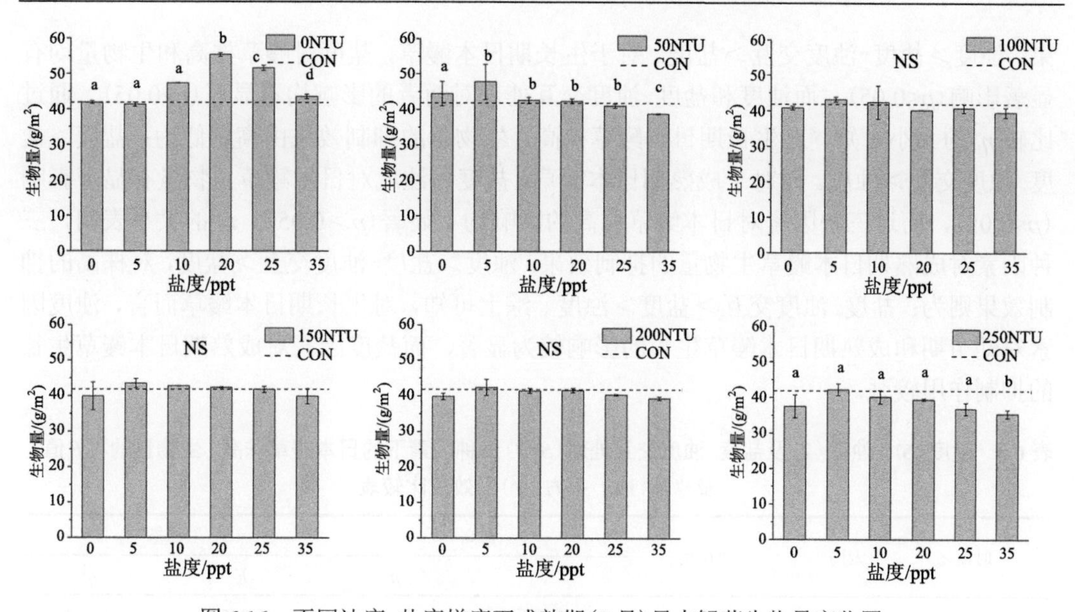

图 6.16　不同浊度-盐度梯度下成熟期(7 月)日本鳗草生物量变化图

CON：对照组生物量；同组中标注相同字母即差异不显著($p > 0.05$)；不同字母即差异显著($p < 0.05$)；NS 即差异不显著

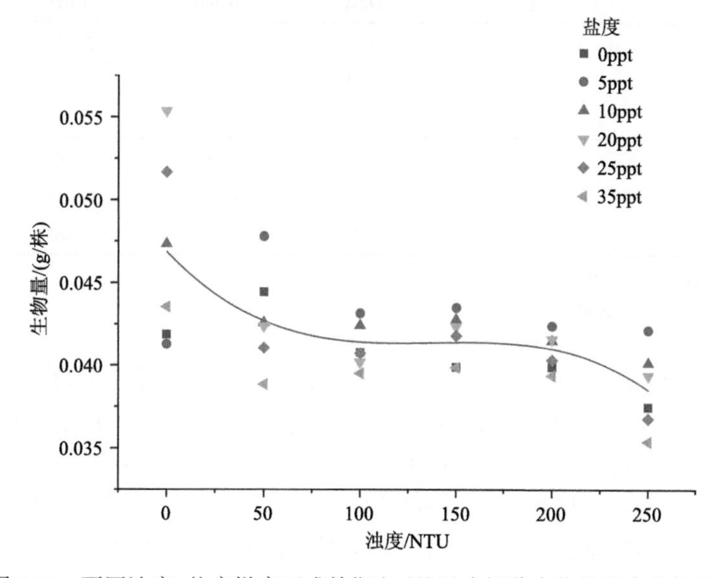

图 6.17　不同浊度-盐度梯度下成熟期(7 月)日本鳗草生物量的变化趋势图

6.3.3　盐度、浊度和盐度-浊度交互处理对日本鳗草株高、生物量的抑制效果

从表 6.3 可以看出，盐度、浊度及盐度-浊度交互处理这三种因素对幼苗期、生长期和成熟期日本鳗草的株高与生物量均有明显的影响。其中，对于幼苗期日本鳗草，浊度对日本鳗草株高和生物量均有显著影响($p < 0.05$)，而盐度和盐度-浊度交互处理这两因素对株高和生物量影响均为不显著($p > 0.05$)。偏 Eta 平方(partial Eta squared，η^2)的大小表示影响效应的大小。可以看出，三种因素对幼苗期日本鳗草株高和生物量的抑制效

果：浊度＞盐度-浊度交互＞盐度。对于生长期日本鳗草，盐度对鳗草株高和生物量均有显著影响(p<0.05)，而浊度和盐度-浊度交互处理对两者的影响均不显著(p>0.05)。通过比较 η^2 的大小可知，对生长期日本鳗草株高、生物量的抑制效果由高到低为：盐度＞盐度-浊度交互＞浊度。而对于成熟期日本鳗草，盐度和浊度对日本鳗草生物量有显著影响(p<0.05)，而这三种因素对日本鳗草株高的影响均不显著(p＞0.05)。η^2 的大小表明，三种因素对成熟期日本鳗草生物量的抑制效果：浊度＞盐度-浊度交互＞盐度，对株高的抑制效果则为：盐度-浊度交互＞盐度＞浊度。综上可知，对生长期日本鳗草而言，浊度因素对幼苗期和成熟期日本鳗草生长的影响较为显著，而盐度因素对成熟期日本鳗草生长的抑制作用较强。

表 6.3　盐度(*S*)、浊度(*T*)及盐度-浊度交互处理(*S *T*)三种因素下的日本鳗草株高、生物量的“*F*值”及“偏 Eta 平方(η^2)”效应比较表**

时期	因子	自由度	株高		生物量	
			F	η^2	*F*	η^2
幼苗期	*S*	5	2.608*	0.266	0.245	0. 103
	T	5	36.760**	0.836	28.622**	0.799
	*S***T*	25	0.604	0.296	1.076	0.428
生长期	*S*	5	5.668**	0.440	7.547**	0.512
	T	5	2.531	0.260	0.847	0.105
	*S***T*	25	0.909	0.387	1.110	0.435
成熟期	*S*	5	1.661	0.187	5.232**	0.421
	T	5	1.328	0.156	9.020**	0.556
	*S***T*	25	0.635	0.306	1.663	0.536

* 在 95%的置信水平上显著相关(双尾)

** 在 99%的置信水平上显著相关(双尾)

通过进行不同浊度-盐度交互控制实验发现黄河口日本鳗草在盐度-浊度短期胁迫下表现出较强的耐受性，但其幼苗期日本鳗草对盐度-浊度交互处理胁迫的耐受性较低，生长期次之，成熟期耐受性较强。同时日本鳗草对盐度-浊度的响应均呈现高浊度、高盐度抑制其生长。当水体浊度增加，水下的光辐射下降，光照减少抑制植物光合作用，同时盐度的升高也使日本鳗草植株光合速率下降，呼吸速率增大，导致有机质合成小于消耗，使日本鳗草植株生物量减小(Marín-Guirao et al., 2011; Hamisi et al., 2013)。在高浊度的胁迫下，低盐度处理下的日本鳗草生长明显好于高盐度处理，可能较低的盐度可以抵消较高浊度的影响，这与 Shafer 等(2011)的研究结果一致。

黄河小浪底水库水沙调控期黄河口流量和含沙量显著增加，黄河口潮间带日本鳗草海草床的水体浊度明显增大，同时其水体盐度下降至 20～25ppt，因较低的盐度可以抵消较高浊度对日本鳗草生长的影响，使得黄河口日本鳗草可以在低盐度、高浊度的环境下生存。日本鳗草只有淹没在水中时才会受到浊度胁迫(几乎是在黑暗中)，在调水调沙期日本鳗草可以在空气中(低潮期)进行光合作用以提供能量来维持生长。3～5 月为黄河口湿地补水和洄游鱼类产卵的主要时期，其间增加入海流量以满足其需求，也会使得河口区域盐度下降及浊度增加，幼苗期(3～4 月)的日本鳗草对盐度和浊度胁迫的耐受性较差，这可能会对其生长造成一定的影响；而生长期(5～6 月)的日本鳗草对盐度和浊度的胁迫性较好，流量和含沙量的增加也会带来一定的营养物质，对其生长可能产生较有利的影响。

6.4 盐度和浊度对日本鳗草植株体内营养元素含量的影响规律

6.4.1 日本鳗草植株体内 TC 含量对盐度和浊度的响应规律

1. 幼苗期

不同盐度、浊度梯度下幼苗期日本鳗草植株 TC 含量变化情况如图 6.18(a)所示。由图可知，不同盐度、浊度、盐度-浊度交互梯度处理下日本鳗草植株 TC 含量差异显著($p<0.01$)。在 0 NTU 处理下，盐度为 0ppt 时植株中 TC 含量最大[(30.72±0.46)%]，植株中 TC 含量随盐度的增加而减小。在有浊度的处理下(50～250 NTU)，植株体内 TC 含量随着盐度增加整体呈下降趋势。在 0ppt 处理下，TC 含量随浊度的增加而减小，减小幅度为 5.02%。当盐度和浊度同时增加，在 250 NTU、35ppt 处理下日本鳗草 TC 含量最小，为(16.126±0.22)%，比对照组减小 14.59%。当浊度大于 200 NTU、盐度小于 10 ppt 时，TC 含量较高浊度高盐度时 TC 含量减小幅度要小。

如图 6.18(b)所示，不同盐度、浊度梯度下日本鳗草 TC 累积量随着盐度和浊度的增加整体呈下降的趋势。其中在 0 NTU 处理下，日本鳗草植株在中盐度(10～25ppt)时 TC 累积量增加，20ppt 时 TC 累积量最大，为 0.99%。总体来说，适宜的水盐环境有利于日本鳗草植株 TC 的累积；而浊度的增加导致幼苗期日本鳗草的 TC 累积量呈下降的趋势。

2. 生长期

不同盐度、浊度梯度下生长期日本鳗草植株 TC 含量和累积量如图 6.19 所示，可以看出，不同盐度、浊度梯度处理下日本鳗草植株 TC 含量差异显著($p<0.01$；$p<0.05$)，而盐度-浊度交互处理下鳗草植株 TC 含量差异不显著($p<0.05$)。在淡水处理下(0 NTU 和 0ppt)日本鳗草植株中 TC 含量最大，为(33.27±0.21)%，同时生长期日本鳗草植株中 TC 含量随着盐度的增加而逐渐减小，减小幅度为 8.56%。当盐度为 0ppt 时，TC 含量随浊度梯度的增加而减小，减小幅度为 4.35%。随着盐度和浊度的同时增加，日本鳗草 TC 含量整体也呈下降趋势。在 250NTU、35ppt 处理下日本鳗草 TC 含量最小，为(22.55±0.214)%，比对照组低 11%。当浊度大于 150 NTU、盐度小于 10ppt 时，TC 含量较高浊度、高盐度处理下 TC 含量减小幅度较小。

而不同盐度、浊度处理下日本鳗草 TC 累积量随着盐度和浊度的增加整体呈下降的趋势，如图 6.19(b)所示。其中，在 0NTU 处理下，日本鳗草植株在中盐度(10～25ppt)时 TC 累积量增加，20ppt 时 TC 累积量最大，为 1.04%。而随着浊度的增加，幼苗期日本鳗草的 TC 累积量呈下降的趋势，而在大于 100NTU 浊度，5ppt 盐度下生长期日本鳗草植株 TC 含量呈略微增加的趋势。

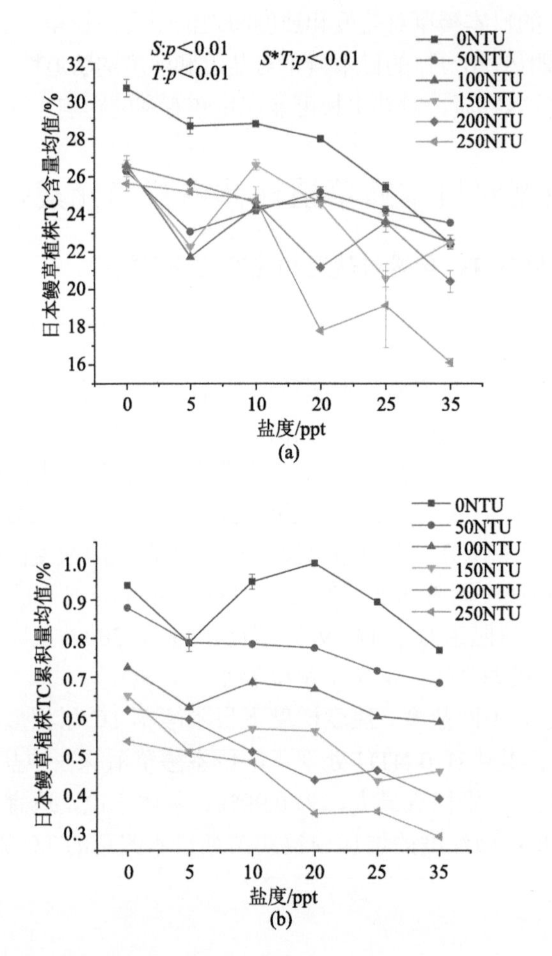

图 6.18　不同盐度和浊度梯度下幼苗期(4 月)日本鳗草：(a) TC 含量；(b) TC 累积量

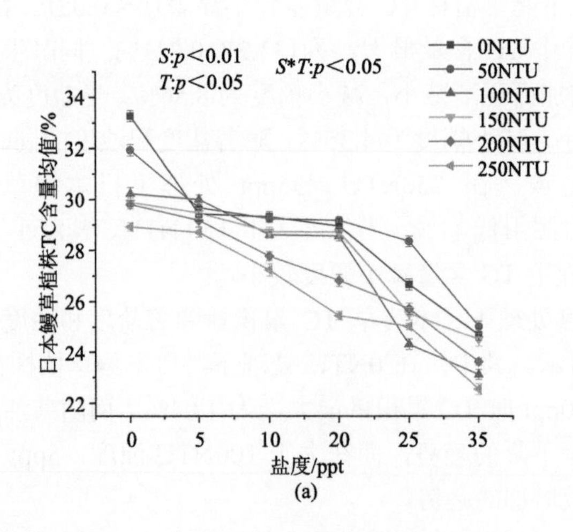

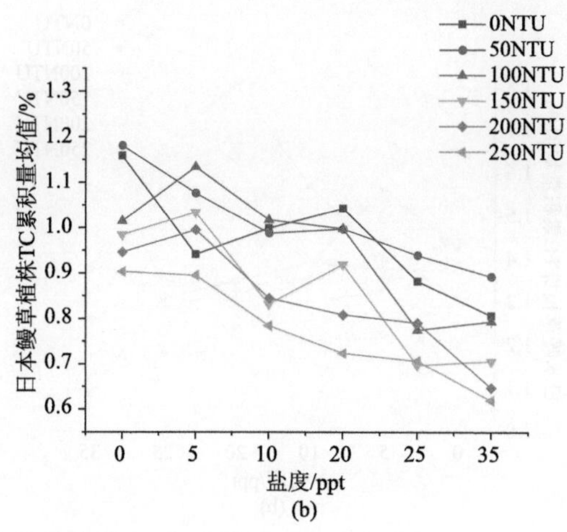

图 6.19　不同盐度和浊度梯度下生长期(6 月)日本鳗草：(a) TC 含量；(b) TC 累积量

3. 成熟期

不同盐度、浊度处理下成熟期日本鳗草植株 TC 含量变化情况如图 6.20(a)所示，各盐度处理下日本鳗草植株 TC 含量差异显著(p<0.01)，而各浊度及盐度-浊度交互处理下日本鳗草植株 TC 含量差异不显著(p>0.05)。在 0 NTU 处理下，0ppt 时鳗草植株中 TC 含量为(34.41±0.49)%，日本鳗草植株中 TC 含量随着盐度的增加而不断减小，减小幅度为 2.77%。在 0ppt 处理下，TC 含量在各浊度处理下的变化不大，规律不明显。随着盐度和浊度的同时增加，日本鳗草 TC 含量随着盐度增加整体呈小幅下降的趋势。

如图 6.20(b)所示，不同盐度、浊度处理下日本鳗草 TC 累积量随着盐度和浊度的增加整体呈下降的趋势。其中在 0 NTU 处理下，鳗草植株在中盐度(10～25ppt)时 TC 累积量大幅增加，20ppt 时 TC 累积量最大，为 1.81%。而成熟期鳗草的 TC 累积量随着浊度的增加也呈下降的趋势。综合幼苗期、生长期和成熟期日本鳗草 TC 含量的变化分析，日本鳗草植株 TC 含量受到水盐度的影响更为显著，并随着盐度的增加不断减小。其中，盐度和浊度的处理对幼苗期日本鳗草影响程度最大，生长期次之，成熟期最小，日本鳗草对其表现出较好的耐受性。

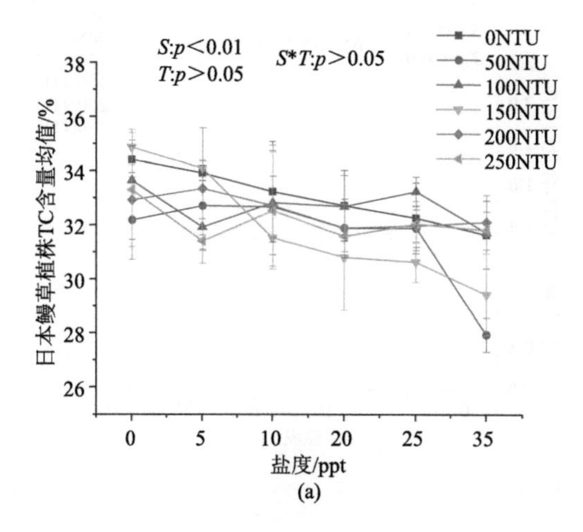

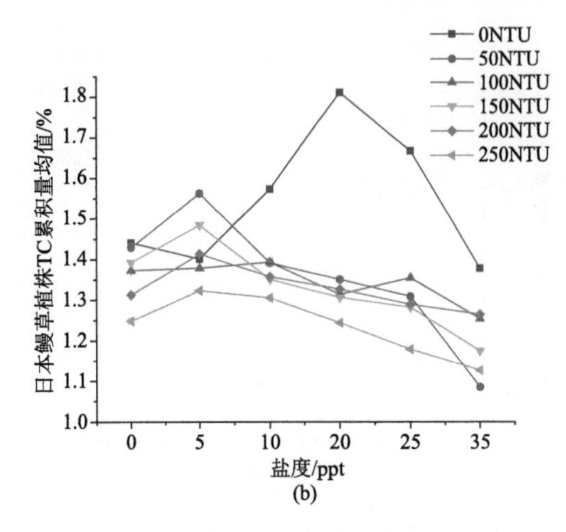

图 6.20　不同盐度和浊度梯度下成熟期(7 月)日本鳗草：(a)TC 含量；(b)TC 累积量

6.4.2　日本鳗草植株体内 TN 含量对盐度和浊度的响应规律

1. 幼苗期

不同盐度和浊度梯度下幼苗期日本鳗草 TN 含量及累积量如图 6.21 所示。相比 TC 来说，TN 在幼苗期植株体内的含量随盐度和浊度变化较小，并没有呈现出一定的变化趋势。TN 累积量在低浊度下，随盐度变化的趋势不明显，当浊度升高到 100 NTU 以上，TN 累积量随盐度增加而降低。同时，在各盐度梯度下，TN 累积量随浊度升高呈减少趋势。

2. 生长期

生长期日本鳗草在不同盐度和浊度梯度下 TN 含量及累积量呈现出和幼苗期完全不一样的变化趋势(图 6.22)。无论 TN 含量或其累积量，随着盐度的升高，都呈现明显的降低趋势，但是浊度的变化则没有明显影响。

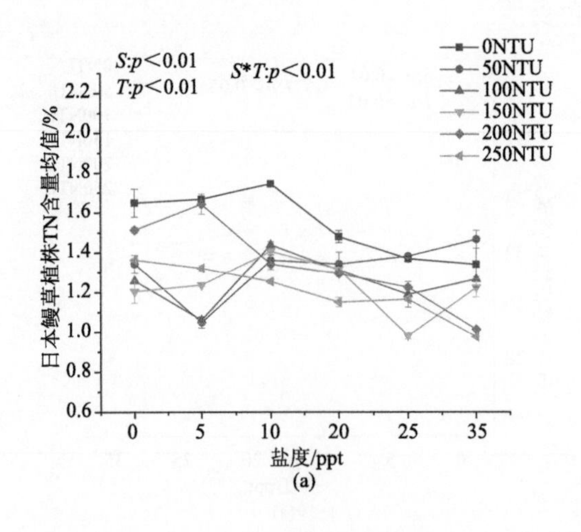

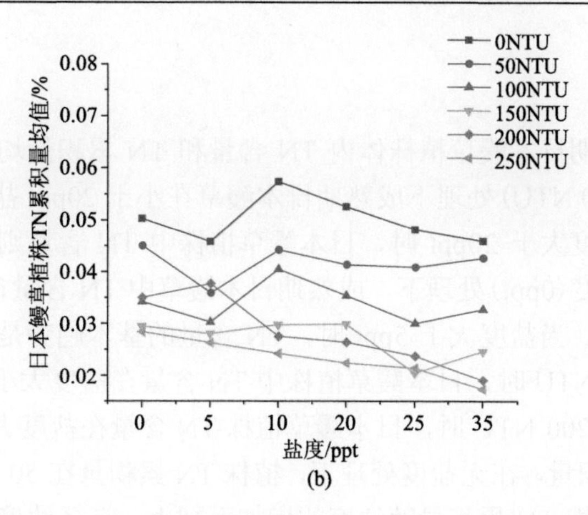

图 6.21　不同盐度和浊度梯度下幼苗期(4 月)日本鳗草：(a) TN 含量；(b) TN 累积量

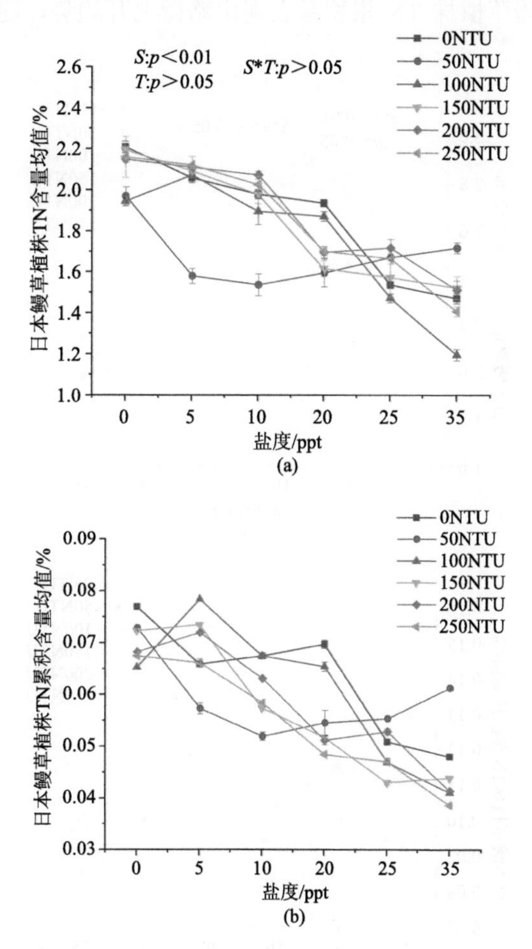

图 6.22　不同盐度和浊度梯度下生长期(6 月)日本鳗草：(a) TN 含量；(b) TN 累积量

3. 成熟期

总体来说，成熟期日本鳗草植株体内 TN 含量和 TN 累积量均高于幼苗期及生长期(图 6.23)。在无浊度(0 NTU)处理下成熟期日本鳗草在小于 20ppt 盐度时 TN 含量随盐度的增加而增加，当盐度大于 20ppt 时，日本鳗草植株中 TN 含量则随着盐度的增加呈减小的趋势。而在无盐度(0ppt)处理下，成熟期日本鳗草中 TN 含量在 0～250 NTU，不同浊度处理下差异不大。当盐度大于 5ppt 时，TN 含量的基本趋势是随盐度增大而减小。其中在浊度小于 150 NTU 时，日本鳗草植株中 TN 含量在盐度大于 25ppt 时呈明显下降趋势，而当浊度大于 200 NTU 时，日本鳗草植株 TN 含量在盐度大于 10ppt 时呈明显下降趋势。对于 TN 累积量，在无盐度处理下，植株 TN 累积量在 50 NTU 时最大，当浊度大于 50 NTU 时，植株 TN 累积量随浊度的增加而减小。在各浊度处理下，当盐度小于 5ppt 时，成熟期日本鳗草植株 TN 累积量表现出略微上升趋势，随后呈现出明显的随盐度增加而减小的趋势。

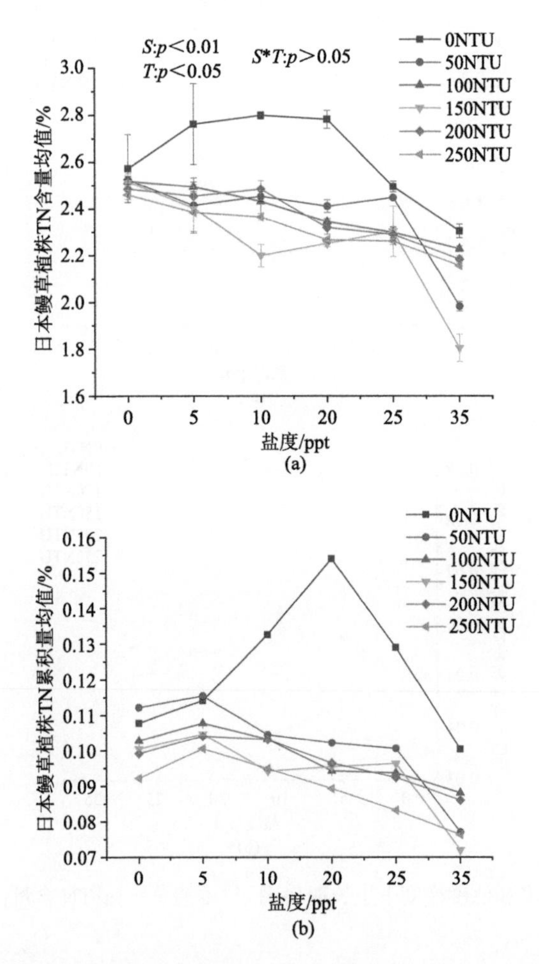

图 6.23　不同盐度和浊度梯度下成熟期(7 月)日本鳗草：(a)TN 含量；(b)TN 累积量

综合幼苗期、生长期和成熟期日本鳗草 TN 含量的变化分析，日本鳗草植株 TN 含量受到水盐度的影响更为显著，并随着盐度的增加不断减小。其中盐度和浊度的处理对幼苗期及生长期的日本鳗草影响较大，成熟期略小，日本鳗草对其表现出一定的耐受性。

6.4.3　盐度、浊度和盐度-浊度交互处理对日本鳗草 TC、TN 含量的抑制效果

从表 6.4 可以看出，盐度、浊度及盐度-浊度交互处理这三种因素对幼苗期、生长期和成熟期日本鳗草植株的 TC 和 TN 含量均有明显的影响。其中，对于幼苗期日本鳗草，盐度、浊度和盐度-浊度交互处理三种因素对其 TC 含量和 TN 含量均有显著影响($p<0.01$)。η^2 值显示，三种因素对幼苗期日本鳗草 TC 含量的抑制效果为：盐度＞浊度＞盐度-浊度交互；对 TN 的抑制效果则为：盐度-浊度交互＞浊度＞盐度。

表 6.4　盐度(*S*)、浊度(*T*)及盐度-浊度交互处理(*S *T*)三种因素下的日本鳗草 TC、TN 的“*F*值”及“偏 Eta 平方(η^2)”效应比较表**

时期	因子	自由度	TC		TN	
			F	η^2	F	η^2
幼苗期	S	5	62.161**	0.896	17.530**	0. 709
	T	5	53.191**	0.881	95.985**	0.930
	$S*T$	25	8.729**	0.858	24.076**	0.944
生长期	S	5	18.482**	0.720	8.485**	0.541
	T	5	2.958*	0.291	0.866	0.107
	$S*T$	25	0.303	0.174	0.707	0.329
成熟期	S	5	5.901**	0.450	7.162**	0.499
	T	5	1.963	0.156	5.254*	0.422
	$S*T$	25	0.770	0.306	0.518	0.265

* 在 95%的置信水平上显著相关(双尾)

** 在 99%的置信水平上显著相关(双尾)

对于生长期的日本鳗草，盐度对日本鳗草 TC 和 TN 含量均有显著影响($p<0.01$)，浊度对 TC 含量有显著影响($p<0.05$)，而盐度-浊度交互处理对植株 TC 和 TN 含量的影响不显著($p>0.05$)。三种因素对生长期日本鳗草 TC 含量的抑制效果为：盐度＞浊度＞盐度-浊度交互；而对植株 TN 含量的抑制效果为：盐度＞盐度-浊度交互＞浊度。

对于成熟期日本鳗草，盐度对日本鳗草 TC 和 TN 含量有显著影响($p<0.01$)，而浊度和盐度-浊度交互处理对成熟期日本鳗草 TC 含量的影响均不显著($p<0.05$)。三种因素对成熟期日本鳗草 TC 含量的抑制效果为：盐度＞盐度-浊度交互＞浊度；对 TN 含量的抑制效果则为：盐度＞浊度＞盐度-浊度交互。

综上可知，盐度对各时期植株体内的 TC、TN 含量的抑制效果均较高，说明与浊度相比，日本鳗草植株 TC、TN 含量受水盐度的影响更为显著，这与张璐璐等(2018)的研究结果一致。结合野外采样及室内实验，生长期日本鳗草植株中 TC、TN 含量较幼苗期和成熟期略小，并且碳氮比(C/N)较大，同时生长期日本鳗草需要更多的营养物质来维持其快速生长，故生长期日本鳗草的受盐度的抑制效果也较强。相关研究表明，海草碳含量与海水的盐度呈显著负相关，而植物中碳累积量会对海草的生物量产生影响(陈玉

等，2016）。盐度增加影响日本鳗草的碳含量和其累积量，同时也会影响其对环境中硝酸盐的吸收，进而影响植株中氮的含量和累积。同时浊度处理对日本鳗草植株中 TN 含量影响程度较大，可能是因为浊度增加，减小了水下光合辐射，海草的光合作用下降，进而使日本鳗草 TC、TN 含量下降。幼苗期日本鳗草植株叶片较生长期和成熟期鲜嫩，其植株细胞渗透作用、光合作用等代谢过程对水环境变化较敏感，故盐度、浊度及盐度-浊度交互处理对幼苗期日本鳗草 TC、TN 含量的影响较高，生长期次之，成熟期鳗草对盐度、浊度及盐度-浊度交互处理的耐受性较强。水沙调控期将大量泥沙和营养物质排入河口地区，使得海草床表层沉积物 TC、TN 含量增加，盐度的下降也使得日本鳗草 C、N 含量累积，也有利于黄河口日本鳗草的持续生长。

6.5　日本鳗草植株体内游离氨基酸对不同盐度和浊度胁迫的响应

6.5.1　不同盐度、浊度梯度下游离氨基酸族群的组成占比

不同盐度、浊度梯度下幼苗期、生长期、成熟期日本鳗草植株游离氨基酸族群的组成占比情况如图 6.24 所示。

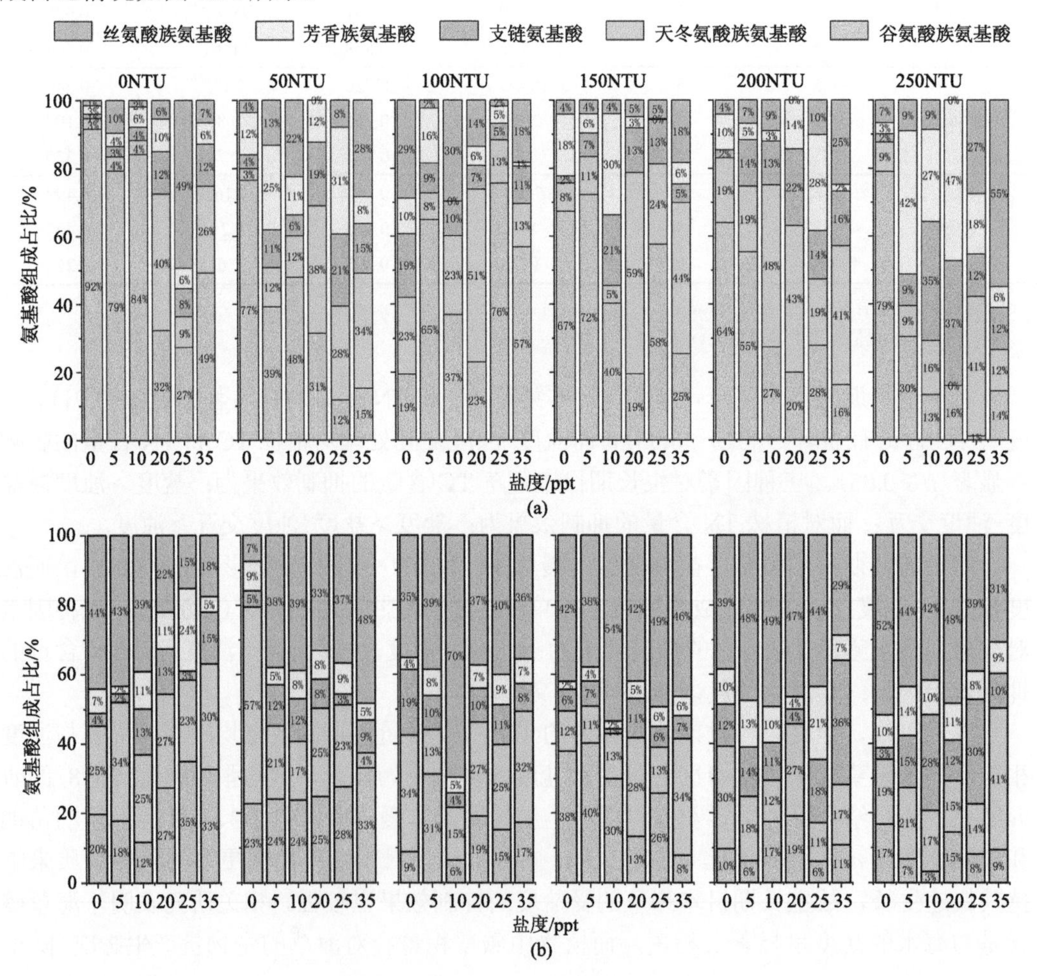

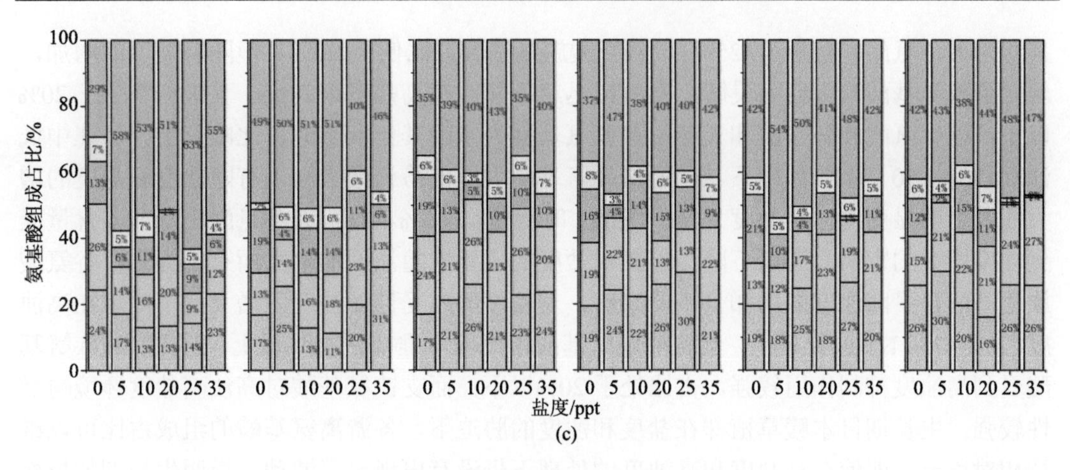

图 6.24　不同盐度、浊度处理下日本鳗草植株游离氨基酸族群的组成占比：(a) 幼苗期；(b) 生长期；(c) 成熟期

1. 幼苗期

幼苗期日本鳗草中各游离氨基酸族群的组成占比随盐度、浊度的变化均呈现较明显的波动，其中谷氨酸族氨基酸占比变化最为显著。在无浊度(0 NTU)处理下，五种游离氨基酸族群中谷氨酸族氨基酸占比较大，在中低盐度(0～10ppt)的处理下其占比为79%～92%；当盐度为 20ppt 和 25ppt 时，谷氨酸族氨基酸占比下降至 40%以下，天冬氨酸族氨基酸和丝氨酸族氨基酸占比分别达到40%和49%，而当浊度升至50～100 NTU时，谷氨酸族氨基酸占比降至 77%以下，而其他大部分氨基酸族群占比均有不同程度上升，盐度为 20ppt 时天冬氨酸族氨基酸占比可达到 38%～51%。随着浊度继续上升(150～200 NTU)，天冬氨酸族氨基酸和支链氨基酸占比优势随盐度增大而逐渐显现。当浊度达到 250 NTU 时，芳香族氨基酸和支链氨基酸占比较其他浊度处理下有明显升高，在盐度为 20ppt 时达到峰值(分别为 47%和 37%)，随着盐度的继续升高，两种氨基酸族群占比均有不同程度下降，而丝氨酸族氨基酸占比逐渐上升，在盐度为 35ppt 时占比到达峰值(55%)。幼苗期日本鳗草植株中，低浊低盐环境下参与有机氮合成的主要氨基酸即谷氨酸族氨基酸占比较高；当盐度为 20ppt 时，有利于增加蛋白质合成的天冬氨酸族氨基酸占比较高且稳定在 40%左右；在高盐度胁迫下，谷氨酸族氨基酸、天冬氨酸族氨基酸和丝氨酸族氨基酸占比增加，通过调节机体内渗透压以保护植株；在高浊度的胁迫下，丝氨酸族氨基酸、芳香族氨基酸和支链氨基酸占比大幅度提升，通过提高叶绿素合成和调节气孔以增强植物光合作用，从而调节植物代谢，抵抗外界环境影响。

2. 生长期

生长期日本鳗草中各氨基酸族群组成主要体现在丝氨酸族氨基酸、天冬氨酸族氨基酸和谷氨酸族氨基酸间的变化。相比幼苗期，生长期植株中丝氨酸族氨基酸含量显著升高，在各个浊度下均体现出明显优势，但谷氨酸族氨基酸含量占比显著下降。在无浊度(0 NTU)处理下，生长期对照组(0 NTU 和 0ppt)植株中以丝氨酸族氨基酸为主(44%)，其次为天冬氨酸族氨基酸(25%)，谷氨酸族氨基酸占比低至 20%。但随着盐度的增加，丝氨酸族氨基酸响应较为灵敏，其占比迅速下降，在高盐度(>20ppt)下基本维持在 20%以下；以谷氨酸族氨基酸和天冬氨酸族氨基酸为主的其他氨基酸占比略有上升。在中低浊度(50～150 NTU)处理下，丝氨酸族氨基酸占比优势仍最大且没有随浊度和盐度的增大而发生明显变化，当盐度为 20～35ppt 时稳定在 40%左右；天冬氨酸族氨基酸含量受到浊度增大的影响而逐渐下降，但其对盐度的耐受性随浊度的增大而有所提升；谷氨酸族氨基酸含量随浊度的增加呈下降趋势，对盐度的耐受性随浊度的增大而下降。在高浊度(200～250 NTU)处理下，丝氨酸族氨基酸占比基本维持在 40%以上；但谷氨酸族氨基酸受到高浊度抑制作用较强，占比处于 20%以下；而支链氨基酸对高浊高盐度环境耐受性较强。生长期日本鳗草植株在盐度和浊度的胁迫下，各游离氨基酸的组成占比可以维持相对稳定，即使在高盐度和高浊度的处理下仍没有出现显著波动，说明生长期的植株对盐度和浊度的耐受性有所增强，植株机体各氨基酸在较小范围内互相调节、转化即可达到维持机体代谢平衡的目的。

3. 成熟期

成熟期日本鳗草其组成占比主要表现为丝氨酸族氨基酸、谷氨酸族氨基酸和天冬氨酸族氨基酸之间的变化。各浊度处理下的日本鳗草植株中丝氨酸族氨基酸占比最多(29%～63%)，其次是谷氨酸族氨基酸(11%～31%)和天冬氨酸族氨基酸(9%～27%)，与幼苗期和生长期植株相比，各类氨基酸占比波动幅度降低。对照组(0 NTU 和 0ppt)日本鳗草植株中，三类氨基酸含量相差不大。在无浊度(0 NTU)处理下，丝氨酸族氨基酸占比处于绝对优势(29%～63%)，天冬氨酸族氨基酸(9%～26%)和谷氨酸族氨基酸占比(13%～24%)次之，在高盐度(25～35ppt)下丝氨酸族氨基酸占比能够达到 55%以上，而天冬氨酸族氨基酸占比降低至 10%左右；当浊度为 50 NTU 时，谷氨酸族氨基酸占比(11%～31%)略有上升，丝氨酸族氨基酸占比(40%～51%)相应下降；随着浊度的持续上升，丝氨酸族氨基酸占比基本无明显变化，谷氨酸族氨基酸和天冬氨酸族氨基酸占比略有波动。与前两个阶段相比，成熟期日本鳗草植株在盐度和浊度的胁迫下各氨基酸族群占比更加稳定。

综合对比日本鳗草三个生长时期游离氨基酸的组成，幼苗期日本鳗草以增加抗逆性的谷氨酸族氨基酸和支链氨基酸为主，各氨基酸族群占比变化幅度较大，对盐度和浊度的耐受性较差；生长期日本鳗草以有利于蛋白质合成的天冬氨酸族氨基酸和提高光合作用的丝氨酸族氨基酸为主，各族氨基酸对外界胁迫的敏感度降低，对盐度和浊度的耐受性增强；成熟期日本鳗草以丝氨酸族氨基酸为主，游离氨基酸组成基本不随外界胁迫而发生变化，对盐度和浊度的耐受性最强。

谷氨酸族氨基酸是植物体内最重要的氨基酸族群，其中谷氨酸可以为其他氨基酸合成提供氨基，在植物有机氮化合物合成中占据重要地位。因此谷氨酸族氨基酸含量在日本鳗草植株生长的各个时期均占有较高的比例，特别是幼苗期植株体内需要进行大量有机氮合成反应，因此其中的谷氨酸族氨基酸占比处于绝对优势。天冬氨酸族氨基酸也是植株重要氮源之一，可以增加体内蛋白质合成，有利于植株生长发育，因此在植株的各个生长时期均占比较大。生长期和成熟期的日本鳗草植株生长代谢趋于稳定，机体调节能力较强，游离氨基酸中占比最高的是丝氨酸族氨基酸，该类氨基酸可以增加叶绿素合成，提升光合作用速率，维持植物代谢平衡。

6.5.2 游离氨基酸对盐度胁迫的响应

在无浊度(0 NTU)处理下，三个生长时期日本鳗草植株中游离氨基酸含量如表 6.5 所示。

表 6.5　不同盐度梯度下不同生长时期日本鳗草游离氨基酸含量　(单位：mg/g)

时期	氨基酸	盐度					
		0ppt	5ppt	10ppt	20ppt	25ppt	35ppt
幼苗期	总含量	1.27±0.05	1.09±0.17	0.81±0.12	11.81±0.49	33.50±0.67	18.68±1.60
	谷氨酸族	1.17±0.05	0.87±0.13	0.68±0.10	3.82±0.16	9.17±0.18	9.19±0.79
	天冬氨酸族	0.04±0.00	0.05±0.01	0.03±0.01	4.74±0.20	3.02±0.06	4.78±0.41
	支链	0.02±0.00	0.03±0.01	0.03±0.00	1.46±0.06	2.76±0.06	2.31±0.20
生长期	总含量	18.15±2.27	19.23±5.97	25.27±4.89	29.38±2.72	31.42±3.46	37.95±6.41
	谷氨酸族	3.59±0.45	3.42±1.06	2.95±0.57	8.04±0.74	11.00±1.21	12.40±2.09
	天冬氨酸族	4.62±0.58	6.57±2.04	6.39±1.24	7.92±0.73	7.34±0.81	11.53±1.95
	丝氨酸族	8.01±1.00	8.34±2.59	9.90±1.92	6.46±0.60	4.76±0.52	6.65±1.12
成熟期	总含量	26.12±1.47	20.89±1.31	19.71±0.91	22.82±0.23	25.14±2.35	27.75±3.54
	谷氨酸族	6.38±0.36	3.57±0.22	2.57±0.03	3.05±0.04	3.56±0.33	6.44±0.82
	天冬氨酸族	6.82±0.38	2.98±0.19	3.16±0.18	4.67±0.06	2.30±0.21	3.40±0.43
	丝氨酸族	7.65±0.43	12.05±0.75	10.45±0.50	11.71±0.08	15.91±1.49	15.19±1.94

注：表中每一个数据表示该生长时期处于无浊度(0 NTU)处理的日本鳗草植株在该盐度条件下(每一梯度包含 3 个平行样的结果)的氨基酸含量的均值和标准偏差

1. 幼苗期

幼苗期植株中主要变化的为谷氨酸族氨基酸、天冬氨酸族氨基酸和支链氨基酸，因此主要分析这三种氨基酸族群含量在不同盐度梯度下的变化差异。不同盐度梯度下，氨基酸总含量和各氨基酸族群含量均呈现出显著差异(p=0.001)(附表 6.1)。对照组日本鳗草植株中氨基酸总含量为(1.27±0.05)mg/g，盐度小于 20ppt 时，总含量随盐度变化趋势并不显著($p>0.05$)；当盐度为 20ppt 时，氨基酸总含量有显著升高(p=0.001)，较对照组含量增长 10 倍左右；氨基酸总含量在盐度为 25ppt 时达到最大值[(33.50±0.67)mg/g]。在低盐度(0～10ppt)处理下，谷氨酸族氨基酸含量变化趋势与氨基酸总含量相似，随盐度增长而缓慢下降($p>0.05$)，天冬氨酸族氨基酸和支链氨基酸含量不足谷氨酸族氨基酸含量的 10%，并且没有呈现显著变化($p>0.05$)；当盐度为 20ppt 时，三个氨基酸族群含量显著上升($p<0.01$)，天冬氨酸族氨基酸含量成为该盐度处理下氨基酸中含量最高的氨基酸族群[(4.74±0.20)mg/g]；当盐度大于 20ppt 时，天冬氨酸族氨基酸和支链氨基酸含

量均维持在较高水平，并且没有随盐度的上升而下降。

2. 生长期

比较生长期日本鳗草植株中主要变化的谷氨酸族氨基酸、天冬氨酸族氨基酸及丝氨酸族氨基酸在不同盐度梯度下平均含量的变化差异。对照组日本鳗草植株中氨基酸总含量为(18.15±2.27)mg/g，在不同盐度梯度下氨基酸总含量呈现显著变化(p=0.030)(附表6.2)，丝氨酸族氨基酸含量随盐度变化不显著(p=0.115)。在淡水(0ppt)处理下，丝氨酸族氨基酸的含量最高[(8.01±1.00)mg/g]，是谷氨酸族氨基酸和天冬氨酸族氨基酸含量的2倍左右；当盐度的增加至5～10ppt，丝氨酸族氨基酸含量上升至(9.90±1.92)mg/g，而谷氨酸族氨基酸含量略有下降，天冬氨酸族氨基酸含量小幅度上升，但变化均不显著(p＞0.05)；随着盐度继续增加(20～25ppt)，谷氨酸族氨基酸含量显著上升(p=0.043)，天冬氨酸族含量持续平稳上升，丝氨酸族含量略有下降；当盐度达到35ppt时，天冬氨酸族氨基酸和谷氨酸族氨基酸含量分别上升至峰值[分别为(11.53±1.95)mg/g和(12.40±2.09)mg/g]，而丝氨酸族氨基酸含量则无显著变化(p=0.251)。生长期日本鳗草植株中氨基酸总含量在不同盐度梯度下相对稳定，在这三类主要变化的氨基酸中，谷氨酸族氨基酸对盐度的变化最敏感，丝氨酸族氨基酸次之，天冬氨酸族氨基酸只对高盐度有显著响应。

3. 成熟期

比较成熟期日本鳗草植株中主要变化的谷氨酸族氨基酸、天冬氨酸族氨基酸及丝氨酸族氨基酸在不同盐度梯度下平均含量的变化差异。成熟期对照组日本鳗草植株中氨基酸总含量为(26.12±1.47)mg/g，氨基酸总含量较生长期低且在不同盐度梯度下有显著差异(p=0.037)(附表6.3)。氨基酸总含量随盐度的增加先减少后增加，在盐度为35ppt时达到最大值[(27.75±3.54)mg/g]。这三类主要氨基酸含量随盐度的变化规律与氨基酸总含量相似，在淡水(0ppt)处理下，谷氨酸族氨基酸、天冬氨酸族氨基酸和丝氨酸族氨基酸含量相近，均在6.37～7.65mg/g；当盐度增大至5ppt时，谷氨酸族氨基酸和天冬氨酸族氨基酸含量显著下降(p=0.001)至原来的50%左右，丝氨酸族氨基酸含量显著上升(p=0.007)至(12.05±0.75)mg/g；随着盐度继续增加，各氨基酸族群含量变化幅度减小；高盐度(25～35ppt)处理下，各氨基酸族群含量均呈上升趋势，其中谷氨酸族氨基酸[(6.44±0.82)mg/g]和丝氨酸族氨基酸含量[(15.91±1.49)mg/g]均达到峰值。成熟期日本鳗草植株中，谷氨酸族氨基酸对盐度变化的响应最灵敏，其次是丝氨酸族氨基酸。

盐度作为一种抑制海草正常生长和代谢的重要环境限制因子(Munns and Tester, 2008; Canalejo et al., 2014)，其主要通过改变植物体内渗透压和离子浓度从而对植物的生长与发育构成威胁(Galvan-Ampudia and Testerink, 2011; Julkowska and Testerink, 2015)。游离氨基酸作为衡量海草受盐胁迫程度的生物指标，通过不断生成、积累和转化维持不同水盐环境下机体代谢平衡。本研究发现不同生长时期的日本鳗草中游离氨基酸对盐胁迫响应的灵敏度不同，幼苗期植株中氨基酸含量变化幅度最大，生长期植株次之，成熟期植株最小。各时期的日本鳗草植株氨基酸总含量及有利于增加蛋白质合成的天冬氨酸族氨基酸含量均在盐度为 20ppt 时维持在较高水平。日本鳗草在 20ppt 盐度下光合饱和速率达到最大，呼吸速率最低，该条件最适宜植株生长。过高和过低的盐度对海草均能产生不利的影响(江志坚等，2012；Ow et al., 2016)，当盐度低于 20ppt 时，植株中谷氨酸族氨基酸含量随盐度降低而增加，这可能是渗透胁迫下鸟氨酸ω转氨酶的表达诱导了谷氨酸族中的脯氨酸的合成(Delauney et al., 1993)，其作为渗透压调节剂抑制离子流出，同时它也是植物很重要的氮源和碳源，在其他氨基酸合成受到抑制时维持植株正常代谢。当盐度高于最适盐度时，为防止植物离子失衡导致叶绿素被破坏、光合速率下降，幼苗期和生长期日本鳗草植株中谷氨酸族氨基酸含量显著增加($p<0.05$)，机体通过累积和合成脯氨酸、亮氨酸和苯丙氨酸维持细胞质的渗透压(Cambridge et al., 2017)，另外脯氨酸还可以清除植物体内积累的活性氧和其他自由基分子；生长期和成熟期植株中丝氨酸族氨基酸含量上升，植株通过合成丙氨酸和丝氨酸调节植物气孔，提高叶绿素的合成，促进光合作用。

6.5.3　游离氨基酸对浊度胁迫的响应

根据游离氨基酸族群的比例变化，可以增加体内蛋白质合成的天冬氨酸族氨基酸含量在盐度为 20ppt 时占比最大，此盐度较适宜植株生长，因此主要比较盐度为 20ppt 时各类氨基酸在不同浊度处理下的含量变化(表 6.6)。

表 6.6　不同浊度梯度下不同生长时期日本鳗草游离氨基酸含量　(单位：mg/g)

时期	氨基酸	浊度					
		0NTU	50NTU	100NTU	150NTU	200NTU	250NTU
幼苗期	总含量	11.81±0.49	12.99±0.57	24.99±0.74	29.88±0.18	21.00±0.06	4.03±0.11
	谷氨酸族	3.82±0.16	4.08±0.18	5.75±0.17	5.82±0.04	4.18±0.01	0.64±0.02
	天冬氨酸族	4.74±0.20	4.88±0.22	12.70±0.38	17.70±0.11	9.08±0.02	0
	支链	1.46±0.06	2.42±0.11	1.74±0.05	3.90±0.02	4.72±0.01	1.49±0.04
生长期	总含量	29.38±2.72	31.24±12.91	41.79±5.29	38.10±0.92	35.99±6.14	32.23±4.15
	谷氨酸族	8.04±0.74	7.74±3.32	8.00±1.01	5.06±0.12	6.86±1.17	4.69±0.60
	天冬氨酸族	7.92±0.73	7.94±2.92	11.35±1.44	10.82±0.26	9.60±1.64	4.77±0.61
	丝氨酸族	6.46±0.60	10.36±4.44	15.62±1.98	16.01±0.39	16.74±2.85	15.59±2.01
成熟期	总含量	16.84±0.23	17.01±1.93	40.34±0.22	40.78±2.55	46.86±5.76	41.05±0.04
	谷氨酸族	3.05±0.04	2.67±0.30	8.43±0.05	10.59±0.66	13.95±1.71	6.63±0.01
	天冬氨酸族	4.67±0.06	4.29±0.49	8.41±0.05	5.35±0.33	9.13±1.12	8.78±0.01
	丝氨酸族	5.73±0.08	5.21±0.59	17.48±0.09	16.32±1.02	16.53±2.03	18.13±0.02

注：表中每一个数据表示该生长时期处于 20ppt 盐度下的日本鳗草植株在该浊度条件下(每一梯度包含 3 个平行样的结果)的氨基酸含量的均值和标准偏差

1. 幼苗期

幼苗期日本鳗草植株在不同浊度处理下，游离氨基酸总含量和各类氨基酸含量均有显著变化差异(p=0.001)(附表 6.4)。氨基酸总含量随浊度增加先上升后下降，在浊度为150NTU 时达到最高值[(29.88±0.18)mg/g]。谷氨酸族氨基酸和天冬氨酸族氨基酸与氨基酸总含量有相同的变化趋势，含量随浊度增加先上升后下降，在 150 NTU 浊度下分别达到最大值[(5.82±0.04)mg/g 和(17.70±0.11)mg/g]，但两种氨基酸含量变化趋势不显著(p=0.079；p=0.520)。这三种氨基酸中天冬氨酸族氨基酸对浊度变化的响应更灵敏，与无浊度(0 NTU)处理相比，其含量在 100 NTU 和 150 NTU 时分别上升 2 倍[(12.70±0.38)mg/g]和 3 倍[(17.70±0.11)mg/g]，而相同条件下谷氨酸族氨基酸含量仅上升 0.5 倍；同样地，当浊度增加至 200 NTU 时，天冬氨酸族氨基酸含量下降 50%，谷氨酸族氨基酸含量下降 30%，而支链氨基酸含量有所上升，在此浊度下达到最大值[(4.72±0.13)mg/g]；当浊度为 250 NTU 时，水体透明度过低导致植株光合作用受阻，其生长代谢受到影响，这三种氨基酸含量均有不同程度下降，天冬氨酸族氨基酸含量降为0。由此可见，幼苗期日本鳗草植株对浊度耐受能力较弱，在高浊度下各类氨基酸均下降至最低值，植株生长发育受阻。

2. 生长期

生长期日本鳗草植株在不同浊度梯度下，氨基酸总含量和这三类氨基酸含量均有显著差异(p<0.05)(附表 6.5)，但其显著性低于幼苗期植株。在无浊度(0 NTU)处理下，这三类氨基酸含量较为均衡，均在 6.46～8.04mg/g；当浊度增加至 50NTU 时，丝氨酸族氨基酸含量显著上升(p=0.013)至(10.36±4.44)mg/g，谷氨酸族氨基酸和天冬氨酸族氨基酸含量变化不显著(p=0.453；p=0.149)；当浊度继续增大至 150NTU 时，天冬氨酸族氨基酸出现显著上升趋势(p=0.007)，谷氨酸族含量未呈现显著变化趋势(p>0.05)；当浊度增加到较高水平时(200～250 NTU)，这三类氨基酸含量均呈现下降趋势。生长期日本鳗草植株中丝氨酸族氨基酸含量与氨基酸总含量变化趋势基本一致，在低浊度下含量较低，而在中高浊度下含量较高。

3. 成熟期

成熟期日本鳗草植株在不同浊度梯度下氨基酸总量有显著差异(p=0.003)(附表 6.6)，谷氨酸族氨基酸和天冬氨酸族氨基酸变化趋势与氨基酸总含量相似，其含量随浊度增加而上升且浊度越高越稳定，但丝氨酸族氨基酸含量总体上变化不显著(p=0.137)。在无浊度(0 NTU)处理下，丝氨酸族氨基酸含量最高[(5.73±0.08)mg/g]；当浊度增加至 50 NTU 时，丝氨酸族氨基酸和谷氨酸族氨基酸含量变化不显著(p=0.766；p=0.991)；随着浊度继续增加(100～150 NTU)，各类氨基酸含量分别出现不同程度的上升趋势，其中丝氨酸族氨基酸含量上升 2 倍[(17.48±0.09)mg/g]；在高浊度(200～250 NTU)处理下，天冬氨酸族氨基酸和丝氨酸族氨基酸与氨基酸总含量变化同步，其含量均稳定在较高值。成熟期日本鳗草植株中各类氨基酸含量与氨基酸总含量变化趋势基本一致，均随浊度的升高呈现上升趋势。

水体浊度是影响水下光环境的重要因素之一，来自陆地的沉积物特别是黄橙色颗粒物浓度的增加会增强水体透光率的变化。水下光环境的改变会影响海草植株的光合速率及水生生态系统的新陈代谢，水体浊度的增加也会导致水体缺氧，使气态 H_2S 入侵植物，抑制海草代谢，导致海草死亡率升高。在不考虑盐度胁迫对植株影响的条件下(盐度为 20ppt)，幼苗期日本鳗草植株对不同水沙环境适应性较差，体内游离氨基酸总含量随浊度增加先升高后降低且变化显著($p<0.05$)，在浊度为 150 NTU 时最大。当浊度低于 150 NTU 时，植株体内谷氨酸族氨基酸、天冬氨酸族氨基酸和支链氨基酸含量均随浊度增大而升高，主要通过在逆境下为植物供氮的方式保护植株机体。虽然浊度的增加会对植物的光合速率产生消极影响，但 Kim 等(2016)的研究表明 *Zostera marina* 海草在水温较高时(夏季)更易受到光照减少的不利影响，而在春季光照减少则对其影响较小。由于日本鳗草植株幼苗期(4～5 月)水温较低，植株呼吸作用相对较弱，光照对植株生长的不利影响相对较小，不需要通过提高叶绿体合成以抵抗高浊度胁迫，因此丝氨酸族氨基酸含量相对较少。而生长期和成熟期日本鳗草植株受到水下光环境影响较大，因此体内氨基酸总含量和丝氨酸族氨基酸含量随着浊度的增加而不断上升，并且在高浊度下稳定在最高值。由于夏季水温较高，植株呼吸作用增强，并且在高温下植株通过控制气孔开放数量减少水分蒸腾，因此光照减少会对成熟期(7～8 月)日本鳗草植株造成更大的不利影响，但成熟期植株体内游离氨基酸组成及其含量在高浊度胁迫下仍能维持相对稳定状态，以保持机体代谢平衡，说明成熟期日本鳗草植株对浊度胁迫的抗性最强。Hou 等(2020)从浊度胁迫对日本鳗草生物量和株高影响的研究中也得出，成熟期日本鳗草植株对浊度的抵抗能力高于幼苗期植株。成熟期植株通过增加机体内游离氨基酸含量，尤其是增加谷氨酸族氨基酸、天冬氨酸族氨基酸和丝氨酸族氨基酸含量，来抵抗胁迫以保护植株机体，使其在非常浑浊的环境中生存。同时，黄河口日本鳗草植株长时间生存于高浊度水体中，可能导致植株发生基因层面的改进，提升了植株的抗逆性，使其对浊度胁迫的抵抗性不断增强。

6.5.4　盐度、浊度和盐度-浊度交互处理对日本鳗草不同游离氨基酸的抑制效果

从表 6.7 可以看出，盐度、浊度及盐度-浊度交互处理这三种因素对不同生长时期的日本鳗草植株游离氨基酸总含量及谷氨酸族氨基酸、天冬氨酸族氨基酸、芳香族氨基酸、丝氨酸族氨基酸和支链氨基酸的影响效果均不同。

1.幼苗期

对于幼苗期日本鳗草，盐度、浊度和盐度-浊度交互处理三种因素对其游离氨基酸总含量及不同族氨基酸含量均有显著影响($p<0.01$)。通过分析比较 η^2 的大小，盐度、浊度及盐度-浊度交互处理三种因素对幼苗期日本鳗草游离氨基酸总含量及谷氨酸族氨基酸、天冬氨酸族氨基酸和支链氨基酸的抑制效果表现为：盐度-浊度交互＞盐度＞浊度。其中盐度、浊度和盐度-浊度交互处理均对幼苗期日本鳗草植株谷氨酸族氨基酸和天冬氨酸族氨基酸的抑制效果较大。

表 6.7　盐度(S)、浊度(T)及盐度-浊度交互处理($S*T$)三种因素下的日本鳗草游离氨基酸含量的“F 值”及“偏 Eta 平方(η^2)”效应比较表

时期	因子	自由度	总游离氨基酸		谷氨酸族氨基酸		天冬氨酸族氨基酸		支链氨基酸		芳香族氨基酸		丝氨酸族氨基酸	
			F	η^2	F	η^2	F	η^2	F	η^2	F	η^2	F	η^2
幼苗期	S	5	129.478**	0.947	1111.170**	0.994	423.695**	0.983	150.603**	0.954	15.652**	0.685	54.147**	0.883
	T	5	27.333**	0.792	513.025**	0.986	144.580**	0.953	74.882**	0.912	32.191**	0.817	13.111**	0.646
	$S*T$	25	52.672**	0.973	750.854**	0.998	128.290**	0.989	38.287**	0.964	16.941**	0.922	29.353**	0.953
生长期	S	5	5.041**	0.412	6.446**	0.472	11.486**	0.615	12.761**	0.639	34.274**	0.826	15.402**	0.681
	T	5	6.855**	0.488	66.134**	0.902	2.578*	0.264	43.895**	0.859	28.067**	0.796	23.295**	0.764
	$S*T$	25	2.564**	0.640	19.581**	0.931	11.531**	0.889	23.890**	0.943	12.796**	0.899	4.899**	0.773
成熟期	S	5	1.930	0.211	0.819	0.101	0.533	0.069	0.764	0.096	1.750	0.196	0.928	0.114
	T	5	1.309	0.245	1.783	0.294	0.869	0.347	1.617	0.183	1.080	0.458	1.294*	0.374
	$S*T$	25	1.245	0.464	2.661*	0.449	1.085	0.430	0.980	0.405	1.238	0.462	2.025*	0.584

** 在 99%的置信水平上显著相关(双尾)

* 在 95%的置信水平上显著相关(单尾)

2. 生长期

对于生长期日本鳗草，盐度、浊度和盐度-浊度交互处理对日本鳗草游离氨基酸含量影响显著($p<0.01$)。而通过比较η^2的大小，盐度、浊度及盐度-浊度交互处理三种因素对生长期植株中游离氨基酸总含量、谷氨酸族氨基酸、支链氨基酸、丝氨酸族的抑制效果由高到低为：盐度-浊度交互＞浊度＞盐度；而对天冬氨酸族氨基酸及芳香族氨基酸含量的抑制效果则为盐度-浊度交互＞盐度＞浊度。其中浊度和盐度-浊度交互处理对谷氨酸族氨基酸含量的抑制效果较强。

3. 成熟期

对于成熟期日本鳗草，盐度、浊度和盐度-浊度交互处理对丝氨酸族氨基酸含量影响显著($p<0.05$)，对游离氨基酸总含量和其他氨基酸未呈现显著影响($p>0.05$)。由η^2的大小可得，盐度、浊度及盐度-浊度交互处理这三种因素对成熟期日本鳗草游离氨基酸总含量及各氨基酸族群含量的抑制效果均为：盐度-浊度交互＞浊度＞盐度。其中盐度-浊度交互处理对谷氨酸族氨基酸和丝氨酸族氨基酸的抑制效果相对较强。

综上可知，盐度-浊度交互处理对幼苗期和生长期日本鳗草的游离氨基酸含量的抑制效果较高，对谷氨酸族氨基酸、天冬氨酸族氨基酸和支链氨基酸的抑制作用尤其强烈。根据不同生长时期日本鳗草游离氨基酸含量及组成，幼苗期日本鳗草在盐度-浊度交互处理的胁迫下谷氨酸族氨基酸含量变化最为显著，以此增加植株的抗盐抗逆性，生长期和成熟期则以增强植株光合作用的丝氨酸族氨基酸含量为主，故幼苗期日本鳗草对盐度和浊度的耐受性较生长期和成熟期弱。盐度-浊度交互处理对植株胁迫具有累积效应，三个生长时期的日本鳗草植株中游离氨基酸含量的变化均较单一因素影响更为显著，特别是在高盐度-高浊度的处理下。高盐度和高浊度均会抑制植株光合速率，并且水体盐度过高会增加植株的衰落速率。在分子水平上体现为植株中谷氨酸族氨基酸、天冬氨酸族氨基酸和丝氨酸族氨基酸含量发生突变，体内有机物质合成受到抑制；在个体水平上，植株生物量会相应减小。成熟期日本鳗草在中盐度-高浊度处理下的氨基酸含量明显高于高盐度-高浊度处理，可能水体中盐度会削弱高浊度对植株的消极影响(Marín-Guirao et al., 2011; Hamisi et al., 2013)。

附表6.1　不同盐度梯度下幼苗期日本鳗草植株各游离氨基酸含量变化显著性检验（0NTU）

氨基酸		比较检验						F	显著性
		0ppt	5ppt	10ppt	20ppt	25ppt	35ppt		
谷氨酸族氨基酸	0ppt	—						280.124	0.001
	5ppt	0.419	—						
	10ppt	0.208	0.419	—					
	20ppt	0.001	0.001	0.001	—				
	25ppt	0.001	0.001	0.001	0.001	—			
	35ppt	0.001	0.001	0.001	0.001	0.958	—		

续表

氨基酸		比较检验						F	显著性
		0ppt	5ppt	10ppt	20ppt	25ppt	35ppt		
天冬氨酸族氨基酸	0ppt	—						318.699	0.001
	5ppt	0.980	—						
	10ppt	0.969	0.950	—					
	20ppt	0.001	0.001	0.001	—				
	25ppt	0.001	0.001	0.001	0.001	—			
	35ppt	0.001	0.001	0.001	0.836	0.001	—		
支链氨基酸	0ppt	—						409.791	0.001
	5ppt	0.840	—						
	10ppt	0.859	0.981	—					
	20ppt	0.001	0.001	0.001	—				
	25ppt	0.001	0.001	0.001	0.001	—			
	35ppt	0.001	0.001	0.001	0.001	0.002	—		
总含量	0ppt	—						630.036	0.001
	5ppt	0.818	—						
	10ppt	0.555	0.714	—					
	20ppt	0.001	0.001	0.001	—				
	25ppt	0.001	0.001	0.001	0.001	—			
	35ppt	0.001	0.001	0.001	0.001	0.001	—		

附表 6.2 不同盐度梯度下生长期日本鳗草植株各游离氨基酸含量变化显著性检验（0NTU）

氨基酸		比较检验						F	显著性
		0ppt	5ppt	10ppt	20ppt	25ppt	35ppt		
谷氨酸族氨基酸	0ppt	—						25.951	0.001
	5ppt	0.892	—						
	10ppt	0.599	0.694	—					
	20ppt	0.009	0.007	0.005	—				
	25ppt	0.001	0.001	0.000	0.043	—			
	35ppt	0.001	0.001	0.000	0.009	0.273	—		
天冬氨酸族氨基酸	0ppt	—						58.361	0.017
	5ppt	0.199	—						
	10ppt	0.001	0.896	—					
	20ppt	0.001	0.358	0.301	—				
	25ppt	0.001	0.590	0.508	0.684	—			
	35ppt	0.002	0.011	0.009	0.037	0.021	—		

续表

氨基酸		比较检验						F	显著性
		0ppt	5ppt	10ppt	20ppt	25ppt	35ppt		
丝氨酸族氨基酸	0ppt	—						2.880	0.115
	5ppt	0.835	—						
	10ppt	0.250	0.332	—					
	20ppt	0.336	0.253	0.060	—				
	25ppt	0.071	0.053	0.013	0.298	—			
	35ppt	0.395	0.300	0.071	0.901	0.251	—		
总含量	0ppt	—						5.503	0.030
	5ppt	0.821	—						
	10ppt	0.170	0.234	—					
	20ppt	0.049	0.068	0.403	—				
	25ppt	0.027	0.037	0.226	0.670	—			
	35ppt	0.005	0.006	0.032	0.110	0.203	—		

附表 6.3　不同盐度梯度下成熟期日本鳗草植株各游离氨基酸含量变化显著性检验（0NTU）

氨基酸		比较检验						F	显著性
		0ppt	5ppt	10ppt	20ppt	25ppt	35ppt		
谷氨酸族氨基酸	0ppt	—						35.255	0.001
	5ppt	0.001	—						
	10ppt	0.001	0.048	—					
	20ppt	0.001	0.249	0.275	—				
	25ppt	0.001	0.980	0.050	0.258	—			
	35ppt	0.888	0.001	0.001	0.001	0.001	—		
天冬氨酸族氨基酸	0ppt	—						7.727	0.021
	5ppt	0.001	—						
	10ppt	0.239	0.536	—					
	20ppt	0.051	0.011	0.002	—				
	25ppt	0.091	0.047	0.020	0.001	—			
	35ppt	0.001	0.177	0.415	0.004	0.007	—		
丝氨酸族氨基酸	0ppt	—						15.804	0.018
	5ppt	0.007	—						
	10ppt	0.042	0.192	—					
	20ppt	0.010	0.770	0.289	—				
	25ppt	0.001	0.012	0.002	0.008	—			
	35ppt	0.001	0.028	0.005	0.019	0.008	—		

续表

氨基酸		比较检验						F	显著性
		0ppt	5ppt	10ppt	20ppt	25ppt	35ppt		
总含量	0ppt	—						5.046	0.037
	5ppt	0.038	—						
	10ppt	0.017	0.572	—					
	20ppt	0.144	0.365	0.166	—				
	25ppt	0.637	0.074	0.033	0.283	—			
	35ppt	0.440	0.013	0.006	0.046	0.234	—		

附表 6.4 不同浊度梯度下幼苗期日本鳗草植株各游离氨基酸含量变化显著性检验(20ppt)

氨基酸		比较检验						F	显著性
		0NTU	50NTU	100NTU	150NTU	200NTU	250NTU		
谷氨酸族氨基酸	0NTU	—						481.511	0.001
	50NTU	0.079	—						
	100NTU	0.001	0.001	—					
	150NTU	0.001	0.001	0.577	—				
	200NTU	0.026	0.436	0.001	0.001	—			
	250NTU	0.001	0.001	0.001	0.001	0.001	—		
天冬氨酸族氨基酸	0NTU	—						2012.521	0.001
	50NTU	0.520	—						
	100NTU	0.001	0.001	—					
	150NTU	0.001	0.001	0.001	—				
	200NTU	0.001	0.001	0.001	0.001	—			
	250NTU	0.001	0.001	0.001	0.001	0.001	—		
支链氨基酸	0NTU	—						1967.083	0.001
	50NTU	0.001	—						
	100NTU	0.003	0.001	—					
	150NTU	0.001	0.001	0.001	—				
	200NTU	0.001	0.001	0.001	0.001	—			
	250NTU	0.708	0.001	0.005	0.001	0.001	—		
总含量	0NTU	—						934.935	0.001
	50NTU	0.037	—						
	100NTU	0.001	0.001	—					
	150NTU	0.001	0.001	0.001	—				
	200NTU	0.001	0.001	0.001	0.001	—			
	250NTU	0.001	0.001	0.001	0.001	0.001	—		

附表 6.5　不同浊度梯度下生长期日本鳗草植株各游离氨基酸含量变化显著性检验(20ppt)

氨基酸		比较检验						F	显著性
		0NTU	50NTU	100NTU	150NTU	200NTU	250NTU		
谷氨酸族氨基酸	0NTU	—						34.797	0.001
	50NTU	0.453	—						
	100NTU	0.001	0.000	—					
	150NTU	0.123	0.500	0.000	—	0.321			
	200NTU	0.503	0.122	0.001	0.321	—			
	250NTU	0.000	0.000	0.224	0.000	0.000	—		
天冬氨酸族氨基酸	0NTU	—						4.956	0.038
	50NTU	0.149	—						
	100NTU	0.135	0.015	—					
	150NTU	0.056	0.007	0.548	—				
	200NTU	0.469	0.412	0.047	0.020	—			
	250NTU	0.197	0.021	0.794	0.398	0.068	—		
支链氨基酸	0NTU	—						13.978	0.003
	50NTU	0.013	—						
	100NTU	0.098	0.178	—					
	150NTU	0.506	0.032	0.258	—				
	200NTU	0.031	0.528	0.424	0.080	—			
	250NTU	0.000	0.007	0.002	0.001	0.004	—		
总含量	0NTU	—						7.404	0.015
	50NTU	0.152	—						
	100NTU	0.146	0.977	—					
	150NTU	0.615	0.073	0.070	—				
	200NTU	0.298	0.636	0.616	0.146	—			
	250NTU	0.003	0.016	0.017	0.002	0.009	—		

附表 6.6　不同浊度梯度下成熟期日本鳗草植株各游离氨基酸含量变化显著性检验(20ppt)

氨基酸		比较检验						F	显著性
		0NTU	50NTU	100NTU	150NTU	200NTU	250NTU		
谷氨酸族氨基酸	0NTU	—						7.263	0.016
	50NTU	0.991	—						
	100NTU	0.143	0.141	—					
	150NTU	0.004	0.004	0.026	—				
	200NTU	0.016	0.016	0.155	0.239	—			
	250NTU	0.018	0.017	0.170	0.218	0.947	—		

续表

氨基酸		比较检验						F	显著性
		0NTU	50NTU	100NTU	150NTU	200NTU	250NTU		
天冬氨酸族氨基酸	0NTU	—						19.135	0.001
	50NTU	0.034	—						
	100NTU	0.245	0.201	—					
	150NTU	0.001	0.000	0.001	—				
	200NTU	0.042	0.002	0.008	0.015	—			
	250NTU	0.917	0.040	0.282	0.001	0.036	—		
支链氨基酸	0NTU	—						2.613	0.137
	50NTU	0.766	—						
	100NTU	0.421	0.284	—					
	150NTU	0.227	0.149	0.647	—				
	200NTU	0.686	0.489	0.676	0.393	—			
	250NTU	0.029	0.019	0.093	0.181	0.051	—		
总含量	0NTU	—						14.327	0.003
	50NTU	0.260	—						
	100NTU	0.182	0.033	—					
	150NTU	0.001	0.000	0.004	—				
	200NTU	0.022	0.005	0.172	0.028	—			
	250NTU	0.006	0.002	0.036	0.134	0.298	—		

参 考 文 献

陈玉, 韩秋影, 郑凤英, 等. 2016.东楮岛海草组织碳氮含量特征及环境影响因素. 中国海洋大学学报(自然科学版), 46(5): 56-64.

江志坚, 黄小平, 张景平. 2012. 环境胁迫对海草非结构性碳水化合物储存和转移的影响. 生态学报, 32(19): 6242-6250.

张璐璐, 韩秋影, 史云峰, 等. 2018. 富营养化和海水盐度对日本鳗草生物量和碳氮含量的协同影响. Marine Sciences, 42(12): 55-61.

周毅, 张晓梅, 徐少春, 等. 2016. 中国温带海域新发现较大面积(大于 50ha)的海草床: I 黄河河口区罕见大面积日本鳗草海草床. 海洋科学, 40(9): 95-97.

APHA, AWWA, WEF. 1995. Standard Methods for the Examination of Water and Wastewater. 19th ed. Washington, DC: APHA/AWWA/WEF.

Cambridge M L, Zavala-Perez A, Cawthray G R, et al. 2017. Effects of high salinity from desalination brine on growth, photosynthesis, water relations and osmolyte concentrations of seagrass posidonia australis. Marine Pollution Bulletin, 115(1-2): 252-260.

Canalejo A, Martínez-Domínguez D, Córdoba F, et al. 2014. Salt tolerance is related to a specific antioxidant response in the halophyte cordgrass, Spartina densiflora. Estuarine, Coastal and Shelf Science, 146: 68-75.

Chou H C, Gao T, Ni L, et al. 2019. Leaf soluble carbohydrates, free amino acids, starch, total phenolics, carbon and nitrogen stoichiometry of 24 aquatic macrophyte species along climate gradients in china. Frontiers in Plant Science, 10: 442.

Delauney A J, Hu C A, Kishor P B, et al. 1993. Cloning of ornithine delta-aminotransferase cDNA from Vigna aconitifolia by trans-complementation in Escherichia coli and regulation of proline biosynthesis. The Journal of Biological Chemistry, 268(25): 18673-18678.

Galvan-Ampudia C S, Testerink C. 2011. Salt stress signals shape the plant root. Current Opinion in Plant Biology, 14(3): 296-302.

Hamisi M, Díez B, Lyimo T, et al. 2013. Epiphytic cyanobacteria of the seagrass C ymodocea rotundata: diversity, diel nifH expression and nitrogenase activity. Environmental Microbiology Reports, 5(3): 367-376.

Hou C Y, Song J, Yan J G, et al. 2020. Growth indicator response of *Zostera japonica* under different salinity and turbidity stresses in the Yellow River Estuary, China. Marine Geology, 424: 106169.

Julkowska M M, Testerink C. 2015. Tuning plant signaling and growth to survive salt. Trends in Plant Science, 20(9): 586-594.

Kim J H, Kim S H, Kim Y K, et al. 2016. Growth dynamics of the seagrass *Zostera japonica* at its upper and lower distributional limits in the intertidal zone. Estuarine Coastal & Shelf Science, 175: 1-9.

Li X, Hou X, Song Y, et al. 2019. Assessing changes of habitat quality for shorebirds in stopover sites: a case study in Yellow River Delta, China. Wetlands, 39(1): 67-77.

Marín-Guirao L, Sandovalgil J M, Ruiz J R, et al. 2011. Photosynthesis, growth and survival of the mediterranean seagrass posidonia oceanica in response to simulated salinity increase in a laboratory mesocosm system. Estuarine Coastal & Shelf Science, 92(2): 286-296.

Munns R, Tester M. 2008. Mechanisms of salinity tolerance. Annual Review of Plant Biology, 59: 651-681.

Ow Y X, Sven U, Collier C J. 2016. Light levels affect carbon utilisation in tropical seagrass under ocean acidification. PLoS One, 11(3): e0150352.

Pedersen O, Colmer T D, Borum J, et al. 2016. Heat stress of two tropical seagrass species during low tides-impact on underwater net photosynthesis, dark respiration and diel in situ internal aeration. New Phytologist, 210(4): 1207-1218.

Shafer D J, Kaldy J E, Sherman T D, et al. 2011. Effects of salinity on photosynthesis and respiration of the seagrass *Zostera japonica*: a comparison of two established populations in North America. Aquatic Botany, 95(3): 214-220.

Waycott M, Duarte C M, Carruthers T J, et al. 2009. Accelerating loss of seagrasses across the globe threatens coastal ecosystems. Proceedings of the National Academy of Sciences of the United States of America, 106(30): 12377-12381.

第 7 章　黄河口及近海区域浮游生物的影响与模拟

河口区域同时受上游河流和海洋潮汐输送来的水流、泥沙和营养物质的影响，物质组成丰富，生物多样性高。黄河口位于世界上含沙量最高的河流即黄河的入海口，一年一度的为冲刷小浪底水库泥沙淤积和防洪调蓄的调水调沙过程对河口及邻近海洋的水沙条件、营养物质与生态环境的影响还不甚清晰。本章通过构建黄河口及其邻近海域水动力-水环境-水生生物耦合模型(FVCOM-FABM-NPZD)，模拟调水调沙影响下黄河口水环境条件和浮游生物的时空变化及垂向响应差异，模拟和预测入海物质通量改变对黄河口水动力和生态环境的影响。

7.1　黄河口及近海区域概况

7.1.1　黄河口水动力条件

黄河是注入渤海的第一大河，其多年平均入海径流量占环渤海河流总入海径流量的60%，对黄河口生态系统影响巨大。黄河口及其邻近海域位于渤海湾东南部与莱州湾西北部的交汇处(37°15′N～38°10′N，118°10′E～119°15′E)，总面积约为 9000km^2。该区域(图7.1)位于半封闭的渤海南部，潮汐系统主要受渤海 M2 分潮无潮点影响，潮流以不正规半日潮流为主，潮流的运动形式为往复流，潮流主轴近似平行于等深线；水域处于中纬度季风区，夏季盛行偏南风，波浪以风浪为主，长波向为东北向，次长波向为东南向。

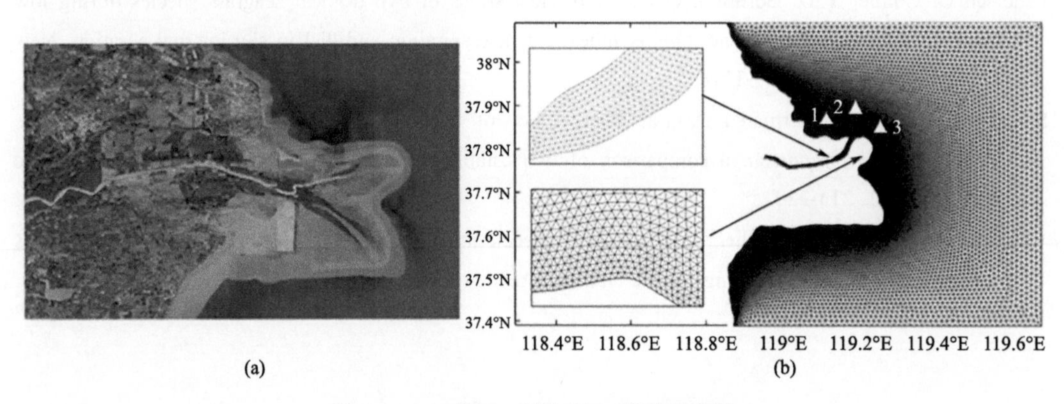

图 7.1　(a)黄河口近海及(b)模型网格图

▲1：河口左侧；▲2：口门处；▲3：河口右侧

7.1.2　水沙调控对河口生态系统的影响

于 2002 年开始，黄河最下一级水库小浪底水库实施调水调沙，通过人造洪峰冲刷小浪底库区和黄河下游河道淤积的泥沙，此举有利于解决黄河下游水库及河道的泥沙淤积问题，同时短时期内大量的陆源物质输入河口，也给黄河口及其附近海域环境生态带来了系列影响。水沙调控期入海物质通量在短时间内急剧增加，引起黄河口及邻近海域的盐度、浊度等环境因子的突变，河口区域水体盐度降低，表层泥沙主要向河口以南海域扩散，底层泥沙向南、北两侧海域扩散，营养盐输送通量的年内分配发生改变，影响河口浮游植物的生物量和群落结构(Paerl et al., 2010；毕乃双等，2010)，进而对黄河三角洲地貌及河口生态系统产生影响(马旭等，2020)。有研究发现调水调沙期黄河径流量的增加与河口浮游植物群落结构有显著的相关关系，浮游植物群落物种丰富度指数、多样性指数和均匀度指数均呈现先升高后降低的趋势，调水调沙过程带来的营养盐变化加剧了河口及邻近海域富营养化状态和有机污染程度，但是也使黄河口海域营养盐结构比例失衡的问题在一定程度上得到了缓解(秦雪等，2016；孙珊等，2019)。

河流径流是影响河口水环境因子时空分布的关键因素，对河口浮游生物的生物量和群落结构具有决定性的作用(Paerl et al., 2010)。为了深入了解调水调沙作用下黄河口及邻近海域的环境因子和浮游生物分布规律，本章通过结合物理和生物过程，建立了高分辨率黄河口及其邻近海域三维海洋生态系统动力学模型(FVCOM-FABM-NPZD)，基于该模型面向调水调沙对河口区域环境因子和浮游生物迁移分布的影响进行了三维水沙-水环境-水生态数值模拟。依据模型模拟结果，分析调水调沙影响下水环境和浮游生物的分布规律，以及浮游生物与环境因子的时空差异性，探讨调水调沙期高含沙水流对黄河口生态的影响。

7.2　三维水动力-水环境-水生态耦合模型

为弥补实测数据带来的局限，20 世纪 90 年代以后，随着计算机技术、海洋生物、物理海洋和化学海洋学的发展与有机结合，海洋生态系统动力学研究成为海洋科学的前沿和热点，海洋生态系统动力学模型成为定量化研究海洋生态系统内部物理生物化学过程的有效途径(申有利，2015)。海洋生态系统动力学模型经历了一个从零维到三维的发展过程，越来越强调物理和生物过程之间的相互作用，逐渐兴起了三维流体动力学模型与三维生物化学模型的耦合，进一步将生态系统的机制与海洋动力过程结合起来研究。代表性的模型有三维斜压水动力学模型(Princeton Ocean Model, POM)与生物-化学模型耦合建立的海洋生态模型(NORWegian ECOlogical Model system, NORWECOM)，中尺度环流模型和简单生物模型耦合的流体动力学与环境研究(GeoHydrodynamics and Environmental Research, GHER)模型、三维斜压水动力学模型(HAMSOM)和一维水柱模型耦合的汉堡欧洲北海生态模型(Ecological North Sea Model Hamburg, ECOHAM)，将物理模型、生物模型、沉积物模型、污染物输运模型耦合建立的多功能区域性陆架海域耦合生态的水动力学模型(Coupled Hydrodynamical Ecological Model for REgion Nal Shelf

Seas, COHERENS）和包含三维生物模块的非结构网格有限体积法海洋数值模型(Finite-Volume Coastal Ocean Model, FVCOM)。

FVCOM 海洋数值模式吸收了其他模式的优点，数值方法采用有限体积法，这种方法综合了现有海洋研究中的有限差分和有限元模型的优点，在数值计算中既可以像有限元模型一样与浅海复杂岸界拟合，又便于离散差分原始动力学方程组，从而保证较高的计算效率，其采用方程的积分形式和先进的计算格式，特别是对于具有复杂的地形岸界的计算问题可以更好地保证质量的守恒性。在水平方向上采用无结构化非重叠的三角形网格，可以方便地拟合复杂的边界与进行局部加密，这个优点使其在研究岛屿众多、近岸岸线复杂的问题时表现尤为突出。在垂直方向采用坐标变换，可以更好地拟合复杂的海底。该模型耦合的生物模块为营养盐-浮游植物-浮游动物-碎屑(NPZD)模型，NPZD 是研究海洋生态系统动力学的基本工具，已被广泛应用于海洋生态系统的基础研究中。NPZD 模型概括了海洋低级生态系统，使在实际气象条件驱动下的物理过程更加完整，对生态系统能量流动和物质流动的描述逐步深入。其优点在于其复杂程度低，只用 4 个状态变量及 7 个过程就能再现浮游生态系统，包括浮游植物对营养物质的吸收、食草性浮游动物对浮游植物的捕食、浮游植物和浮游动物的死亡与排泄等过程以及死亡无机物的再矿化(Fennel and Neumann, 1996；Burchard et al., 2006)。

本章采用 FVCOM、耦合波浪(FVCOM-SWAVE)和泥沙(FVCOM-SED)模块，构建黄河口邻近海域海洋数值模型 FVCOM-SWAVE-SED，模拟河口近岸水动力及水环境条件，模拟得到三维流场、温度场、盐度场、波浪、泥沙等环境变量时空分布，为 NPZD 模型提供参数条件。考虑营养盐、浮游植物、浮游动物和碎屑等海洋生态系统中最基本的组成部分，构建研究区域的 NPZD 模型，通过水生生物地球化学模型框架 FABM 将 NPZD 与 FVCOM 耦合，计算营养盐、浮游生物等环境及生态变量随径流和潮汐变化的时空分布情况。

7.2.1　水动力模型基本控制方程

运用 FVCOM 模拟黄河口近岸水动力过程。FVCOM 是一种预测的、非结构网格、有限体积、自由曲面、三维原始方程的沿海海洋环流模型(Chen et al., 2003)，含有淡水、地下水输入模块、拉格朗日质点跟踪模块、海冰模块、泥沙输运模块、水质模块、生态模块及波浪模块等。该模型在数值计算上采用有限体积法，通过对流体运动的有限子区域(即控制体单元)的积分离散来构造离散方程，垂向上使用 σ 坐标系对不规则底部地形进行拟合，水平上利用非结构三角网格对计算区域进行空间离散，能够更加贴合复杂岸线。求解过程采用膜分离法，基于外模(垂向积分的连续方程+动量方程)计算正压运动，基于内膜(三维流速、温度、盐度和湍流参数)计算斜压运动。FVCOM 结合了有限元方法的自由几何拟合特性和有限差分方法的离散结构简单及计算高效的特性，能更好地保证河口海湾及海洋计算中的质量、动量、盐度、温度及热量的守恒性(Chen et al., 2006)。

控制方程包括动量方程、连续性方程、温度方程、盐度方程和密度方程:

$$\frac{\partial u}{\partial t}+u\frac{\partial u}{\partial x}+v\frac{\partial u}{\partial y}+w\frac{\partial u}{\partial z}-fv=\frac{\partial}{\partial z}\left(K_{\mathrm{m}}\frac{\partial u}{\partial z}\right)+F_u-\frac{1}{\rho_0}\frac{\partial P}{\partial x} \tag{7.1}$$

$$\frac{\partial v}{\partial t}+u\frac{\partial v}{\partial x}+v\frac{\partial v}{\partial y}+w\frac{\partial v}{\partial z}+fu=\frac{\partial}{\partial z}\left(K_{\mathrm{m}}\frac{\partial v}{\partial z}\right)+F_v-\frac{1}{\rho_0}\frac{\partial P}{\partial y} \tag{7.2}$$

$$\frac{\partial P}{\partial z}=-\rho g \tag{7.3}$$

$$\frac{\partial u}{\partial x}+\frac{\partial v}{\partial y}+\frac{\partial w}{\partial z}=0 \tag{7.4}$$

$$\frac{\partial \theta}{\partial t}+u\frac{\partial \theta}{\partial x}+v\frac{\partial \theta}{\partial y}+w\frac{\partial \theta}{\partial z}=\frac{\partial}{\partial z}\left(K_{\mathrm{h}}\frac{\partial \theta}{\partial z}\right)+F_\theta \tag{7.5}$$

$$\frac{\partial s}{\partial t}+u\frac{\partial s}{\partial x}+v\frac{\partial s}{\partial y}+w\frac{\partial s}{\partial z}=\frac{\partial}{\partial z}\left(K_{\mathrm{h}}\frac{\partial s}{\partial z}\right)+F_s \tag{7.6}$$

$$\rho=\rho(\theta,s) \tag{7.7}$$

式中，x、y、z 为直角坐标的东、北、纵轴；u、v、w 为 x、y、z 三个方向的速度分量；θ 为温度；s 为盐度；ρ 为密度；P 为压强；f 为科氏参数；g 为重力加速度；K_{m} 为垂向涡动黏性系数，K_{h} 为垂向热量涡动扩散系数，两者均采用 Mellor Yamada-2.5 湍流封闭模型计算；F_u、F_v 为水平动量；F_θ、F_s 分别为热量、盐度扩散项，采用斯马戈林斯基(Smagorinsky)涡动参数化方式计算。

温度的表层和底层边界条件由表面净热通量 $Q_{\mathrm{n}}(x,y,t)$ 和海面短波入射通量 $\mathrm{SW}(x,y,0,t)$ 决定，其中表面净热通量由向下的短波辐射、向下的长波辐射、感热通量和潜热通量四个分量组成：

$$\frac{\partial \theta}{\partial z}=\frac{1}{\rho c_p K_{\mathrm{h}}}[Q_n(x,y,\zeta,t)], at \quad z=\zeta(x,y,z), \frac{\partial \theta}{\partial z}=\frac{1}{\rho c_p K_{\mathrm{h}}} \tag{7.8}$$

$$\frac{\partial \theta}{\partial t}=0, at \quad z=-H(x,y) \tag{7.9}$$

$$\mathrm{SW}(x,y,\zeta,t)=\mathrm{SW}(x,y,0,t)[Re^{\frac{z}{a}}+(1-R)\mathrm{e}^{\frac{z}{b}}] \tag{7.10}$$

式中，a 和 b 分别为短波辐射中较长和较短波长组分的衰减长度；R 为与较长波长辐射有关的总通量的比例。

盐度模拟重点关注了调水调沙影响下河口盐度变化，因此，将黄河径流作为影响盐度的主要外界驱动力。固体边界上的运动和温盐(温度和盐度)条件如下：

$$v_n=0; \frac{\partial \theta}{\partial n}=0; \frac{\partial s}{\partial n}=0 \tag{7.11～7.13}$$

式中，v_n 为垂直于边界的速度分量；n 为垂直于边界的坐标。

在垂直方向采用 σ 坐标变换，使底部不规则地形较光滑地表示出来。σ 坐标变换通过式(7.14)：

$$\sigma=\frac{z-\zeta}{H+\zeta}=\frac{z-\zeta}{D} \tag{7.14}$$

式中，σ 取值范围为[−1,0]，−1 为底层，0 为表层。变换后的原始方程在此不再列出，可参考 Chen 等(2003)的研究。

FVCOM-SED 模块可以进行水动力-波浪-泥沙-地貌的耦合计算。模型考虑多海底条件、无限泥沙组分，包含了悬沙输运和底沙输运等过程，可以用于模拟大陆架、河口海岸等海域的泥沙输运。泥沙模拟加入了泥沙运输模型(community sediment transport model, CSTM)，主要考虑的泥沙动力过程有波浪相互作用对泥沙运输的影响、泥沙对水动力过程的影响及黏性泥沙动力过程等。悬移质泥沙扩散方程为

$$\frac{\partial C_i}{\partial t}+\frac{\partial uC_i}{\partial x}+\frac{\partial vC_i}{\partial y}+\frac{\partial\left(w-w_i\right)C_i}{\partial z}=\frac{\partial}{\partial x}\left(A_{\mathrm{H}}\frac{\partial C_i}{\partial x}\right)+\frac{\partial}{\partial y}\left(A_{\mathrm{H}}\frac{\partial C_i}{\partial y}\right)+\frac{\partial}{\partial z}\left(K_{\mathrm{h}}\frac{\partial C_i}{\partial z}\right) \tag{7.15}$$

式中，C_i 为第 i 种沉积物浓度；A_{H} 为水平涡动黏度；K_{h} 为垂直涡动黏度；w_i 为第 i 种沉积物沉降速度。表面为无通量边界条件，底部泥沙通量包括沉积和侵蚀：

$$K_{\mathrm{h}}\frac{\partial C_i}{\partial z}=0, z=\xi \tag{7.16}$$

$$K_{\mathrm{h}}\frac{\partial C_i}{\partial z}=E_i-D_i, z=-H \tag{7.17}$$

$$E_i=\Delta tQ_i(1-P_{\mathrm{b}})F_{\mathrm{b}i}\left(\frac{\tau_{\mathrm{b}}}{\tau_{\mathrm{c}i}}-1\right) \tag{7.18}$$

式中，Q_i 为侵蚀的通量；P_{b} 为底部孔隙度；$F_{\mathrm{b}i}$ 为沉积物 i 在底部的部分；τ_{b} 为底部剪应力；$\tau_{\mathrm{c}i}$ 为泥沙 i 的临界剪应力。

FVCOM-SWAVE 是将结构网格表面模型 SWAN(simulating waves nearshore)转换到 FVCOM 框架下的非结构化网格、有限体积版本(Qi et al., 2009)。波浪作用密度谱的控制方程为

$$\frac{\partial N}{\partial t}+\nabla\cdot\left[(\vec{C}_{\mathrm{g}}+\vec{V})N\right]+\frac{\partial C_\sigma N}{\partial\sigma}+\frac{\partial C_\theta N}{\partial\theta}=\frac{S_{\mathrm{tot}}}{\sigma} \tag{7.19}$$

式中，N 为波作用密度谱；t 为时间；σ 为相对频率；θ 为波的方向；C_σ 和 C_θ 为波在谱空间中的传播速度(σ，θ)；$\vec{C}_{\mathrm{g}}$ 为群速度；$\nabla\cdot()$ 为地理空间上的水平发散算子。

7.2.2 浮游生物过程模型原理

NPZD 作为三维海洋生态动力学模型，能够更好地理解海洋生态系统之中的碳氮循环，展现黄河口海域浮游系统变化，主要分为 4 个子模块：营养物质模块、浮游植物生态动力学模块、浮游动物生态动力学模块和悬浮物模块。4 个子模块通过物质与能量的交换实现模型耦合。模型中，浮游植物生长所需的养分吸收主要受光合营养盐的有效性限制，营养盐交换过程通过 Michaelis–Menten 动力学(Michaelis and Menten，1913)构建，受浮游植物生物量限制的浮游动物捕食过程由 Ivlev 方程(Ivlev, 1961)构建，其他排泄、死亡和再矿化等过程均基于线性一阶动力学方程。

浮游植物吸收营养物质：

$$d_{\mathrm{np}}=r_{\max}\frac{I_{\mathrm{PAR}}}{I_{\mathrm{opt}}}\exp\left(1-\frac{I_{\mathrm{PAR}}}{I_{\mathrm{opt}}}\right)\frac{c_{\mathrm{n}}}{\alpha+c_{\mathrm{n}}}c_{\mathrm{p}} \tag{7.20}$$

$$I_{\mathrm{PAR}} = I_0(1-a)\exp\left(\frac{z}{\eta}\right)B(z) \tag{7.21}$$

$$B(z) = \exp\left\{-k_c\int_z^0[c_{\mathrm{p}}(\xi)+c_{\mathrm{d}}(\xi)]\mathrm{d}\xi\right\} \tag{7.22}$$

$$I_{\mathrm{opt}} = \max\left(\frac{1}{4}I_{\mathrm{PAR}}, I_{\min}\right) \tag{7.23}$$

浮游动物捕食浮游植物：

$$d_{\mathrm{pz}} = g_{\max}[1-\exp(-I_v^2c_{\mathrm{p}}^2)]c_{\mathrm{z}} \tag{7.24}$$

浮游植物排泄：

$$d_{\mathrm{pn}} = r_{\mathrm{pn}}c_{\mathrm{p}} \tag{7.25}$$

浮游动物排泄：

$$d_{\mathrm{zn}} = r_{\mathrm{zn}}c_{\mathrm{z}} \tag{7.26}$$

碎屑再矿化为营养物质：

$$d_{\mathrm{dn}} = r_{\mathrm{dn}}c_{\mathrm{d}} \tag{7.27}$$

浮游植物死亡：

$$d_{\mathrm{pd}} = r_{\mathrm{pd}}c_{\mathrm{p}} \tag{7.28}$$

浮游动物死亡：

$$d_{\mathrm{zd}} = r_{\mathrm{zd}}c_{\mathrm{z}} \tag{7.29}$$

式中，c 为变量浓度；下标 n、p、z 和 d 分别代表无机氮、浮游植物、浮游动物和碎屑；I_0 为地表反射率校正常数；a 为权重参数；η 为蓝绿光谱吸收范围；k_c 为浮游植物自遮蔽衰减(光照衰减)系数；z 为水深，ξ 为水深积分量，其他参数定义见附表 7.1。各变量间的关系可参照 Burchard 等(2006)附录。依据以上方程，可模拟溶解性无机氮、浮游植物、浮游动物和碎屑的浓度变化与分布范围。

7.2.3 水生生物地球化学模型框架

FABM 是一种基于 Fortran 2003 编写的用于模拟水生生态系统生物地球化学和生态动力学群落的框架，它支持各种水质和生态模型与物理动力模型之间的耦合。FABM 的主要功能是说明物理模型与生态模型之间的相互作用，由用于通信和数据交换的代码组成，通过应用程序接口(API)传递数据信息。FABM 耦合的物理模型和生物地球化学模型可以单独更改而不相互影响，也允许多个生物地球化学模型组成一个综合模型同时与物理模型耦合。已有许多生物地球化学过程模型被编入 FABM 的耦合标准中，如欧洲区域海洋生态系统模型(ERSEM)(Butenschön et al., 2016)、生物地球化学模型(ERGOM)(Hinners et al., 2015)、浅水湖泊(PCLake)模型(Hu et al., 2016)以及底部氧化还原模型(BROM)(Yakushev et al., 2017)等。

FABM 作为 FVCOM 与 NPZD 模型的耦合接口，耦合模型的框架如图 7.2 所示。

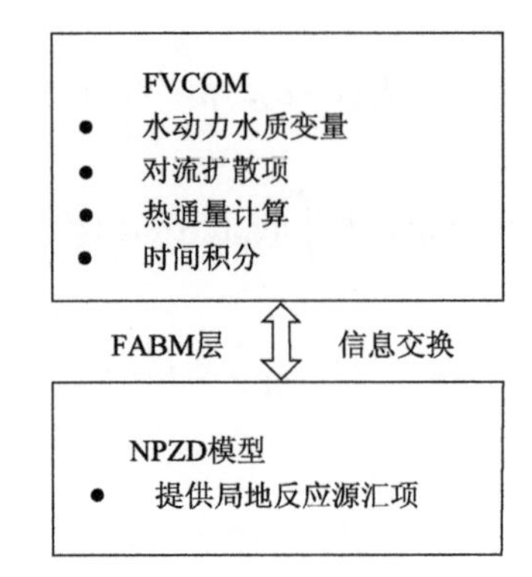

图 7.2　FVCOM-FABM-NPZD 三维生态系统动力学模型示意图

7.2.4　模型设置

1. 计算区域与网格

综合考虑潮汐对径流的顶托作用距离及黄河冲淡水的影响范围，研究区选取黄河口及邻近海域[119.29°E～119.70°E，37.39°N～38.10°N，图 7.1(c)]，河道自黄河下游 30km 至口门，开边界设在渤海，包含北(38.09°N)、东(119.70°E)和南(37.39°N)三边。利用空间分辨率为 30m 的美国陆地资源卫星 Landsat 遥感影像数据遥感解译提取黄河口及邻近海域的岸线，对于海岸线中不容易区分的海陆界线，本研究的处理方法是有明显陆地建筑的区域设定为陆地，把滩涂区域划归到海域中，在模型建立中使用差值水深体现该区域为滩涂；同时提取谷歌地球(Google Earth)上与水深数据匹配的岸线数据对已有岸线进行局部修改；水深数据采用中国人民解放军海图司令部航海保证部电子海图，并融合河道水深实测数据，运用 ArcGIS 和地表水模拟软件(surface water modelling system, SMS)对地形进行插值处理。

模型共 60781 个三角网格，31356 个节点，对河道和河口处进行加密，垂直方向上使用 σ 坐标将水域划分为 6 层。速度矢量定义在 60781 个三角形单元的质心上，高程、温度、盐度、深度等标量定义在 31356 个节点上。动量和连续性方程的积分通过内外模的组合完成，外模时间步长设定为 1.0s，内模时间步长设定为 6.0s。开边界设在渤海，包含北(38.09°N)、东(119.70°E)和南(37.39°N)三边。利津站作为黄河流域最后一个水文站，距黄河口口门约 100km，仅有少量泥沙在其以下的尾闾河道淤积，因此将利津站作为黄河入海水沙计量站，选取流量、含沙量等数据作为输入变量为模型提供入海径流。

2. 外界强迫与开边界设置

水动力模型输入文件包括河道径流输入、海洋潮汐驱动、热通量和风场，外加模型参数控制文件。

考虑海表面风场、热辐射通量等气象因素，潮汐驱动利用潮汐模型驱动器(tidal

model driver, TMD）模型获取模拟时间内开边界水位数据，流速和水位初始场均设为 0；由气温、气压、长波辐射和短波辐射计算热通量，风速由东向和北向风速计算得到，数据皆来源于欧洲中期天气预报中心（European Centre for Medium-range Weather Forecasts, ECMWF）的 EAR-5 再分析数据，精度为 0.125°×0.125°；利用全球混合坐标海洋模型 HYCOM+ NCODA 全球再分析数据在水平和垂向分层上插值到模型网格点，将其作为模型初始温度和盐度场；在开边界设置温盐逼近，每 5 个时间步长逼近一次，以控制开边界温盐输入输出。河流断面水文数据来源于水利部黄河水利委员会黄河网水情信息数据库（http://www.yrcc.gov.cn/）、《黄河水资源公报》和《黄河泥沙公报》。河道、开边界、初始场、热通量以及风场的输入文件均由 MATLAB 制作，以网络通用数据格式 NetCDF 格式输入模型中。

水沙条件、无机氮和浮游植物河道输入数据如图 7.3 所示，模型温盐初始数据如图 7.4 所示，计算模型所需热通量数据如图 7.5 所示。

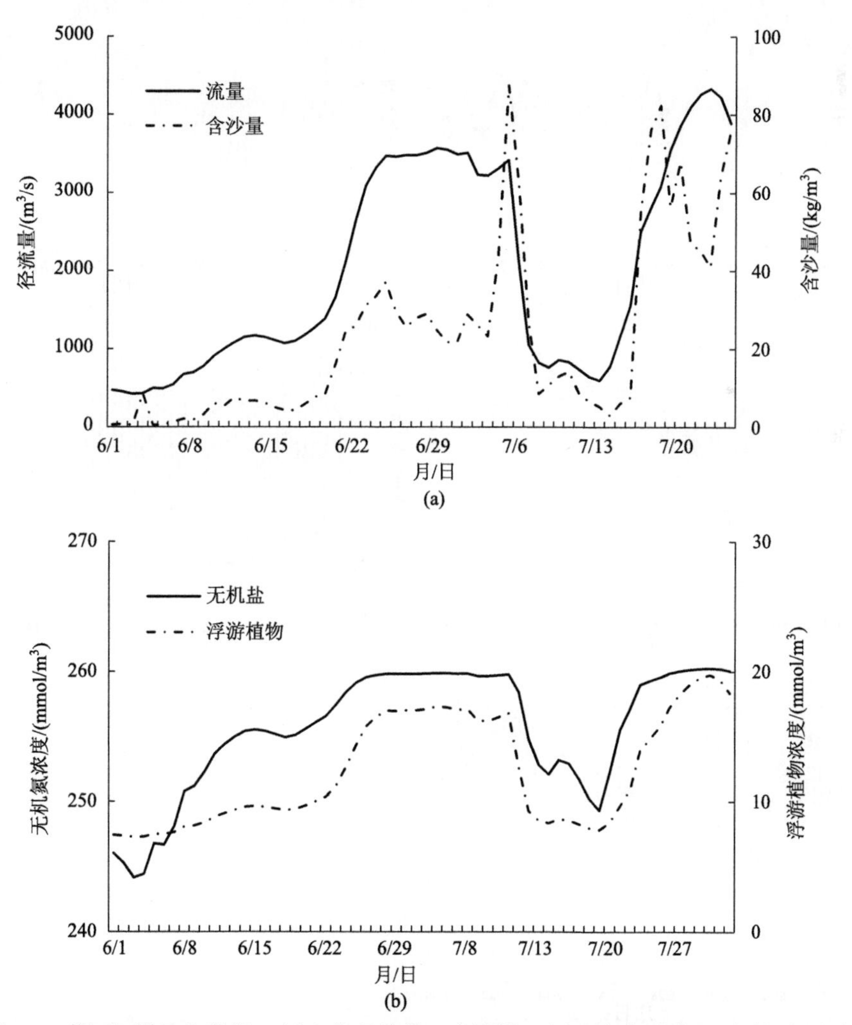

图 7.3　黄河河道输入数据：(a) 入海径流量、含沙量；(b) 无机氮浓度及浮游植物浓度

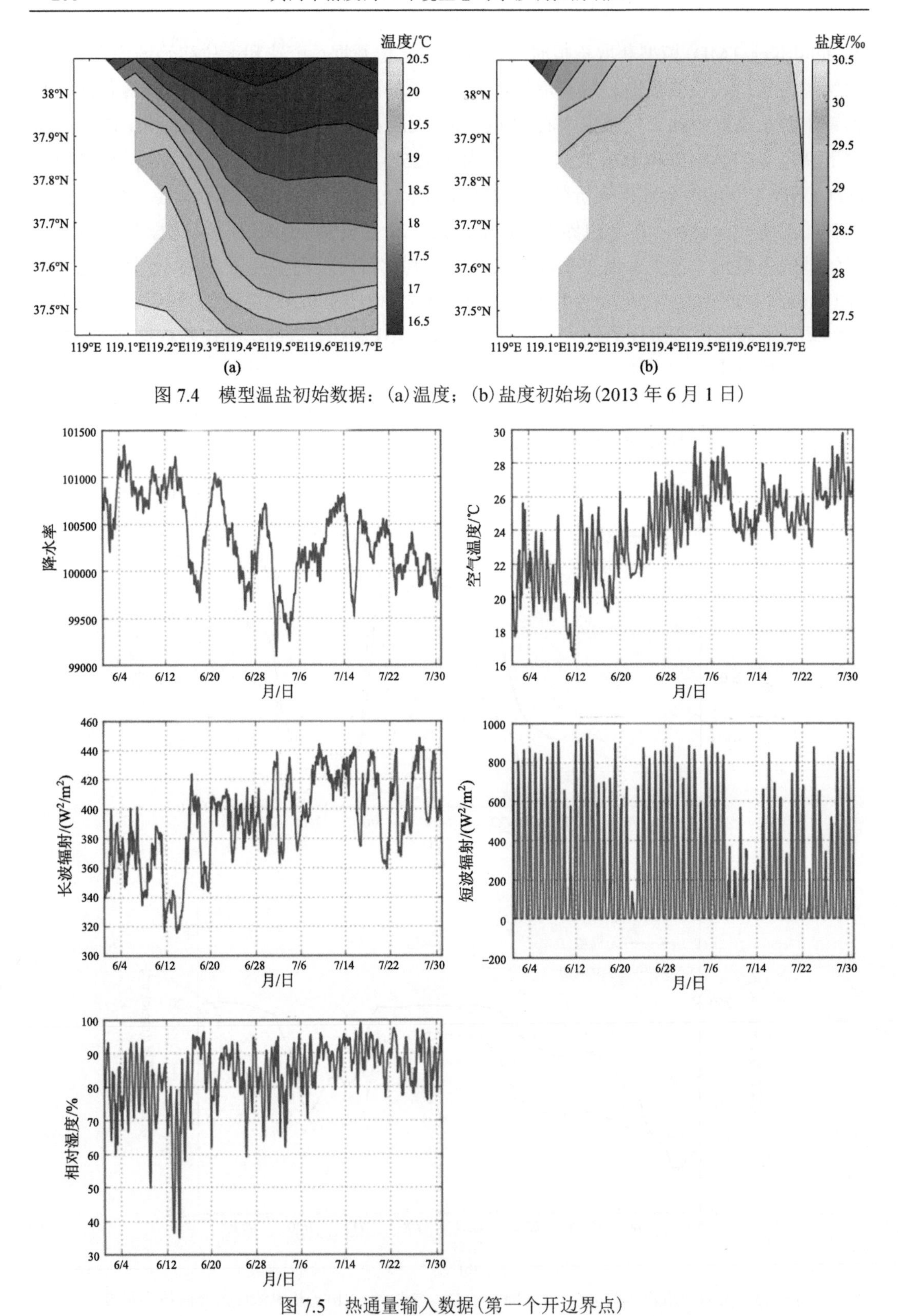

图 7.4　模型温盐初始数据：(a)温度；(b)盐度初始场(2013 年 6 月 1 日)

图 7.5　热通量输入数据(第一个开边界点)

3. 生态模块变量设置

NPZD 模型需要提供研究区无机氮、浮游植物、浮游动物和碎屑四个变量初始浓度，以及浮游生态系统中各营养级之间物质交换与能量流动的参数，包括浮游动植物最大生长率、浮游动物最大捕食率、营养盐吸收半饱和系数、沉降速率、再矿化系数及光衰减系数等。NPZD 模型与 FVCOM 离散到相同网格上，层数为 6 层，时间步长为 4s。模型经验参数取值见附表 7.1。

NPZD 模型中营养盐单位须被转换为氮浓度(mmolN/m^3)参与计算，其余变量转换为碳浓度(mmolC/m^3)。其中营养盐数据为无机氮(NO_3-N、NO_2-N、NH_4-N)总和(陈沛沛等，2013)。

浮游植物初始值通过观测叶绿素 a 确定，一是因为测定更方便准确，二是因为在高含沙水域一般测量叶绿素 a 含量仍然可以准确体现浮游植物的生物量。根据王燕(2011)对黄河口 10 种甲藻、3 种硅藻及 5 种非硅甲藻细胞体积与细胞碳、氮及叶绿素含量之间的转换关系式，将黄河口叶绿素 a 含量转换为模型所需的浮游植物碳含量。由于浮游植物细胞碳、氮与叶绿素 a 的转换关系式是以单一藻种为前提的，因此在转换之前需要根据黄河口及邻近海域的浮游植物群落组成，将叶绿素 a 含量按比例分配，公式如下：

$$C1 = 75.75\text{Chl a} + 13.79, (p < 0.0001, r^2=0.68) \tag{7.30}$$

$$C2 = 39.64\text{Chl a} + 41.19, (p < 0.0001, r^2=0.86) \tag{7.31}$$

$$C3 = 36.12\text{Chl a} + 23.30, (p < 0.0001, r^2=0.79) \tag{7.32}$$

式中，$C1$、$C2$、$C3$ 分别为甲藻、硅藻、非硅甲藻转换的浮游植物碳含量，mmol/m^3；Chl a 为叶绿素 a 含量，mmol/m^3。

2013 年调水调沙前和调水调沙期在黄河口及邻近海域对浮游植物群落空间分布调查发现，调水调沙前几种主要藻类的占比为 69.2%的硅藻、18.1%的甲藻、7.4%的绿藻，还有少量的蓝藻和金藻(苏芝娟，2015)。因此在细胞碳和叶绿素 a 的转换方程[式(7.30)～式(7.32)]中，甲藻占 18.1%，硅藻占 69.2%，非硅甲藻占 12.7%。例如，黄河口 2013 年 6 月水体中叶绿素 a 浓度的平均值为 3.2μg/L，则换算出浮游植物碳浓度约为 18.7mmol/m^3。这种叶绿素 a 的转换方法相比于 Semovski 等(1994)提出的经验公式更加准确，更适合黄河口及邻近海域。

无机氮的初始值和输入数据根据调水调沙期营养盐的日入海通量与日径流量(Q，m^3/s)的关系(陈沛沛等，2013)计算得出：

$$NH_4 - N(10^4\text{mol}) = -6.04 + 0.26Q(10^6\text{m}^3), (R = 0.859, n = 35) \tag{7.33}$$

$$NO_2 - N(10^4\text{mol}) = -0.35 + 0.04Q(10^6\text{m}^3), (R = 0.592, n = 33) \tag{7.34}$$

$$NO_3 - N(10^6\text{mol}) = -0.588 + 0.259Q(10^6\text{m}^3), (R = 0.993, n = 35) \tag{7.35}$$

由于各状态变量的空间分布数据不完整，假设研究区域营养盐含量在水平和垂直方向上分布均匀，因此初始浓度设为定值，并在开边界设置浓度逼近，数据来源于哥白尼海洋环境监测系统(Copernicus Marine Environment Monitoring Service, CMEMS)的再分析数据。大量实验表明，虽然相关生物参数发生巨大改变，但营养物质和浮游生物的模式也会相对稳定(Franks and Chen, 1996)。

根据以上方法对观测值进行数据处理，得出研究区域各生态参数在 NPZD 模型当中的初始值及时间序列值。

7.3 模型率定及验证

应用上节所述方法构建 FVCOM-FABM-NPZD 海洋生态系统动力学耦合模型，模型率定时间序列选择 2003 年 8 月 1 日至 9 月 30 日，模型模拟两个月的水动力环境变化，应用史文静(2008)的调水调沙前的 8 月数据对模型进行率定，经多次率定之后反复调整模型局地参数，直到模拟结果与实测数据相匹配，并应用 9 月数据进行验证，达到较为准确的模拟效果，确定适合黄河口的各项物理参数。为使生态参数的验证数据与水动力数据同源，对率定好的模型再次共同验证水动力和生态结果。

7.3.1 水动力模型验证

水动力模型需要率定的参数为水平混合常数和底部粗糙系数，验证站点分布如图 7.6 所示。

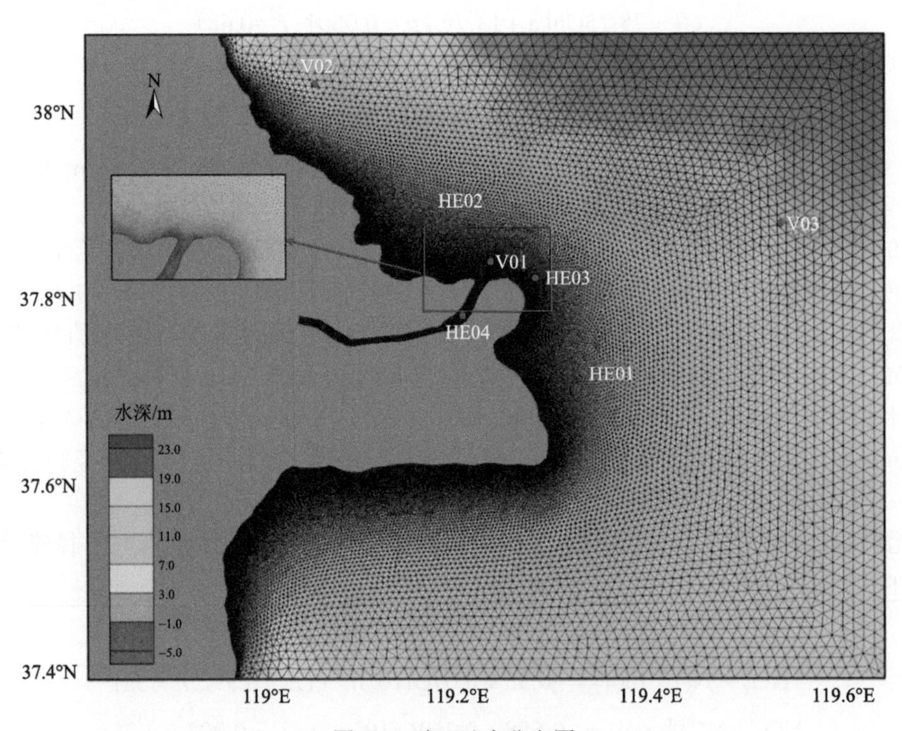

图 7.6 验证站点分布图

采用均方根误差 RMSE 和相关系数 CC 对模拟结果进行量化评价，计算公式如下：

$$\mathrm{RMSE}=\left[\frac{1}{n}\sum_{i=1}^{n}(X_{\mathrm{m}}-X_{\mathrm{o}})^2\right]^{1/2} \tag{7.36}$$

$$CC = \frac{\sum_{i=1}^{n}(X_m - \bar{X}_m)(X_o - \bar{X}_o)}{\left[\sum_{i=1}^{n}(X_m - \bar{X}_m)^2 \sum_{i=1}^{n}(X_o - \bar{X}_o)^2\right]^{1/2}} \tag{7.37}$$

式中，X_m为模型模拟值；X_o为验证值；n为统计变量个数。经多次率定调整，最终取水平混合常数为 1.5，底部粗糙系数为 0.0037。

1. 潮位和流速

模型的潮位模拟值与实测值的比较结果见图 7.7，可以看出，模型模拟潮位值与实测值较接近，较好地重现了黄河口潮位的变化。统计结果表明，均方根误差控制在 0.1333 m，相关系数也达到了 0.94 以上。因此，模型潮位模拟在数值上和实测值吻合较好。

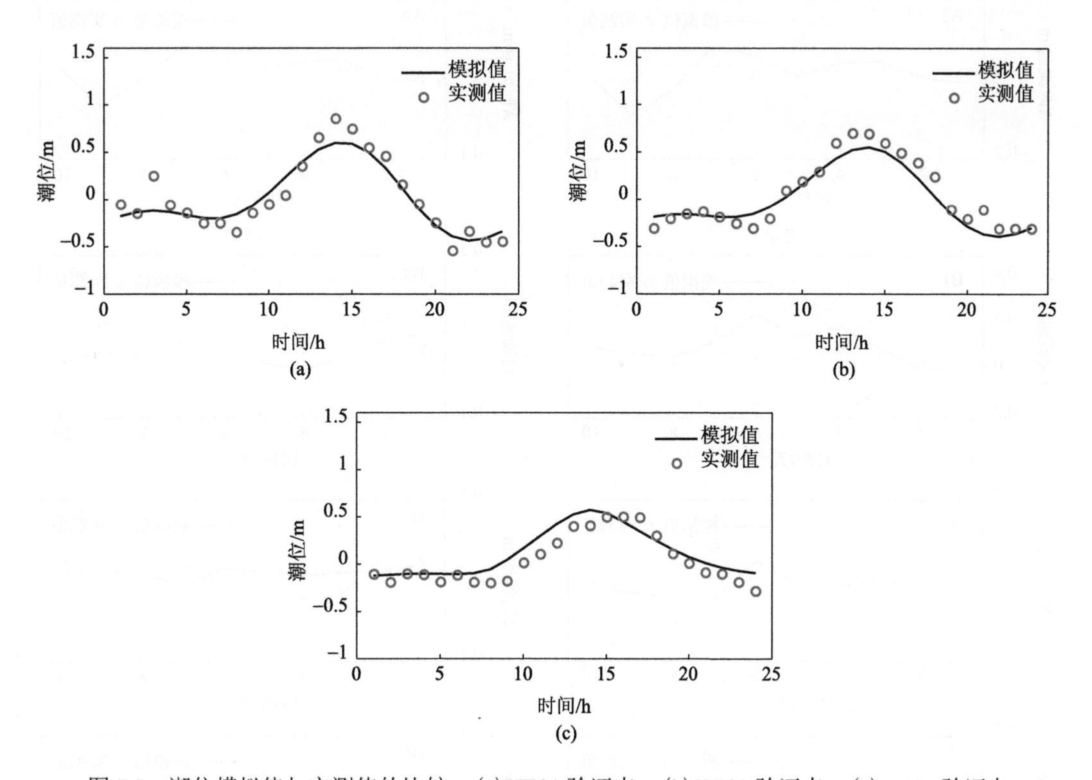

图 7.7　潮位模拟值与实测值的比较：(a) HE01 验证点；(b) HE02 验证点；(c) HE04 验证点

流速验证选取黄河口外四个站点，对比模拟日均流速和再分析数据，流速验证见图 7.8。结果表明，流速大小和方向的模拟结果与实测值相比总体趋势一致，u 和 v 均方根误差控制在 2cm/s，相关系数也达到了 0.91 以上。

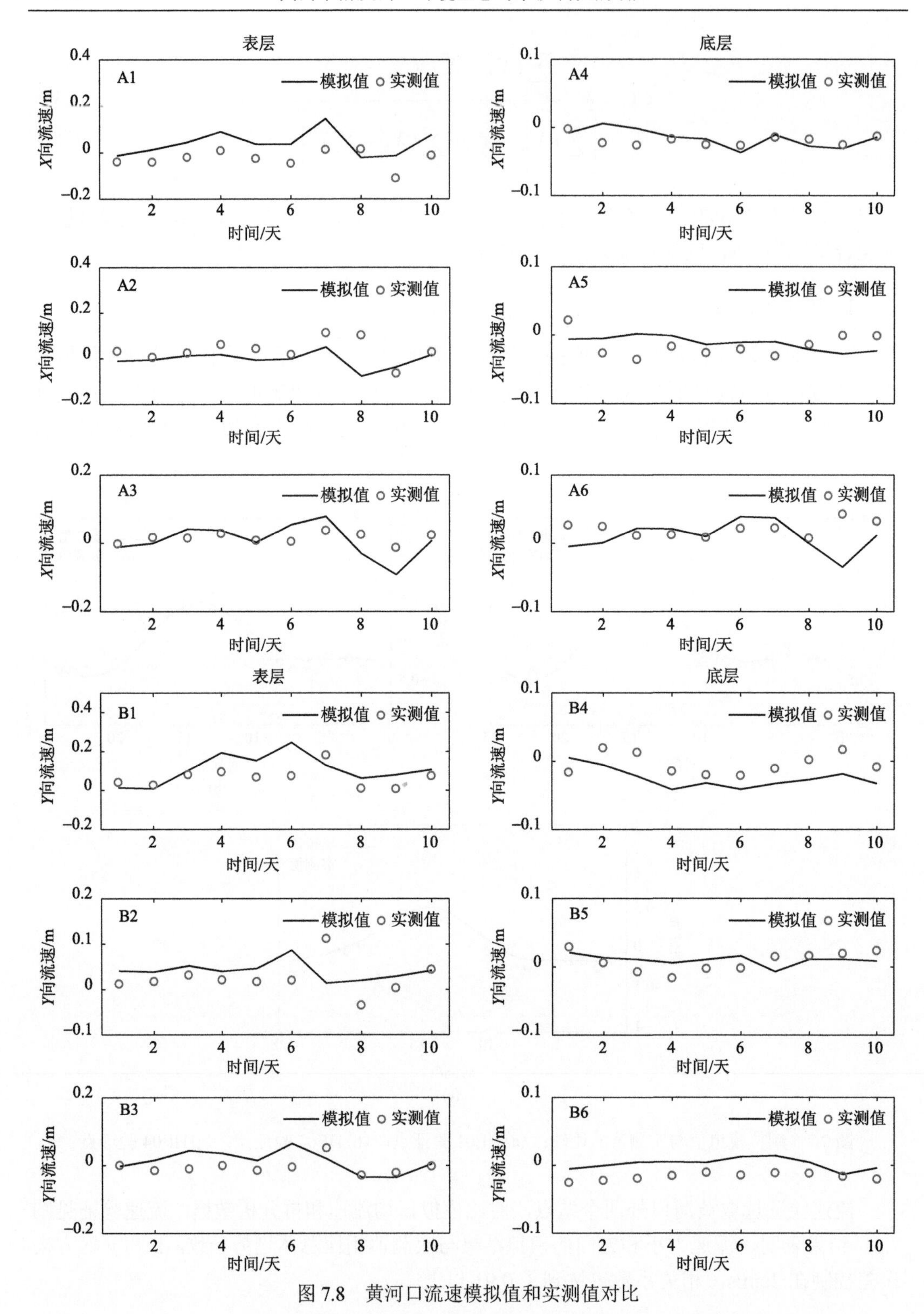

图 7.8　黄河口流速模拟值和实测值对比

A1、A4、B1、B4 分别为 V01 验证点表层和底层流速，A2、A5、B2、B5 分别为 V02 验证点表层和底层流速，A3、A6、B3、B6 分别为 V03 验证点表层和底层流速

2. 波浪

波浪验证数据为 ERA-5 的再分析有效波高数据。模型的有效波高模拟值与实测值的比较结果见图 7.9。可以看出，有效波高模拟值与实测值的均方根误差为 0.058m，相关系数为 0.924。总的来说，模型可以较好地模拟出风浪有效波高和波周期的变化，可以利用该模型对波浪引起的泥沙运动进行模拟。

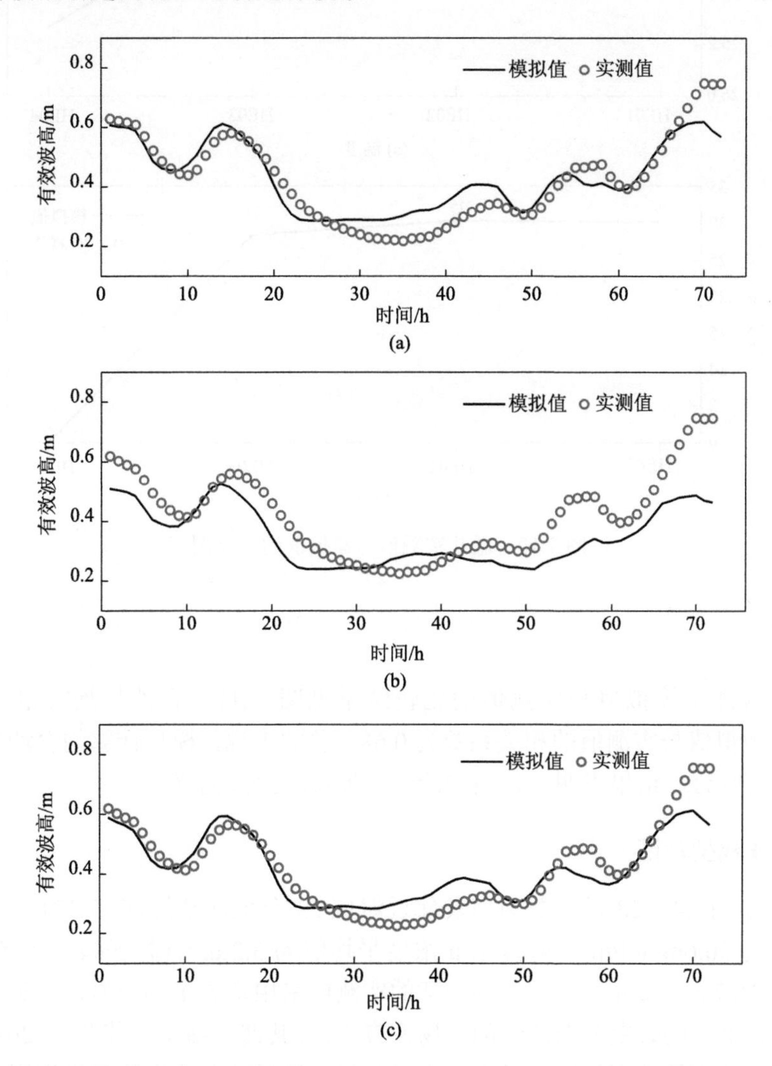

图 7.9　有效波高模拟值与实测值的比较：(a) HE01 验证点；(b) HE02 验证点；(c) HE03 验证点

3. 温盐

对多个站点温度和盐度的模拟值与实测值进行比较，温度的模拟结果的均方根误差控制在 0.19℃，相关系数为 0.823，盐度模拟结果的均方根误差为 2.05‰，相关系数均达到了 0.99 以上。由于满足精度要求，模型可以用来模拟目标海域的温度和盐度变化(图 7.10)。

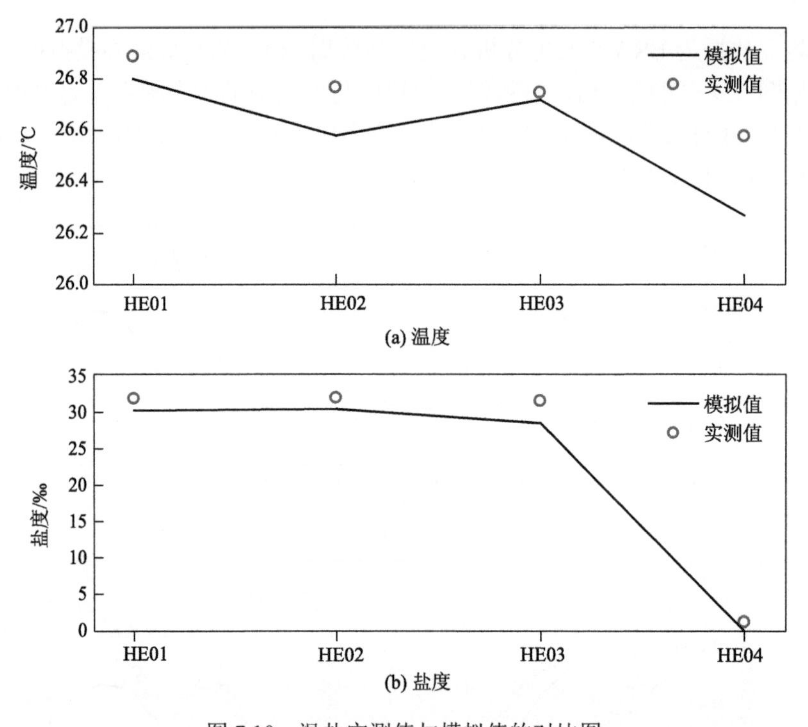

图 7.10　温盐实测值与模拟值的对比图

4. 泥沙

模型的含沙量模拟值与实测值的比较结果见图 7.11。含沙量均方根误差控制在 0.07kg/m³，模拟值与实测值的相关系数为 0.68。总的来说，模型计算的含沙量的变化与实测结果较为吻合。结果表明，该模型能较好地反映泥沙输移。

7.3.2 NPZD 模型验证

2013 年 6 月 24～28 日，黄河口及邻近海域 23 个采样站位(图 7.12)实测的无机氮浓度平均值为 30.6mmol/m³，叶绿素 a 浓度平均值为 3.2μg/L(苏芝娟，2015)，浮游植物平均值为 18.7 mmol/m³。浮游动物验证的实测值采用董志军等(2017)对黄河口及邻近海域浮游动物群落的时空分布研究的现场调查资料，其调查站位与苏芝娟(2015)的一致，并且与其浮游植物的调查为同一批次。本研究将实测浮游动物生物量根据国际海洋考察理事会(ICES)术语和系数委员会使用的转换系数进行单位转化，将浮游动物湿重转为模型应用单位的细胞碳浓度，其中碳占湿重的比例为 0.12。2013 年 6 月，调查水域浮游动物平均丰度约为 60000ind/m³，以渤海浮游动物平均质量为 0.045mg/ind 计算(卜亚谦等，2019)，实测浮游动物生物量约为 2700mg/m³，碳含量浓度约为 27 mmol/m³。

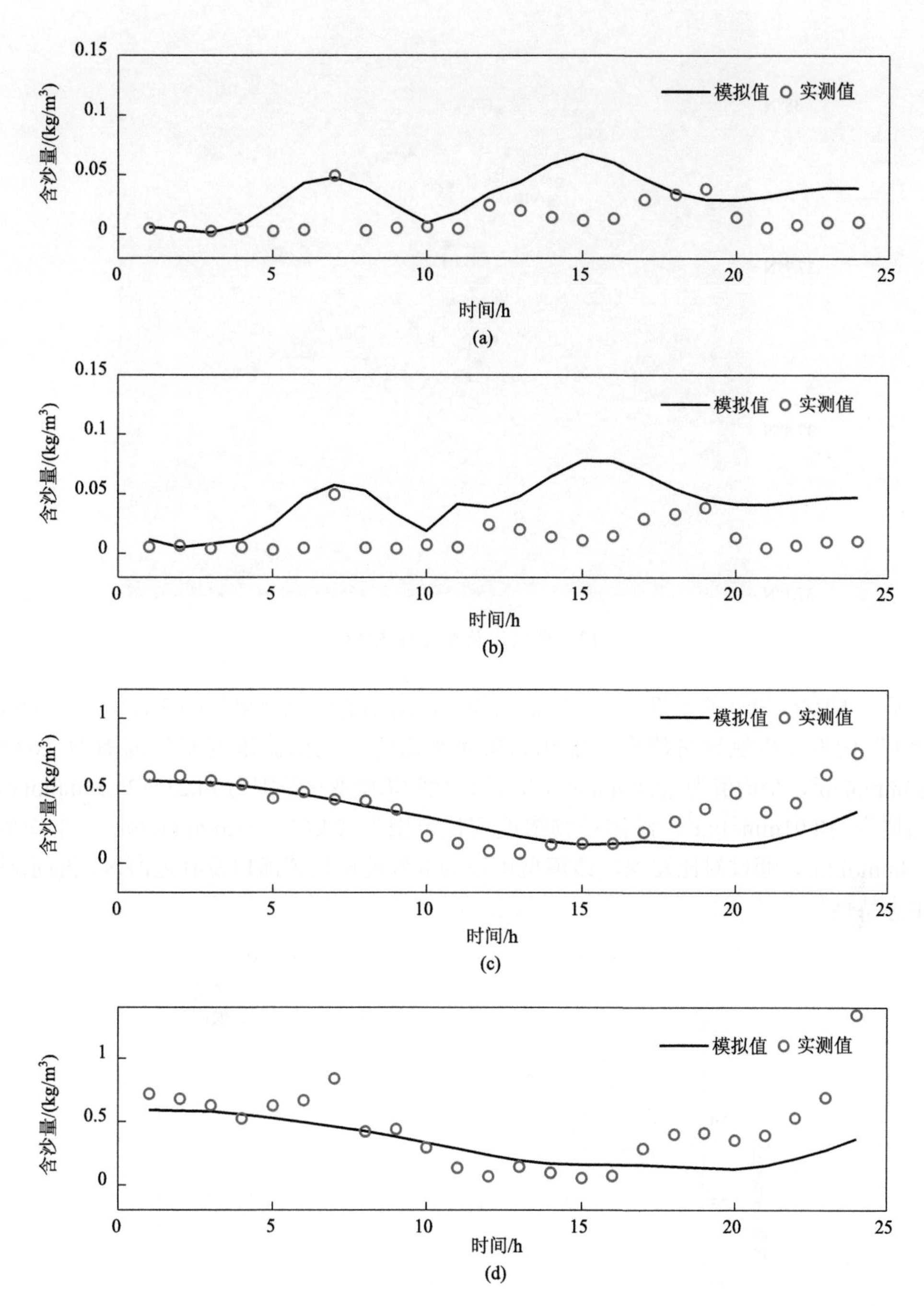

图 7.11　含沙量模拟值与实测值的比较：(a)HE01 验证点；(b)HE02 验证点；(c)HE03 验证点；(d)HE04 验证点

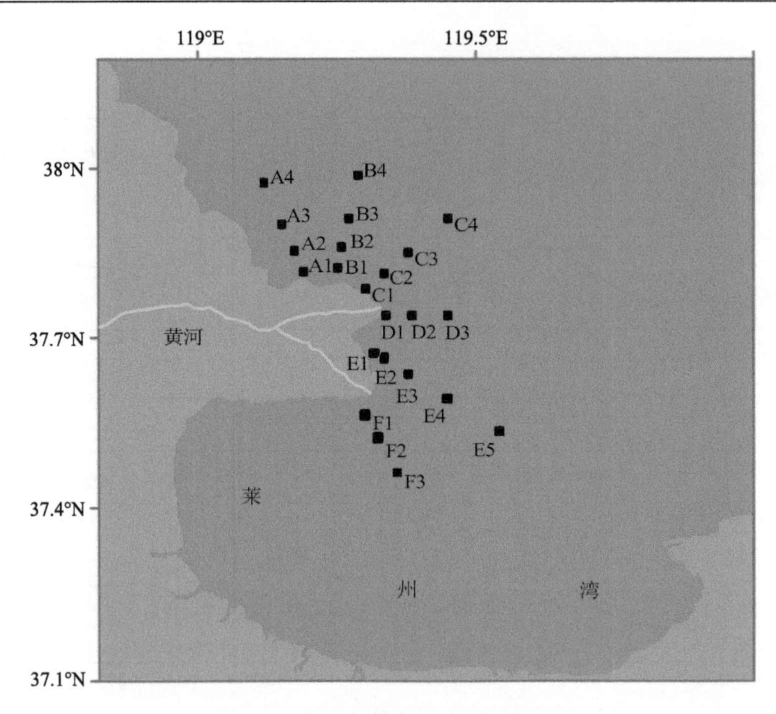

图 7.12　黄河口及邻近海域采样站位

基于 NPZD 模型的无机盐、浮游植物和浮游动物的模拟结果如图 7.13 所示，箱线图中“+”代表无机氮异常值点，虚线为实测平均值。无机盐浓度变化范围为 26.65～39.86mmol/m^3，平均值为 28.38mmol/m^3，浮游植物浓度变化范围为 14.23～24.54mmol/m^3，平均值为 18.91mmol/m^3，浮游动物浓度变化范围为 24.63～31.69mmol/m^3，平均值为 26.38mmol/m^3，通过对比发现，该模型可较为准确地模拟黄河口及其近海区域的水动力和生态特性。

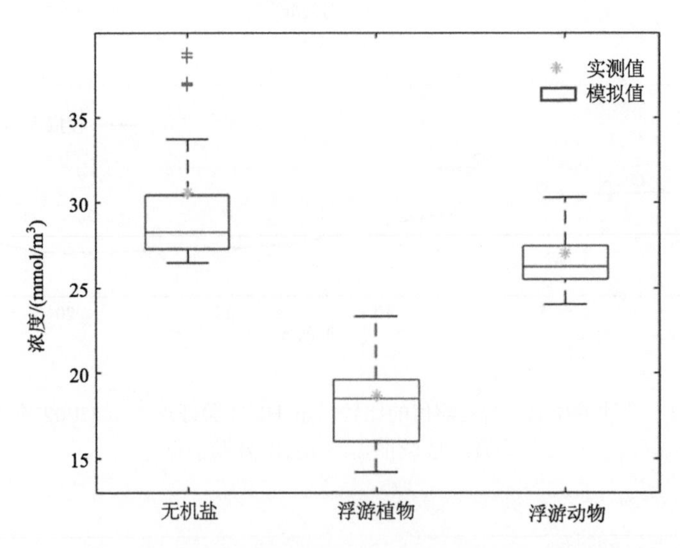

图 7.13　基于 NPZD 模型的无机盐、浮游植物和浮游动物的模拟结果

7.4　河口及邻近海域环境和浮游生物的变化

模拟时间为 2013 年 6 月 1 日至 7 月 26 日，其中 6 月 19 日至 7 月 9 日为小浪底调水调沙期。本研究分析时选择的 6 月 14 日为调水调沙开始前，6 月 21 日、6 月 30 日、7 月 7 日分别为调水调沙期的前期、中期、后期，7 月 14 日为调水调沙结束后。环境因子包括盐度(S)、温度(T)、悬沙(Sand)和无机盐(DIN)。模型垂向平均分为 5 个分层，表层到底层从上往下分别为第一～五层。

7.4.1　盐度

调水调沙未开始前黄河冲淡水舌较小，仅对口门及左右近岸有明显降盐作用，形成 26PSU(practical salinity units)[①]盐度锋面且左岸冲淡水范围大于右岸；调水调沙前期随着径流量的升高冲淡范围明显扩大，平均盐度降低，两岸冲淡水范围扩大；调水调沙中期河口盐度明显降低，且冲淡水扩散面积持续扩大，冲淡水面积翻倍，高盐区盐度降低，河口左侧扩散面积增大，盐度锋面表现为南—北走向的条带；调水调沙后期(7 月 7 日)在持续的高流量的影响下冲淡水面积达到最大，扩散到整个左岸；调水调沙结束 5 天后由于入海流量大幅度减小，被冲淡的高盐区淡水补给减少，扩散范围变小，盐度锋面变成南—北走向的狭长条带，整体盐度开始升高。非调水调沙期和调水调沙期在口门处都存在低盐中心，并且低盐区的范围在调水调沙期有所增大[图 7.14(a)]。黄河口由于受底部潮流顶托的作用，冲淡水主要在表层(第一层)扩散[图 7.14(b)～(f)]。第一层淡水扩散范围最广，形成很明显的盐度锋面；第二层扩散范围迅速变小，盐度开始升高。第三～五层的冲淡水扩散范围主要集中在口门处，到调水调沙后期扩散到北岸远处，其和表层区别较大，并且随着深度的增加冲淡水的范围减小，盐度升高。根据量化分析，调水调沙期第二～五层盐度平均值较第一层分别增加 41.0%、51.7%、53.4%、54.5%，底层盐度为表层的 1.54 倍，调水调沙期盐度垂向分层明显(图 7.15)。

黄河冲淡水主要聚集在表面，为典型的表层平流冲淡水。调水调沙未开始时入海径流量小，冲淡水对近海盐度的影响主要集中在河口表层附近；调水调沙期，入海径流的大幅增加使得表层盐度影响范围迅速扩大，延伸至海域北边界，并在潮流的作用下偏向东北，调水期的径流作用远强于潮流，河道主要受淡水控制，持续高流量的淡水汇入下河口中心的低值区域面积也不断扩大，向河口外侧递增。调水调沙结束后，流量的降低导致冲淡水作用范围有所减小，表层盐度的扩散更易受潮流影响而集中在海域东北边界处，之后浓度开始回升(葛雷等，2013)。总体来看，黄河冲淡水呈现出往东北偏转的特性(图 7.16)，这与朱兰部等(1997)、Wang 等(2011)的结果一致。各层盐度分布的差异是由于各层的流场分布不同，淡水扩散和盐度变化受潮汐涨落的影响，而除表层冲淡水扩散作用较强外，第二～五层径流扩散受潮流的顶托作用较强，冲淡水扩散受阻，因此垂向上形成明显的盐度分层。另外，每层的淡水和咸水在河口处对流，流速降低，淡水不易扩散，在对流面形成盐度锋，淡水主要沿北岸沿岸扩散(图 7.17)。

① PSU 是海洋学中表示盐度的标准，无单位量纲。

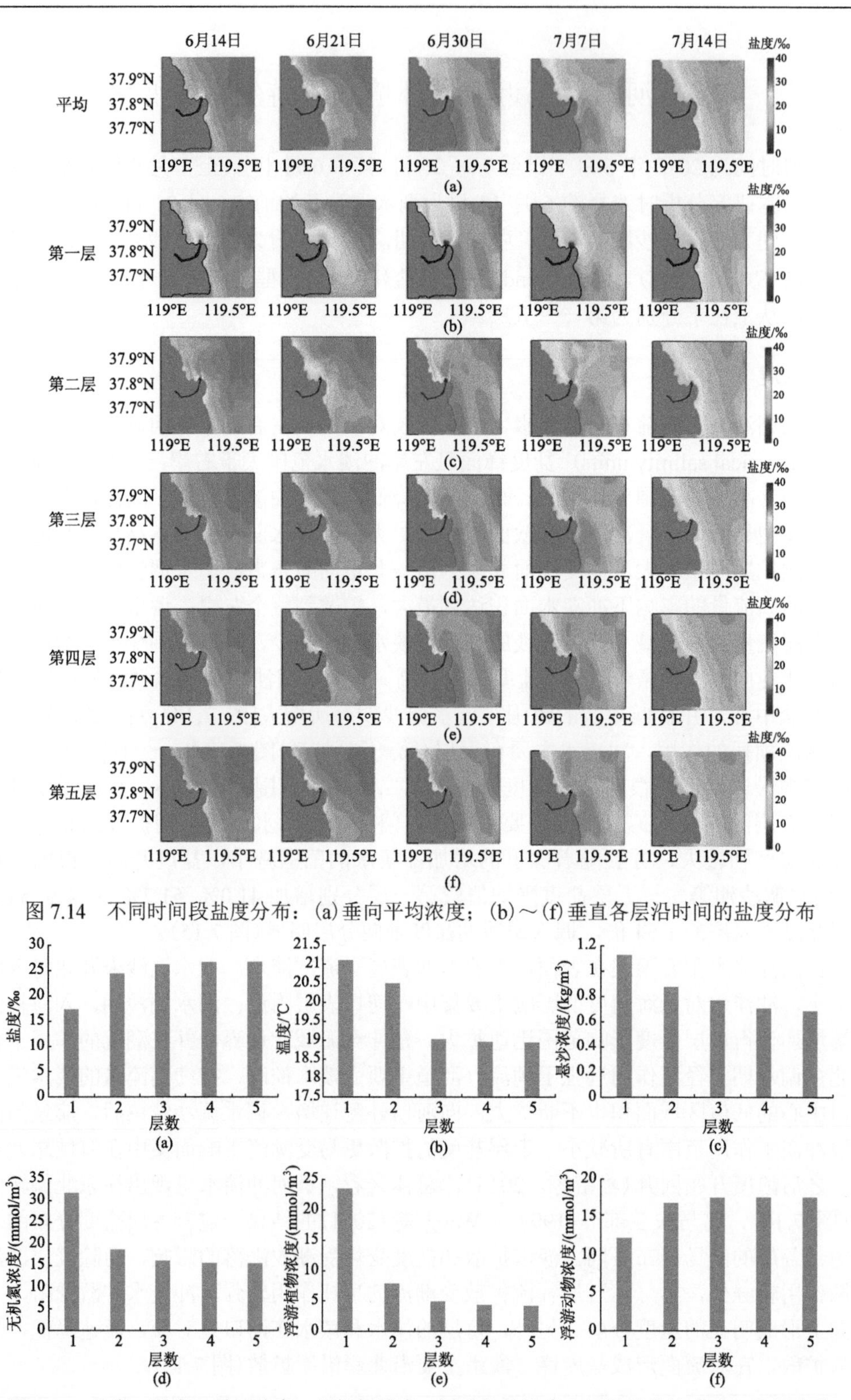

图 7.14　不同时间段盐度分布：(a) 垂向平均浓度；(b)～(f) 垂直各层沿时间的盐度分布

图 7.15　盐度、温度、悬沙浓度、无机氮浓度、浮游植物浓度和浮游动物浓度垂向分层变化

图中无机氮浓度为原始数据的 1/4

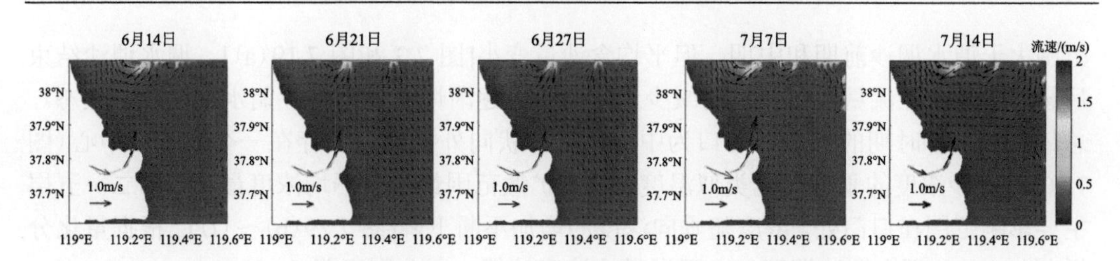

图 7.16　日平均流速变化图

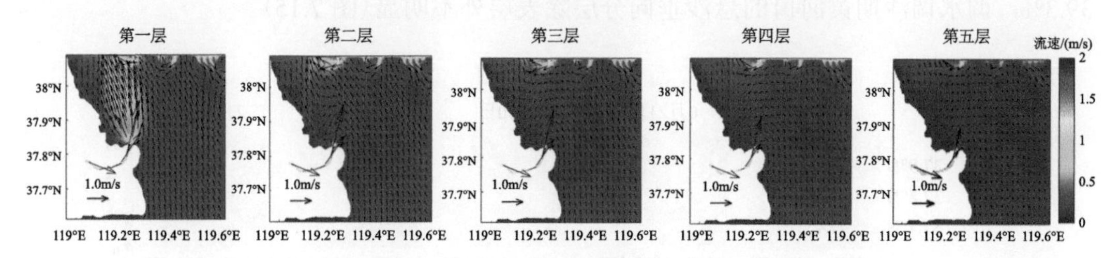

图 7.17　日平均流速垂向变化图(6 月 30 日)

7.4.2　温度

调水调沙前海域整体温度较低，受径流影响，近岸温度较高，并且莱州湾顶部由于水深较浅存在大范围高温区；随着气温的升高及黄河径流量的增加，调水调沙初期，水域整体温度升高，温度场逐渐扩大，远岸温度开始升高，温度梯度减小；到调水调沙后期，远岸水温明显升高，水温整体保持较高温度，温度场范围最大，高温水向远岸大范围扩散。调水调沙结束后随着入海流量的减小，近岸温度场范围变小，远岸温度场范围增大，平均温度不断上升[图 7.18(a)]。由图 7.17(b)～(f)可知，调水调沙期各层的温度差异不大，第三～五层几乎一致。表层温度扩散范围和温度最高，其他层同盐度一样集中在口门处进行扩散，并且随水深增加温度略有降低，影响范围减小。根据量化分析，调水调沙期第二～五层温度平均值较第一层分别下降 2.9%、9.8%、10.1%、10.2%，底层温度是表层的 0.9 倍，调水调沙期温度垂向分层不明显(图 7.15)。

夏季黄河水温高于河口区及渤海海域，黄河径流入海，会改变河口区的水温环境，受径流影响，近岸温度较高。平均温度的空间分布总体呈现近岸温度比海域温度高的特点，温度等值线大体呈平行于海岸线分布。总体来说，垂向各层的温度差异不大，主要是河口北侧存在一定变化，表层温度略高，随水深增加温度略有降低，但因为黄河口及邻近海域水深较浅，同时存在风和潮对海水的垂向混合作用，因此温度除表层外无明显分层现象，模拟结果与王玉成(2010)的调查结论(冲淡水对温度的影响较小，并且近岸的温度分层不明显)一致。

7.4.3　悬沙浓度

调水调沙前期黄河口悬沙扩散变化较小，仅对口门及左右近岸有泥沙输送。调水调沙期径流量的升高及河流含沙量的增加使河口悬沙扩散范围明显扩大，浓度逐渐升高，平均含沙量在调水调沙中期达到最大值；调水调沙后期河道输沙量达到峰值，悬沙扩散范围大于调水调沙前期和中期，但平均含沙量变小[图 7.3 和图 7.19(a)]。调水调沙结束后悬沙浓度随径流量及含沙量的减少迅速变小，逐渐恢复成未进行调水调沙时的状态。总体来看，各时期的悬沙以河口为中心，呈环状向外扩散，仅存在一个高浓度中心(图 7.20)。悬沙浓度的垂向变化类似温度，表层扩散范围最广且平均浓度最高，第二～五层主要影响范围在口门处，浓度随垂向深度的增加不断下降[图 7.19(b)～(f)]。根据量化分析(图 7.15)，调水调沙期第二～五层悬沙浓度较第一层分别下降 22.4%、31.9%、37.4%、39.3%，调水调沙期黄河口的悬沙垂向分层除表层外不明显(图 7.15)。

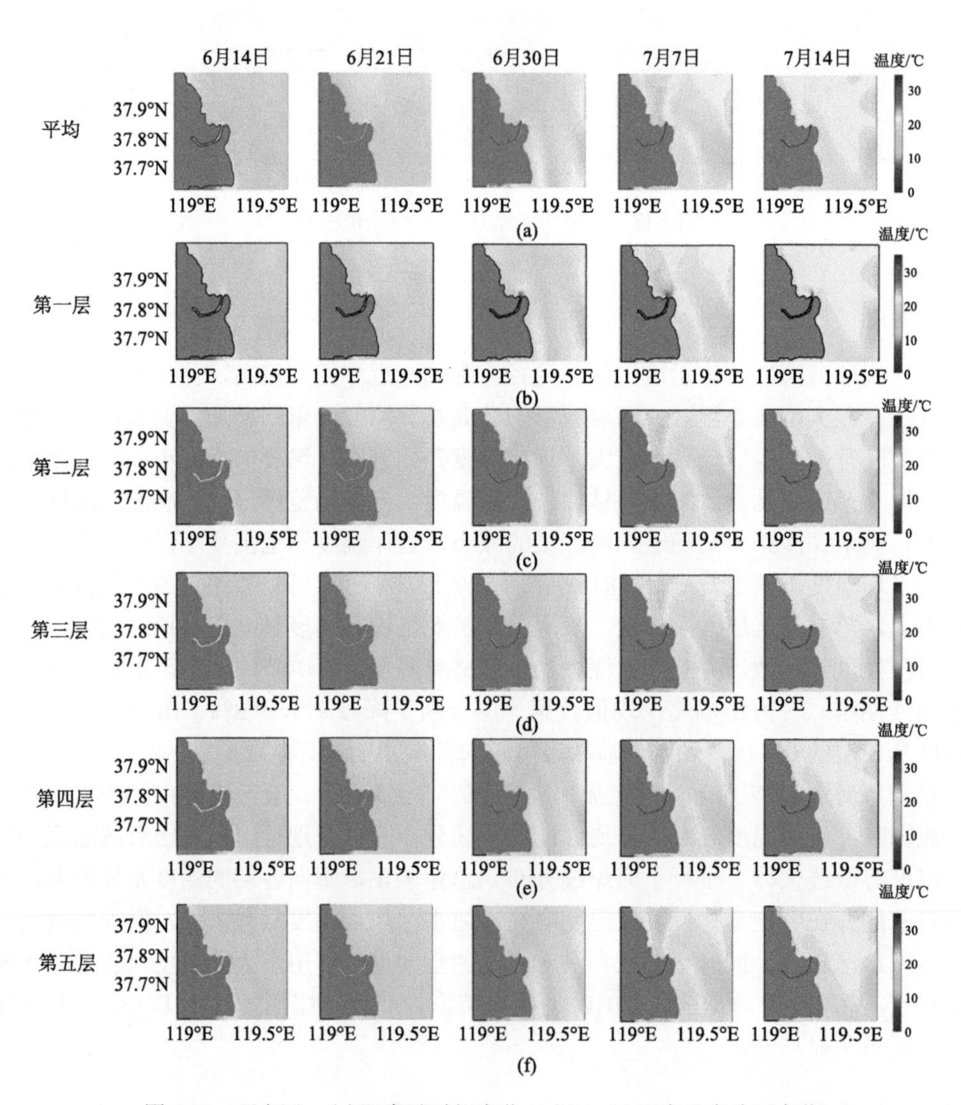

图 7.18 研究区：(a)温度随时间变化；(b)～(f)温度垂直分层变化

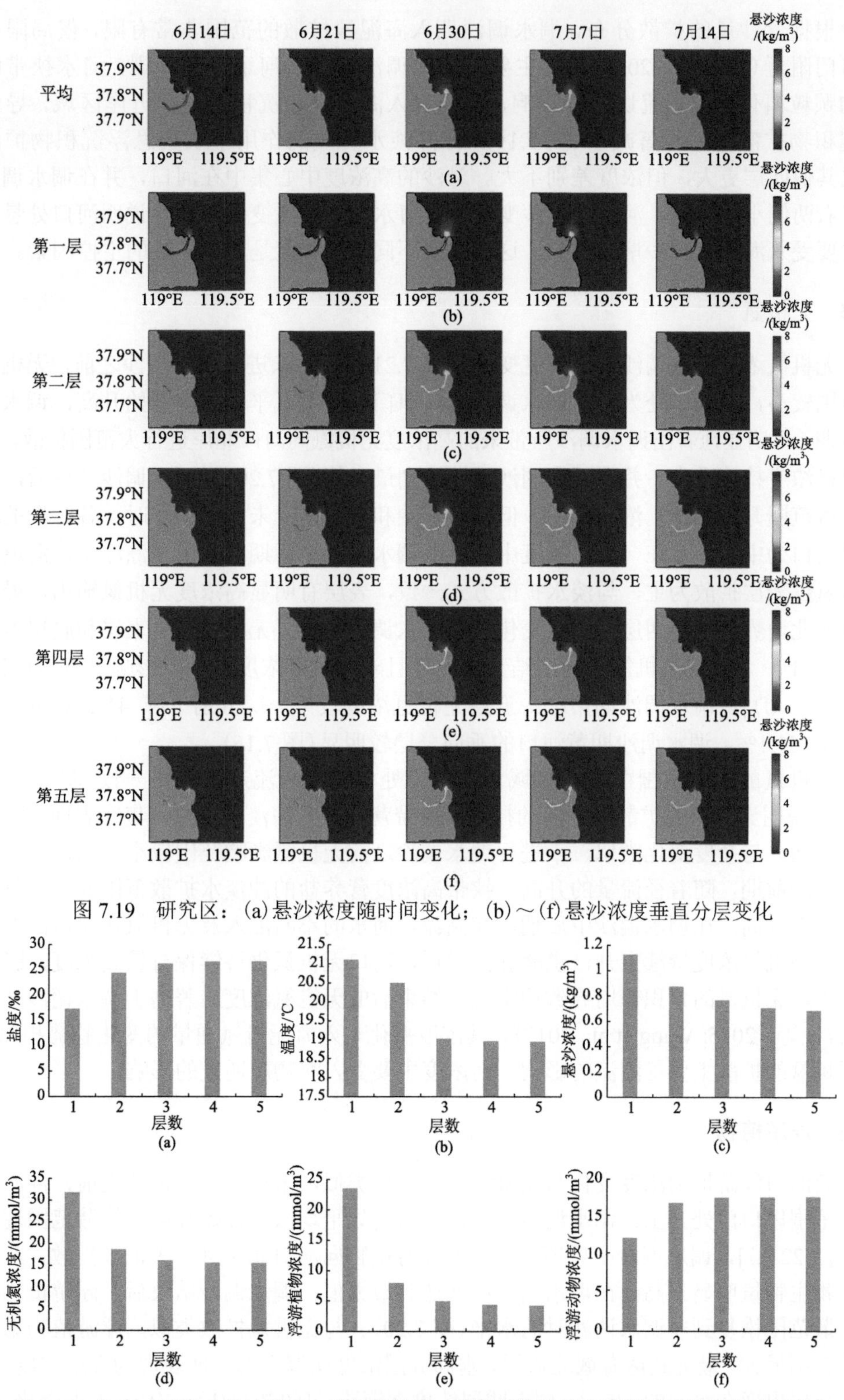

图 7.19　研究区：(a)悬沙浓度随时间变化；(b)～(f)悬沙浓度垂直分层变化

图 7.20　盐度、温度、悬沙浓度、无机氮浓度、浮游植物浓度和浮游动物浓度随时间变化

图中无机氮浓度为原始数据的 1/4

根据含沙量的扩散分布，调水调沙期入海泥沙扩散的范围非常有限，仅局限在河口口门附近(于帅等，2015)，这主要是调水调沙期下游河道遭到冲刷，河水挟带的沉积物颗粒粗化，受潮流切变峰影响，沉积物入海后快速沉积在河口近岸区域，导致悬浮沉积物扩散范围显著减小(图 7.19)，在冲淡水和风的作用下表层悬浮沉积物扩散范围比其他四层更大，但浓度差别不大。悬沙的高浓度中心集中在河口，并在调水调沙期向左右两侧小幅扩大，河口处悬沙变化与入海水流含沙量变化一致，说明河口处悬沙变化主要受入海水流含沙量的影响，这反映出不同水沙强度是悬沙扩散的主控因素。

7.4.4 无机氮

无机氮浓度调水调沙时期浓度变化如图 7.21 所示，未进行调水调沙之前，无机氮扩散范围较小，以口门处为主；调水调沙前，口门处无机氮平均浓度开始升高，调水调沙中后期，可明显地看出调水调沙所带来的高浓度无机氮向河口北岸进行大范围扩散，海域无机氮浓度持续升高，并在调水调沙后期达到最大值(图 7.20)；调水调沙结束后，无机氮扩散范围开始变小，浓度降低，但扩散范围和浓度高于未调水调沙时。各时期的无机氮以河口为中心，存在一个高浓度中心，在调水调沙中后期向北出现漂浮带。河道输入无机氮以表层扩散为主，与淡水扩散方式一致，表层有明显高浓度无机氮输出，最远到达海域北边界，下面四层无明显变化。在调水调沙影响下无机氮浓度表层和底层差异增大，在 1/5 水深处无机氮浓度层结突出，并且对无机氮浓度的垂向影响具有滞后性[图 7.21(b)～(f)]。调水调沙期第二～五层无机氮浓度较第一层分别下降 41.2%、49.3%、50.9%、51.1%，调水调沙期黄河口的垂向分层较明显(图 7.15)。

无机氮的扩散范围主要在海域北边表层处，并且与流速场变化一致(图 7.16、图 7.17)，说明无机氮的扩散受潮流的控制，挟带营养盐的冲淡水主要聚集在表面，随潮流进行摆动。与盐度变化类似，未进行调水调沙之前无机氮影响范围较小，以口门为主；调水调沙前期，随着径流量的升高，挟带高浓度营养盐的冲淡水扩散范围变大，营养盐平均浓度升高，在调水调沙中后期，在高流量河水的不断汇入及无机氮在河口区的累积作用下无机氮浓度持续上升，洪峰脉冲过后，河口无机氮仍持续保持较高浓度，影响范围更大，无机氮的累积作用导致调水调沙结束后的无机氮浓度显著高于调水调沙开始前(马吉让等，2015; Wang et al., 2017)，其浓度变化与入海无机氮通量的变化趋势相似，说明无机氮的扩散主要受潮流的影响，而浓度主要受入海物质通量的影响。

7.4.5 浮游植物

黄河口浮游植物浓度变化与无机氮浓度变化类似，未进行调水调沙之前，浮游植物扩散范围以口门处为主；调水调沙开始后，口门处平均浓度开始升高，扩散范围逐渐变大[图 7.22(a)]，调水调沙中后期，高浓度浮游植物向河口北岸进行大范围扩散，河道浮游植物生物量明显升高，在调水调沙中期达到最大值；调水调沙结束后，浮游植物浓度和扩散范围恢复到非调水调沙时的水平(图 7.20)。与无机氮扩散类似，浮游植物第一层扩散范围最大，最远到达海域北边界，垂向分层浓度在调水调沙期表现为表层浓度最高，扩散分层出现在水深的 1/5 处，剩下四层浓度逐渐降低[图 7.22(b)～(f)]。根据量化分析，调水调沙期第二～五层浮游植物浓度较第一层分别下降 66.3%、79.2%、81.6%、82.1%，垂向分层非常明显(图 7.15)。

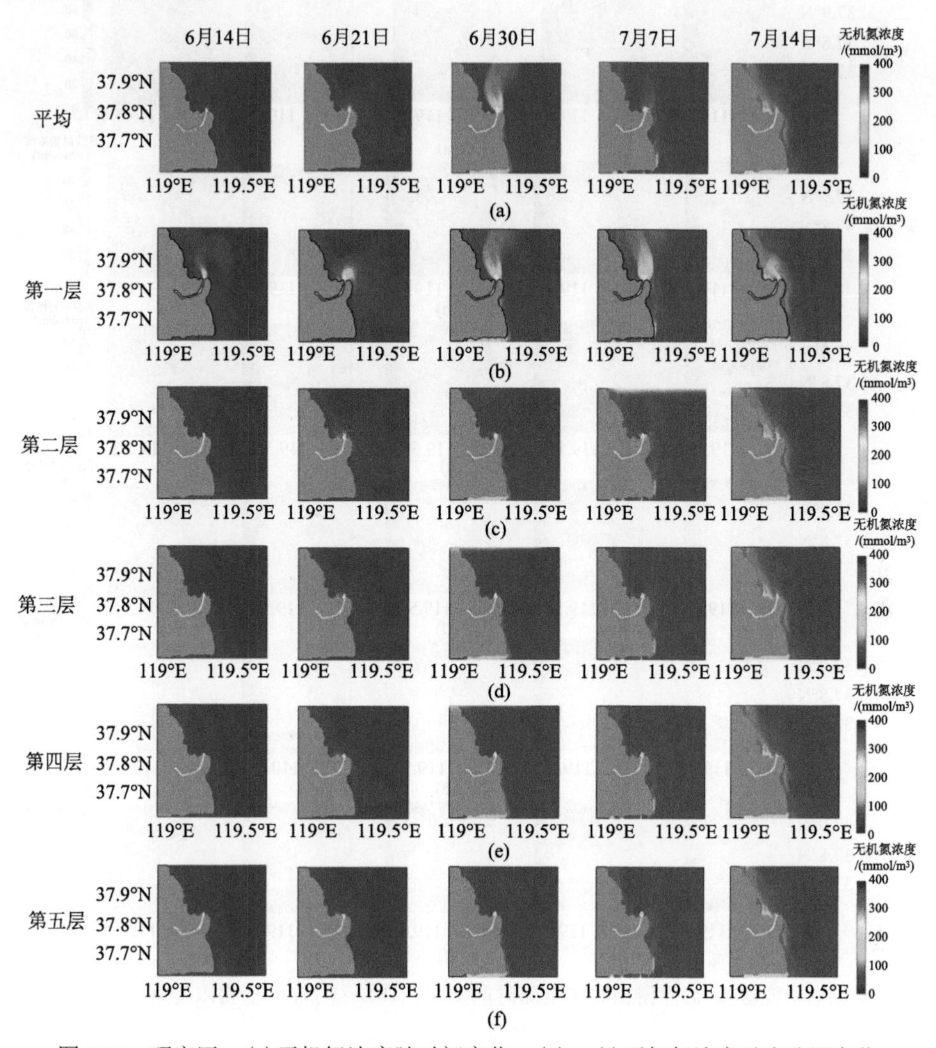

图 7.21　研究区：(a)无机氮浓度随时间变化；(b)～(f)无机氮浓度垂直分层变化

调水调沙对浮游植物的影响区域仅限在黄河入海口处及左右近岸，无法使远岸海域的浮游植物生物量发生改变，其相比于无机氮的扩散范围更小，并且在调水调沙初期河口浮游植物浓度并无明显变化，说明浮游植物对调水调沙的响应弱于无机氮，并且敏感度低于无机氮。浮游植物在调水调沙期浮游植物浓度增加，主要是因为入海水流中大量无机盐和浮游植物的输入，其生长受摄食影响最大，前期无机氮浓度显著增加给浮游植物带来大量的营养物质，虽然调水调沙期高径流量改变了河口动力环境，但浮游植物浓度依然快速增加；调水调沙后期浮游植物平均浓度持续增加，除了因营养盐的滞后性，也可解释为流量减小使河口动力条件缓和，并且平均温度高、光照充足有利于浮游植物生长(Gao and Song, 2005)。调水调沙结束后浮游植物浓度大幅下降到低于调水调沙前水平，分析认为调水调沙结束无机氮输入减少，浮游植物因种内竞争加大，死亡率上升，浓度降低。

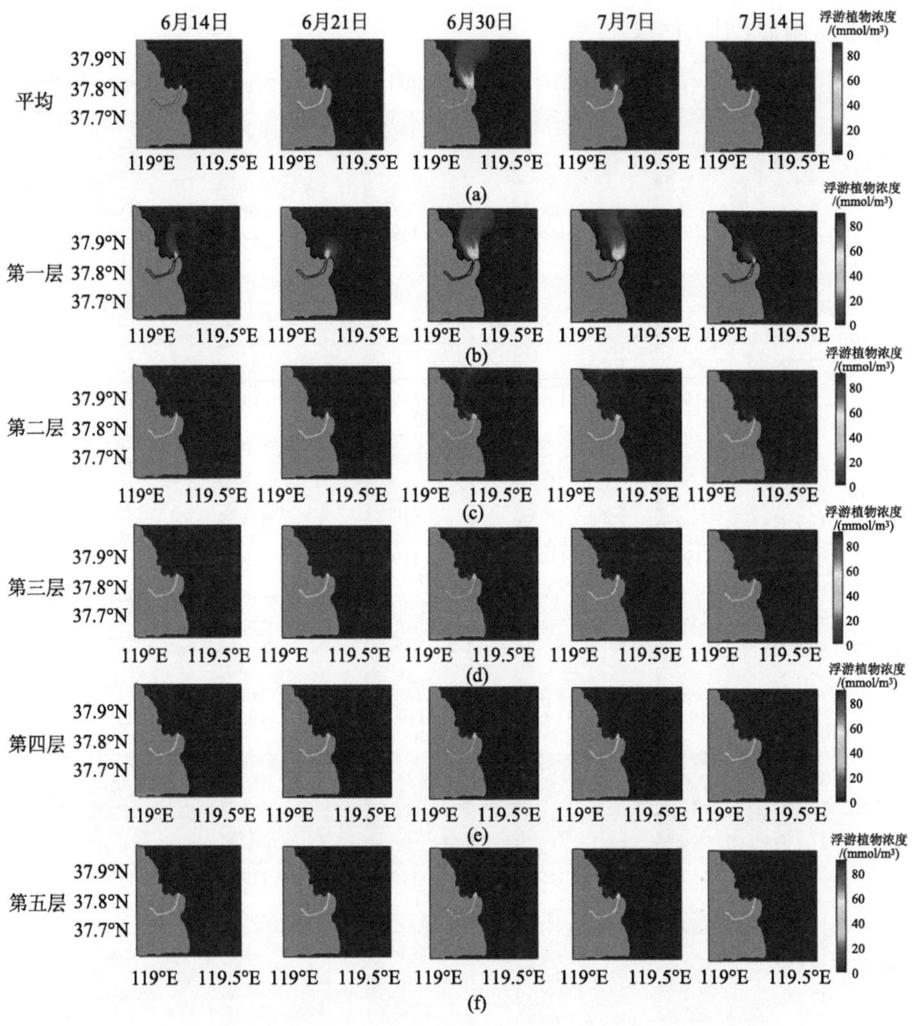

图 7.22 研究区：(a)浮游植物浓度随时间变化；(b)～(f)浮游植物浓度垂直分层变化

7.4.6 浮游动物

浮游动物在非调水调沙期在口门处形成低浓度区，调水调沙前随着径流量的升高冲淡水范围明显扩大，海域浮游动物浓度开始降低，在调水调沙中后期扩散至北边海域，调水调沙中期浓度到达最低值后开始小幅度上升，并在距离海岸线一定距离外出现浮游动物扩散带，自河口南岸至莱州湾顶部，在莱州湾顶部出现浓度最大值，此处为浮游动物群落聚集区，浓度明显高于其他海域。调水调沙结束后其扩散范围变小，平均浓度持续上升，莱州湾高浓度带消失[图 7.23(a)和图 7.20]。浮游动物同样为第一层扩散范围最大，最远到达海域北边界，垂向分层浓度在调水调沙期表现为表层浓度最高，扩散分层出现在水深的 1/5 处，与无机氮和浮游植物变化相反的是，浮游动物剩下四层浓度逐渐升高[图 7.23(b)～(f)]。根据量化分析，调水调沙期第二～五层浮游动物浓度较第一层分别下降 37.7%、43.4%、43.7%、43.8%，后三层浓度变化很小，调水调沙期黄河口的浮游动物浓度在垂向分层上较为明显(图 7.15)。

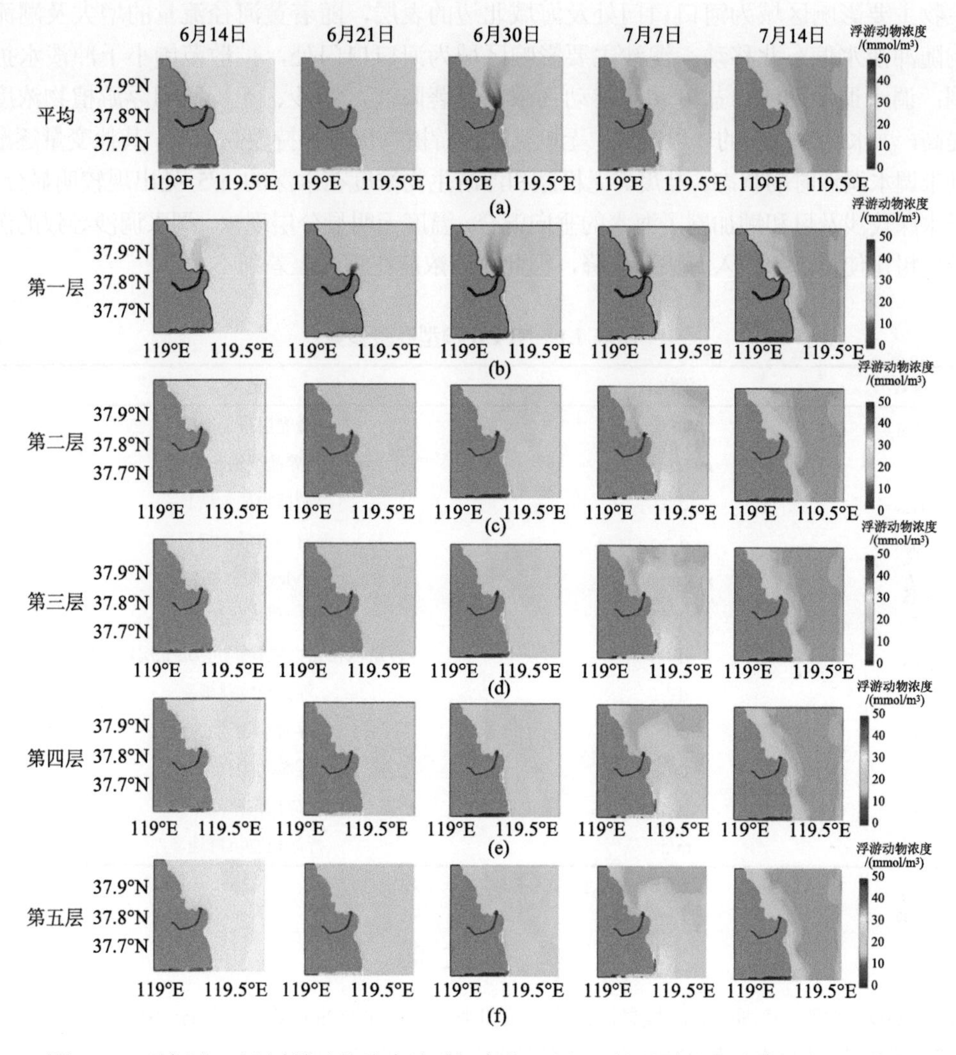

图 7.23　研究区：(a)浮游动物浓度随时间变化；(b)～(f)浮游动物浓度垂直分层变化

浮游动物主要受泥沙浓度、温度和浮游植物的影响(Wang et al., 2021)。前中期径流的大量输入，改变河口环境，盐度降低、水温升高，冲淡水范围扩大，大量水沙注入黄河口，高悬沙浓度导致水体透明度显著降低，对浮游植物的光合作用有一定的限制影响，进一步影响浮游动物的生长，浮游动物浓度开始降低，直到洪峰过后调水调沙后期浮游动物浓度开始升高，主要是因为浮游植物作为浮游动物的主要食物来源在调水调沙期浓度不断升高，为浮游动物提供了充足的食物来源。另外还可发现，浮游动物浓度在调水调沙期整个海域空间分布呈现下降趋势，变化范围与温度的变化范围相对一致，这是因为温度是影响浮游动物生长发育的重要环境因子，直接影响浮游动物的新陈代谢。这说明除了受冲淡水影响的河口区域的生态环境变化，高温天气导致的海水温度升高也是限制浮游动物生长的主要因素(郭沛涌等，2008)。

调水调沙对河口泥沙、盐度、无机氮和浮游生物产生较大影响。温盐、无机氮和浮游生物主要影响区域为河口口门处及海域北边的表层，随着黄河径流量的增大及潮流的影响随冲淡水偏东北移动；泥沙主要影响区域为河口口门处，扩散范围小于冲淡水扩散范围；调水调沙期河口盐度和浮游动物浓度显著降低，泥沙、无机氮和浮游植物浓度显著提高，洪水脉冲过后的一段时间，无机氮和浮游植物仍可保持较高浓度，其他变量逐渐恢复到未调水调沙时的状态。盐度、无机氮和浮游生物浓度在水深的 1/5 处出现较明显分层，由于水深较浅及风和潮加剧了海水的垂向混合，温度无明显分层现象，调水调沙导致的沉积物粒度粗化使得沉积物入海快速沉降，因此泥沙浓度在垂向上差别不大。

附表 7.1 NPZD 模型经验参数

参数	单位	定义
$I_{\min}$	W/m^2	透光层最小光强
α	$mmol/m^3$	营养盐半饱和浓度
$r_{\max}$	d^{-1}	浮游植物最大增长率
$g_{\max}$	d^{-1}	浮游动物最大捕食率
I_v	$m^3/mmol$	Ivlev 捕食常数
r_{dn}	d^{-1}	再矿化率
r_{pd}	d^{-1}	浮游植物死亡率(透光层/透光层以下)
r_{pn}	d^{-1}	浮游植物排泄率
r_{zd}	d^{-1}	浮游动物死亡率
r_{zn}	d^{-1}	浮游动物排泄率
w_d	m/d	碎屑沉降速率
w_p	m/d	浮游植物沉降速率

参 考 文 献

毕乃双. 2009. 黄河三角洲毗邻海域悬浮泥沙扩散和季节性变化及冲淤效应. 青岛: 中国海洋大学.

毕乃双, 杨作升, 王厚杰, 等. 2010. 黄河调水调沙期间黄河入海水沙的扩散与通量. 海洋地质与第四纪地质, 30(2): 27-34.

卜亚谦, 朱丽岩, 陈香, 等. 2019. 夏冬季渤海、北黄海浮游动物群落结构及其与环境因子的关系. 中国海洋大学学报(自然科学版), 49(2): 59-66.

陈沛沛, 刘素美, 张桂玲, 等. 2013. 黄河下游营养盐浓度、入海通量月变化及“人造洪峰”的影响. 海洋学报, 35(2): 59-71.

董志军, 杨青, 孙婷婷, 等. 2017. 黄河口邻近海域浮游动物群落时空变化特征. 生态学报, 37(2): 659-667.

葛雷, 娄广艳, 张军锋, 等. 2010. 年黄河调水调沙对河口近海盐度影响. 河南水利与南水北调, 2013(1): 61-62.

葛雷, 娄广艳, 张军锋, 等. 2013. 2010 年黄河调水调沙对河口近海盐度影响. 河南水利与南水北调, (1): 61-62.

郭沛涌, 沈焕庭, 刘阿成, 等. 2008. 长江河口中小型浮游动物数量分布、变动及主要影响因素. 生态学报, (8): 3517-3526.

纪大伟. 2006. 黄河口及邻近海域生态环境状况与影响因素研究. 青岛: 中国海洋大学.

马吉让, 王明虎, 刘丽. 2015. 调水调沙对黄河河口近海营养盐的影响分析. 南京: 中国水利学会 2015 学术年会.

马旭, 王安东, 付守强, 等. 2020. 黄河口互花米草对日本鳗草 *Zostera japonica* 的入侵生态效应. 环境生态学, 2(4): 65-71.

秦雪, 徐宾铎, 杨晓改, 等. 2016. 黄河口及其邻近水域夏季浮游植物群落结构及其与环境因子的关系. 水产学报, 40(5): 711-720.

申友利. 2015. 海洋生态系统动力学模型参数反演研究及其应用. 青岛: 中国海洋大学.

史文静. 2008. 黄河口悬浮泥沙扩散规律及其数值模拟研究. 青岛: 中国海洋大学.

苏芝娟. 2015. 调水调沙对黄河口邻近海域浮游植物群落和环境的影响研究. 石家庄: 河北师范大学.

孙凯静. 2015. 黄河口及邻近海域底栖群落健康及生境适宜性评价. 青岛: 中国海洋大学.

孙珊, 苏博, 李凡, 等. 2019. 调水调沙对黄河口及邻近海域环境状况的影响. 海洋环境科学, 38(3): 399-406.

王柯萌. 2019. 调水调沙影响下的黄河入海水沙输运机制. 青岛: 自然资源部第一海洋研究所.

王燕. 2011. 海洋浮游植物细胞体积与细胞碳、氮及叶绿素 a 含量之间的关系. 青岛: 中国海洋大学.

王玉成. 2010. 黄河调水影响下河口区盐度分布的观测与模拟研究. 青岛: 中国海洋大学.

吴增茂, 俞光耀, 张志南, 等. 1999. 胶州湾北部水层生态动力学模型与模拟Ⅱ. 胶州湾北部水层生态动力学的模拟研究. 青岛海洋大学学报(自然科学版), (3): 90-96.

于帅, 毕乃双, 王厚杰, 等. 2015. 黄河调水调沙影响下河口入海泥沙扩散及沉积效应. 海洋湖沼通报, (2): 155-163.

张龙军, 姜波, 张向上, 等. 2008. 基于泥沙中碳含量的变化表征黄河调水调沙入海泥沙的扩散范围. 水科学进展, (2): 153-159.

朱兰部, 赵保仁, 刘克修. 1997. 黄河冲淡水转向问题的初步探讨. 海洋科学集刊, (1): 7.

Barbosa A B. 2009. Dynamics of living phytoplankton: implications for paleoenvironmental reconstructions. IOP Conference Series: Earth and Environmental Science, 5(1): 012001

Burchard H , Bolding K, Kühn W, et al. 2006. Description of a flexible and extendable physical–biogeochemical model system for the water column. Journal of Marine Systems, 61(3-4): 180-211.

Butenschön M, Clark J, Aldridge J N, et al. 2016. ERSEM15. 06: a generic model for marine biogeochemistry and the ecosystem dynamics of the lower trophic levels. Geoscientific Model Development, 9: 1293-1339.

Chen C, Liu H, Beardsley R C. 2003. An unstructured grid, finite-volume, three-dimensional, primitive equations ocean model: application to coastal ocean and estuaries. Journal of Atmospheric and Oceanic Technology, 20(1): 159-186.

Chen C S, Beardsley R C, Cowles G. 2006. An unstructured grid, finite-volume coastal ocean model(FVCOM) system. Oceanography, 19: 78-89.

Chen P P, Liu S M, Zhang G L, et al. 2013. Monthly variation of nutrient concentration, seaward flux and the effect of "artificial flood" in the lower Yellow River. Acta Oceanologica Sinica, 35(2): 59-71.

Domingues R B, Barbosa A B, Sommer U, et al. 2012. Phytoplankton composition, growth and production in the Guadiana estuary (SW Iberia): unraveling changes induced after dam construction. Science of the Total Environment, 416 (Feb. 1): 300-313.

Fennel W, Neumann T. 1996. The mesoscale variability of nutrients and plankton as seen in a coupled model. Deutsche Hydrographische Ztschrift, 48 (1): 49-71.

Franks P , Chen C. 1996. Plankton production in tidal fronts: a model of Georges Bank in summer. Journal of Marine Research, 54 (4): 631-651.

Gao X, Song J. 2005. Phytoplankton distributions and their relationship with the environment in the Changjiang Estuary, China. Marine Pollution Bulletin, 50 (3): 327-335.

Ge J, Torres R, Chen C, et al. 2019. Influence of suspended sediment front on nutrients and phytoplankton dynamics off the Changjiang Estuary: a FVCOM-ERSEM coupled model experiment. Journal of Marine Systems, 204: 103292.

Hinners J, Hofmeister R, Hense I. 2015. Modeling the role of pH on Baltic Sea Cyanobacteria. Life, 5: 1204-1217.

Hu F, Bolding K, Bruggeman J, et al. 2016. FABM-PCLake-linking aquatic ecology with hydrodynamics, Geoscientific Model Development, 9: 2271-2278.

Ivlev V S. 1961. Experimental Ecology of the Feeding of Fishes. New Haven: Yale University Press.

Liu Q Q, Chai F, Dugdale R, et al. 2018. San Francisco Bay nutrients and plankton dynamics as simulated by a coupled hydrodynamic-ecosystem model. Continental Shelf Research, 161: 29-48.

Michaelis L, Menten M L. 1913. The kenetics of the inversion effect. Biochemische Zeitschrift, 49 : 333-369.

Moore M V, Michael L, Pace J R, et al. 1997. Potential effects of climate change on freshwater ecosystems of the new england/mid-atlantic region. Hydrological Process, 11 (8): 925-947.

Paerl H W, Rossignol K L, Hall S N, et al. 2010. Phytoplankton community indicators of short-and long-term ecological change in the anthropogenically and climatically impacted Neuse River Estuary, North Carolina, USA. Estuaries and Coasts, 33 (2): 485-497.

Qi J, Chen C, Beardsley R C, et al. 2009. An unstructured-grid finite-volume surface wave model (fvcom-swave): implementation, validations and applications. Ocean Modelling, 28 (1): 153-166.

Semovski S V, Wozniak B, Hapter R. 1994. Chlorophyll sounding data in the bio-optical model of the Gulf of Gdansk spring bloom. Institute of Oceanology (Poland), 2258: 277-287.

Wang X, Wang Z L, Zhang X L, et al. 2021. The distribution of zooplankton and the influencing environmental factors in the South Yellow Sea in the summer. Marine Pollution Bulletin, 167: 112279.

Wang Y, Liu D, Lee K, et al. 2017. Impact of water-sediment regulation scheme on seasonal and spatial variations of biogeochemical factors in the Yellow River Estuary. Estuarine Coastal and Shelf Science, 198 (pt. a): 92-105.

Wang Y C, Liu Z, Gao H W, et al. 2011. Response of salinity distribution around the yellow river mouth to abrupt changes in river discharge. Continental Shelf Research, 31 (6): 685-694.

Yakushev E V, Protsenko E A, Bruggeman J, et al. 2017. Bottom RedOx Model (BROM v. 1. 1): acoupled benthic-pelagic model for simulation of water and sediment biogeochemistry. Geoscientific Model Development, 10: 453-482.

第 8 章　黄河下游区域水资源系统分析与评价

随着社会经济的发展，黄河下游地区水资源矛盾越来越突出，经济的发展不仅使得社会经济用水需求增加，也会造成生态环境的破坏。为保证黄河下游沿岸广大平原地区的安全及保护黄河下游河道和河口的生态环境，黄河下游河道还需要保证一定的输沙用水及维持一定的生态流量。这就要求黄河下游地区要尽量平衡生态、社会经济、安全三方面的需求。本章收集整理黄河下游地区的水文资料、地理资料、规划资料、供水用水资料，预测近期、远期的河道外各用水部门的需水量，分析黄河下游水资源及其利用现状，并基于水资源生态足迹对黄河下游地区的水资源开发利用情况进行评价。

8.1　黄河下游区域水资源分析

8.1.1　流域水资源区域划分

黄河下游引黄受益地区按照行政区划分共有 2 省(区)18 个市，即郑州市、开封市、焦作市、新乡市、安阳市、鹤壁市、商丘市、濮阳市、菏泽市、济宁市、泰安市、济南市、聊城市、德州市、淄博市、滨州市、莱芜市、东营市，共包含 93 个县(市、区)。黄河下游地区的流域边界与行政边界不重合，引黄受益城市不仅包含流域内还包括流域外城市，如表 8.1 所示。

表 8.1　黄河下游地区详细概况表

省	地级市	行政县(市、区)	面积/万 km^2	有效灌溉面积/万亩	人口/万人
河南	郑州市	金水区、惠济区、中牟县	0.241	55.60	328.07
	开封市	市辖区、杞县、通许县、尉氏县、开封县、兰考县	0.616	175.20	448.77
	焦作市	修武县、武陟县	0.155	84.40	136.71
	新乡市	市辖区、新乡县、获嘉县、卫辉市、原阳县、延津县、封丘县、长垣县	0.648	113.30	394.95
	安阳市	滑县、内黄县	0.292	67.37	269.94
	鹤壁市	浚县	0.109	696.33	81.29
	商丘市	梁园区、睢阳区、虞城县、民权县、宁陵县、睢县	0.604	171.79	415.13
	濮阳市	市区、清丰县、南乐县、范县、台前县、濮阳县	0.419	195.00	361.11
山东	菏泽市	东明县、牡丹区、鄄城县、郓城县、定陶区、曹县、成武县、单县、巨野县	1.206	305.40	869.63
	济宁市	梁山县	0.095	60.00	70.87
	泰安市	东平县、肥城市、岱岳区、泰山区、新泰市、宁阳县	0.775	57.40	563.17

续表

省	地级市	行政县(市、区)	面积/万 km^2	有效灌溉面积/万亩	人口/万人
山东	济南市	平阴县、长清区、槐荫区、历城区、天桥区、章丘区、济阳县、商河县	0.808	214.90	753.65
	聊城市	阳谷县、莘县、东阿县、茌平县、东昌府区、冠县、高唐县、临清市	0.871	784.00	613.22
	德州市	齐河县、禹城市、临邑县、平原县、陵城区、德城区、宁津县、乐陵市、庆云县、夏津县、武城县	1.048	605.10	587.86
	淄博市	高青县、桓台县	0.138	42.70	108.78
	滨州市	惠民县、滨城区、阳信县、沾化区、无棣县、邹平县、博兴县	0.962	532.40	411.31
	莱芜市	莱城区、钢城区	0.226	29.40	138.76
	东营市	垦利区、东营区、广饶县、利津县、河口区	0.760	176.30	200.19
合计	18 个市	93 个县(市、区)	9.973	4366.58	6753.43

注：表中地级市、行政县(市、区)均依据 2017 年行政区划。

8.1.2 水资源量分析

1. 年度变化分析

黄河下游地区的水资源分为地表河川径流和地下水，主要来自中上游的河川径流，中上游水资源量与用水情况对下游水资源量有显著影响。因此，对于黄河下游地区的水资源核算分为三部分：中上游来水、下游区域产水、水库蓄水。

1) 中上游来水

对于中上游来水的分析分为中上游水资源量分析、花园口实测径流量分析、花园口实测径流量与中上游水资源量的比例。

(1) 中上游水资源量分析。

统计 1956～2018 年的花园口以上水资源量(包括地表水及地下水)，如图 8.1 所示。水资源量最大值在 1964 年，为 1069 亿 m^3，最小值在 2002 年，为 402 亿 m^3。中上游水资源量分析大致分为 1956～1990 年、1990～2002 年、2002～2018 年三个阶段。

参考降水频率的计算方法，若年降水量发生了 n 次，由大到小排列为：$X_1, X_2, X_3, \cdots, X_n$，并逐个累加次数，序号为 m，则保证率 P_m 为

$$P_m = \frac{m}{n+1} \tag{8.1}$$

根据历史统计资料，可以确定不同保证率下黄河中上游区域水资源量的特征值。计算黄河中上游水资源量保证率，结果如图 8.2 所示，分别将保证率 25%、50%、75% 作为丰水年、平水年、枯水年，将黄河中上游水资源量分为三种情况，如表 8.2 所示，中上游丰水年、平水年、枯水年的水资源量分别为 692 亿 m^3、605 亿 m^3、547 亿 m^3。

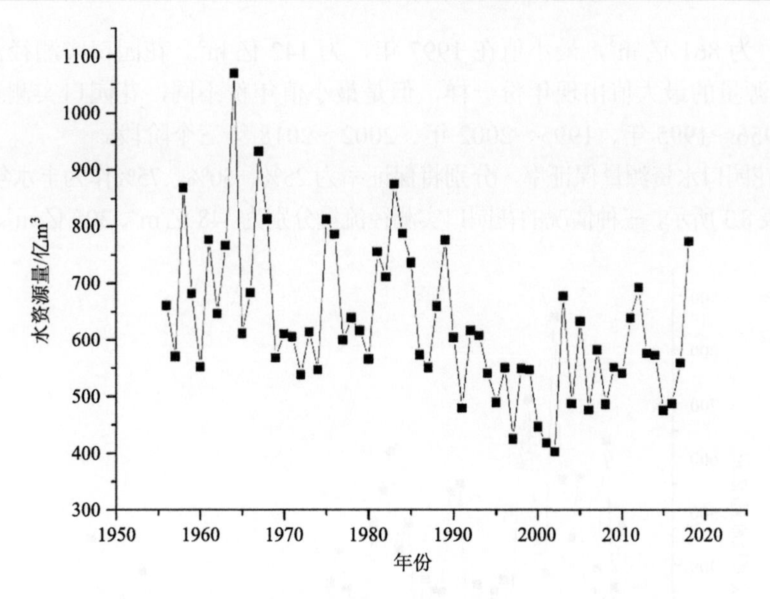

图 8.1　花园口以上黄河流域 1956～2018 年水资源量图

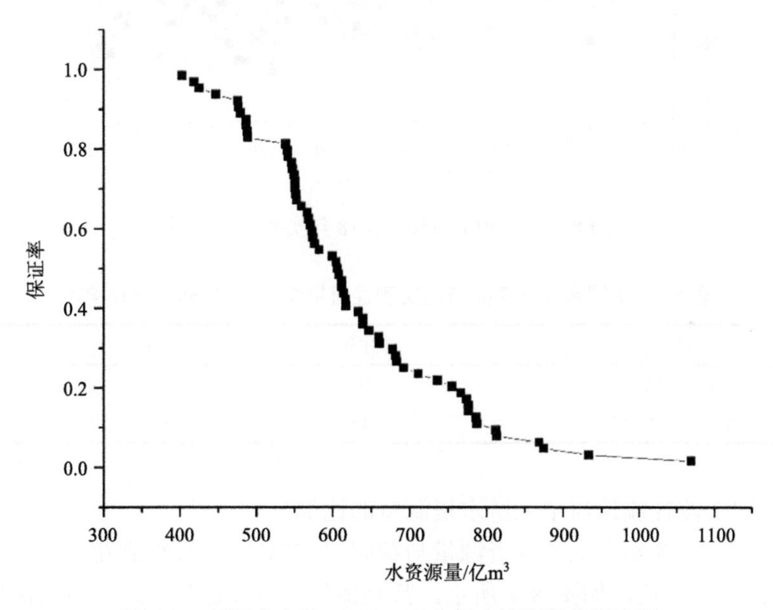

图 8.2　黄河中上游 1956～2018 年水资源量保证率图

表 8.2　不同保证率下黄河中上游水资源量统计表

项目	丰水年	平水年	枯水年
保证率/%	25	50	75
水资源量/亿 m³	692	605	547

(2) 花园口实测径流量分析。

统计 1956～2018 年花园口的实测径流量，如图 8.3 所示。花园口实测径流量最大值在 1964 年，为 861 亿 m^3，最小值在 1997 年，为 142 亿 m^3。花园口实测径流量与黄河中上游水资源量的最大值出现年份一样，但是最小值年份不同，花园口实测径流量分析大致分为 1956～1995 年、1995～2002 年、2002～2018 年三个阶段。

计算出花园口水资源量保证率，分别将保证率为25%、50%、75%作为丰水年、平水年、枯水年，如表 8.3 所示，三种情况的花园口实测径流量分别为 448 亿 m^3、305 亿 m^3、241 亿 m^3。

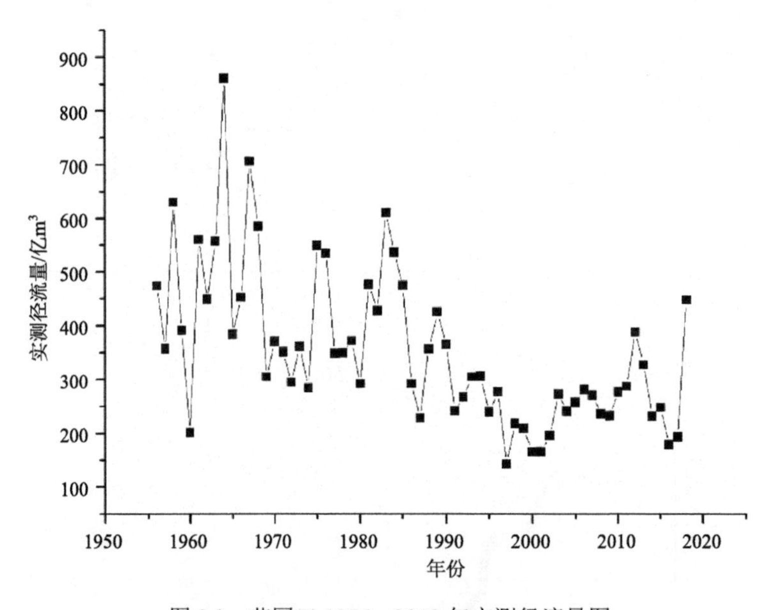

图 8.3　花园口 1956～2018 年实测径流量图

表 8.3　不同频率下花园口的实测径流量统计表(1956～2018 年)

项目	丰水年	平水年	枯水年
保证率/%	25	50	75
实测径流量/亿 m^3	448	305	241

(3) 花园口实测径流量与中上游水资源量的比例。

根据 1956～2018 年中上游水资源量与花园口实测径流量，得到花园口实测径流量与中上游水资源量的比例，如图 8.4 所示，其整体呈现下降趋势，这与黄河流域水资源总体减少及中上游用水变化有关。由于黄河中上游早期的水利工程较少，工业和农业的引水量较少，下游的水资源占比较大。而 20 世纪六七十年代，三门峡水库、刘家峡水库的运用改善了中上游的引水条件，引水量增加导致下游水资源占比降低。

2) 下游区域产水

分析 1956～2000 年花园口至利津区间黄河下游流域产生的河川天然径流量与地下水资源数据，得到黄河下游流域内产生的水资源量，由于其相较于上游来水占下游水资源量的比例小，因此采用平均值作为黄河下游流域内产生的水资源量，结果见表 8.4，对于黄河下游流域内产生的水资源量，河川天然径流量为 2.01 亿 m^3、地下水量(与地表水不重复)为 15.42 亿 m^3、水资源量为 17.43 亿 m^3。

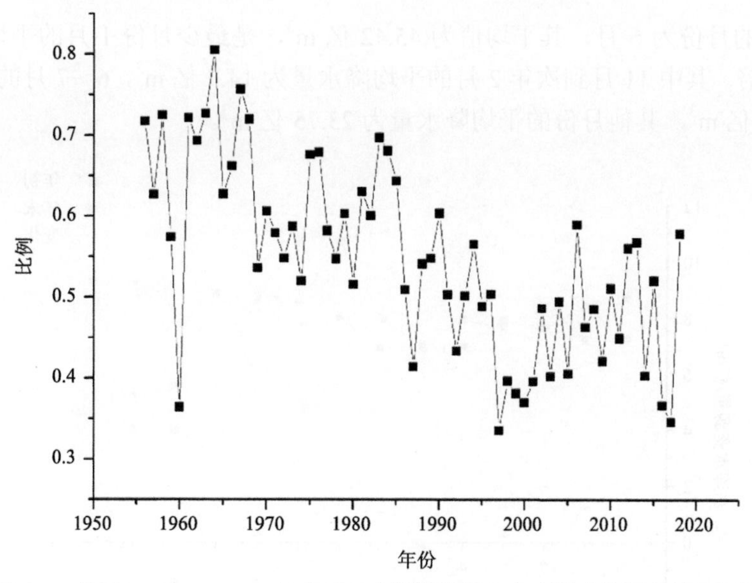

图 8.4　花园口 1956～2018 年花园口实测径流量与中上游水资源量的比例图

表 8.4　黄河流域内产生的水资源量统计表　（单位：亿 m^3）

站名或区间	河川天然径流量	地下水量(与地表水不重复)	水资源量
花园口至利津区间	2.01	15.42	17.43

3) 水库蓄水

统计 2004～2017 年黄河下游水库的蓄水量，则黄河下游水库储存的水资源量见图 8.5，2004～2017 年花园口以下地区的水库年蓄水变化量的平均值为–0.03 亿 m^3，几乎可以忽略不计，在水资源量少的年份水库年蓄水减少，而在水资源多的年份对水库进行补充，因此将水库的蓄水作为调解用水，在平水年不计入可分配的水资源量，在丰水年储水，在少水年放水，并且年际水资源变化量设为 6 亿 m^3。

在所有的水资源来源中，上游来水情况决定了下游的水资源量，综合考虑黄河上中游水资源量、花园口实测径流量、下游区域产水量、水库蓄水变化量，将黄河下游水资源量分为高、中、低三种情况，分别对应丰水年、平水年、枯水年的水资源量，如表 8.5 所示。

表 8.5　黄河下游水资源量情景分类表　（单位：亿 m^3）

项目	高	中	低
黄河下游水资源量	460	320	260

2. 月度变化分析

根据 2005～2017 年月水资源量(花园口月实测径流量加流域内月产水量)(图 8.6)。一年中 6～8 月水资源量最多，约占全年的 2/5，11 月到次年 3 月的月水资源量最少。水资源量最多的月份为 6 月，其平均值为 45.42 亿 m^3，是最少月份 1 月的平均值(12.4 亿 m^3)的 3.65 倍。其中 11 月到次年 2 月的平均降水量为 14.7 亿 m^3，6～7 月的月水资源量平均为 36.9 亿 m^3，其他月份的平均降水量为 23.75 亿 m^3。

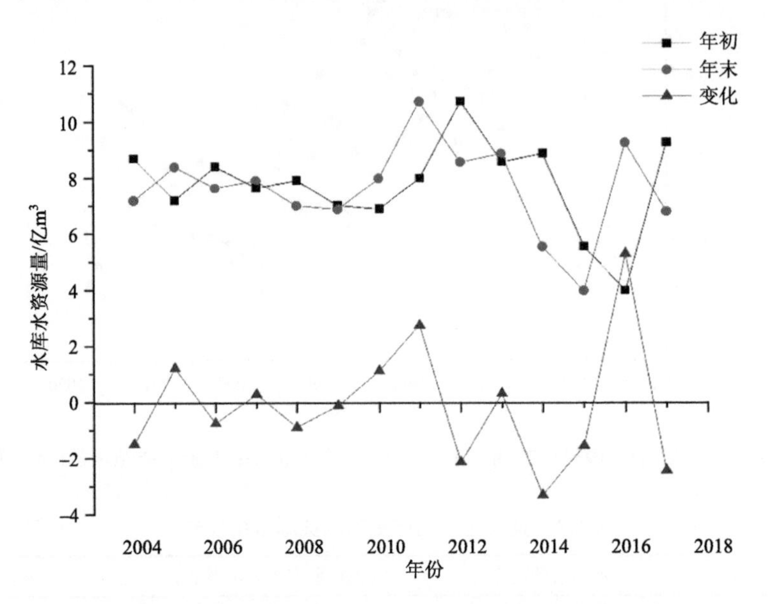

图 8.5　黄河下游 2004～2017 年水库蓄水及变化图

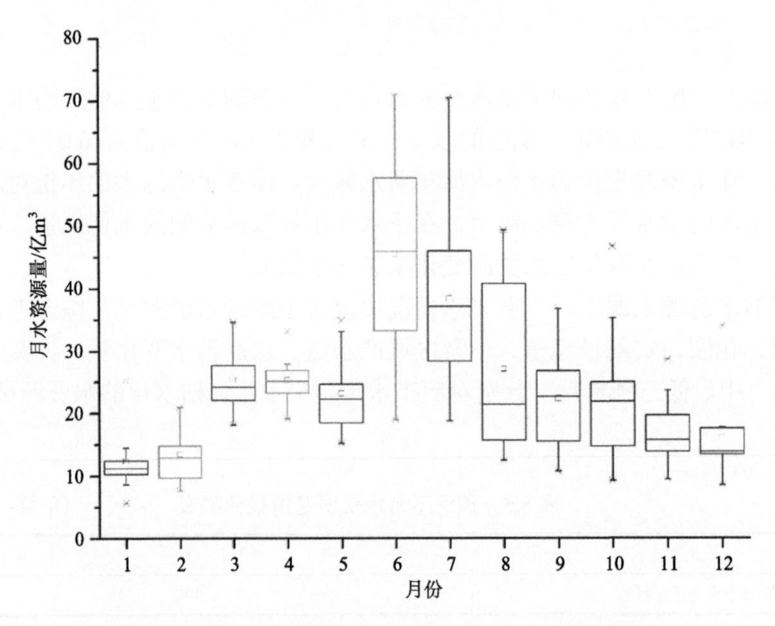

图 8.6　黄河下游流域 2005～2017 年月水资源量箱图

8.1.3 水资源开发利用现状分析

1. 水利工程

水利工程是指利用水力资源以及防止水灾害发生的工程，包括灌溉、航运、蓄洪、防洪、排洪及其他水利工程。

黄河下游的防洪工程分为三大部分：一为上拦工程，为拦截蓄洪水，在中游干流上建立了水利枢纽(三门峡、小浪底)及水库(陆浑、故县)；二为下排工程，下游设临黄大堤，各个河段设堤防流量，除此之外还设有险工和控导工程等；三为分滞洪工程，用于分滞超过河道排洪能力的洪水。黄河下游的供水工程分为三部分：一为蓄水工程(水库和塘坝)；二为引水工程(从地表水体自流引水)；三为提水工程(利用扬水泵站地表水体提水)。黄河下游的水库包括大型水库 4 个，中型水库 24 个(现共有 28 个，2010 年以前有 27 个)。下游河段主要调节水库包括小浪底、东平湖两座水库，两者的参数统计①见表 8.6。

表 8.6　小浪底水库与东平湖水库的参数统计表

参数	小浪底	东平湖
总库容/亿 m^3	126.5	40
兴利库容/亿 m^3	51	—
死库容/亿 m^3 (拦沙库容)	75.5	—
设计洪水位/m	272.3	46
正常蓄水位/m	275	—

小浪底水利枢纽的主要功能是防洪减淤，同时有供水、灌溉、发电等功能。其库容较大，因此能通过移峰填谷充分调节年内的水沙过程，有效避免黄河下游河道断流情况发生并能够提供维持河道生态健康的水量。它为实现黄河下游的水资源优化配置提供了实施条件(邓从响等，2012)。东平湖水库连接大汶河与黄河干流，它的作用一为分滞黄河洪水，削减黄河洪峰，二为接纳调蓄全部大汶河来水，以确保沿黄地区人民的生命财产安全。

对黄河下游干流的引水、提水工程进行统计，结果如表 8.7 所示，根据实际的引水能力计算黄河下游所有河段的月供水能力为 69.55 亿 m^3。

表 8.7　黄河下游分河段引水、提水工程统计表

设计流量 /(m^3/s)	实际引水能力 /(m^3/s)	月供水能力 /亿 m^3	实灌面积 /万亩
561	322	8.35	344
500	244	6.32	573

① 水利部黄河水利委员会。

续表

设计流量/(m^3/s)	实际引水能力/(m^3/s)	月供水能力/亿 m^3	实灌面积/万亩
490	403	10.45	584
335	335	8.68	589
370	321	8.32	768
897	801	20.76	986
333	257	6.67	121

2. 用水分析

1)分行业用水分析

根据《黄河水资源公报》，统计2003～2017年历年黄河下游水资源的利用情况，将黄河下游用水类型汇总分为四种，即农业用水(农田灌溉用水和林牧渔用水)、工业用水、生活用水(居民生活用水和城镇公共用水)和生态用水四种类型(图8.7)。经统计分析在此阶段用水总量的变化范围为94.66亿～148.33亿 m^3，变化率为44.17%，用水量最多的年份为2015年，最少的年份为2004年，用水量总体呈现增长的趋势，但是在2016年和2017年由于黄河下游的可利用水资源较少，因此出现了用水量的下降。其农业用水的变化范围为70.05亿～116.68亿 m^3，变化率为49.94%，工业用水的变化范围为8.17亿～16.79亿 m^3，变化率为69.07%；生活用水的变化范围为7.44亿～11.79亿 m^3，变化率为45.24%；生态用水的变化范围为1.07亿～6.49亿 m^3，变化率为142.32%。如图8.8所示，生态用水的波动最大，生活用水的波动最小。

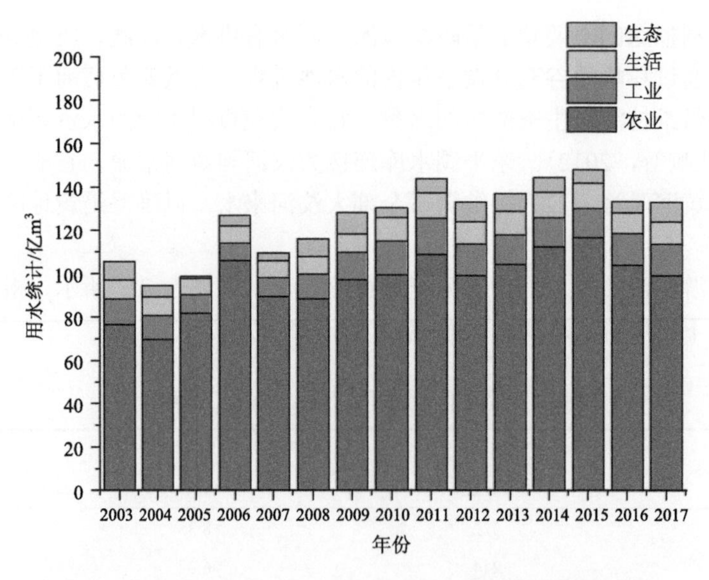

图8.7 黄河下游2003～2017年各用水类型用水量统计图

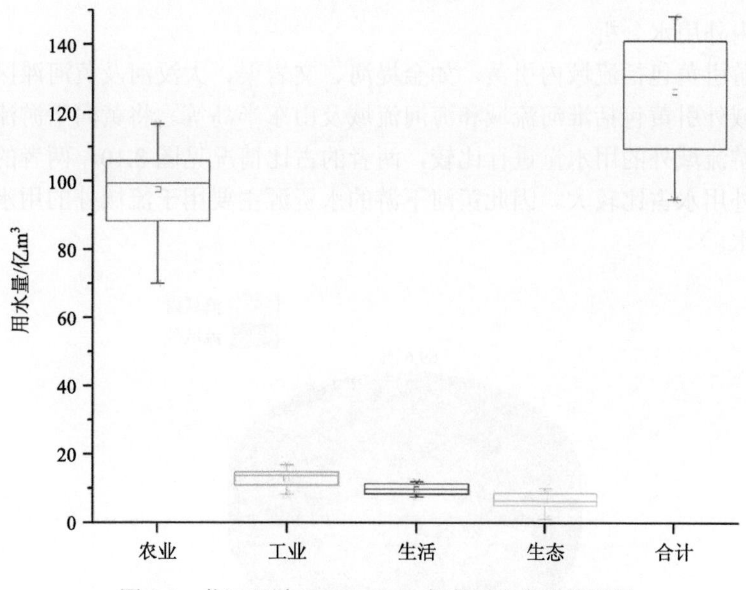

图 8.8　黄河下游 2003～2017 年各用水类型箱型图

黄河下游水资源的占比反映了各用水类型在水资源分配时所占的比例，如图 8.9 所示，其中，农业用水平均值占比为 77.12%，工业为 10.03%，生活为 7.71%，生态为 5.14%。农业用水的占比在 2005～2007 年出现明显增加趋势，而其间相应生态和工业用水的占比减小，而生活用水比例基本不变，用水的分配上除了生活用水较为稳定，会先满足农业用水，而降低工业和生态用水的比例。由此可以得出，黄河下游地区的用水紧缺，在行业之间进行调节。

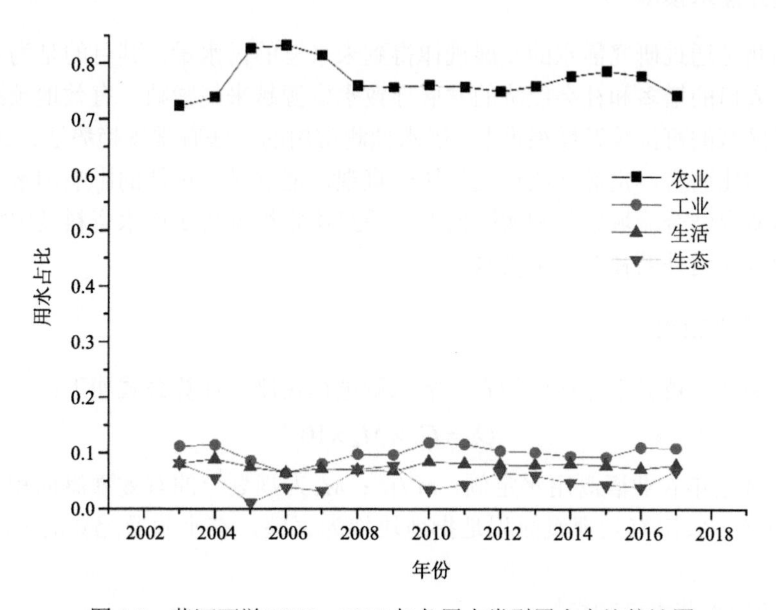

图 8.9　黄河下游 2003～2017 年各用水类型用水占比统计图

2) 流域内外用水分析

黄河下游引黄包括流域内引黄，如金堤河、文岩渠、大汶河及黄河滩区等属于黄河流域，而流域外引黄包括淮河流域和海河流域及山东半岛等。将黄河下游流域内总的用水量与黄下游流域外的用水量进行比较，两者的占比情况见图 8.10，两者的比例大概为 1∶2，流域外用水占比较大。因此黄河下游的水资源主要用于流域外的用水，必须考虑流域外的需水。

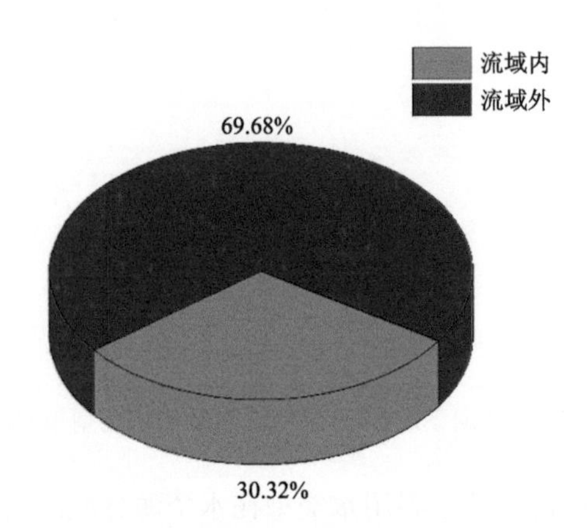

图 8.10　2017 年黄河下游流域内、外总用水比例图

8.2　黄河下游区域需水预测分析

8.2.1　河道外需水预测

需水预测是通过研究需水的发展规律得到未来总的需水量，其目的是为水资源决策提供支持。人口的增多和社会经济的发展导致水资源越来越紧缺，有效地预测未来水资源的需求对区域的可持续发展很重要。需水预测常用的方法有常规趋势法、回归分析法、定额法等。相比而言，定额法的优点是比较直观，能够融合可能的影响因素及相关政策的调整。本研究结合流域条件和实际情况，最终决定根据历史用水资料及定额法来研究黄河下游地区河道外的社会经济需水。

1. 农业需水预测

采用定额法对黄河下游地区的农业需水量进行预测，计算公式如下：

$$Q_a = C_a \times M_a \times 10^{-4} \tag{8.2}$$

式中，C_a 为规划年农业灌溉用水定额，m^3/亩；M_a 为规划年的有效灌溉面积，万亩。在黄河下游地区，农田有效灌溉面积是指地块较为平整，有水源及配套的灌溉工程或设备的面积。

(1) 农业用水节水定额指标。

根据黄河流域规划，黄河下游农业用水节水定额指标如表 8.8 所示。

表 8.8　黄河下游农业用水节水定额指标表

水平年	农田灌溉用水定额/(m^3/亩)
2025	369
2030	359

(2) 农田有效灌溉面积。

黄河下游的耕地面积核算分为两方面：一为对流域内土地面积核算，二为对流域外黄河下游沿岸的引黄灌区的土地面积核算。黄河下游地区的农田有效灌溉面积如表 8.9 所示。根据黄河流域综合规划，到 2025 年山东增长为现状的 1.124 倍，河南为 1.017 倍，到 2030 年山东增长为现状的 1.141 倍，河南为 1.021 倍。

表 8.9　黄河下游地区的农田有效灌溉面积　（单位：万亩）

城市	现有		2025 年		2030 年	
	流域内	流域外	流域内	流域外	流域内	流域外
郑州市	0.00	55.60	0.00	62.47	0.00	63.43
开封市	0.00	175.20	0.00	196.84	0.00	199.87
焦作市	0.00	84.40	0.00	94.82	0.00	96.28
新乡市	211.30	35.67	237.40	40.07	241.05	40.69
安阳市	84.23	85.50	94.64	96.06	96.09	97.54
鹤壁市	0.00	26.88	0.00	30.20	0.00	30.66
商丘市	0.00	73.42	0.00	82.49	0.00	83.76
濮阳市	115.64	68.37	117.66	69.56	118.10	69.83
菏泽市	0.00	305.40	0.00	310.72	0.00	311.90
济宁市	0.00	60.00	0.00	61.04	0.00	61.28
泰安市	342.17	0.00	348.13	0.00	349.45	0.00
济南市	157.29	188.00	160.02	191.27	160.63	192.00
聊城市	0.00	784.00	0.00	797.64	0.00	800.68
德州市	0.00	605.10	0.00	615.63	0.00	617.97
淄博市	0.00	42.70	0.00	43.44	0.00	43.61
滨州市	14.75	532.40	15.01	541.67	15.07	543.72
莱芜市	107.55	0.00	109.43	0.00	109.84	0.00
东营市	61.15	176.30	62.22	179.37	62.45	180.05
合计	1094.08	3298.94	1144.51	3413.29	1152.68	3433.27

注：表中城市依据 2017 年行政区划。

根据定额法计算出的流域内的农业需水量预测如表 8.10 所示，在 2025 年流域内、流域外的需水量预测结果分别为 42.23 亿 m^3、125.95 亿 m^3，在 2030 年流域内、流域外的需水量预测结果分别为 41.38 亿 m^3、123.25 亿 m^3，相比于 2025 年，2030 年的农业需水有所减少。

表 8.10 黄河下游农业需水量预测表 （单位：亿 m^3）

城市	2025 年			2030 年		
	流域内	流域外	合计	流域内	流域外	合计
郑州市	0.00	2.31	2.31	0.00	2.28	2.28
开封市	0.00	7.26	7.26	0.00	7.18	7.18
焦作市	0.00	3.50	3.50	0.00	3.46	3.46
新乡市	8.76	1.48	10.24	8.65	1.46	10.11
安阳市	3.49	3.54	7.03	3.45	3.50	6.95
鹤壁市	0.00	1.11	1.11	0.00	1.10	1.10
商丘市	0.00	3.04	3.04	0.00	3.01	3.01
濮阳市	4.34	2.57	6.91	4.24	2.51	6.75
菏泽市	0.00	11.47	11.47	0.00	11.20	11.20
济宁市	0.00	2.25	2.25	0.00	2.20	2.20
泰安市	12.85	0.00	12.85	12.55	0.00	12.55
济南市	5.90	7.06	12.96	5.77	6.89	12.66
聊城市	0.00	29.43	29.43	0.00	28.74	28.74
德州市	0.00	22.72	22.72	0.00	22.19	22.19
淄博市	0.00	1.60	1.60	0.00	1.57	1.57
滨州市	0.55	19.99	20.54	0.54	19.52	20.06
莱芜市	4.04	0.00	4.04	3.94	0.00	3.94
东营市	2.30	6.62	8.92	2.24	6.46	8.70
合计	42.23	125.95	168.18	41.38	123.21	164.66

注：表中城市依据 2017 年行政区划。

2. 工业需水预测

采用万元工业增加值用水量法对黄河下游地区的工业需水量进行预测，计算公式如下：

$$Q_b = P_b \times Y_b \times 10^{-4} \tag{8.3}$$

式中，P_b 为规划水平年的工业增加值，亿元；Y_b 为规划年的工业万元增加值用水量，m^3/万元。

根据《河南统计年鉴》《山东统计年鉴》《河南水资源公报》《山东水资源公报》统计黄河下游各个城市的工业增加值和工业万元增加值用水量，依据研究区城市绘制工业增加值增长曲线和工业万元增加值用水量曲线，如图 8.11 所示。根据曲线的变化趋势及黄河流域综合规划，工业增加值的年增长率取 5%，则工业增加值的预测结果如表 8.11 所示。

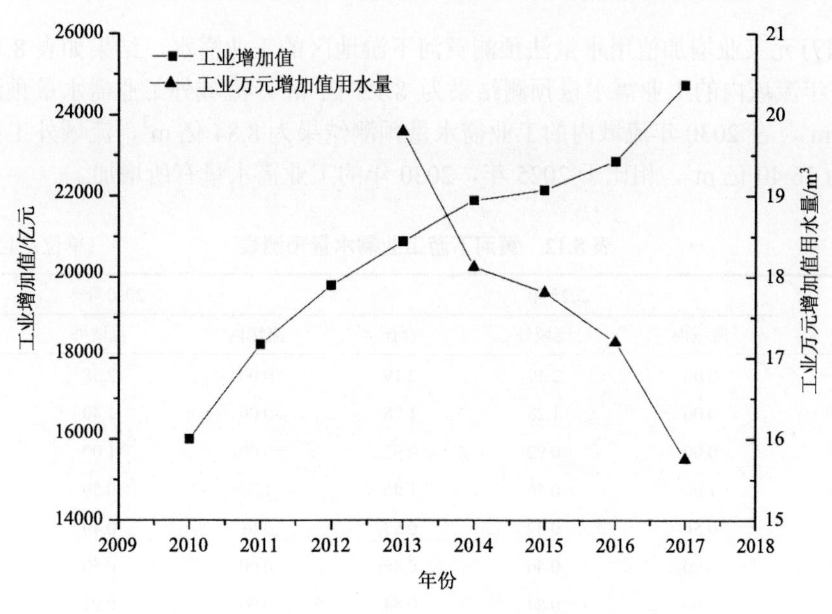

图 8.11　工业增加值及工业万元增加值用水量曲线图

表 8.11　黄河下游工业增加值预测表　　（单位：亿元）

城市	工业增加值		
	2017 年	2025 年	2030 年
郑州市	1139.51	1683.58	3174.65
开封市	668.17	987.18	1861.48
焦作市	479.47	708.40	1335.80
新乡市	761.31	1124.80	2120.98
安阳市	483.18	713.88	1346.12
鹤壁市	241.52	356.84	672.87
商丘市	439.57	649.45	1224.64
濮阳市	798.78	1180.16	2225.37
菏泽市	1271.22	1878.17	3541.58
济宁市	157.61	232.86	439.09
泰安市	1363.31	2014.23	3798.14
济南市	2023.53	2989.68	5637.49
聊城市	1427.39	2108.90	3976.65
德州市	1340.00	1979.79	3733.19
淄博市	505.05	746.20	1407.06
滨州市	1171.02	1730.12	3262.41
莱芜市	462.26	682.96	1287.83
东营市	2128.18	3144.30	5929.04

注：表中城市依据 2017 年行政区划。

根据万元工业增加值用水量法预测黄河下游地区的工业需水，结果如表 8.12 所示。在 2025 年流域内的工业需水量预测结果为 8.12 亿 m^3，流域外工业需水量预测结果为 24.25 亿 m^3，在 2030 年流域内的工业需水量预测结果为 8.84 亿 m^3，流域外工业需水预测结果为 26.40 亿 m^3，相比于 2025 年，2030 年的工业需水量有所增加。

表 8.12　黄河下游工业需水量预测表　（单位：亿 m^3）

城市	2025 年			2030 年		
	流域内	流域外	合计	流域内	流域外	合计
郑州市	0.00	2.19	2.19	0.00	2.38	2.38
开封市	0.00	1.28	1.28	0.00	1.40	1.40
焦作市	0.00	0.92	0.92	0.00	1.00	1.00
新乡市	1.00	0.46	1.46	1.09	0.50	1.59
安阳市	0.56	0.37	0.93	0.61	0.40	1.01
鹤壁市	0.00	0.46	0.46	0.00	0.50	0.50
商丘市	0.00	0.84	0.84	0.00	0.92	0.92
濮阳市	0.89	0.64	1.53	0.97	0.70	1.67
菏泽市	0.00	2.44	2.44	0.00	2.66	2.66
济宁市	0.00	0.30	0.30	0.00	0.33	0.33
泰安市	2.43	0.19	2.62	2.64	0.21	2.85
济南市	1.59	2.30	3.89	1.73	2.50	4.23
聊城市	0.00	2.74	2.74	0.00	2.98	2.98
德州市	0.00	2.57	2.57	0.00	2.80	2.80
淄博市	0.00	0.97	0.97	0.00	1.06	1.06
滨州市	0.07	2.18	2.25	0.08	2.37	2.45
莱芜市	0.89	0.00	0.89	0.97	0.00	0.97
东营市	0.69	3.40	4.09	0.75	3.69	4.45
合计	8.12	24.25	32.37	8.84	26.40	35.25

注：表中城市依据 2017 年行政区划。

3. 生活需水预测

采用马尔萨斯(Malthusian)模型对黄河下游的人口数量进行预测，计算公式如下：

$$y = x_0 \cdot (1+\alpha)^t \tag{8.4}$$

式中，y 为最后一年的人口数量，万人；x_0 为初始年的人口数量，万人；t 为增长年限，年；α 为年增长率。

统计黄河下游 2010～2018 年的人口预测结果，如表 8.13 所示。通过分析曲线图可以看出，黄河下游城市人口的增长在一个稳定的增长范围内，因此人口增长率取 2010～2018 年的平均值，计算结果为 0.47%，利用马尔萨斯模型预测出 2025 年、2030 年的人口数量，城镇化率在 2025 年达到 54.60%，在 2030 年达到 58.84%，得到的人口预测结果如图 8.12 所示。

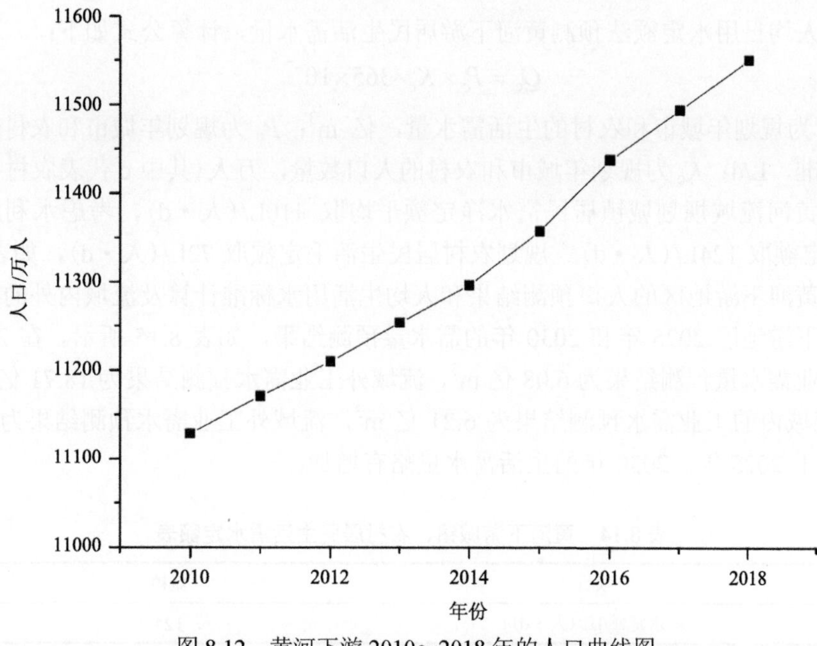

图 8.12　黄河下游 2010～2018 年的人口曲线图

表 8.13　黄河下游 2010～2018 年的人口预测结果表　　（单位：万人）

城市	2025 年		2030 年	
	城镇	农村	城镇	农村
郑州市	185.06	153.88	204.13	142.79
开封市	245.03	203.74	264.05	184.71
焦作市	74.65	62.07	80.44	56.27
新乡市	215.64	179.31	232.39	162.56
安阳市	147.39	122.55	158.83	111.11
鹤壁市	44.38	36.91	47.83	33.46
商丘市	226.66	188.47	244.26	170.87
濮阳市	197.17	163.95	212.48	148.63
菏泽市	474.82	394.81	511.69	357.94
济宁市	38.70	32.18	41.70	29.17
泰安市	307.49	255.68	331.37	231.80
济南市	411.49	342.16	443.45	310.20
聊城市	334.82	278.40	360.82	252.40
德州市	320.97	266.89	345.90	241.96
淄博市	59.39	49.38	64.00	44.77
滨州市	224.58	186.74	242.02	169.30
莱芜市	75.76	63.00	81.64	57.11
东营市	109.31	90.89	117.79	82.40
合计	3693.31	3071.01	3984.79	2787.45

注：表中城市依据 2017 年行政区划。

根据人均日用水定额法预测黄河下游居民生活需水量，计算公式如下：

$$Q_c = P_c \times K_c \times 365 \times 10^{-7} \tag{8.5}$$

式中，Q_c 为规划年城市和农村的生活需水量，亿 m^3；P_c 为规划年城市和农村的人均生活用水标准，L/d；K_c 为规划年城市和农村的人口数量，万人(其中 c 代表农村、城市)。

根据黄河流域规划城镇居民需水净定额平均取 110L/(人 • d)，考虑水利用系数取 0.89，毛定额取 124L/(人 • d)。规划农村居民生活毛定额取 72L/(人 • d)，如表 8.14 所示。根据黄河下游地区的人口预测结果和人均生活用水标准计算及流域内外的面积占比得到黄河下游地区 2025 年和 2030 年的需水量预测结果，如表 8.15 所示。在 2025 年流域内的工业需水量预测结果为 6.08 亿 m^3，流域外工业需水预测结果为 18.71 亿 m^3 。在 2030 年流域内的工业需水预测结果为 6.21 亿 m^3，流域外工业需水预测结果为 19.15 亿 m^3。相比于 2025 年，2030 年的生活需水量略有增加。

表 8.14　黄河下游城镇、农村居民生活需水定额表

项目	城镇	农村
需水定额/[L/(人 • d)]	124	72

表 8.15　黄河下游生活需水量预测表　(单位：亿 m^3)

城市	2025 年			2030 年		
	流域内	流域外	合计	流域内	流域外	合计
郑州市	0.00	1.24	1.24	0.00	1.30	1.30
开封市	0.00	1.64	1.64	0.00	1.68	1.68
焦作市	0.00	0.50	0.50	0.00	0.51	0.51
新乡市	0.99	0.46	1.45	1.01	0.47	1.48
安阳市	0.60	0.39	0.99	0.61	0.40	1.01
鹤壁市	0.00	0.30	0.30	0.00	0.30	0.30
商丘市	0.00	1.52	1.52	0.00	1.55	1.55
濮阳市	0.77	0.56	1.33	0.78	0.57	1.35
菏泽市	0.00	3.19	3.19	0.00	3.26	3.26
济宁市	0.00	0.26	0.26	0.00	0.27	0.27
泰安市	1.91	0.15	2.06	1.96	0.15	2.11
济南市	1.13	1.63	2.76	1.15	1.67	2.82
聊城市	0.00	2.25	2.25	0.00	2.30	2.30
德州市	0.00	2.15	2.15	0.00	2.20	2.20
淄博市	0.00	0.40	0.40	0.00	0.41	0.41
滨州市	0.05	1.46	1.51	0.05	1.49	1.54
莱芜市	0.51	0.00	0.51	0.52	0.00	0.52
东营市	0.12	0.61	0.73	0.13	0.62	0.75
合计	6.08	18.71	24.78	6.21	19.15	25.36

注：表中城市依据 2017 年行政区划。

4. 生态需水预测

河道外的生态环境需水，分为城镇生态环境需水和农村生态环境需水。城镇生态环境需水主要包括城镇绿化、河湖补水和环境卫生的需水。农村生态环境需水包括人工湖泊和湿地补水、人工林草建设和地下水回补水等。根据上述用水情况，由于生态需水量受到水源量的限制，在水资源少的年份将生态用水补充为农业用水，水资源越充足，越能满足生态用水需求，越能接近真正的生态用水需求，因此将历史生态用水的最大值作为未来年份的生态需水，下游地区的生态需水量为 9.97 亿 m^3，具体生态需水预测结果见表 8.16。在 2025 年和 2030 年的流域内的生态需水量预测结果均为 2.30 亿 m^3，流域外生态需水量预测结果均为 7.67 亿 m^3。

表 8.16　黄河下游生态需水量预测表　（单位：亿 m^3）

城市	2025 年			2030 年		
	流域内	流域外	合计	流域内	流域外	合计
郑州市	0.00	0.24	0.24	0.00	0.24	0.24
开封市	0.00	0.62	0.62	0.00	0.62	0.62
焦作市	0.00	0.15	0.15	0.00	0.15	0.15
新乡市	0.44	0.20	0.64	0.44	0.20	0.64
安阳市	0.18	0.11	0.29	0.18	0.11	0.29
鹤壁市	0.00	0.11	0.11	0.00	0.11	0.11
商丘市	0.00	0.60	0.60	0.00	0.60	0.60
濮阳市	0.24	0.18	0.42	0.24	0.18	0.42
菏泽市	0.00	1.21	1.21	0.00	1.21	1.21
济宁市	0.00	0.09	0.09	0.00	0.09	0.09
泰安市	0.72	0.06	0.77	0.72	0.06	0.78
济南市	0.33	0.48	0.81	0.33	0.48	0.81
聊城市	0.00	0.87	0.87	0.00	0.87	0.87
德州市	0.00	1.05	1.05	0.00	1.05	1.05
淄博市	0.00	0.14	0.14	0.00	0.14	0.14
滨州市	0.03	0.93	0.96	0.03	0.93	0.96
莱芜市	0.23	0.00	0.23	0.23	0.00	0.23
东营市	0.13	0.63	0.76	0.13	0.63	0.76
合计	2.30	7.67	9.97	2.30	7.67	9.97

注：表中城市依据 2017 年行政区划。

5. 其他外调水预测

黄河下游流域外的供水任务除了向下游沿岸城市供水，同时还承担包括向天津供水、向河北白洋淀生态修复供水等其他供水任务。

(1) 引黄济津、济冀。根据黄河水资源情况，计划每年冬季向天津和河北部分地区供水 20 亿 m^3。

(2)引黄济青(岛)。设计黄河向青岛市及沿途年供水 5.5 亿 m^3。

(3)引黄济湖(南四湖)。规划在丰水期向山东南四湖地区补水。

6. 需水量汇总

南水北调的东中线工程的施行在一定程度上缓解了黄河下游地区供水城市的现状，南水北调工程的情况具体如下。南水北调工程分为东线、中线、西线，在 2013～2014 年东线、中线一期工程分别施行正式通水。南水北调工程的生效使得黄河下游水源条件发生改变，有学者根据海水淡化和南水北调工程，预测河北、天津、山东可增加的用水，其可以减少部分对黄河水的消耗，估算其为 25 亿～45 亿 m^3，因此认为这部分水可替换引黄济津、济冀、济青的黄河水，流域外的需水只考虑流域外引黄灌区即可。

根据以上用水情况，将黄河的供水分为两方面：一为黄河下游流域内的用水，黄河的水资源应该首先满足本流域生产生活；二为流域外的用水，将最小供水比例设为 35%，最大用水比例设为 50%。黄河下游需水量汇总结果如表 8.17 所示，因此虽然相比于 2025 年，2030 年工业需水量和生活需水量增加，但是农业需水量减少，总体的需水量略有减少。

表 8.17 黄河下游需水量汇总表 (单位：亿 m^3)

用水类型	2025 年				2030 年			
	流域内	流域外	合计		流域内	流域外	合计	
			最小值	最大值			最小值	最大值
农业	42.23	125.95	86.31	105.21	41.38	123.25	84.52	103.01
工业	8.12	24.26	16.61	20.25	8.84	26.39	18.08	22.04
生活	6.08	18.70	12.63	15.43	6.22	19.14	12.92	15.79
生态	2.30	7.67	4.98	6.14	2.30	7.67	4.98	6.14
合计	58.73	176.58	120.54	147.02	58.74	176.45	120.50	146.97

8.2.2 河道内需水预测

河道内需水指维持黄河下游河流生态环境需水。广义的生态环境需水指维持全球生物地理生态系统水分平衡所需要的水(水热平衡、生物平衡、水沙平衡、水盐平衡等)。针对黄河下游地区，生态环境需水分为汛期和非汛期两个阶段需水。在汛期生态环境需水考虑输沙需水，在非汛期生态需水考虑能够维持河流基本生态环境功能的需水。因此对于黄河下游的河道内需水的核算，一为汛期河道的输沙需水量，二为非汛期能保证河道和河口基本生态环境功能的生态需水量。

1. 汛期输沙需水预测

输沙需水的定义为在特定的来沙条件下，通过一定量级洪水将泥沙输送到某一断面以下，维持河道淤积在某一水平所需的水量(申冠卿等，2006)。已有的研究中的输沙需水量的研究方法可以分为 4 种：主槽冲淤平衡法、全断面冲淤平衡法、平滩流量法及数学模型计算法。平滩流量法就是利用平滩流量计算方法，将平滩流量作为已知变量，反过来推求给定平滩流量的输沙需水量，本研究采用对特定平滩流量年份的水沙条件进行线性回归的方法。

1)水沙条件分析

黄河下游地区的年均径流量整体呈降低趋势，进入黄河下游的水量(花园口)和黄河入海的水量(利津)都明显减少，水量的减少表明了黄河下游水资源日益短缺，但 2000 年之后，小浪底水库投入运用后径流量有所增加，如图 8.13 所示。黄河下游年均输沙量整体呈下降趋势，这可能与黄河中上游的水土保持工作、下游来水流量减小有关，如图 8.14 所示。通过对 1956～2018 年的历史来沙量保证率进行计算，得到保证率为 25%、50%、75%下的输沙量分别为 1.98 亿 t、6.12 亿 t、10.59 亿 t。由于黄河下游来沙量和来水量的变化趋势基本一致，因此认为这对应了水资源量保证率的情况。

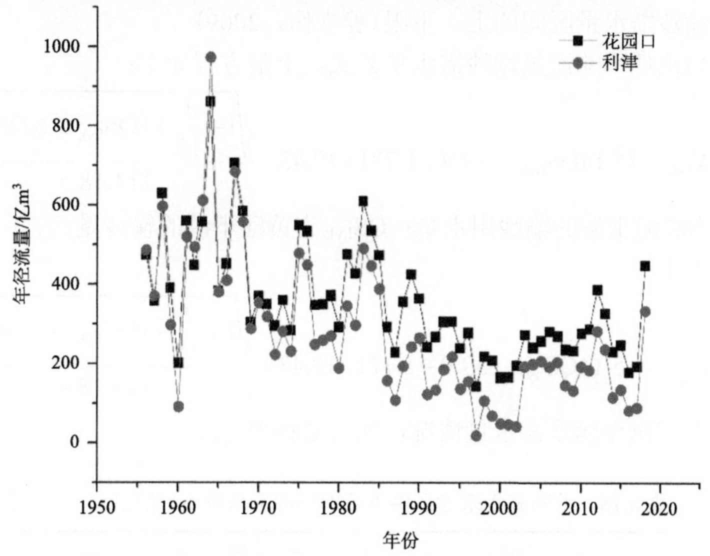

图 8.13　黄河下游 1956～2018 年年径流量历年变化图

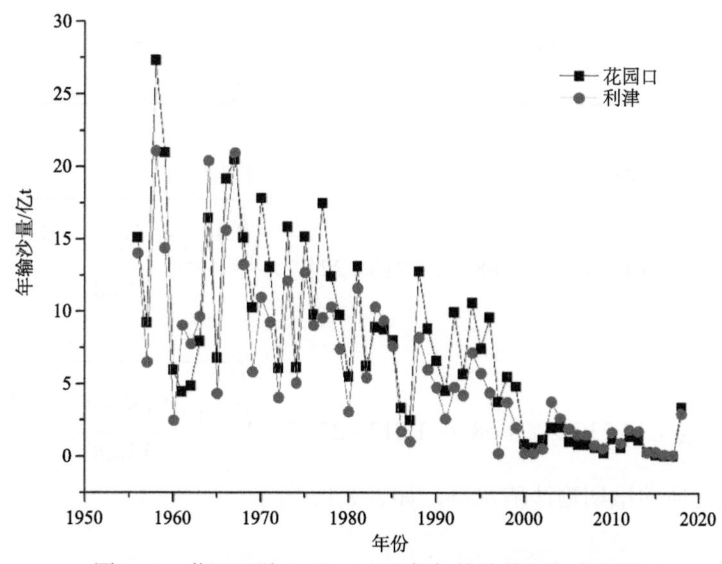

图 8.14　黄河下游 1956～2018 年年输沙量历年变化图

2)输沙需水

水沙平衡主要指黄河下游的冲淤平衡，水沙平衡的需水量(输沙需水量)是为了维持冲刷与侵蚀的动态平衡。输沙需水量可分为汛期输沙需水量和非汛期输沙需水量，黄河的输沙功能主要在汛期(7 月 1 日至 10 月 31 日)完成，因此在这里只计算汛期的输沙需水量。

采用对特定平滩流量(维持黄河下游一定主槽规模，4000m^3/s)年份的水沙条件进线性回归的方法来计算输沙需水量。由于花园口站代表了黄河下游水沙的进口条件，而高村和孙口是河道从游荡型变为弯曲型的分界点，因此选择这三站来计算输沙需水量。当来沙量分别为 1.98 亿 t、6.12 亿 t、10.59 亿 t 时，根据 5 年滑动平均汛期水量沙量之间的线性函数关系来计算黄河下游的输沙需水量，由于存在不确定性，因此设置了 90%置信度下的汛期输沙需水量区间的上、下限(姜立伟，2009)。

对于花园口汛期平滩流量输沙需水量公式，上限方程如下：

$$QW_{hyk}=15.14QS_{hyk}+39.9+1.771\times19.43\times\frac{\sqrt{1+\frac{1}{15}+\left(QS_{hyk}-6.69\right)^2}}{114.18} \tag{8.6}$$

式中，QW_{hyk} 为黄河下游的输沙用水量；QS_{hyk} 为黄河下游的输沙量。

下限方程如下：

$$QW_{hyk}=15.14QS_{hyk}+39.9-1.771\times19.43\times\frac{\sqrt{1+\frac{1}{15}+\left(QS_{hyk}-6.69\right)^2}}{114.18} \tag{8.7}$$

计算得到对应汛期输沙需水量情况，如表 8.18 所示。

表 8.18　不同来水来沙条件下汛期输沙需水量表(花园口)　　(单位：亿 m^3)

情景	上限	下限	均值
低	108.50	31.25	69.88
中	168.14	96.97	132.56
高	237.91	162.55	200.23

对于高村汛期平滩流量输沙需水量公式，上限方程如下：

$$QW_{hyk}=14.23QS_{hyk}+68.9+1.813\times22.67\times\frac{\sqrt{1+\frac{1}{12}+\left(QS_{hyk}-8.01\right)^2}}{138.8} \tag{8.8}$$

下限方程如下：

$$QW_{hyk}=14.23QS_{hyk}+68.9-1.813\times22.67\times\frac{\sqrt{1+\frac{1}{12}+\left(QS_{hyk}-8.01\right)^2}}{138.8} \tag{8.9}$$

计算得到对应的汛期输沙需水量，如表 8.19 所示。

表 8.19 不同来水来沙条件下汛期输沙需水量表(高村) (单位：亿 m³)

情景	上限	下限	均值
低	144.75	49.40	97.08
中	199.27	112.70	155.99
高	263.31	175.88	219.60

对于孙口站汛期平滩流量输沙需水量公式，上限方程如下：

$$QW_{hyk} = 16.27QS_{hyk} + 51.6 + 1.782 \times 24.61 \times \frac{\sqrt{1 + \frac{1}{14} + \left(QS_{hyk} - 8.46\right)^2}}{150.4} \tag{8.10}$$

下限方程如下：

$$QW_{hyk} = 16.27QS_{hyk} + 51.6 - 1.782 \times 24.61 \times \frac{\sqrt{1 + \frac{1}{14} + \left(QS_{hyk} - 8.46\right)^2}}{150.4} \tag{8.11}$$

计算得到汛期输沙需水量，如表 8.20 所示。

表 8.20 不同来水来沙条件下汛期输沙需水量表(孙口) (单位：亿 m³)

情景	上限	下限	均值
低	134.78	32.85	83.81
中	197.33	105.01	151.17
高	269.93	177.87	223.90

要实现黄河下游平滩流量，应同时满足三站的平滩流量，因此在一定来沙量的前提下，汛期输沙需水量取三站中的对应值的最大值(姜立伟，2009)，结果如表 8.21 所示。

表 8.21 不同来水来沙条件下汛期输沙需水量(三站汇总) (单位：亿 m³)

情景	上限	下限	均值
低	144.75	49.40	97.08
中	199.27	112.70	155.99
高	269.93	177.87	223.90

2. 非汛期生态需水预测

非汛期能保证河道和河口基本生态环境功能的生态需水量包括为维持黄河水生生物生存、河道湿地生态系统、河口湿地生态系统和近海水生生物生存的水量(黄锦辉等，

2004)。花园口站控制了黄河下游的水量，而利津站控制了河口地区的水量。根据黄河流域综合规划及以上生态环境需水研究成果，总结出黄河下游花园口和利津断面年内各月的生态需水，如表 8.22 所示。根据下游断面的生态需水计算出利津在非汛期的生态需水适宜量为 35.67 亿 m^3，低限生态需水为 21.34 亿 m^3。结合汛期的输沙需水可以得到枯水年、平水年、丰水年的河道需水分别为 180.42 亿 m^3、234.94 亿 m^3、305.6 亿 m^3(蒋晓辉，2012)。

表 8.22　黄河下游花园口和利津断面年内各月的生态需水统计表　　(单位：m^3/s)

<table>
<tr><th>断面</th><th colspan="2">生态需水</th><th>1～3 月</th><th>4 月</th><th>5～6 月</th><th>11～12 月</th></tr>
<tr><td rowspan="4">花园口</td><td rowspan="2">低限</td><td>流量</td><td>200</td><td>200</td><td>200</td><td>200</td></tr>
<tr><td>脉冲流量</td><td>—</td><td colspan="2">1400，≥1 次，≥6 天</td><td>—</td></tr>
<tr><td rowspan="2">适宜</td><td>流量</td><td>400</td><td>320</td><td>320</td><td>400</td></tr>
<tr><td>脉冲流量</td><td>—</td><td colspan="2">1700，≥1 次，≥6 天</td><td>—</td></tr>
<tr><td rowspan="4">利津</td><td rowspan="2">低限</td><td>流量</td><td>70</td><td>75</td><td>150</td><td>70</td></tr>
<tr><td>脉冲流量</td><td>400，≥1 次，≥6 天</td><td>—</td><td>—</td><td>—</td></tr>
<tr><td rowspan="2">适宜</td><td>流量</td><td>120</td><td>120</td><td>250</td><td>120</td></tr>
<tr><td>脉冲流量</td><td>800，≥1 次，≥6 天</td><td>—</td><td>—</td><td>—</td></tr>
</table>

8.3　基于生态足迹的水资源利用评价

水资源生态足迹将水资源转化为全球标准生物生产性用地。早些学者考虑水资源消耗，将水资源分为家庭用水、生产用水和生态用水。后来一些学者将水资源分成二级账户，如将水生态足迹分为水量生态足迹和水污染生态足迹两部分。其中水量生态足迹指的是人类为从事生产生活对水资源的消耗；水污染生态足迹则指的是将污染物稀释至某标准的水资源消耗。污染物对水资源造成了一定破坏，因此应该折算到水生态足迹中，后者考虑了这种隐形的水消耗，对水资源利用核算更加全面。

本研究为划分水资源生态足迹而建立了两个水资源二级账户，即水量生态足迹和水污染生态足迹。对这两个二级账户分别建立三级账户，其中水量生态足迹划分为生活用水、生产(农业和工业)用水和生态用水，水污染生态足迹划分为化学需氧量(COD)污染和氮污染，如图 8.15 所示。

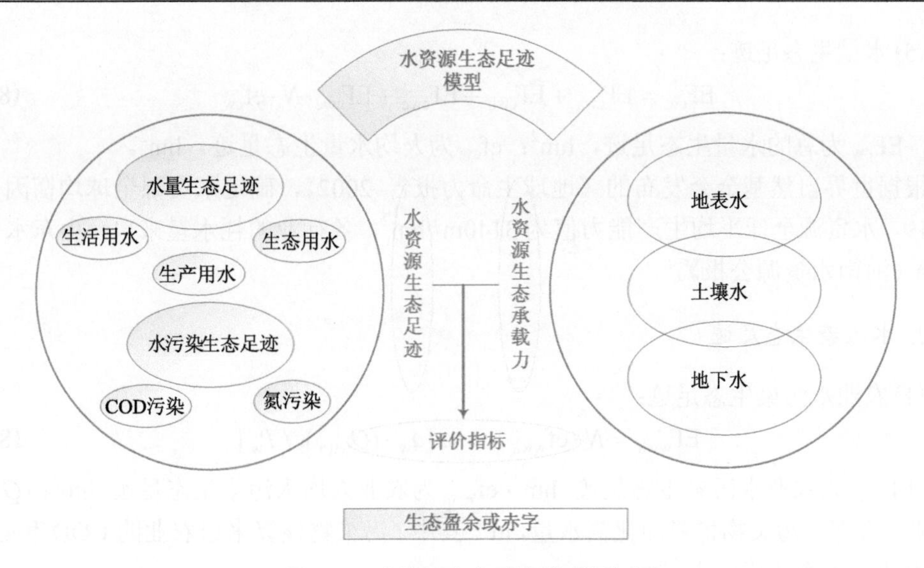

图 8.15　水资源生态足迹模型框架图

8.3.1　水资源生态足迹

1. 水量生态足迹

水量生态足迹包括生产(农业和工业)用水、生活用水、生态用水三方面，其计算如下。

(1)农业水量生态足迹：

$$EF_{cwa} = N \cdot ef_{cwa} = a_w \cdot Q_{wa} / P_w \tag{8.12}$$

式中，EF_{cwa}为总的农业水量生态足迹，hm^2；N为人口数，人；ef_{cwa}为人均农业水量生态足迹，hm^2；Q_{wa}为区域农业耗水量，m^3；a_w为水资源全球均衡因子；P_w为水资源全球平均生产力，即全球平均产量，m^3/hm^2。

(2)工业水量生态足迹：

$$EF_{cwb} = N \cdot ef_{cwb} = a_w \cdot Q_{wb} / P_w \tag{8.13}$$

式中，EF_{cwb}为总的工业水量生态足迹，hm^2；ef_{cwb}为人均工业水量生态足迹，hm^2；Q_{wb}为区域工业耗水量，m^3。

(3)生活水量生态足迹：

$$EF_{cwc} = N \cdot ef_{cwc} = a_w \cdot Q_{wc} / P_w \tag{8.14}$$

式中，EF_{cwc}为总的生活水量生态足迹，hm^2；ef_{cwc}为人均生活水量生态足迹，hm^2；Q_{wc}为区域生活耗水量，m^3。

(4)生态水量生态足迹：

$$EF_{cwe} = N \cdot ef_{cwe} = a_w \cdot Q_{we} / P_w \tag{8.15}$$

式中，EF_{cwe}为总的生态水量生态足迹，hm^2；ef_{cwe}为人均生态水量生态足迹，hm^2；Q_{we}为区域生态耗水量，m^3。

(5) 水量生态足迹：

$$\mathrm{EF_{cw}} = \mathrm{EF_{cwa}} + \mathrm{EF_{cwb}} + \mathrm{EF_{cwc}} + \mathrm{EF_{cwe}} = N \cdot \mathrm{ef_{cw}} \tag{8.16}$$

式中，$\mathrm{EF_{cw}}$ 为总的水量生态足迹，$\mathrm{hm^2}$；$\mathrm{ef_{cw}}$ 为人均水量生态足迹，$\mathrm{hm^2}$。

根据世界自然基金会发布的《地球生命力报告 2002》，确定水资源全球均衡因子值为 5.19，水资源全球平均生产能力值为 $3140\mathrm{m^3/hm^2}$，各行业的耗水量来自《山东水资源公报》《河南水资源公报》。

2. 水污染生态足迹

(1) 农业水污染生态足迹：

$$\mathrm{EF_{wwa}} = N \cdot \mathrm{ef_{wwa}} = \max[a_{\mathrm{w}} \cdot (Q_{\mathrm{wwa}})_i / P_{\mathrm{w}}] \tag{8.17}$$

式中，$\mathrm{EF_{wwa}}$ 为农业水污染生态足迹，$\mathrm{hm^2}$；$\mathrm{ef_{wwa}}$ 为农业人均水污染生态足迹，$\mathrm{hm^2}$；$(Q_{\mathrm{wwa}})_i$ 为农业产生的 i 污染物稀释净化需水量，$\mathrm{m^3}$。其中 i 污染物核算来自农业的 COD 和氨氮。

农业污染物计算公式①为

$$G_{\mathrm{pww}} = E_{\mathrm{pww}} \cdot S_{\mathrm{ps}} \cdot L_{\mathrm{ps}} \tag{8.18}$$

$$G_{\mathrm{swp},i} = S_i \cdot R_{\mathrm{ss},i} \cdot E_{\mathrm{sww},i} \cdot (1 - R_{\mathrm{sl},i}) \cdot L_{\mathrm{sw},i} \tag{8.19}$$

式中，G_{pww} 为种植业的污染物排放量，kg；E_{pww} 为农田的污染物源强系数，$\mathrm{kg/(hm^2 \cdot a)}$；$S_{\mathrm{ps}}$ 为播种面积，$\mathrm{hm^2}$；L_{ps} 为种植业污染物流失系数；$G_{\mathrm{swp},i}$ 为不同畜禽污染物排放量；S_i 为不同畜禽的养殖量，头或只；$R_{\mathrm{ss},i}$ 为不同畜禽的规模化养殖比例；$E_{\mathrm{sww},i}$ 为不同畜禽不同污染物的排泄系数，kg/(头·a) 或 kg/(只·a)；$R_{\mathrm{sl},i}$ 为不同畜禽污染物处理利用率；$L_{\mathrm{sw},i}$ 为不同畜禽污染物流失系数；i 为畜禽种类。

假定污染物稀释到目标浓度后能通过自然界完全降解，采用零维水质模型计算污染稀释净化需水量，公式如下：

$$Q_{\mathrm{ww}} = \frac{10^6 \times Q_{\mathrm{pd}}}{C_{\mathrm{s}}} \tag{8.20}$$

式中，Q_{pd} 为区域污染物排放量，t；C_{s} 为水质目标浓度，mg/L。由于未考虑自然界的生物降解等因素，因此以地表水的Ⅴ类水质为标准，COD 和氨氮浓度标准分别为 40mg/L 和 2.0mg/L。

(2) 工业水污染生态足迹：

$$\mathrm{EF_{wwb}} = N \cdot \mathrm{ef_{wwb}} = \max[a_{\mathrm{w}} \cdot (Q_{\mathrm{wwb}})_i / P_{\mathrm{w}}] \tag{8.21}$$

式中，$\mathrm{EF_{wwb}}$ 为工业水污染生态足迹，$\mathrm{hm^2}$；$\mathrm{ef_{wwb}}$ 为工业人均水污染生态足迹，$\mathrm{hm^2}$；$(Q_{\mathrm{wwb}})_i$ 为来自工业 i 污染物稀释净化需水量，$\mathrm{m^3}$。其中 i 污染物核算来自工业的 COD 和氨氮。

(3) 生活水污染生态足迹：

$$\mathrm{EF_{wwc}} = N \cdot \mathrm{ef_{wwc}} = \max[a_{\mathrm{w}} \cdot (Q_{\mathrm{wwc}})_i / P_{\mathrm{w}}] \tag{8.22}$$

---

① 第一次全国污染源普查。

式中，EF_{wwc} 为生活水污染生态足迹，hm^2；ef_{wwc} 为生活人均水污染生态足迹，hm^2；$(Q_{wwc})_i$ 为来自生活 i 污染物稀释净化需水量，m^3。其中 i 污染物核算来自生活的 COD 和氨氮。

工业及生活污染物排放量来自《山东统计年鉴》《河南统计年鉴》。由于工业生活的污染物都排至污水管网中，因此二者一起核算。

(4) 水污染生态足迹：

$$EF_{ww} = EF_{wwa} + EF_{wwb} + EF_{wwc} + EF_{wwe} = N \cdot ef_{ww} \tag{8.23}$$

式中，EF_{ww} 为总的水污染生态足迹，hm^2；ef_{ww} 为人均水污染生态足迹，hm^2。

3. 水资源生态足迹

(1) 农业水资源生态足迹：

$$EF_{wa} = EF_{cwa} + EF_{wwa} \tag{8.24}$$

式中，EF_{wa} 为农业水资源生态足迹，是农业水量生态足迹和农业水污染生态足迹之和。

(2) 工业水资源生态足迹：

$$EF_{wb} = EF_{cwb} + EF_{wwb} \tag{8.25}$$

式中，EF_{wb} 为农业水资源生态足迹，是工业水量生态足迹和工业水污染生态足迹之和。

(3) 生活水资源生态足迹：

$$EF_{wc} = EF_{cwc} + EF_{wwc} \tag{8.26}$$

式中，EF_{wc} 为生活水资源生态足迹，是生活水量生态足迹和生活水污染生态足迹之和。

(4) 水资源生态足迹：

$$EF_{w} = EF_{cw} + EF_{ww} \tag{8.27}$$

式中，EF_w 为水资源生态足迹，是水量生态足迹和水污染生态足迹之和。

8.3.2　水资源生态承载力

水资源生态承载力是指某区域在一定的发展阶段，水资源可以支持该区域资源、环境和社会可持续发展的能力。在水资源生态足迹模型中，人们大多将地表水和地下水列入水资源承载力核算中，忽略了土壤水作为资源的作用。土壤水作为资源的观点已经被普遍认同，土壤水具有储存性、传输性、可利用性及可恢复性，是直接影响农作物生长的重要因素之一(易秀和李现勇，2007)，并且土壤水对入渗到土壤中的污染物有稀释作用，因此其应当作为区域水资源的组成部分。因此，本研究将土壤水作为水资源的组成部分，将与外界交互明显的土壤水列入水资源生态承载力中，其与地表水、地下水一起核算水资源承载力。

水资源生态承载力的计算公式如下：

$$EC_w = N \cdot ec_w = \alpha \cdot a_w \cdot \phi \cdot Q / P_w \tag{8.28}$$

式中，EC_w 为区域水资源生态承载力，hm^2；N 为区域人口数，人；ec_w 为区域人均水资源生态承载力，hm^2；ϕ 为水资源产量因子；Q 为区域水资源总量，m^3；α 为生物多样性补偿系数(表示扣除了维持生态环境和生物多样性的水资源量)。

其中水资源的核算包括地表水、地下水和土壤水，计算公式如下：

$$Q = Q_{\mathrm{F}} + Q_{\mathrm{U}} + Q_{\mathrm{S}} \tag{8.29}$$

式中，Q_{F}为地表水资源，m^3；Q_{U}为地下水资源，m^3；Q_{S}为土壤水资源，m^3。

其中土壤水资源的计算公式为

$$Q_{\mathrm{S}} = \theta_v \cdot h \cdot S \tag{8.30}$$

式中，θ_v为容积含水量，m^3/m^3；h为土壤厚度，m；S为土壤面积，m^2。

其中地表水资源与地下水资源来自《河南水资源公报》《山东水资源公报》。将土壤水与外界交互明显的部分作为土壤水资源，因此取其为 3.5m(王锋等，2015；易秀和李现勇，2007)，河南和山东的黄河沿岸的主要土壤为富铁土，取富铁土的平均土壤容重 $1.41t/m^3$(韩光中等，2017)，来自中国土壤科学数据库(http://vdb3.soil.csdb.cn/)。根据水利部水文局数据，河南水资源产量因子为 0.78，山东为 0.70，根据面积占比核算出的黄河下游水资源产量因子为 0.73。

8.3.3 评价指标

生态赤字或盈余主要是将区域水资源生态足迹和生态承载力进行比较，看其结果大小，评价地区的水资源状况。具体如下：

$$水资源生态盈余（赤字）= \mathrm{EC_w} - \mathrm{EF_w} \tag{8.31}$$

当计算结果大于 0 时，则水资源生态盈余，这表明区域水资源处于良性发展状态；当计算结果等于 0 时，表明水资源处于生态平衡状态；当计算结果小于 0 时，则水资源生态赤字，这种状态不利于该区域的可持续发展。

8.3.4 评价结果

1. 城市评价结果

1) 水资源生态足迹

水量生态足迹。黄河下游各个城市 2013～2017 年人均水量生态足迹，如图 8.16 所示。黄河下游各市的水量生态足迹在 2013～2017 年没有明显的变化规律，波动变化不大，结果表明东营的人均水量生态足迹最大，其 5 年平均值为 $0.49hm^2$，郑州的最小，为 $0.15hm^2$。

水污染生态足迹。黄河下游各个城市 2013～2017 年人均水污染生态足迹，如图 8.17 所示。结果表明德州的人均水污染生态足迹最大，其 5 年平均值为 $9.29hm^2$，郑州市的最小，为 $1.82hm^2$。总体来说，2013～2017 年，黄河下游各个河段水污染生态足迹呈现出下降的趋势，但 2015 年之后下降趋势明显。这与 2015 年之后工业生活废水的污染物排放量普遍下降有关，这可能是因为 2015 年我国颁布实施了《中华人民共和国环境保护法》《水污染防治行动计划》等一系列环境政策。

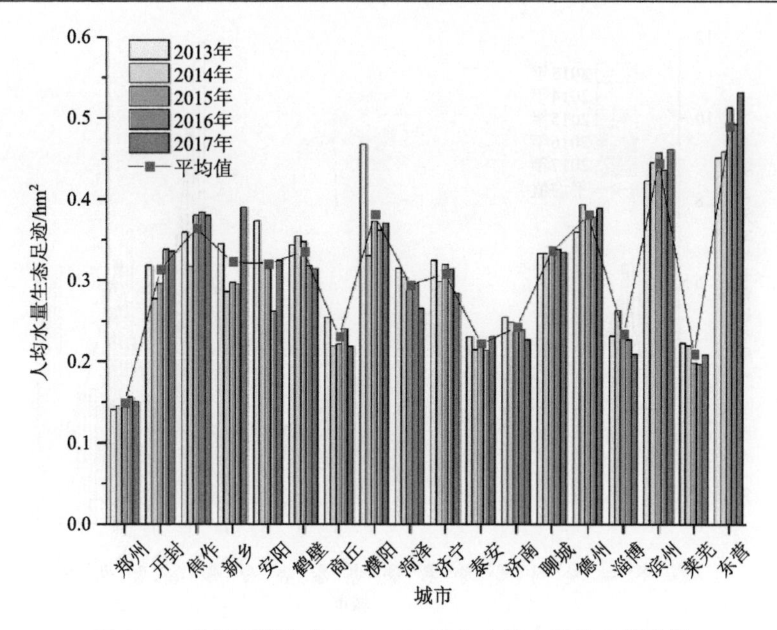

图 8.16　黄河下游各市 2013～2017 年人均水量生态足迹图

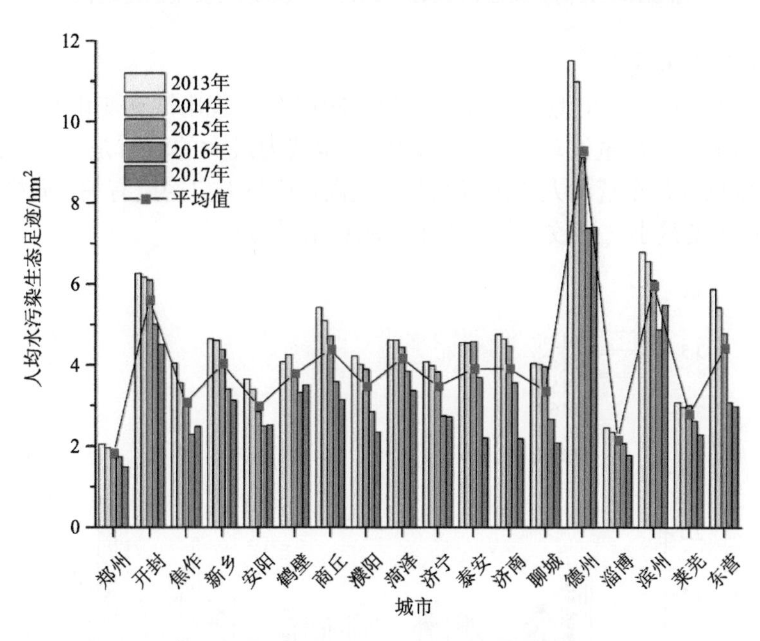

图 8.17　黄河下游各市 2013～2017 年人均水污染生态足迹图

生态足迹。黄河下游各个城市 2013～2017 年人均水资源生态足迹，如图 8.18 所示。结果表明德州的生态足迹最大为 9.67hm^2/人，郑州的生态足迹最小为 1.97hm^2/人。总体来说，2013～2017 年，黄河下游各个河段水资源生态足迹呈现出下降的趋势，尤其 2015 年之后下降趋势明显，与水污染生态足迹的变化趋势一致，相对于水资源的利用量，用水产生的污染物更能决定产生生态足迹的大小。

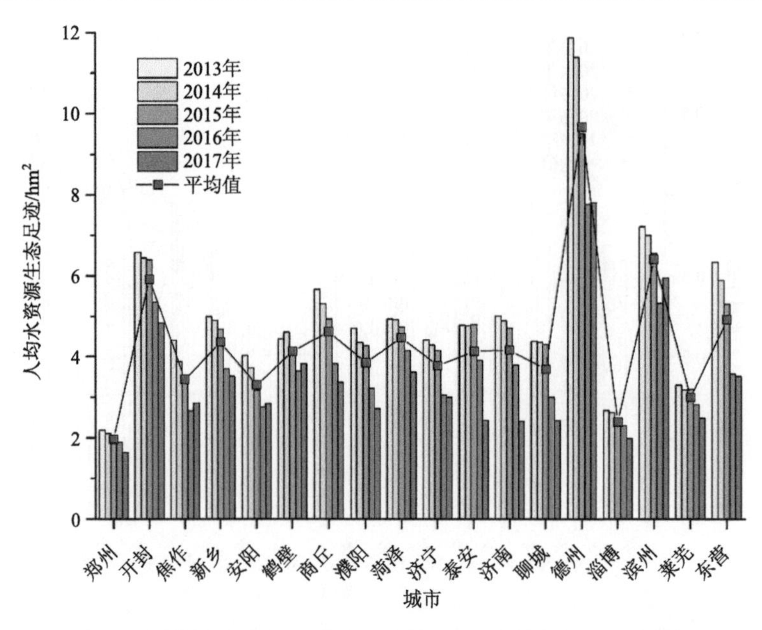

图 8.18　黄河下游各市 2013～2017 年人均水资源生态足迹图

2) 水资源生态承载力

黄河下游各个城市水资源承载力在 2013～2017 年呈现出波动变化的趋势，如图 8.19 所示。这与其水资源总量波动相关。人均生态承载力最大的城市是东营，5 年平均为 3.39hm^2，主要原因是东营的人均水资源总量较高，这与人口密度有关，同样水资源条件下东营的人口密度最小，导致了其人均水资源总量最高。

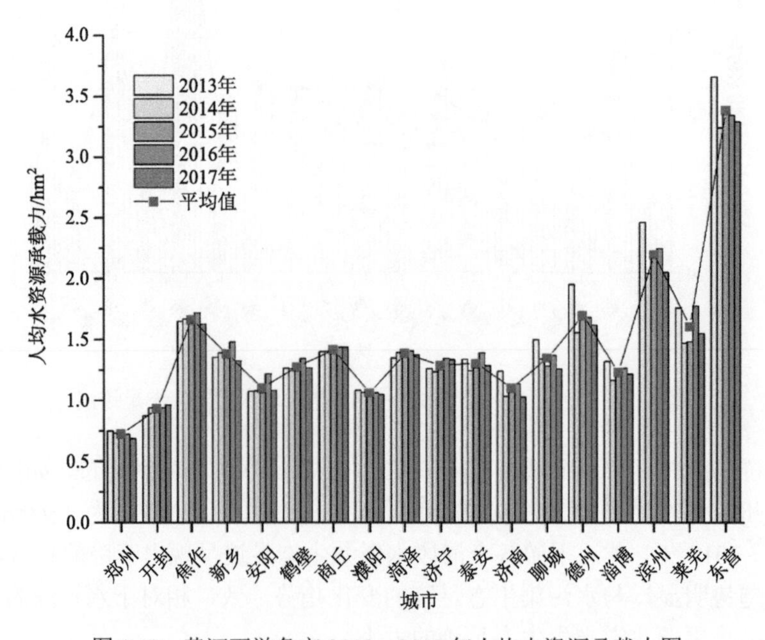

图 8.19　黄河下游各市 2013～2017 年人均水资源承载力图

3) 生态赤字或盈余

2013～2017 年各城市均呈现生态赤字的状态，如图 8.20 所示，表明黄河下游地区整体上无法保证社会经济与生态环境的良性发展及水资源的进一步需求，水资源利用没有处于可持续状态。生态赤字最小的城市为郑州，其 5 年平均值为 1.24hm^2/人，最大的城市为德州，其 5 年平均值为 7.97hm^2/人，但是各城市的生态赤字情况均有所改善。

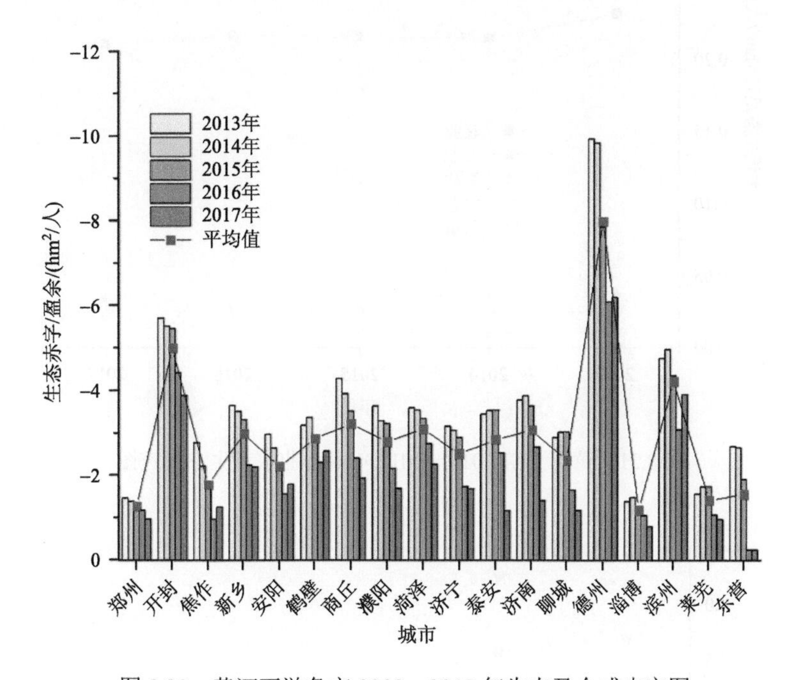

图 8.20　黄河下游各市 2013～2017 年生态盈余或赤字图

2. 区域评价结果

1) 各行业水资源生态足迹

水量生态足迹。黄河下游 2013～2017 年各行业人均水量生态足迹如图 8.21 所示，2013～2017 年，黄河下游人均水量生态足迹整体基本维持在一个稳定的水平，并与农业水量生态足迹的变化趋势一致，这是因为农业水量生态足迹在水量生态足迹中的比例较大，占据主要地位。工业水量生态足迹和生活水量生态足迹不明显，但生态水量生态足迹有所增加。

水污染生态足迹。黄河下游 2013～2017 年各行业和各污染物人均水污染生态足迹详细结果见图 8.22 和图 8.23。总体来说，黄河下游地区水污染生态足迹逐年下降。黄河下游 2013～2017 年农业污染物比例大于工业污染物，这与该地区的产业结构有关。另外，同一产业内氨氮所造成的生态足迹要大于 COD，这是因为虽然 COD 是黄河下游中排放量较大的污染物，但是由于水体 COD 消纳能力较大，其对地表水的污染程度要小于氨氮，而氨氮主要来源于农业的化肥施用及畜牧业的污染排放。

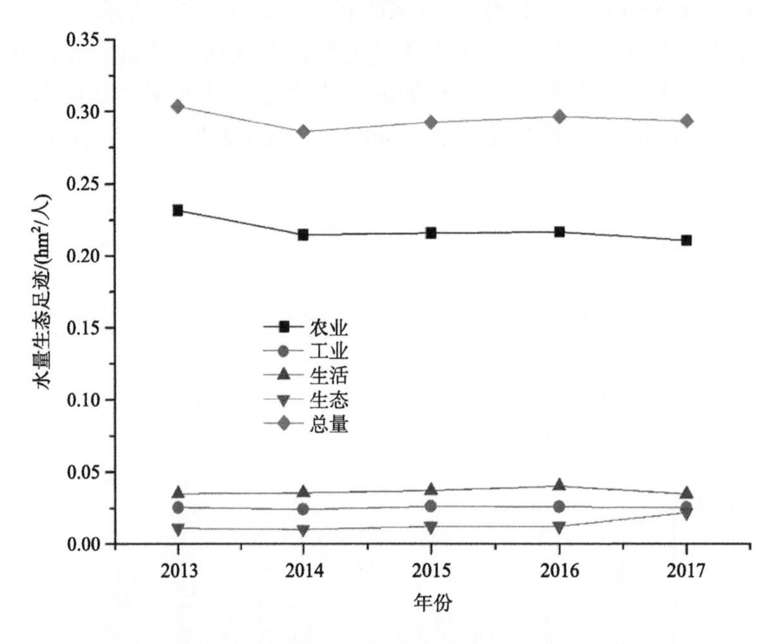

图 8.21　黄河下游 2013～2017 年各行业水量生态足迹图

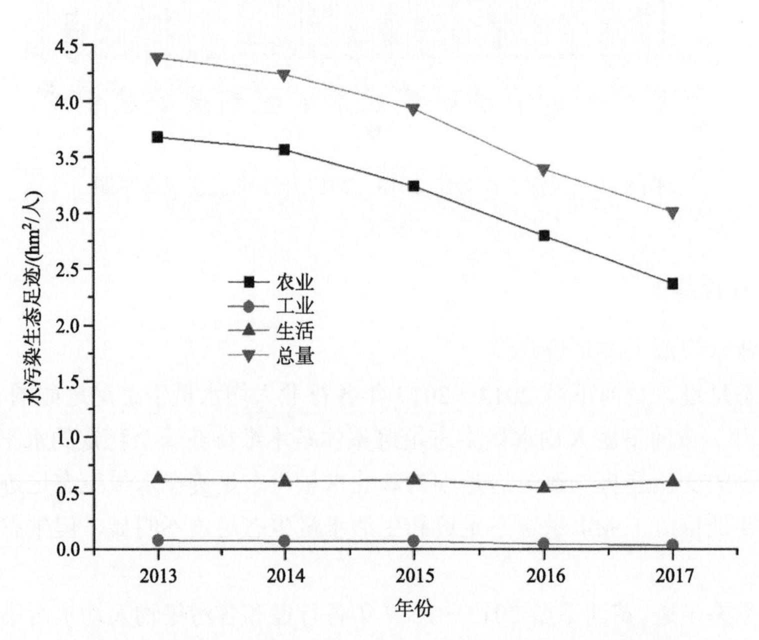

图 8.22　黄河下游 2013～2017 年各行业水污染生态足迹图

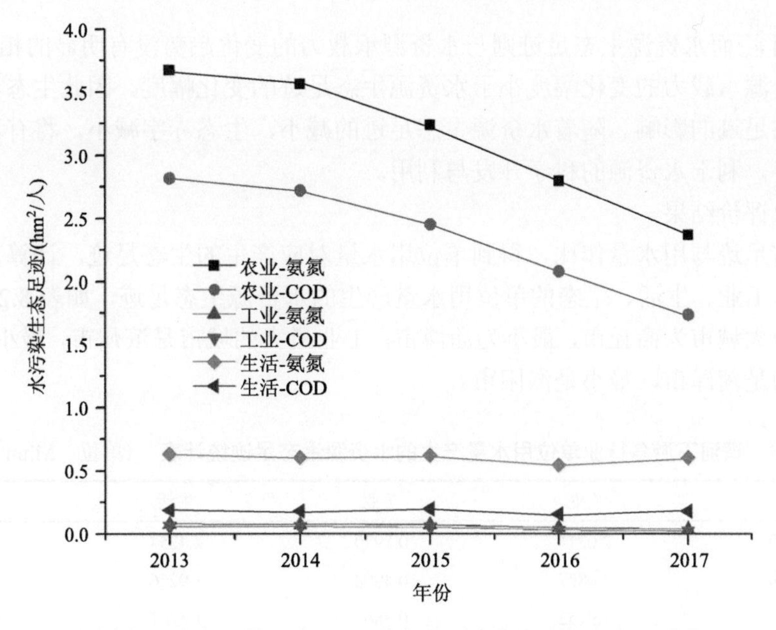

图 8.23　黄河下游 2013～2017 年各污染物水污染生态足迹图

2) 整体评价结果

2013～2017 年黄河下游水资源生态赤字/盈余变化趋势如图 8.24 所示，可以看出黄河下游的人均水资源生态足迹逐年减少，相比于 2013 年人均水资源生态足迹(5.07hm^2)，2016 年与 2017 年分别下降了 31.31%和 39.37%。从整个区域来说，其均为生态赤字。生态赤字变化与水资源生态足迹变化基本相同，说明水资源生态足迹是影响生态赤字变

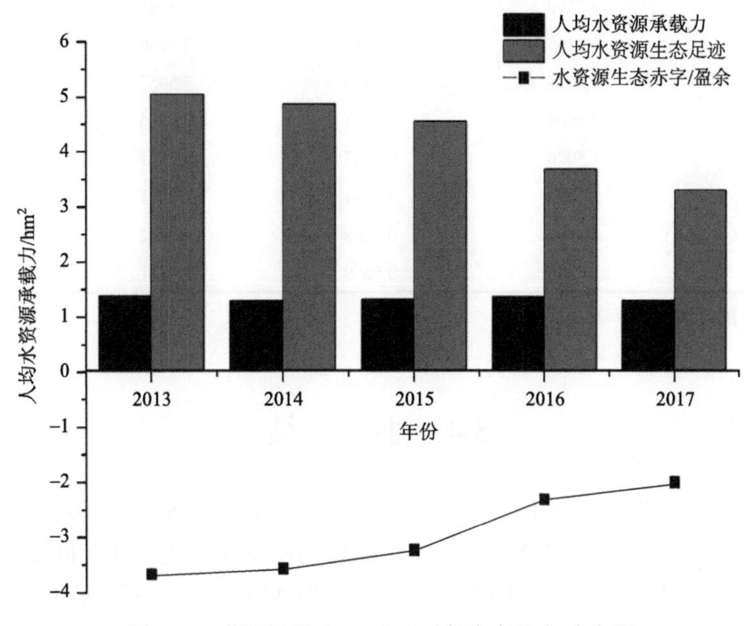

图 8.24　黄河下游 2013～2017 年生态盈余/赤字图

化的重要因素;而水资源生态足迹则与水资源承载力的变化趋势没有明显的相关关系，这是因为水资源承载力的变化幅度小于水资源生态足迹的变化幅度。因此生态赤字主要受水资源生态足迹的影响。随着水资源生态足迹的减小，生态赤字减小，将有利于水生态环境的改善，利于水资源的科学开发与利用。

3)行业评价结果

将生态足迹与用水量作比，得到单位用水量对应产生的生态足迹，计算对应用水类型即农业、工业、生活、生态的单位用水量产生的水资源生态足迹，如表 8.23 所示，其中农业的最大城市为商丘市，最小为淄博市，工业最大的城市是滨州市，最小为莱芜市，生活最大的是菏泽市，最小是濮阳市。

表 8.23 黄河下游各行业单位用水量产生的水资源生态足迹统计表 (单位：Mhm^2/亿 m^3)

城市	农业	工业	生活	生态
郑州市	2.0211	0.8920	4.4254	0.1653
开封市	4.0827	0.4908	1.9226	0.1653
焦作市	1.9152	0.3867	1.3767	0.1653
新乡市	2.8086	0.4730	1.7842	0.1653
安阳市	1.8787	0.5220	2.1338	0.1653
鹤壁市	2.1885	0.6520	2.8164	0.1653
商丘市	4.2624	0.5101	2.0138	0.1653
濮阳市	2.0593	0.3932	1.3764	0.1653
菏泽市	2.1802	0.6445	5.6367	0.1653
济宁市	1.6832	0.4669	4.3722	0.1653
泰安市	3.2560	0.3696	3.8541	0.1653
济南市	3.5365	0.3958	2.2686	0.1653
聊城市	1.5674	0.4475	3.5057	0.1653
德州市	4.0664	0.5958	5.0505	0.1653
淄博市	1.5076	0.7947	3.5575	0.1653
滨州市	2.1492	2.0441	4.2291	0.1653
莱芜市	2.8890	0.2268	4.2402	0.1653
东营市	1.8340	0.5699	1.7971	0.1653

注：表中城市依据 2017 年行政区划。

8.4 小 结

本章对研究区按照行政单位进行区域划分，对黄河下游流域多年水资源情况进行了分析。从历年历史资料可以得知，黄河下游流域的水资源匮乏，在年际及年内分布有差异，在丰水年、平水年、枯水年的水资源量分别为 460 亿 m^3、320 亿 m^3、260 亿 m^3，水资源量集中于 6～8 月，黄河下游的实际供水变化范围较大，水资源供应不足，需要在行业之间进行权衡分配。

本章完善了水资源生态足迹模型中水资源承载力的计算方法，并基于改进的水资源生态足迹模型，核算了黄河下游地区各个城市、整个地区及各个行业的水资源生态足迹，结果表明整个地区处于水资源生态赤字的情况。因此为了改善地区水资源生态赤字的情况，需要以生态赤字的计算结果为依据进行用水结构的调整。

参考文献

邓从响, 赵青, 常婧华, 等. 2012. 小浪底水库在黄河水资源优化配置中的运用. 河南水利与南水北调, (16): 41-43.

韩光中, 黄来明, 李山泉, 等. 2017. 水耕人为土磁性矿物的生成转化机制研究回顾与展望. 土壤学报, 54(2): 309-318.

黄锦辉, 郝伏勤, 高传德, 等. 2004. 黄河干流生态环境需水量初探. 人民黄河, (4): 26-27, 32.

姜立伟. 2009. 黄河下游汛期输沙需水量. 北京：清华大学.

蒋晓辉. 2012. 黄河干流水库生态环境效应及生态调度. 郑州: 黄河水利委员会黄河水利科学研究院.

申冠卿, 姜乃迁, 张原锋, 等. 2006. 黄河下游断面法与沙量法冲淤计算成果比较及输沙率资料修正. 泥沙研究, (1): 32-37.

王锋, 朱奎, 宋昕熠. 2015. 区域土壤水资源评价研究进展. 人民黄河, 37(7): 44-48.

易秀, 李现勇. 2007. 区域土壤水资源评价及其研究进展. 水资源保护, (1): 1-5.